"十四五"职业教育国家规划教材
国家职业教育网络技术专业教学资源库配套教材

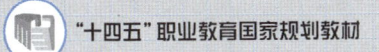

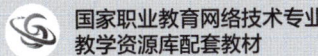

网络工程规划与设计案例教程（第3版）

▶主　编　杨　幸　杨丽莎　邓丽君
▶副主编　郑志凌　陈　鸣　王林春
　　　　　姜　波　成亚玲
▶主　审　李　健　谭爱平

中国教育出版传媒集团
高等教育出版社·北京

内容提要

本书为"十四五"职业教育国家规划教材，同时为国家职业教育网络技术专业教学资源库配套教材。

本书参照全国计算机技术与软件专业技术资格（水平）考试网络规划设计师相关要求编写，考虑读者的个性化需求，遵循"能力递进"的设计理念，设计了网络工程项目认知、欧宇公司办公网规划与设计、麓山学院校园网规划与设计、电子政务云内网规划与设计、电子政务云外网规划与设计五个学习项目。网络工程项目认知项目主要介绍了网络工程项目流程、规范和标准；其他四个项目分别介绍了企业办公网、园区网、电子政务云内网与电子政务云外网的规划与设计过程，涵盖网络工程项目的需求分析、逻辑设计、IP地址规划与设备命名、网络管理与安全方案设计、网络中心规划设计、网络设备选型、物理网络设计、招投标书编写等内容。同时，在"网络工程规划与设计"课程教学资源库中提供了大量的真实项目案例，供读者参考。

本书配有微课、课程标准、授课用PPT、电子课件、案例素材、习题库等丰富的数字化学习资源。与本书配套的数字课程"网络工程规划与设计案例教程"在"智慧职教"平台（www.icve.com.cn）上线，学习者可登录平台在线学习，授课教师可调用本课程构建符合自身教学特色的SPOC课程，详见"智慧职教"服务指南。教师也可发邮件至编辑邮箱1548103297@qq.com获取相关资源。

本书为高等职业院校计算机网络专业"网络工程规划与设计"等相关课程的教材，也可作为相关培训机构的教材或网络技术爱好者的参考用书。

图书在版编目（CIP）数据

网络工程规划与设计案例教程 / 杨幸，杨丽莎，邓丽君主编. --3版. --北京：高等教育出版社，2022.6（2024.12重印）

ISBN 978-7-04-057879-9

Ⅰ. ①网… Ⅱ. ①杨… ②杨… ③邓… Ⅲ. ①计算机网络-高等职业教育-教材 Ⅳ. ①TP393

中国版本图书馆 CIP 数据核字（2022）第 019366 号

WANGLUO GONGCHENG GUIHUA yu SHEJI ANLI JIAOCHENG

策划编辑	吴鸣飞	责任编辑	吴鸣飞	封面设计	赵 阳	版式设计	杜微言
插图绘制	黄云燕	责任校对	刘丽娴	责任印制	存 怡		

出版发行	高等教育出版社		网　　址	http://www.hep.edu.cn
社　　址	北京市西城区德外大街4号			http://www.hep.com.cn
邮政编码	100120		网上订购	http://www.hepmall.com.cn
印　　刷	北京华联印刷有限公司			http://www.hepmall.com
开　　本	787 mm×1092 mm　1/16			http://www.hepmall.cn
印　　张	21.25		版　　次	2015年1月第1版
字　　数	430千字			2022年6月第3版
购书热线	010-58581118		印　　次	2024年12月第5次印刷
咨询电话	400-810-0598		定　　价	55.00元

本书如有缺页、倒页、脱页等质量问题，请到所购图书销售部门联系调换
版权所有　侵权必究
物　料　号　57879-A0

"智慧职教"服务指南

"智慧职教"（www.icve.com.cn）是由高等教育出版社建设和运营的职业教育数字教学资源共建共享平台和在线课程教学服务平台，与教材配套课程相关的部分包括资源库平台、职教云平台和 App 等。用户通过平台注册，登录即可使用该平台。

● 资源库平台：为学习者提供本教材配套课程及资源的浏览服务。

登录"智慧职教"平台，在首页搜索框中搜索"网络工程规划与设计案例教程"，找到对应作者主持的课程，加入课程参加学习，即可浏览课程资源。

● 职教云平台：帮助任课教师对本教材配套课程进行引用、修改，再发布为个性化课程（SPOC）。

1. 登录职教云平台，在首页单击"新增课程"按钮，根据提示设置要构建的个性化课程的基本信息。

2. 进入课程编辑页面设置教学班级后，在"教学管理"的"教学设计"中"导入"教材配套课程，可根据教学需要进行修改，再发布为个性化课程。

● App：帮助任课教师和学生基于新构建的个性化课程开展线上线下混合式、智能化教与学。

1. 在应用市场搜索"智慧职教 icve" App，下载安装。

2. 登录 App，任课教师指导学生加入个性化课程，并利用 App 提供的各类功能，开展课前、课中、课后的教学互动，构建智慧课堂。

"智慧职教"使用帮助及常见问题解答请访问 help.icve.com.cn。

总　　序

国家职业教育专业教学资源库建设项目是教育部、财政部为深化高职院校教育教学改革，加强专业与课程建设，推动优质教学资源共建共享，提高人才培养质量而启动的国家级建设项目。2011年，网络技术专业被教育部、财政部确定为高等职业教育专业教学资源库立项建设专业，由深圳信息职业技术学院主持建设网络技术专业教学资源库。

2012年年初，网络技术专业教学资源库建设项目正式启动建设。按照教育部提出的建设要求，建设项目组聘请了哈尔滨工业大学张乃通院士担任资源库建设总顾问，确定了深圳信息职业技术学院、江苏经贸职业技术学院、湖南铁道职业技术学院、黄冈职业技术学院、湖南工业职业技术学院、深圳职业技术学院、重庆电子工程职业学院、广东轻工职业技术学院、广东科学技术职业学院、长春职业技术学院、山东商业职业技术学院、北京工业职业技术学院和芜湖职业技术学院等30余所院校以及思科系统（中国）网络技术有限公司、英特尔（中国）有限公司、杭州H3C通信技术有限公司等28家企事业单位作为联合建设单位，形成了一支学校、企业、行业紧密结合的建设团队。建设团队以"合作共建、协同发展"理念为指导，整合全国院校和相关国内外顶尖企业的优秀教学资源、工程项目资源和人力资源，以用户需求为中心，构建资源库架构，融学校教学、企业发展和个人成长需求为一体，倾心打造面向用户的应用学习型网络技术专业教学资源库，圆满完成了资源库建设任务。

本套教材是国家职业教育网络技术专业教学资源库建设项目的重要成果之一，也是资源库课程开发成果和资源整合应用实践的重要载体。教材体例新颖，具有以下鲜明特色。

第一，以网络工程生命周期为主线，构建网络技术专业教学资源库的课程体系与教材体系。项目组按行业和应用两个类别对企业职业岗位进行调研并分析归纳出网络技术专业职业岗位的典型工作任务，开发了"网络工程规划与设计""网络设备安装与调试"等12门课程的教学资源及配套教材。

第二，在突出网络技术专业核心技能——网络设备配置与管理重要性的基础上，强化网络工程项目的设计与管理能力的培养。在教材编写体例上增加了项目设计和工程文档编写等方面的内容，使得对学生专业核心能力的培养更加全面和有效。

第三，传统的教材固化了教学内容，不断更新的网络技术专业教学资源库提供了丰富鲜活的教学内容。本套教材创造性地使相对固定的职业核心技能的培养与鲜活的教学内容"琴瑟和鸣"，实现了教学内容"固定"与"变化"的有机统一，极大地丰富了课堂教学内容和教学模式，使得课堂的教学活动更加生动有趣，极大地提高了教学效果和教学质量。同时也对广大高职网络技术专业教师的教学技能水平提出了更高的要求。

第四，有效地整合了教材内容与海量的网络技术专业教学资源，着力打造立体化、自主学习式的新形态一体化教材。教材创新采用辅学资源标注，通过图标形象地提示读者本教学内容所配备的资源类型、内容和用途，从而将教材内容和教学资源有机整合，浑然一体。通过对"知识点"提供与之对应的微课视频二维码，让读者以纸质教材为核心，通过互联网尤其是移动互联网，将多媒体的教学资源与纸质教材有机融合，实现"线上线下互动，新旧媒体融合"，称为"互联网+"时代教材功能升级和形式创新的成果。

第五，受传统教材篇幅以及课堂教学学时限制，学生在校期间职业核心能力的培养一直是短板，本套教材借助资源库的优势在这方面也有所突破。在教师有针对性地引导下，学生可以通过自主学习企业真实的工作场景、往届学生的顶岗实习案例以及企业一线工作人员的工作视频等资源，潜移默化地培养自主学习能力和对工作环境的自适应能力等诸多的职业核心能力。

第六，本套教材装帧精美，采用双色印刷，并以新颖的版式设计突出直观的视觉效果，搭建知识、技能、素质三者之间的架构，给人耳目一新的感觉。

本套教材经过多年来在各高等职业院校中的使用，获得了广大师生的认可并收集到了宝贵的意见和建议，根据这些意见和建议并结合目前最新的课程改革经验，紧跟行业技术发展，在上一版教材的基础上，不断整合、更新和优化教材内容，注重将新标准、新技术、新规范、新工艺等融入到改版教材中，与企业行业密切联系，保证教材内容紧跟行业技术发展动态，满足人才培养需求。本套教材几经修改，既具积累之深厚，又具改革之创新，是全国 30 余所院校和 28 家企事业单位的 300 余名教师、工程师的心血与智慧的结晶，也是网络技术专业教学资源库三年建设成果的集中体现。我们相信，随着网络技术专业教学资源库的应用与推广，本套教材将会成为网络技术专业学生、教师和相关企业员工立体化学习平台中的重要支撑。

国家职业教育网络技术专业教学资源库项目组
2022 年 1 月

前　言

在当今社会中，计算机网络已经成为人们工作、学习和生活不可或缺的重要组成部分，无论是学习培训、商务办公、信息搜索，还是网上娱乐、游戏休闲、聊天交流、旅游出行、购物消费，都越来越离不开网络环境。计算机网络技术的发展和更新也是日新月异，网络带宽、服务质量、应用领域都在不断提升和拓展。企业（单位）、政府也非常重视网络平台建设，而网络平台建设是一个资金投入大、涉及面广、使用周期长的工程。然而，如何做好网络平台的规划与设计工作，做到技术上先进、资金上节省、业务上满足、兼容性好、安全性高、管理与扩展容易却不是一件容易的事。编者希望用工程化的技术和方法对计算机网络系统进行设计和管理，使读者通过学习不同层次的网络工程项目的规划与设计，能够独立完成中小企业网络工程项目的规划与设计工作。

一、缘起

本书为"十四五"职业教育国家规划教材，同时为国家职业教育网络技术专业教学资源库配套教材。编者团队从 2012 年开始参加了国家职业教育网络技术专业教学资源库建设项目，负责国家职业教育网络技术专业教学资源库建设课程之一"网络工程规划与设计"的资源开发工作。在团队成员的共同努力下，开发了丰富的课程资源，可供教师、学生、企业人员和社会学习者使用，同时也开发了本课程的配套教材。

本书第 2 版于 2018 年 3 月出版后，基于广大院校师生的教学应用反馈并结合目前最新的课程教学改革成果，不断优化、更新教材内容，同时，结合党的二十大精神进教材、进课堂、进头脑的要求，本次改版将"加快建设网络强国、数字中国"作为指导思想，首先在各项目开始处分别设置素养目标和素养提升内容，重点培养或提升诚实守信、遵守职业道德和法律法规、精益求精的工匠精神、安全意识和创新思维等核心职业能力，通过加强行为规范与思想意识的引领作用，落实"培养德才兼备的高素质人才"要求，将"实施科教兴国战略，强化现代化建设人才支撑"的指引落实到课程中；其次，在各项目中针对网络工程规划与设计目前最新的技术发展成果，新增拓展阅读内容，如系统测试与验收、网络安全管理与系统维护、扁平化组网结构、Wi-Fi 6 技术、DPU/SD-WAN/ZTNA 技术、服务器虚拟化、负载均衡技术等新技术内容，并融入了政务云相关内容，紧贴政务网络发展新趋势，同时对配套的案例素材、实训指导书等数字化资源进行了相应更新，着力于培养新一代网络基础设施建设所需的复合型高技能人才。

二、结构

本书精心设置了 5 个教学项目，项目名称、各项目的任务数量、建议课时和考核分值见表 1。

表1

项目序号	项目名称	任务数量	建议课时	考核分值
项目1	网络工程项目认知	3	14	10
项目2	欧宇公司办公网规划与设计	4	18	20
项目3	麓山学院校园网规划与设计	6	30	30
项目4	电子政务云内网规划与设计	6	16	20
项目5	电子政务云外网规划与设计	6	18	20
合计		25	96	100

每个教学项目分为"学习目标""项目导读""项目实施""项目总结""项目评估""项目习题"6个部分，其中项目实施由若干任务构成；每个任务根据教学需要合理设置了"任务描述""问题引导""知识学习""任务实施""技能训练""知识拓展"6个环节，可有效实施"教、学、做、评"一体化的教学方式。

三、特色

本书的特色和创新点可以用"准""情""实""做"4个字概括，具体体现如下：

1. 定位"准"

本书参照全国计算机技术与软件专业技术资格（水平）考试网络规划设计师相关要求编写，针对网络系统集成公司售前工程师或设计师的职业岗位，从工程化的角度，重点关注网络系统的整体架构设计，对于具体网络系统的操作（配置）层面仅作简要介绍，以避免成为结构化综合布线、网络设备、网络管理、网络安全技术等相关课程的"大杂烩"。

2. 体现"情"

本书设计了普通和高级两种教学方案，从教学设计上考虑了读者的基础差异、地域差异、需求多样化等特性，体现了读者的学情；教学内容选取企业、教育、政府等典型行业网络工程项目案例，体现了未来工作的实情；设计了网络工程项目认知、欧宇公司办公网规划与设计、麓山学院校园网规划与设计、电子政务云内网规划与设计和电子政务云外网规划与设计五个学习项目，编排上既保持了项目内部的完整性，同时又体现了项目间的"能力递进"性，方便教师组织教学，理顺了教情。

3. 资源"实"

本书对应的国家职业教育网络技术专业教学资源库中的"网络工程规划与设计"课程资源提供了大量详实的案例、规范、标准和技术文档，为教与学提供了方便；同时，提供了课程标准、学习情境设计、教学指南、学习指南、表格化电子教案、教学视频、技能训练任务等实用的课堂教学资源，缓解了高职院校网络工程规划与设计课程"难开、难教、难学"的局面。

4. 注重"做"

本书改变了以往同类书重理论、轻设计的不足，从教师"讲"、学生"听"的形式，转变为：教师讲解—学生分组讨论、设计—教师指导—项目小组汇报—教师点评的互动形式。重点设计了技能训练任务单、技能训练任务书、技能训练检查单、技能训练任务考核评价表等技能训练与考核资源，着重训练学生的规划与设计能力，同时，培养学生的团队合作精神、工程规范意识、表达沟通能力和职业适应能力。

四、使用建议

本书对应的"网络工程规划与设计"课程是计算机网络技术专业和网络工程专业的专业核心课程。本课程处于网络技术专业人才培养过程的末端，但学习的内容处于网络工程项目生命周期（项目计划、规划设计→工程实施、工程验收→运行管理与维护→网络应用）的前端，是对网络技术专业所学知识、技术的综合运用，对学生的要求较高。因此，本课程提供了普通（项目 4 和项目 5 不选）和提高两种授课方案，供教师和学生选择，总课时分别为 62 和 96，教师可适当进行调整。

本书是国家职业教育网络技术专业教学资源库"网络工程规划与设计"课程的配套教材。"网络工程规划与设计"课程是国家职业教育网络技术专业教学资源库建设课程之一，资源库中有丰富的数字化教学资源，见表 2。

表 2

序号	资源名称	表现形式与主要内容任务数量
1	说课视频	MP4 视频文件，介绍本课程的课程设置、教学内容、教学方法与手段及课程特色，帮助读者从整体认识本课程
2	课程标准	Word 电子文档，包含本课程的课程目标、课程内容、教学要求、课程考核要求等方面内容，可供教师备课时使用
3	学习情境	Word 电子文档，介绍了教学项目场景，学习目标、学习内容、教学方案、教学环境要求等
4	学习指南	Word 电子文档，介绍了学习单元的学习目标、学习内容、重点、难点和学习方法（路径）建议，让学生知道如何使用资源完成学习
5	教学指南	Word 电子文档，介绍了教学单元的教学目标、教学内容、重点、难点和教学实施建议，供教师参考
6	技能训练任务	Word 电子文档，包括技能训练任务单、技能训练任务书、技能训练检查单、技能训练任务考核评价表，明确了技能训练目标、内容、步骤、考核、评价等内容
7	电子教案	Word 电子文档，包括各个教学单元的教学目标、教学内容、教学重点、教学难点、教学方法、教学参考资源、教学实施建议等内容
8	授课用 PPT	PPT 电子文档，可供教师根据具体需要加以修改后使用
9	微课	MP4 视频文件，供教师和学生参考，有利于理解本课程的知识和技术
10	习题库	网上资源，提供丰富的习题，让学生自主测试知识的掌握情况
11	参考资源	Word、PPT 电子文档，包括各行业网络工程项目案例文档、技术文档、职业资格标准、典型产品介绍、传输介质介绍等

本书配有微课、课程标准、授课用 PPT、电子课件、案例素材、习题库等丰富的数字化学习资源。与本书配套的数字课程"网络工程规划与设计案例教程"在"智慧职教"平台（www.icve.com.cn）上线，学习者可登录平台在线学习，授课教师可调用本课程构建符合自身教学特色的 SPOC 课程，详见"智慧职教"服务指南。教师也可发邮件至编辑邮箱 1548103297@qq.com 获取相关资源。

五、致谢

本书由湖南工业职业技术学院杨幸、杨丽莎、邓丽君任主编,郑志凌、陈鸣、王林春、姜波、成亚玲任副主编,李健、谭爱平主审。

由于计算机网络技术的发展非常迅速,加上编者水平有限,书中疏漏之处在所难免,敬请专家与读者批评指正。感谢您使用本书,希望本书能成为您的良师益友。

编　者

2023 年 6 月

目 录

项目1 网络工程项目认知 ... 1
学习目标 ... 1
项目导读 ... 2
项目实施 ... 2

任务1-1 认识网络工程项目生命周期 ... 2
子任务一 用户调查与需求分析 ... 4
子任务二 网络系统设计 ... 4
子任务三 网络工程组织与实施 ... 4
子任务四 系统测试与验收 ... 5
子任务五 网络安全、管理与系统维护 ... 6

任务1-2 认识工程招标与投标 ... 7

任务1-3 认识网络工程规划与设计 ... 11
子任务一 网络需求调查与分析 ... 12
子任务二 网络拓扑结构设计 ... 17
子任务三 网络技术选型 ... 22
子任务四 IP地址规划与设备命名 ... 25
子任务五 网络安全管理方案设计 ... 30
子任务六 网络设备与服务器选型 ... 32
子任务七 物理网络设计 ... 43

项目总结 ... 50
项目评估 ... 50
项目习题 ... 51

项目2 欧宇公司办公网规划与设计 ... 57
学习目标 ... 57
项目导读 ... 58
项目实施 ... 58

任务2-1 欧宇公司办公网需求调查与分析 ... 58
子任务一 欧宇公司办公网需求调查 ... 60
技能训练2-1 ... 64
子任务二 欧宇公司网络需求分析 ... 64
技能训练2-2 ... 67

任务2-2 欧宇公司办公网设计 ... 69
子任务一 网络拓扑结构设计 ... 74
技能训练2-3 ... 77
子任务二 网络设备选型 ... 78
子任务三 办公网IP地址规划与设备命名 ... 83
技能训练2-4 ... 85
子任务四 办公网安全与管理方案设计 ... 86
技能训练2-5 ... 89
子任务五 办公网综合布线系统设计 ... 90
技能训练2-6 ... 90

任务2-3 编写欧宇公司办公网网络建设方案书 ... 93
技能训练2-7 ... 95

任务2-4 编写欧宇公司办公网招投标文件 ... 95
子任务一 编写欧宇公司办公网招标文件 ... 96
技能训练2-8 ... 97
子任务二 编写欧宇公司办公网投标文件 ... 97

技能训练 2-9 ·············· 98
项目总结 ·················· 101
项目评估 ·················· 101
项目习题 ·················· 102

项目 3　麓山学院校园网规划与设计 ······ 107

学习目标 ·················· 107
项目导读 ·················· 108
项目实施 ·················· 109

任务 3-1　麓山学院校园网需求调研与分析 ········ 109

　　子任务一　麓山学院校园网业务需求分析、环境需求分析、信息点需求分析、流量需求分析 ······ 111
　　技能训练 3-1 ·············· 117
　　子任务二　麓山学院校园网互联网接入需求分析、网络安全需求分析与管理需求分析 ·········· 118
　　技能训练 3-2 ·············· 121
　　子任务三　麓山学院校园网认证计费需求分析、网络服务平台需求分析 ······ 121
　　技能训练 3-3 ·············· 122
　　子任务四　编写麓山学院校园网招标书 ············ 123
　　技能训练 3-4 ·············· 123

任务 3-2　麓山学院校园网逻辑设计 ············ 124

　　子任务一　麓山学院校园网拓扑结构设计、网络技术选型 ············ 130
　　技能训练 3-5 ·············· 133
　　子任务二　麓山学院校园网 IP 地址规划与设备命名 ····· 133
　　技能训练 3-6 ·············· 140

任务 3-3　麓山学院校园网网络中心规划与设计 ······ 142

　　子任务一　麓山学院校园网网络中心环境设计和管理方案设计 ············ 147
　　技能训练 3-7 ·············· 149
　　子任务二　麓山学院校园网安全方案设计 ············ 150
　　技能训练 3-8 ·············· 151
　　子任务三　麓山学院校园网认证计费管理方案设计 ······ 152
　　技能训练 3-9 ·············· 154
　　子任务四　麓山学院校园网服务平台设计 ············ 154
　　技能训练 3-10 ············· 162

任务 3-4　麓山学院校园网设备与安全管理产品选型 ······ 165

　　子任务一　麓山学院校园网交换机选型 ············ 169
　　技能训练 3-11 ············· 177
　　子任务二　麓山学院校园网安全与管理产品选型 ········ 178
　　技能训练 3-12 ············· 183

任务 3-5　麓山学院校园网物理网络设计 ············ 187

　　子任务一　麓山学院校园网工作区子系统、配线子系统、管理间子系统设计 ······ 192
　　技能训练 3-13 ············· 193
　　子任务二　麓山学院校园网干线子系统、设备间子系统、建筑群和进线间子系统设计及综合布线耗材成本预算 ····· 194
　　技能训练 3-14 ············· 196

任务 3-6　编写麓山学院校园网建设投标书 ············ 198

子任务　编写麓山学院校园网
　　　　　　建设投标书·················199
　　技能训练 3-15·······················199
项目总结·····································202
项目评估·····································202
项目习题·····································203

项目 4　电子政务云内网规划与
　　　　设计·····························213
学习目标·····································213
项目导读·····································214
项目实施·····································215

任务 4-1　网络需求调研与分析·····215
　　子任务一　网络互连需求调查·····216
　　子任务二　网络接入节点需求
　　　　　　　调查··························217
　　子任务三　网络业务需求调查·····218
　　子任务四　网络流量需求分析·····219
　　子任务五　网络安全与网络管理
　　　　　　　需求分析·····················220
　　技能训练 4-1·······················222

任务 4-2　网络架构设计·············224
　　子任务一　广域网（纵向网）
　　　　　　　设计··························225
　　技能训练 4-2·······················227
　　子任务二　城域网（横向网）
　　　　　　　设计··························228
　　技能训练 4-3·······················231

任务 4-3　通信线路设计·············232
　　子任务一　省级核心节点、市级
　　　　　　　汇聚节点线路组网
　　　　　　　方案设计·····················236
　　子任务二　市级与县级通信线路
　　　　　　　组网方案设计··············237
　　子任务三　省直属单位线路组网
　　　　　　　方案设计·····················239
　　子任务四　其他单位线路组网
　　　　　　　方案设计·····················240

　　技能训练 4-4·······················240

任务 4-4　IP 地址与路由规划
　　　　　　设计·····························243
　　子任务一　设备命名规划············244
　　子任务二　IP 地址规划···············245
　　技能训练 4-5·······················247
　　子任务三　路由规划····················248
　　技能训练 4-6·······················250

任务 4-5　网络中心规划与设计·····252
　　子任务一　域名系统规划············254
　　子任务二　网络管理设计············255
　　子任务三　网络安全设计············256
　　技能训练 4-7·······················257

任务 4-6　网络设备选型·············259
　　子任务一　核心层设备选型········259
　　子任务二　汇聚层设备选型········260
　　子任务三　接入层设备选型········260
　　子任务四　城域网设备选型········260
　　技能训练 4-8·······················261

项目总结·····································263
项目评估·····································263
项目习题·····································264

项目 5　电子政务云外网规划与
　　　　设计·····························271
学习目标·····································271
项目导读·····································272
项目实施·····································272

任务 5-1　电子政务云外网需求
　　　　　　获取·····························272
　　子任务一　电子政务云外网需求
　　　　　　　分析··························274
　　子任务二　编写花都县电子政务
　　　　　　　云外网需求说明书······279

任务 5-2　电子政务云外网拓扑结构
　　　　　　设计和网络技术选型······282
　　子任务一　网络拓扑结构设计·····285
　　子任务二　网络技术选型············288

技能训练 5-1 ······ 288

任务 5-3　花都县电子政务云外网 IP 地址规划与设备命名 ······ 291
　子任务一　IP 地址规划 ······ 291
　子任务二　设备命名 ······ 294
　技能训练 5-2 ······ 294

任务 5-4　电子政务云外网路由与 MPLS VPN 设计 ······ 296
　子任务一　IGP 路由设计（OSPF 路由规划） ······ 298
　子任务二　BGP 路由设计 ······ 298
　子任务三　MPLS VPN 设计 ······ 299
　技能训练 5-3 ······ 301

任务 5-5　网络中心规划与设计 ······ 304
　子任务一　网络中心环境设计 ······ 305
　子任务二　IT 运维综合管理方案设计 ······ 306
　技能训练 5-4 ······ 307

任务 5-6　电子政务云外网信息系统安全保护设计 ······ 308
　子任务一　花都县电子政务云外网信息安全等级保护整体规划 ······ 310
　子任务二　Web 服务防篡改 ······ 312
　子任务三　内部访问控制及安全审计规划 ······ 313
　技能训练 5-5 ······ 314

项目总结 ······ 316
项目评估 ······ 316
项目习题 ······ 317

项目 1
网络工程项目认知

学习目标

【知识目标】
- 了解系统集成与网络工程之间的关系；
- 了解网络工程项目的生命周期；
- 了解网络工程项目的组织和管理；
- 掌握用户需求调查与需求分析的内容与方法；
- 了解网络工程项目的招投标流程及招投标书的规范；
- 熟悉网络工程项目规划与设计的主要内容；
- 了解 IPv6 及相关技术；
- 了解主流网络技术及选型策略；
- 了解交换、路由、安全及服务器的主要厂商及产品；
- 了解物理网络设计的主要任务。

【能力目标】
- 能了解系统集成与网络工程；
- 能理解网络工程项目的生命周期及各阶段主要内容；
- 能了解网络工程规划与设计的流程及各阶段主要工作任务和内容；
- 能理解层次型网络拓扑结构的设计要点；
- 能对主流网络技术进行对比分析；
- 能阅读、理解网络工程项目招投标书；
- 能根据主流厂商的交换、路由、安全及服务器产品的性能参数，基本确定产品的性能及应用场景。

【素养目标】
- 培养文献检索、资料查找与阅读的能力；
- 培养自主学习的能力；
- 培养独立思考问题、分析问题的能力；
- 培养表达沟通、诚信守时和团队合作的能力；
- 树立成本意识、服务意识和质量意识。

笔记

项目导读

网络工程是将工程化的技术和方法应用到计算机网络系统的设计和管理中，以解决网络系统的设计、研发、实施和运维。因此，网络工程不仅涉及计算机软件、硬件、操作系统、数据库、网络通信等多种技术，还涉及商务、企业管理等方面的内容，如图1-1所示。本项目主要学习网络工程的相关知识和技术，让读者了解网络工程的开发过程、网络工程项目规划与设计的主要内容，为后续具体项目的学习奠定基础。

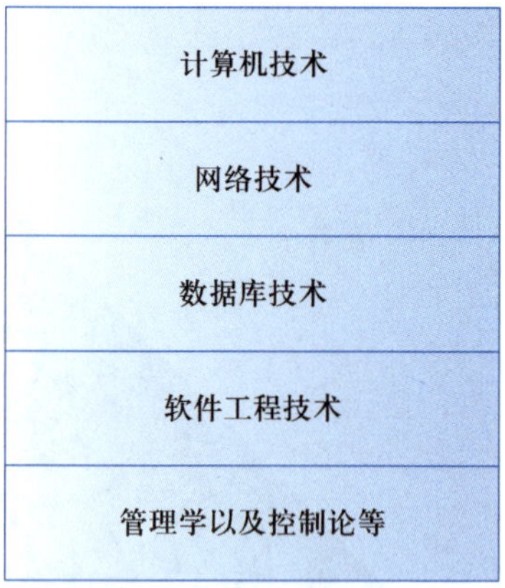

计算机技术
网络技术
数据库技术
软件工程技术
管理学以及控制论等

图1-1　网络工程涉及的技术

项目实施

任务1-1　认识网络工程项目生命周期

 任务描述

本任务旨在让读者了解网络工程与系统集成的区别和联系、网络工程的具体工作内容以及各阶段的基本工作任务。

 问题引导

（1）什么是网络工程？
（2）网络工程与系统集成的关系。
（3）校园网建设是否为网络工程项目？

网络工程项目与网络系统集成之间的关系讨论任务单（学生用）

网络系统集成概述

微课
网络工程的概念和特点

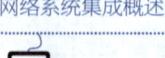 **知识学习**

网络工程是指使用网络系统集成的方法，根据建设目标和设计原则，经过充分的需求分析、市场调研和实地考察，制定出网络建设方案，并依据方案的具体实施步骤，协助工程招投标、设计、实施、管理与维护等的一系列活动。

1. 网络工程与系统集成的区别与联系

网络工程包括：质量管理、网络项目管理与控制、网络工程的方法和工具。

其中网络工程方法和工具即是网络系统集成。网络系统集成是网络工程的核心部分，网络工程的层次结构如图 1-2 所示。

素养提升
时代召唤工匠精神

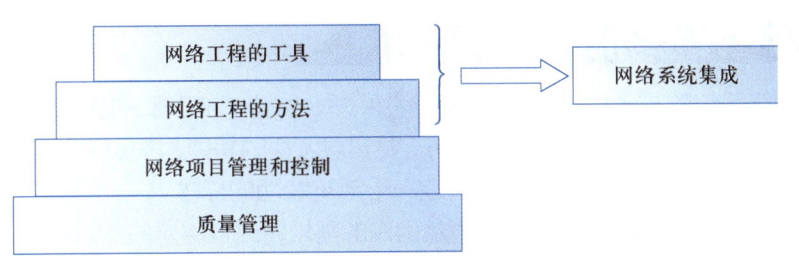

图 1-2　网络工程的层次结构

系统集成所涉及的应用范围比较广，不仅包括计算机网络通信、语音通信，还包括监控、消防、水电和安保系统等。而网络系统集成只是整个“系统集成”的一部分，主要侧重于计算机网络通信。

育才中学校园网建设项目招标文件

case

中学校园网建设项目投标文件

case

2. 网络工程的工作内容

网络工程的工作对象主要有用户、系统集成商、产品厂商、供货商、应用软件开发商、施工队以及工程监理等。

按商务活动来划分，工程项目可分为前期准备和后期工程项目设计与实施两个阶段。

前期准备阶段，是指从系统集成商的销售代表就某个项目和用户接触开始，到该项目签订服务合同为止的工作阶段。在前期准备阶段，系统集成商的主要工作内容包括用户交流、需求分析、现场勘察、初步方案设计、投标书撰写、述标与答辩、商务洽谈与合同签署等。

后期阶段是指从签订集成服务合同开始，到合同约定的服务期结束为止的工作阶段。在后期阶段，系统集成商的主要工作内容包括网络系统的逻辑设计、实施方案的编写、产品订货与供货、布线工程、硬件设备安装与调试、软件系统安装与调试、应用软件集成与调试、系统测试、用户培训、竣工文档编制、项目验收、后期技术支持与用户培训、系统维护与质量保证等。

微课
网络工程的工作任务

3. 网络工程项目的生命周期

网络工程项目生命周期是指开发一个新的网络系统或改造一个已有的网络系统的过程，包括用户调查与需求分析、网络系统设计、工程组织与实施、系统测试与验收、网络安全、网络管理与系统维护等五个阶段，如图 1-3 所示。

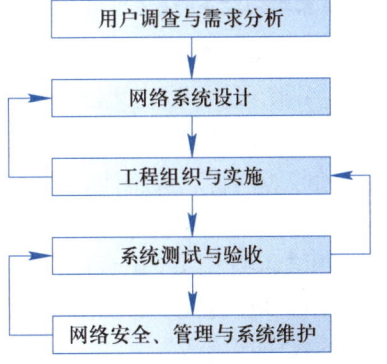

图 1-3　网络工程项目生命周期

网络工程需求调查

网络工程需求分析

网络工程需求分析报告参考格式

欧宇公司办公网建设项目需求分析说明书 case

中专学校计算机网络系统设计方案 case

职业技术学院中心机房建设方案 case

网络工程项目管理文档

任务实施

子任务一 用户调查与需求分析

网络系统的需求调查与分析主要解决"做什么"的问题，设计人员要尽一切努力确定网络系统要支持什么业务，要实现怎样的功能，满足什么样的性能，具有哪些系统行为和约束，以及确定一个系统成功的标志。

一名优秀的网络设计者必须清楚用户的需求，并且将这些需求转换为商业和技术目标，如可靠性、可扩展性、安全性和可管理性。如果网络设计者没有明确用户的应用需求，设计的网络则达不到用户的需求。

网络设计者通常从三方面进行用户需求分析：网络应用目标、网络应用约束和网络通信特征。网络应用目标主要从用户的商业需求、工作环境和组织结构三方面进行分析，必须明确工程应用范围、网络设计目标和各项网络应用类型，网络应用约束主要从商业约束和环境约束两个方面进行分析，网络通信特征主要从通信流量方面进行分析。最终，形成需求分析说明书，并经用户确认。

子任务二 网络系统设计

网络系统设计就是设计人员根据系统需求分析说明书解决"怎么做"的问题。这个阶段的工作是充分考虑网络的各种需求和条件限制，对网络做出明确的描述和说明。网络系统设计包括逻辑网络设计和物理网络设计。

逻辑网络设计包括拓扑结构设计、子网划分和 IP 地址分配、局域网设计、VLAN 设计、广域网设计、网络冗余设计，以及网络管理与安全设计等。

物理网络设计主要包括结构化布线系统设计、网络中心机房系统设计、供电系统的设计等方面内容。

逻辑网络设计和物理网络设计可能存在反复循环过程。网络系统的设计结果是网络设计方案书。

子任务三 网络工程组织与实施

网络系统方案设计通过评审后，网络工程就进入实施阶段，也就是网络工程的中期阶段。网络工程组织与实施有三个主要任务。任务一：按照网络设计方案制定实施计划。该计划要明确工程的工期、分工、施工方式、资金使用、竣工验收等内容。实施计划要以规范的形式存档，称为实施方案。任务二：设备及系统选型与采办。任务三：现场安装与调试，包括综合布线、硬件和软件安装调试、测试以及试运行。

工程实施过程中，当出现不合理设计时，可以再回到网络系统设计阶段对设计方案进行修改。

子任务四 系统测试与验收

1. 系统测试

网络安装和配置工作完成之后，网络工程就进入系统测试与验收阶段，该阶段的任务是检验工程质量是否达到设计要求。系统测试与验收是按照网络工程标准和合同规定对系统性能、试运行情况进行审核，同时检查项目实施资料的准确性、一致性和完整性，以确认网络是否达到要求。测试工作还可以发现存在的问题或故障，并采取相应的措施排除这些故障。

当系统测试发现问题或故障，需要再回到工程实施阶段对出现的问题重新安装、配置。

通常，系统测试的内容主要包括：
（1）验证该设计是否满足商务、技术目标。
（2）验证选择的局域网技术、广域网技术和设备是否合适。
（3）验证服务提供商是否能够提供要求的服务。
（4）找出系统瓶颈或连通性问题。
（5）测试网络冗余。
（6）分析网络链路故障对性能的影响。
（7）确定必要的优化技术，以满足性能要求和其他技术要求。
（8）分析网络链路升级和设备升级对性能的影响。
（9）证明该设计优于其他竞争方案。
（10）通过一个"测试验收"获得进一步的网络实现。
（11）发现可能存在的风险，拟定相应的应急措施。
（12）设备厂商进行必要的测试，并提供全面的测试资料。
（13）请第三方权威机构进行测试，并提供测试报告。

2. 系统验收

网络系统验收是系统集成商向用户移交网络系统的正式手续，也是用户对网络工程施工工作的认可。用户要确认工程是否达到了预定的设计目标，质量是否符合要求，有无不符合原设计的施工规范。系统验收分为现场验收和文档验收。

现场验收的内容包括：环境是否符合要求，施工材料是否按照方案规定的要求购买，有无防火防盗措施，设备安装是否规范，线缆及线缆终端安装是否符合要求，各子系统、网络服务器、网络存储、网络应用平台、网络性能、网络安全、网络容错等方面是否达到了预期的目标。

文档验收是指检查开发文档、管理文档和用户文档是否完备。开发文档是网络工程设计过程中的重要文档，主要包括可行性研究报告、项目开发计划、系统需求说明书、逻辑网络设计、物理网络设计和应用软件设计等。管理文档是网络设计人员制定的一些工作计划或工作报告，内容包括网络设计计划、测试计划、各种角色安排、实施计划、人员安排以及工程管理与控制等方面的资

验收测试规范标准

网络系统测试报告

拓展阅读
系统测试与验收

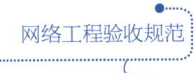
网络工程验收规范

网络工程验收报告

网络管理与网络安全

晨阳学院校园信息化系统建设网络管理设计方案

医疗行业网络安全解决方案

拓展阅读
网络安全、管理与系统维护

料。用户文档是网络设计人员为用户准备的有关系统使用、操作和维护的资料，包括用户手册、操作手册和维护修改手册等。

子任务五　网络安全、管理与系统维护

网络安全是通过确定网络上有哪些网络资源，分析它们的安全性威胁，制定相应的安全性策略并加以实现，对网络进行安全性测试，发现问题并及时修正等手段，维护网络系统的正常安全运行。

网络管理是根据一定的开放标准，应用相关协议和技术，通过某种方式对网络系统进行有效管理，使网络系统能够正常、高效运行的一种技术实现。其主要包括以下几方面。

（1）拓扑管理：自动发现网络内的所有设备，能正确地产生拓扑结构图并自动更新。

（2）配置管理：负责监控网络的配置信息。

（3）性能管理：通过监视、记录网络的运行情况，发现网络流量的高峰和瓶颈所在，为网络性能优化、未来扩展和安全提供数据依据。

（4）故障管理：通过检测异常事件来发现故障，以日志的方式记录故障情况，并根据故障现象采取相应的跟踪、诊断和测试措施。

（5）计费管理：根据相应计费策略对网络用户服务进行收费管理。

（6）应用管理：管理网络中的应用系统平台。

系统维护一方面是指通过网络性能检测或网络故障定位，对网络系统进行改造或修复，使其正常运行；另一方面，也包括对网络系统进行扩充或改建，以适应网络应用需要或网络技术发展需要。

知识拓展

网络系统集成与综合布线典型案例

1. 了解网络系统集成

网络系统集成就是按照网络工程的需求以及组织逻辑，采用相关技术和策略，将网络设备（交换机、路由器、服务器等）和网络软件（操作系统、应用系统）系统性地组合成整体的过程，如图1-4所示。

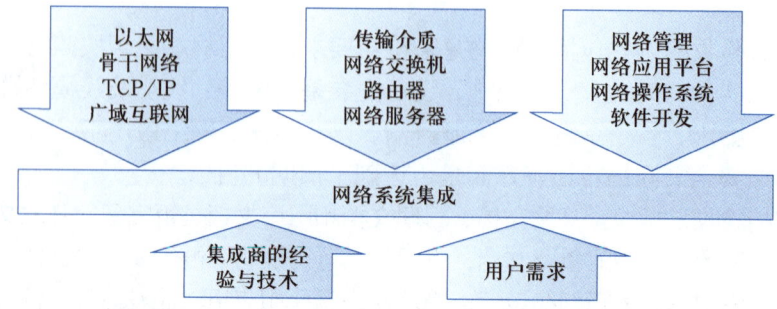

图1-4　网络系统集成的主要内容

2. 认识网络验收测试

网络验收测试是在加载用户业务前对网络设备和网络功能进行的全面测试，是判定网络运行是否符合设计要求的依据。

网络验收测试的内容如下。

（1）网络节点测试：如设备加电测试、电源冗余测试。

（2）系统测试：例如，物理测试，设备的软硬件是否符合订货要求；功能性测试，网络设备是否具有相应功能以及系统配置版本检测等。

（3）应用服务系统测试：例如，物理连通性、基本功能的测试；网络系统的规划验证测试、性能测试、流量测试等。

（4）网络测试：全网互通测试（路由器、交换机）、路由测试、网络功能测试（大数据流量测试、业务网络测试）以及网管测试（拓扑一致性测试、拓扑节点状态测试、网络告警及事件测试）等。

（5）辅助测试：网络工程测试可以采用网管软件进行测试，如对网络性能进行监控（包括带宽、传输性能、带宽利用率、网络延迟、丢包等统计信息）、网络设备发现（具体设备或一个网段范围的发现，如 IP 地址、主机名、子网掩码、MAC 地址、路由和 ARP 表、所安装的软件、已运行的软件、系统 MIB 信息、IOS 版本信息、UDP 服务、TCP 连接等）等。

任务 1-2　认识工程招标与投标

 任务描述

本任务的目的是熟悉网络工程项目招投标流程，熟悉招投标过程每个阶段主要工作内容与要求；了解工程项目招标、投标文件格式；了解网络工程项目预算的内容。

 问题引导

假如读者是某系统集成商（乙方）或甲方的技术负责人，由读者负责工程项目招标或投标，该如何编制招标或投标文件？

 知识学习

工程招投标是一个规范网络工程项目必需的环节。招标是依据公开、公平、公正的原则和方式，从众多的系统集成商中选择一个有合格资质并能够为用户提供最佳性价比的集成商承担网络工程项目的建设。工程招投标流程如图 1-5 所示。

微课
网络工程投标流程

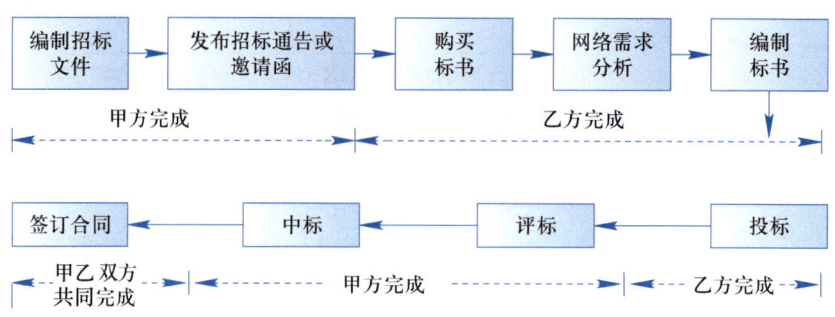

图1-5 工程招投标流程

任务实施

1. 编制招标文件

新星职业技术学院校信息化建设招标文件

招标方聘请监理部门工作人员,根据需求分析阶段提交的资料编制招标文件。

招标文件主要包括以下内容。

(1)招标邀请函。招标邀请函由招标机构编制,简要介绍招标单位名称及招标内容,招标形式,售标、投标、开标时间地点,承办联系人姓名、地址、电话等。开标时间除了要给投标商留足准备标书和递送标书的时间外,国际招标还应尽量避开国外节假日,国内招标避开春节和其他节假日。

兰苑县煤炭产量远程监测监控系统建设项目施工招标文件

(2)投标须知。主要包括本项目的基本说明,投标文件的编写要求,投标文件的递交方式、时间和联系人,开标日期和评审依据等。

(3)对有特殊要求的内容进行专门规定。例如:招标内容、技术资料、设备安装与验收的要求及时间、对工程质量保证的要求、付款方式、售后服务的具体要求、竣工时间及验收时间的要求等。

长庆集团公司综合布线招标文件

(4)技术规格及要求。主要包括网络工程项目总的建设原则、应用范围及作用、技术参数及其他要求、部分参考设备配置清单、信息点统计和分布图等。

2. 发布招标通告或邀请函

招标文件经甲方审定通过后,面向社会发布招标通告或向部分网络系统集成商发送招标邀请函,并负责对有关网络工程问题进行咨询。

育才中学校园网建设项目招标文件

3. 购买标书

有意承接该网络工程项目的网络系统集成商(投标方)到招标方购买标书。投标人在购买标书后,应该仔细阅读标书的投标要求及投标须知,在同意并遵循招标文件的各项规定和要求的前提下,决定是否参与本项目投标。

4. 网络需求分析

投标方购买标书后,根据标书的要求,应与用户反复交流,从用户方得到更准确的网络需求信息,也可到现场进行勘察,对环境进行深入细致的分析,然后形成网络需求分析规范文档。

5. 编制投标书

投标文件是承包商参与投标竞争的重要凭证，是评标、决标和签订合同的依据，是投标人实力的综合反映和能否获得经济效益的重要因素。因此，投标人对投标文件的编制应引起足够的重视。投标文件应完全按照招标文件的各项要求编制，一般不应带任何附加条件，否则将导致投标作废。

投标文件的组成：由开标一览表、投标书、投标书附件、投标保证金、法定代表人资格证明影印件、授权委托书、规格响应表及技术规格偏离表、同类项目业绩证明材料、施工计划、资格审查表、对招标文件中的合同协议条款内容的确认与响应、售后服务与承诺、招标文件规定须提交的其他资料等组成。

投标文件一般包括商务部分与技术方案部分。商务部分主要由产品报价、企业法人代表影印件、投标人资质证明材料、税务登记证、社保登记证、业绩证明材料等组成。技术方案应根据招标书提供的建筑物的平面图及功能划分、信息点的分布情况、期望产品的型号与规格、应遵循的标准与规范、安装及测试要求等方面，充分理解和思考，做出较完整的应答。技术方案应具有一定的深度，可以体现网络系统的整体设计方案和工程实施方案，也可提出建议性的技术方案，以供用户与评标委员会评议。切记避免过多地对厂家产品进行烦琐的全文照搬。

6. 投标

投标方向招标单位递送标书。

7. 评标

招标单位邀请商务、经济及计算机专家、网络工程专家组成评标委员会，对投标单位资格、企业资质等进行审查，审查内容主要包括企业注册资金、网络系统集成工程案例、技术人员配置、各种网络代理资格属实情况、各种网络资质证书的属实情况等。对参评方各项条件公平打分，选择得分最高的网络系统集成商。

8. 中标

公告中标方，并与中标方签订正式工程合同。

知识拓展

了解工程预算

工程预算是对工程项目在未来一定时期内的收入和支出情况所做的计划，它通过货币形式对工程项目的投入进行评价并反映工程的经济效果。它是加强企业管理、实行经济核算、考核工程成本、编制施工计划的依据，也是工程招投标报价和确定工程造价的主要依据。网络工程预算一般由网络综合布线材料费、工程施工费、网络系统设备采购费、系统集成费及软件购置费等组成，表 1-1 是工程预算报价表模板。

育才中学校园网建设项目投标文件

职业院校校园网建设投标文件

笔 记

网络工程预算

case

网络工程招标书+合同+工程预算书

case

表 1-1 工程预算报价表模板

网络工程预算组成			
网络布线材料费			
网络布线施工费			
网络布线工程费			
网络系统设备费和集成费			

网络工程材料报价表　　单位：人民币元						
序号	材料名称	单位	数量	单价/元	合价/元	备注
1	非屏蔽超五类双绞线	箱				
2	信息插座、面板	套				
3	超五类配线架	个				
4	五类配线架	个				
5	1.9 米机柜	台				
6	1.6 米机柜	台				
7	0.5 米机柜	台				
8	4 芯室外光纤	米				
9	ST 头	个				
10	ST 耦合器	个				
11	光纤接线盒	个				
12	光纤接线盒	个				
13	光纤跳线 ST-SC3M	根				
14	光纤制作配件	套				
15	钢丝绳	米				
16	挂钩	个				
17	托架	个				
18	U 型夹	个				
19	电线杆	根				
20	桥架	米				
21	PVC 槽 80 mm×50 mm	米				
22	PVC 槽 40 mm×30 mm	米				
23	PVC 槽 25 mm×12.5 mm	米				
24	PVC 槽 12 mm×0.6 mm	米				
25	RJ45 头	个				
26	RJ11 头	个				
27	小件消耗品		视工程需要			
28	小计					

续表

网络布线施工费							
序号	分项工程名称	单位	数量	单价/元	合价/元	备注
1	PVC 槽敷设	米				
2	双绞线敷设	米				
3	跳线制作	条				
4	配线架安装	个				
5	机柜安装	台				
6	信息插座打线安装	套				
7	竖井打洞	个				
8	光纤敷设	米				
9	光纤 ST 头制作	个				
10	小计					
网络布线工程费							
1	设计费	（施工费+材料费）×5%			
2	督导费	（施工费+材料费）×3%			
3	测试费	（施工费+材料费）×5%			
4	小计					

任务 1-3　认识网络工程规划与设计

任务描述

本任务将从网络需求分析、拓扑结构设计、技术选型、IP 地址规划与设备命名、网络安全管理方案设计、网络设备与服务器选型以及物理网络设计 7 个方面学习网络工程项目设计的流程与规范，掌握网络工程项目设计的工作任务和主要内容。

问题引导

（1）网络工程规划与设计的流程是什么？
（2）网络工程规划与设计各步骤的工作任务和内容是什么？

 知识学习

网络工程规划与设计是一个系统工程，是保障网络工程顺利实施的重要环节。网络工程规划与设计是指按照用户的需求，从网络综合布线、数据通信、系统集成等多方面综合考虑，选用先进的网络技术和成熟产品，为用户提供科学、合理、实用的网络系统解决方案的过程。

一个完整系统的网络工程规划与设计过程包括网络工程需求分析、网络逻辑设计、物理设计、网络应用系统设计以及网络测试与维护。网络工程规划与设计是根据用户需求采用主流的局域网技术、广域网技术以及高性价比的产品，提出科学、合理的网络系统解决方案，然后按照方案，将网络硬件设备、结构化综合布线系统、网络系统软件和应用软件等组成一个一体化的网络环境平台和资源应用平台，使其满足用户应用需求，形成具有优良性价比的计算机网络系统。网络工程项目规划与设计流程如图 1-6 所示。网络管理与网络安全设计贯穿整个设计过程，未通过测试的设计需要重新进行。

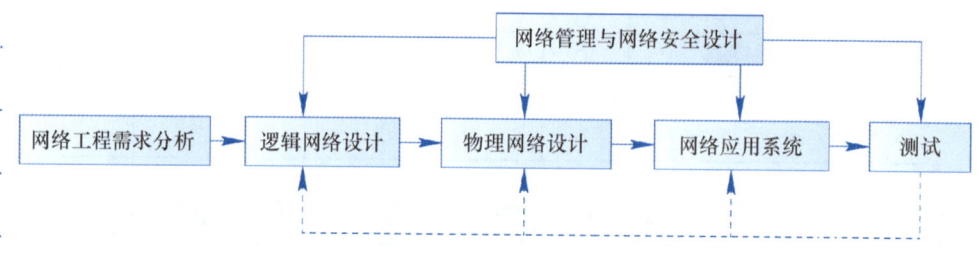

图 1-6　网络工程规划与设计流程

网络工程需求分析：主要包括业务需求分析、环境需求分析、管理需求分析、安全性需求分析、互联网接入需求分析、扩展性分析、通信量需求分析等内容。

逻辑网络设计：网络需求分析完成之后，就进入网络的逻辑设计阶段。逻辑设计的目的是建立一个逻辑模型来确定网络的结构、网络设备的连接、节点接入方式以及技术等，主要包括网络拓扑结构设计、IP 地址规划及设备命名、空间域名规划、网络设备选型、网络接入方式等。

物理网络设计：主要包括网络综合布线系统设计、网络互连设计、网络中心机房和网络供电系统设计。

网络应用系统设计：当物理网络架设完成以后，为了让网络发挥其功能，还需要进行网络应用系统的设计与开发。网络应用系统的设计通常涉及网络的系统架构、应用服务器环境、数据库系统的选择、网络应用系统的开发等方面的内容。

任务实施

子任务一　网络需求调查与分析

1. 网络需求调查与分析的主要任务

网络需求分析就是获取和确定网络系统总体需求。良好的需求分析是建设一个安全、稳定的高性能网络的基础，如果在网络系统设计初期没有进行详细的需求分析，对用户网络系统的总体建设目标和功能需求了解不够详细，就会由于用户需求的不断变化，造成在整个项目实施过程中网络整体设计方案的不断修改，直接影响项目的整体计划和资金预算。

网络需求分析的主要任务就是要通过深入细致的调查与分析，对网络系统的业务需求、建设规模、整体构架、管理要求、扩展需求、网络安全要求以及接入需求等指标给出尽可能准确的定量或定性分析与估计。具体来说，就是要完成如下几项工作。

1）通过需求调查与分析，了解现有的环境和应用系统

了解现有网络现状，对网络方案的整体规划是十分必要的。现有的应用系统都是在一定历史条件下形成的，网络系统如何使用户应用平滑过渡，这在网络规划时都必须考虑周到。

2）通过需求调查与分析，了解哪些应用系统需要保密性

在特定的某个网络系统中，有些应用系统是保密的，有些是开放的。对于保密的应用系统在网络规划时，就应该制定相应的安全策略。如一个单位的人事管理系统和财务管理系统，除禁止外来用户访问外，还要防止内部非法用户的访问。随着互联网技术的不断发展，在构建企业内部网络时，都会采用防火墙技术，将非法用户隔离在防火墙之外，但对内部用户则只能通过设置不同的访问权限来进行有效管理和控制。

3）通过需求调查与分析，了解网络业务划分

在规划网络时，应该了解部门与部门之间、部门内部的信息流量。一般来说，应该将数据交换最为频繁的用户组织在一个网段上。这样可以有效地控制整个网路，提高网络整体效率。

4）通过需求调查与分析，可以了解用户对网络带宽的要求

通过需求分析可以了解不同的用户对网络带宽的需求，近年来随着多媒体技术的广泛应用，用户对网络带宽的需求有很大的差异，这在网络规划阶段应该高度重视。尤其是对于一个提供公共服务的网络接入设备（节点），如公共文件服务器、公共数据库服务器，应该采用高带宽接入。

总之，在网络系统建设初期，对网络系统进行详细的需求分析是十分必要的，这对于建立较理想的网络环境将起到积极的作用。

2. 网络需求调查与分析的主要内容

一个良好的网络系统建立在各种各样需求的基础之上，这种需求往往来自于用户现有的实际需求或未来发展的需要。一个网络系统将为不同客户提供不同功能的服务，网络系统设计者对用户需求的理解程度，在很大程度上决定了此网络系统建设的成败。如何更好地了解、分析、明确用户需求，并以准确、清晰的文档形式表达给参与网络系统建设的每个成员，是保证系统建设满足用户需求的关键，因此网络系统设计人员必须足够重视这些问题。网络需求分析一般包括以下内容。

1）环境调查与分析

环境分析是指对客户网络系统的地理环境、信息环境等进行实地勘察，主要包括客户的办公自动化应用情况、计算机和网络设备的数量和分布情

网络需求调查方案

网络需求调查方案设计

微课
网络需求调查与分析

况、技术人员掌握专业知识和工程经验情况、网络建设范围的大小、网络建设区域建筑物布局以及建筑物结构情况等。通过环境分析可以对建网环境有清楚的认识，以便在拓扑结构设计和结构化综合布线设计等后续工作中做出正确决策。

网络环境分析需要掌握下列情况：
（1）网络系统建设涉及的物理范围的大小。
（2）需要网络覆盖的建筑物位置及它们相互间的距离。
（3）每栋建筑物的物理结构（包括楼层数、楼层高、建筑物内弱电井位置及配电房的位置、建筑物的长度与宽度、各楼层房间布局、每个房间的大小及功能等）。
（4）各工作区内信息点数目和结构化布线规模。
（5）现有计算机和网络设备的数量和分布情况。
（6）目前网络设备的使用情况及存在问题。
（7）技术人员掌握专业知识和工程经验情况。

2）业务需求调查与分析

业务需求分析的目标是明确企业的业务类型、应用系统软件种类以及它们对网络性能指标（如带宽、服务质量）的要求。收集用户业务需求过程应从现有的网络用户开始，重点了解用户需要的重要服务或功能。业务需求分析主要包括以下内容：
（1）确定需要联网的业务部门及相关人员，了解各个部门的基本业务流程以及网络应用的类型、地点和方式。
（2）确定网络系统的投资规模，预测网络应用增长率（确定网络的扩展性需求）。
（3）确定网络的可靠性、可用性以及网络响应时间需求。
（4）确定 Web 站点和 Internet 的连接性。
（5）确定网络的安全性以及有无远程访问需求。

3）管理需求调查与分析

网络管理包括两个方面，一方面是制定网络使用的规定和策略，用于规范用户操作网络的行为；另一方面是指网络管理员利用网络设备和网管软件提供的功能对网络进行管理。通常所说的网管主要是指前者，它在网络规模较小、结构简单时，可以很好地完成网管职能。现代企业网络规模的日益扩大，逐渐显示出它的重要性，尤其是网管策略对网管的有效实施和保证网络高效运行是至关重要的。网络管理的需求分析要回答以下基本问题：
（1）是否需要对网络进行远程管理。
（2）谁来负责网络管理，网络管理人员水平及经验如何。
（3）需要哪些管理功能。
（4）选择哪个供应商的网管软件，是否有详细的评估。
（5）选择哪个供应商的网络设备，其可管理性如何。

（6）如何跟踪和分析处理网管信息。
（7）如何更新网管策略。

4）安全性需求调查与分析

网络安全要达到的目标包括网络访问的控制、信息访问的控制、信息传输的保护、攻击的检测和反应、突发事故的预案、事故恢复计划的制定、物理安全的保护、灾难防备计划等。企业网络安全性分析要明确以下安全性需求：

（1）企业的关键数据及其分布情况。
（2）网络用户的安全级别。
（3）可能存在的安全漏洞。
（4）网络设备的安全功能要求。
（5）网络系统软件的安全评估。
（6）应用系统的安全要求。
（7）防火墙技术方案。
（8）防病毒方案。
（9）网络遵循的安全规范和达到的安全级别。

5）网络规模调查与分析

确定网络规模就是要明确网络建设的范围，网络规模一般分为小型办公室网络、部门办公网络、企业级网络和骨干网络。

确定网络规模主要考虑的因素包括：

（1）整个网络系统涉及的地理范围，如多园区、单园区、单栋大型建筑、单栋普通建筑等。
（2）哪些部门需要连入网络，用户数量及分布情况等。
（3）哪些资源需要上网，哪些资源需要设置访问权限。
（4）采用什么档次的网络设备、各种网络设备的大致数量等。
（5）网络系统的带宽要求是多少，与外部网络连接需要多大带宽。

6）网络拓扑结构分析

影响网络拓扑结构的因素主要包括所采用的网络技术和企业的地理环境，所以，网络拓扑结构的规划既要结合当今主流技术，又要充分考虑企业的地理环境，以确保后期网络工程的顺利实施。拓扑结构分析要明确以下指标：

（1）网络接入点（信息点）的数量和地理分布。
（2）网络连接的转接点的数量和部署位置。
（3）网络中心的位置选择与面积要求。
（4）网络各信息点与各转接点、各转接点与网络中心的距离参数等。

7）与外部联网的调查与分析

建网的目的就是要拉近人们信息交流的距离，网络覆盖的范围应该尽可能全面。电子商务、家庭办公、远程教育等 Internet 应用的迅猛发展，使得网络互连成为企业建网一个必不可少的方面。与外部网络的互连涉及以下方面的内容：

（1）是否与Internet连接，内网与外网是否需要物理隔离。
（2）采用哪种上网方式。
（3）与外部网络连接的带宽要求。
（4）是否要与某个专用网络连接。
（5）上网用户权限如何，采用哪种收费方式。

8）扩展性调查与分析

网络的扩展性有两层含义，其一是指新的用户能够简单地接入现有网络，能支持未来业务需求；其二是指现有的应用能够无缝地在新建的网络上运行。扩展性分析要明确以下指标：

（1）企业需求的新增长点有哪些。
（2）已有的网络设备和计算机资源有哪些。
（3）哪些设备需要淘汰，哪些设备还可以保留。
（4）网络节点和布线的预留比率是多少。
（5）哪些设备便于网络扩展。
（6）主要网络设备的升级性能。
（7）操作系统平台的升级性能。

9）通信量需求调查与分析

通信量需求是从网络应用出发，对支持该应用需要的网络带宽做出评估。通信量分析要明确以下指标：

（1）未来有没有对高带宽服务的要求。
（2）需不需要宽带接入方式，本地能够提供的宽带接入方式有哪些。
（3）哪些用户经常对网络访问有特殊的要求，如行政人员经常要访问OA服务器、销售人员经常要访问ERP数据库等。
（4）哪些用户需要经常访问Internet，如客户服务人员经常要收发E-mail。
（5）哪些服务器有较大的连接数。
（6）哪些网络设备能提供合适的带宽且性价比较高。
（7）需要使用什么样的传输介质。
（8）服务器和网络应用能否支持负载均衡。

3. 需求调查的基本方法

获取需求信息是需求分析的第一步，目的是使网络系统设计人员全面准确地了解用户的需求。网络系统设计人员和用户之间的交流与理解是一个反复的过程（可能是用户对需求并不明确，也可能是网络系统设计人员的理解不全面等原因）。虽然双方对网络系统建设的目标一致，但双方都希望能完全按自己意愿进行项目建设，双方的理解和表述都可能存在偏差。因此，网络系统设计人员必须掌握一套行之有效的网络系统需求分析的方法和技巧。

目前，常用的网络系统调查方法主要包括以下几个方面。

1）实地考察

实地考察是指为明白一个事物的真相和势态发展流程，而去现场进行直观的调查。实地考察是工程设计人员获得第一手资料最直接的方法，也是必需的步骤。

2）用户访谈

用户访谈是指工程设计人员与招标单位的负责人通过面谈、电话交谈、电子邮件等通信方式以问答的形式获得需求信息的方法。

3）问卷调查

问卷调查法也称问卷法，它是调查者运用统一设计的问卷向被选取的调查对象了解情况或征询意见的调查方法。

4）专家咨询

将需求分析中不涉及商业机密的部分向同行技术专家咨询，可采取当面咨询、电话咨询或到网络相关技术的论坛或新闻组发帖等方式，获得帮助或指导。

4. 网络需求分析报告

网络需求分析的最终结果是要编制网络需求说明书，需求说明书也称需求分析报告，它是需求分析阶段的工作成果，是网络规划与设计过程中第一个可以传阅的重要文件，也是下一阶段网络设计工作的依据和以后项目验收的检验标准，网络需求分析报告的目的在于对收集到的需求信息做出清晰的概括。编制需求说明书的基本步骤如下。

网络工程需求分析报告格式

校园网需求分析说明书

中学校园网络工程项目需求分析报告

1）数据准备

第一步是要将原始数据制成表格，并从各个表格看其内在的联系及模式。

第二步是要把大量的手写调查问卷或表格信息转换成电子表格或数据库。

另外，对于需求收集阶段产生的各种资料，都应该编辑目录并归档，便于后期查阅。

2）需求说明书的编写

编写需求说明书应该做到尽量简明且信息充分，以节省管理人员的时间。一般情况下，需求说明书应该包括综述、分项概述、需求数据汇总、需求清单、审批申请五部分。

3）需求说明书的修改

需求说明书中一般都揭示了不同群体的需求之间的矛盾，管理层会解决这些矛盾。不要修改原始的调查数据，可在说明书中附加一部分内容，解释管理层的决定，然后给出最终需求。

子任务二　网络拓扑结构设计

网络拓扑结构设计是网络工程质量的关键环节之一，良好的拓扑结构是网络稳定可靠运行的基础。网络拓扑结构设计主要是确定网络中所有节点采用何种方式相互连接。设计时，要考虑网段和互联点、网络规模、网络体系结构、采用的网络协议，以及组建网络所需的硬件设计类型和数量等多方面的因素。

同样数量、同样位置分布、同样用户类型的计算机，采用不同的拓扑结构会得到不同的网络性能，因此需要进行科学的拓扑结构设计。

1. 层次化的网络设计方法

层次化网络拓扑结构

网络拓扑结构的规划与设计往往与地理环境分布、传输介质与距离、网络传输可靠性以及网络系统的建设规模等因素紧密相关，当网络系统规模比较庞大时，一般将一个大规模的网络系统分为几个较小的部分，它们之间既相对独立又互相关联，这种化整为零的做法是分层进行的。国际上比较通行的拓扑结构设计方法是思科公司提出的三层结构设计方法，每层的重点集中在特定的功能上，允许为每层选择适当的系统和功能，并且使特定的功能在各层中独立体现。通常网络拓扑的分层结构包括核心层、汇聚层和接入层，如图 1-7 所示。

笔 记

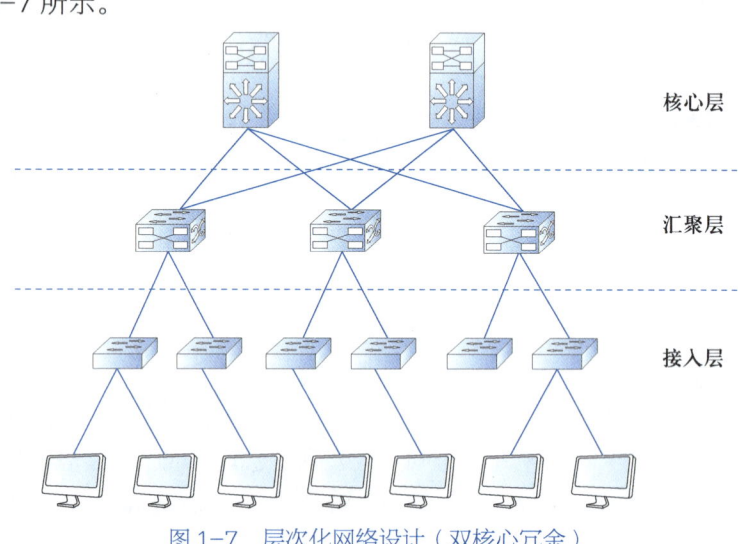

图 1-7 层次化网络设计（双核心冗余）

层次化网络设计的优点如下。

结构简单：通过将网络分成许多小的单元，降低了网络的整体复杂性，使故障排除或扩展更容易，能隔离广播风暴的传播、防止路由循环等。

升级灵活：网络容易升级到最新的技术，升级任意层的网络不会对其他层造成影响，无须改变整个网络环境。

有助于分配和规划带宽：可以根据业务繁忙程度和传输数据流量大小给不同的用户分配不同的网络带宽。

生成树协议

有利于信息流量的安全与局部化：通常情况下，全局网络对某个部门信息访问的需求很少（如财务部门的信息，只能在本部门内授权访问），局部的信息流量传输不会波及全网，分层模型有利于将信息流量限制在同一层次内部。

快速生成树协议

易于管理：层次结构降低了设备配置的复杂性，使网络更容易管理。

1）核心层设计

核心层的主要目的在于提供高速的数据包交换，提供可靠的骨干传输结构，因此核心层设备应具有更高的可靠性，更快速的数据交换能力，并且能快速适应网络的变化。应根据性能和吞吐量的要求设计网络，并且使用冗余组件，如在与汇聚层交换机相连时采用建立在生成树基础上的多链路冗余连接，以保证在核心层与汇聚层之间实现链路备份和负载均衡，实现高速、可靠的数据交换。

核心层设计时应该特别注意如下几点。

（1）核心层应尽可能少地执行网络策略。网络策略是网络管理员根据需要定制的规则，如复杂的服务质量（Quality of Service，QoS）处理等，其对网络性能将不可避免地产生影响。一旦核心层策略不当，轻则导致整个网络性能急剧下降，重则导致整个网络瘫痪。因此，网络策略一般在接入或汇聚层完成。

（2）核心层的所有设备应全网可达。可达性是指核心层设备应具有足够的路由信息来转发发往网络中任意目的地的数据包。

（3）核心层的交换机不应该使用默认的路径到达内部的目的地，以避免链路单点失效带来网络不可达。

（4）核心层应尽可能采用链路聚合或虚拟化技术来减小核心层路由表大小。

（5）应用冗余设计保障核心网络的可靠性。

2）汇聚层设计

汇聚层是核心层与接入层的中间层，汇聚层需要将大量低速的连接（来自接入层设备的连接）经汇聚后接入核心层，以实现通信量的收敛，提高网络汇聚点的效率。汇聚层的主要任务是负责聚合路由路径，收敛数据流量。在进行汇聚层设计时应该注意如下几点。

（1）汇聚层设备要有足够的带宽。

（2）尽量减少核心层设备可选择的路由路径的数量。

（3）以汇聚层为设计模块，实现网络拓扑变化的隔离，增强网络的稳定性。

（4）汇聚层除要进行路由聚合外，还要考虑实施 QoS 保障、网络安全等策略。

（5）汇聚层可以采用必要的冗余措施以提高网络的可靠性。

汇聚层设备需要进行 VLAN 之间的通信，一般要求设备支持三层或多层交换，对上行链路提供多个千兆、万兆端口（光口、电口），模块化组网，丰富的二层协议，完善的安全机制，丰富的 QoS 支持，实用的网管功能等。

汇聚层的主要设计目标是：隔离拓扑结构的变化、控制路由表的大小以及网络流量的收敛。实现这一设计目标的方法一是路径聚合，二是使核心层与汇聚层的连接最小化。

3）接入层设计

接入层是直接面对终端用户的，主要负责将终端用户计算机连接到网络中，为用户提供网络访问。接入层应提供各种接入方式、将终端接入网络、执行网络访问控制、流量交换、MAC 层过滤、网段划分等功能以及一些其他的边缘功能（如 QoS）。

接入层交换机具有低成本和高端口密度等特点，可以采用可网管、可堆叠的接入层交换机。交换机的高速端口用于连接高速率的汇聚层交换机，普通端

QoS 技术文档

拓展阅读
扁平化组网结构

VLAN 技术文档

PVLAN 技术文档

链路聚合技术

交换机级联、堆叠和虚拟机框架技术分析

笔 记

口直接与用户计算机相连，以有效地缓解网络骨干的瓶颈。

在进行接入层设计时应该注意如下几点。

（1）提供方便快捷的接入方式，将终端接入网络。

（2）接入层交换机所接收的连接数不要超出其与汇聚层之间允许的连接数。

（3）接入层交换机不应将所连局域网的流量转发到汇聚层。

（4）不要将接入层设备作为两个汇聚层交换机之间的连接点，即不要将一个接入层交换机同时连接两个汇聚层交换机。

（5）接入层交换机应该具有较强的网络访问控制功能。接入层是用户接入网络的入口，也是黑客入侵的门户。接入层通常可以采用包过滤策略来提供基本的安全性，保护局部网段免受网络内外的攻击。基本的过滤策略包括严禁欺骗、严禁广播源等。

2. 扁平化组网结构

扁平化组网结构通过核心交换机实现扁平组网，可满足大规模局域网的所有用户及终端使用需求。核心交换机作为整网的统一网关，需要统一准入认证、安全策略、无线控制等，接入或汇聚交换机只需简单的VLAN隔离功能，整网仅需管理核心交换机即可实现对网络的管理。这种结构正越来越广泛地应用于大规模局域网，如图1-8所示。

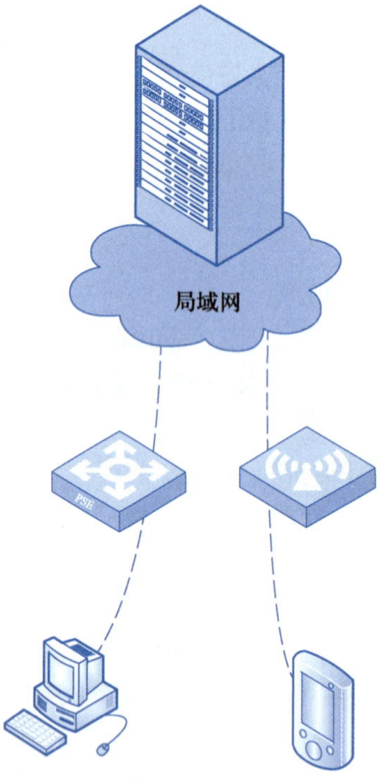

图1-8 扁平化组网结构

在传统的局域网中，用户接入控制、安全防护、运营及服务管理的各种功能和策略一般都部署在局域网的接入、汇聚交换机上。这种部署方式导致接入网的整体成本非常高，网络中心需要投入大量的资金来搭建接入网，而未来因为设备老旧、功能升级等原因，该接入网还需要持续的投入。扁平化组网结构首先实现的是将原来分布在接入网的各项功能和策略上收至核心交换机，随后各项功能、策略的执行点全部在核心交换机上，接入网的接入、汇聚交换机只负责进行各种数据的转发，实现一台设备管理全网，简化运维管理。

教育医疗行业网络拓扑结构

靳安市电视台园区网设计项目案例

case

省级电力地调网项目实施文档

case

3. 不同规模网络拓扑结构设计

不同行业网络应用需求有所不同，其拓扑结构设计的侧重点也有所不同，下面将以小型、中型、大型校园网为例，介绍其网络拓扑结构。

1）小型校园网络

如果整个网络信息相对流量比较大且信息点比较集中，主干网可以采用千兆以太网技术。而对信息量较小、信息点比较分散的校园网可采用快速以太网连接方式，其校园网络拓扑结构如图 1-9 所示。

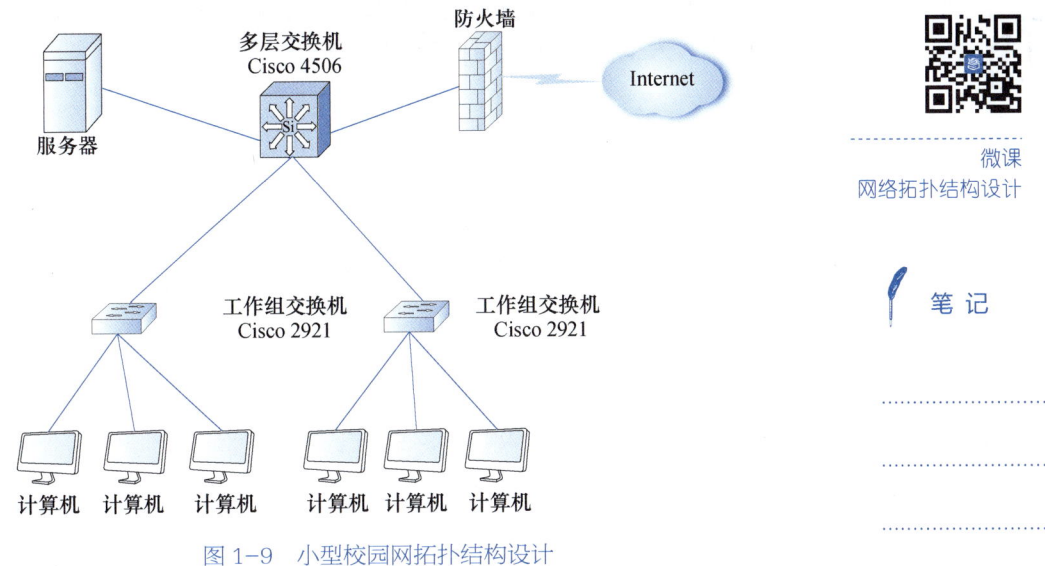

图 1-9　小型校园网拓扑结构设计

2）中型校园网络

在中型校园网组网方案中，终端用户数目相对较多，网络所涉及的应用系统也相对比较复杂，所以网络主干技术选型上采用千兆以太网或更高的以太网。中型校园网络拓扑结构如图 1-10 所示。

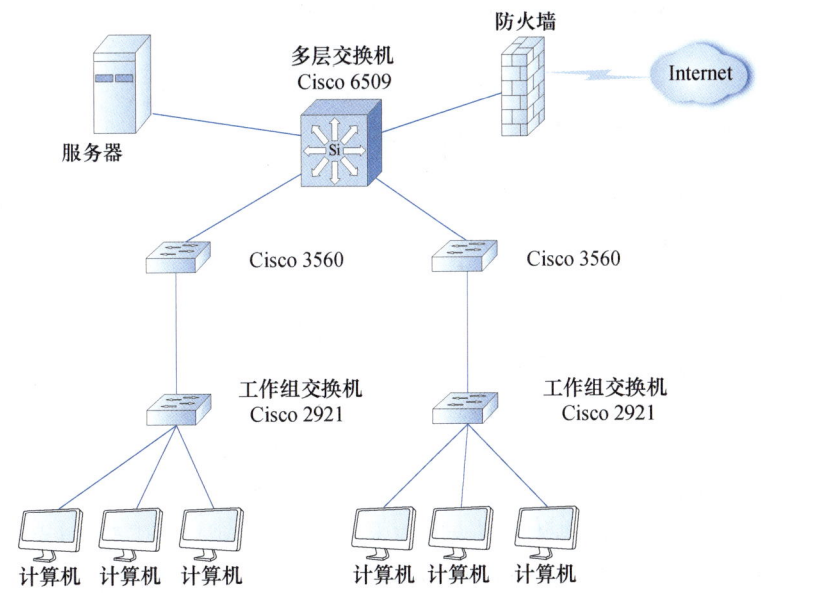

图 1-10　中型校园网拓扑结构设计

校园网设计方案

校园网建设方案

3）大型校园网络

在大型校园网络设计中，网络骨干一般采用双核心冗余结构，且速率为千兆或万兆。汇聚层采用双链路上连到网络中心，避免因单链路失效导致用户不能接入网络。大型校园网络拓扑结构如图 1-11 所示。

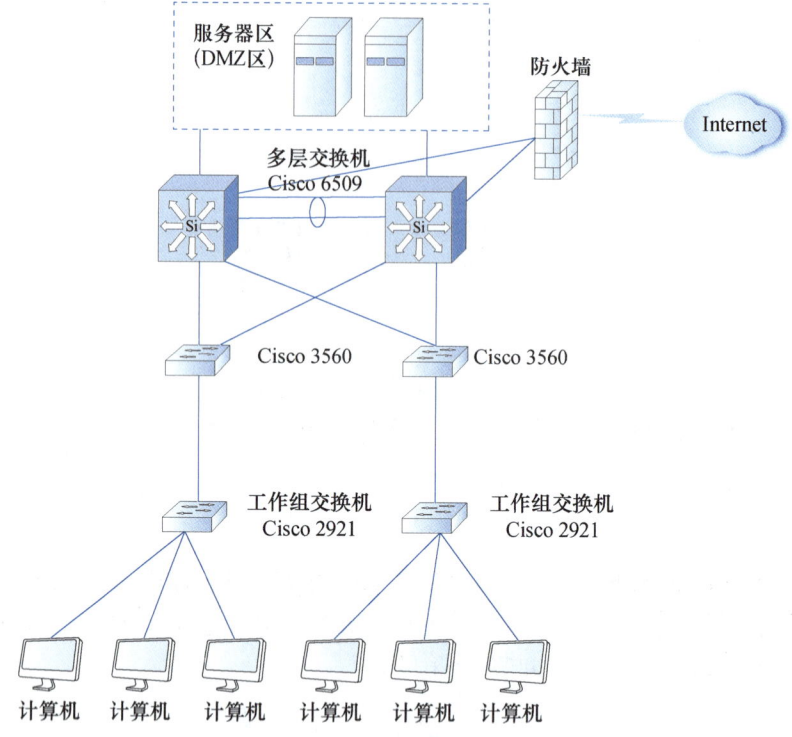

图 1-11　大型校园网拓扑结构设计

子任务三　网络技术选型

主干网网络技术的选择对网络建设的成功与否起着决定性的作用，根据用户需求选择合适的网络技术，不但能保证企业网络的性能，还能保证用户网络的先进性和扩展性，有利于未来新技术的升级，保护用户的投资。

1. 主流网络技术

计算机网络技术的发展先后经历了以太网技术、快速以太网技术、光纤分布式数据接口（Fiber Distributed Data Interface，FDDI）网络技术、令牌环（TokenRing）网络技术、千兆以太网技术、异步传输模式（Asynchronous Transfer Mode，ATM）网络技术以及万兆以太网技术等。目前，在局域网络系统中应用最为广泛的是快速以太网技术、千兆以太网技术和万兆以太网技术，特别是千兆以太网以其在局域网领域中支持高带宽、多传输介质、多种服务、保证 QoS、性价比高等特点占据着主流位置。随着技术的发展千兆以太网技术、FDDI 网络技术、TokenRing 网络技术已逐渐退出历史舞台，而 ATM 网络技术主要用于构建城域网骨干和广域网。

微课
网络技术选型

1）快速以太网（FastEthernet）

快速以太网技术是在传统的千兆以太网技术的基础上发展起来的百兆以太网技术，通常采用星型网络拓扑结构。快速以太网支持共享和交换两种模式，交换式快速以太网工作在全双工状态下，使网络带宽可以达到 200 Mb/s。因此快速以太网是一种在局域网技术中性价比较好的网络技术，能为多媒体应用提供良好的网络质量和服务。

2）千兆以太网技术

千兆以太网是在百兆以太网基础上发展起来的高速以太网技术。千兆以太网仍遵循传统以太网技术标准（包括带冲突检测的载波侦听（Carrier Sense Multiple Access/Collison Detect，CSMA/CD）协议、以太网帧、全双工、流量控制以及 IEEE 802.3 标准中所定义的管理对象），所以不需要对网络做任何改变，就能很方便地将有的以太网升级到千兆位以太网。另外，千兆以太网技术在继承传统以太网技术优点的同时，采用了一系列新的技术特性（包括以光纤和铜缆作为传输介质、使用 8B/10B 编解码方案、采用载波扩展和分组突发技术等），使千兆以太网的连接距离扩展到了 500 m，如果采用 1 300 nm 激光器和 50 μm 的单模光纤，传输距离则可以达到 3 km。

正是因为千兆以太网具有良好的继承性和许多优秀的新特性，特别是千兆以太网的第三层交换技术的成熟，千兆以太网在企业网、园区网、局域网主干上已完全取代了 ATM 网络，成为局域网的主流解决方案。

3）万兆以太网技术

以太网采用 CSMA/CD 机制，即带碰撞检测的载波监听多重访问。千兆以太网接口基本应用在点到点线路，不再共享带宽，碰撞检测、载波监听和多重访问已不再重要。万兆以太网技术与千兆以太网类似，仍然保留了以太网帧结构。通过不同的编码方式或波分复用提供 10 Gb/s 的传输速率。所以就其本质而言，万兆以太网仍是以太网的一种类型。

10G 以太网包括 10GBASE-X、10GBASE-R 和 10GBASE-W 三种技术标准。10GBASE-X 使用一种特紧凑包装，含有 1 个较简单的 WDM 器件、4 个接收器和 4 个在 1 300 nm 波长附近以大约 25 nm 为间隔工作的激光器，每一对发送器/接收器在 3.125 Gb/s 速度（数据流速率为 2.5 Gb/s）下工作。10GBASE-R 是一种使用 64B/66B 编码的串行接口，数据流速率为 10 Gb/s，因而产生的时钟速率为 10.3 Gb/s。10GBASE-W 是广域网接口，与 SONET OC-192 兼容，其时钟速率为 9.953 Gb/s，数据流速率为 9.585 Gb/s。

由于当前宽带业务并未广泛开展，人们对单端口 10 Gb/s 主干网的带宽并没有迫切需求，未来随着视频点播、高清视频和实时互动游戏等的广泛应用，万兆以太网将会逐步应用。

4）光接入网络技术

光纤接入网（Optical Access Network，OAN）是采用光纤传输技术的接入网，通常指本地交换机或端模块与用户之间采用光纤通信或部分采用光纤

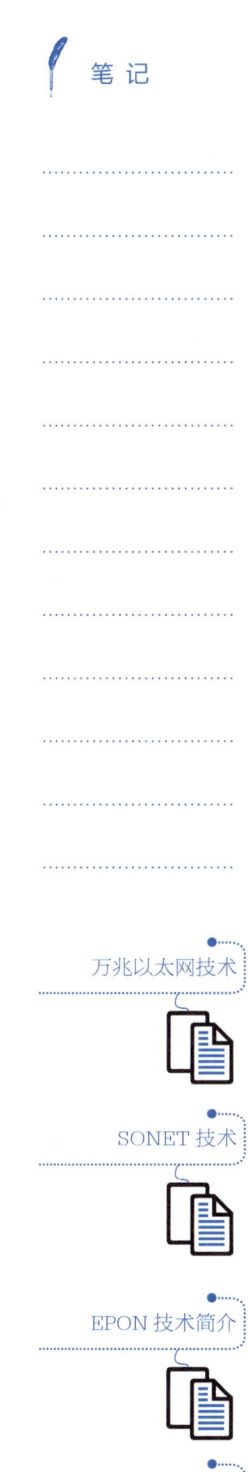

三网融合接入网 PON 和 EOC 技术

无源光网络（PON）技术

通信的系统。在 ITU—TG.982 建议中，光接入网被定义为共享同样网络侧接口且支持光接入传输系统的一系列接入链路，它由光线路终端（Optical Line terminal，OLT）、光配线网（Optical Distribution Network，ODN）、光网络单元（Optical Network Unit，ONU）及适配功能（Adaption Function，AF）组成，也可包含若干与同一光线路终端相连的光配线网。按照光网络单元在光接入网中所处的具体位置不同，可以将光接入网划分为 4 种基本不同的应用类型：光纤到路边（FTTC）、光纤到大楼（FTTB）、光纤到家（FTTH）和光纤到办公室（FTTO）。

光接入网又可分为无源光网络（Passive Optical Network，PON）和有源光网络（Active Optical Network，AON）。AON 包括两种实现方式，一种是 SDH/MSTP 点到点接入系统，该系统使用同步方式，抖动要求严格，设备成本相当高昂；另一种则是基于点到点的有源以太网系统，虽然以太网光纤系统在低密度地区铺设成本较低，但却不适合高密度地区使用。

PON 则是指在 CO 和 CPE 之间没有任何有源的电子设备，通过无源的光器件，构成光接入网络。

PON 是一种点到多点系统，可以采用功率分割型无源光网络（PSPON）和波分复用型无源光网络（WDMPON）。PSPON 采用星型耦合器分路，这种方式随着 ONU 的增加，每路功率下降十分明显。而对于 WDMPON，虽然技术更为出众，也具有更长的生命力，但成本较高。

2. 网络技术选型策略

每一种网络技术都有其自身的特点和应用环境，在进行网络规划设计时，选择合理的网络主干技术对于一个网络系统来说十分重要，因为它关系到网络的服务品质和可持续发展的特性。通常应遵循以下策略进行网络技术选择。

1）根据应用选择网络

对于一个实际的网络系统，采用何种网络技术方案，应该从应用的角度来考虑，而不是从产品的角度出发。系统不仅要满足目前实际需求，而且要确保今后某个时期内技术上不落后，因此，在网络总体方案设计时应进行综合、细致的网络需求分析。需求分析包括网络的应用范围、业务类型、用户数量、网络负荷预测、网络现状及未来应用需求等。

2）考虑已有网络设施的利用

由于计算机发展和应用历史的原因，有些单位或部门原有一些计算机设备，有的已经构建了局域网。因此，在建设或改造网络时，应从网络技术选型、网络设备选择等方面充分考虑与原有网络和设备的兼容，保护用户原有投资，降低网络建设成本。

3）选用主流产品，综合考虑性价比

一般而言，高性能网络产品价格较高。在建网时，虽然强调成本意识、质量意识，但要综合考虑产品的性价比。如有些网络高端产品，尽管性能很强，但对用户而言，某些功能并不需要，若选用此产品，则会造成浪费。所以应选

择满足当前应用需求、性价比高的网络产品。同时应考虑产品的品牌、产品线及售后服务保证。

4）充分考虑网络第三层交换能力

对于一个网络系统而言，第三层交换能力直接影响网络资源的利用率。传统的第三层交换是将路由功能加入交换机，但这并非真正的第三层交换。因为这种交换概念中，虽然流量控制、路由寻址等功能均能实现，但路由的高延迟依然存在。所以要实现真正的第三层交换，关键在于改变路由器处理包转发的技术，实现线路路由。因此在网络技术选型时要充分考虑不同网络技术实现第三层交换的机制，最大限度地提高网络利用率。

5）网络安全

网络安全表面上与网络选型无关，但实际上关系非常密切。因为网络类型一旦选定，就必须选择与之相匹配的网络产品、网络操作系统与网管软件，而网络安全的实施由软硬件确保。对于不同单位或部门，网络安全的级别各异，因此在网络选型时必须考虑网络安全问题，并根据不同的安全级别选用不同的防范机制，防止非法用户访问系统主机的敏感数据资源。

总之，对于不同的单位或部门，究竟选择何种网络技术，要以满足用户应用需求为前提，综合考虑原有网络设施兼容性和利用率、主流技术和产品性价比、核心功能支持等方面。

子任务四　IP 地址规划与设备命名

在网络方案设计中，IP 地址的规划至关重要，地址分配方案的好坏直接影响着网络的可靠性、可管理性和可扩展性等重要指标，好的 IP 地址分配方案不仅可以有效分担网络负载，还能为以后的网络扩展打下良好的基础。地址一旦分配后，其更改的难度和对网络的影响程度都很大。IP 地址规划可以反映一个网络的规划质量，甚至可以反映出一个网络设计师的水平。因此，在进行地址分配之前，必须规划好 IP 地址的分配策略和子网划分方案。目前 IP 地址主要有 IPv4、IPv6 两种，下面重点介绍 IPv6 地址。

微课
IP 地址规划与设备命名

1. IPv6

1994 年 7 月，IETF（互联网工程任务组）决定以 SIPP 作为 IPng 的基础，同时把 IP 地址数位由 64 位增加到 128 位。新的 IP 称为 IPv6，其版本是在 1994 年由 IETF 发布的 RFC 1752，在 RFC 1884 中介绍了 IPv6 的地址结构。现在 RFC 1884 已经被 RFC 2373 所替代。

制定 IPv6 的专家们充分总结了早期制定 IPv4 的经验以及互联网的发展和市场需求，认为下一代互联网协议应侧重于网络的容量和网络的性能。IPv6 继承了 IPv4 的优点，摒弃了它的缺点。IPv6 与 IPv4 是不兼容的，但它同所有其他的 TCP/IP 协议簇中的协议兼容，即 IPv6 完全可以取代 IPv4。同 IPv4 相比较，IPv6 在地址容量、安全性、网络管理、移动性以及服务质量等方面有明显的改进，是适合下一代互联网发展的协议。

IPv6 技术

1）IPv6 的主要特征

（1）扩展地址：地址有 16 B 长，可以提供几乎无限的 IP 地址空间；另外，IPv6 中取消了广播地址而代之以任播（Anycast）地址。IPv4 中用于指定一个网络接口的单播地址和用于指定由一个或多个主机侦听的组播地址基本不变。

（2）简化包头格式：IPv4 有 12 个字段，且长度在没有选项时为 20 B，但在包含选项时可达 60 B。IPv6 包头有 8 个字段，总长固定为 40 B；由于所有包头长度统一，因此不再需要包头长度字段，并且还去除了 IPv4 中的一些其他过时的字段，这使得路由器可以更快地处理信息包。

（3）更好地支持扩展和可选项：在 IPv4 中可以在 IP 头的尾部加入选项，与此不同，IPv6 中把选项加在单独的扩展头中。通过这种方法，选项头只有在必要的时候才需要检查和处理，从而缩短了路由器处理包的时间。

（4）认证和加密：IPv6 使用了两种安全性扩展，IP 身份认证头（Authentication Header，AH，在 RFC 1826 中描述）和 IP 封装安全性负荷（Encapsulating Security Payload，ESP，在 RFC 1827 中描述）。

（5）增加了流标记；IPv6 实现了流的概念，其定义如 RFC 1883 中所述——流指的是从一个特定源发向一个特定（单播或者组播）目的地的包序列，源点希望中间路由器对这些包进行特殊处理。

（6）IPv6 更多地支持服务类型，如实时应用、IP 电话等。

（7）IPv6 支持未来协议的扩展，以适应底层网络环境或上层应用环境的变化。

2）IPv6 的地址格式和结构

IPv6 地址简介

IPv6 采用了长度为 128 位的 IP 地址，而 IPv4 的 IP 地址仅有 32 位，因此 IPv6 的地址资源要比 IPv4 丰富得多。

IPv6 的地址格式与 IPv4 不同。一个 IPv6 的 IP 地址由 8 个地址节组成，每节包含 16 个地址位，以 4 个十六进制数书写，节与节之间用冒号分隔，其书写格式为 x:x:x:x:x:x:x:x，其中每一个 x 代表 4 位十六进制数。除了 128 位的地址空间，IPv6 还为点对点通信设计了一种具有分级结构的地址，这种地址被称为可聚合全局单点广播地址（Aggregatable Global Unicast Address），开头 3 个地址位是地址类型前缀，用于区别其他地址类型，其后依次为 13 位 TLA ID、32 位 NLA ID、16 位 SLA ID 和 64 位主机接口 ID，分别用于标识分级结构中自顶向底排列的顶级聚合体（Top Level Aggregator，TLA）、下级聚合体（Next Level Aggregator，NLA）、位置级聚合体（Site Level Aggregator，SLA）和主机接口。TLA 是与长途服务提供商和电话公司相互连接的公共网络接入点，它从国际 Internet 注册机构（如 IANA）处获得地址。NLA 通常是大型互联网服务提供商（ISP），它从 TLA 处申请获得地址，并为 SLA 分配地址。SLA 也称订阅者（Subscriber），它可以是一个机构或一个小型 ISP。SLA 负责为属于它的订阅者分配地址。SLA 通常为其订阅者分配由连续地址组成的地址块，以便这些机构可以建立自己的地址分级结构以识别不同的子网。分级结构的底层是网络主机。

3）IPv6 中的地址配置

当主机 IP 地址需要经常改动的时候，采取手工配置和管理静态 IP 地址是一件非常烦琐和困难的工作。在 IPv4 中，DHCP 可以实现主机 IP 地址的自动设置。其工作过程大致如下：一个 DHCP 服务器拥有一个 IP 地址池，主机从 DHCP 服务器申请 IP 地址并获得有关的配置信息（如默认网关、DNS 服务器等），由此达到自动设置主机 IP 地址的目的。IPv6 继承了 IPv4 的这种自动配置服务，并将其称为全状态自动配置（Stateful Autoconfiguration）。除了全状态自动配置，还采用了一种被称为无状态自动配置（Stateless Autoconfiguration）的自动配置服务。在无状态自动配置过程中，主机首先通过将它的网卡 MAC 地址附加在链接本地地址前缀 1111111010 之后，产生一个链接本地单点广播地址（IEEE 已经将网卡 MAC 地址由 48 位改为了 64 位。如果主机采用的网卡的 MAC 地址依然是 48 位，那么 IPv6 网卡驱动程序会根据 IEEE 提供的一个公式将 48 位 MAC 地址转换为 64 位 MAC 地址）。接着主机向该地址发出一个被称为邻居探测（Neighbor Discovery）的请求，以验证地址的唯一性。如果请求没有得到响应，则表明主机自我设置的链接本地单点广播地址是唯一的。否则，主机将使用一个随机产生的接口 ID 组成一个新的链接本地单点广播地址。然后，以该地址为源地址，向本地链接中所有路由器多点广播一个被称为路由器请求（Router Solicitation）的数据包，路由器以一个包含一个可聚合全局单点广播地址前缀和其他相关配置信息的路由器公告来响应该请求。主机将从路由器得到的全局地址前缀加上自己的接口 ID，自动配置全局地址，然后就可以与 Internet 中的其他主机通信了。用无状态自动配置，无须手动干预就能够改变网络中所有主机的 IP 地址。

4）IPv6 中的安全协议

安全问题始终与 Internet 紧密相关。由于在 IP 设计之初没有考虑安全性，早期的 Internet 上时常会发生诸如企业或机构网络遭到攻击、机密数据被窃取等不幸的事情。为了加强 Internet 的安全性，从 1995 年开始，IETF 着手研究制定了一套用于保护 IP 通信的 IP 安全（IPSec）协议。IPSec 是 IPv4 的一个可选扩展协议，是 IPv6 的一个组成部分。

IPv6 内置安全机制，并已经标准化。IPSec 的主要功能是在网络层对数据分组提供加密和鉴别等安全服务，它提供了两种安全机制：认证和加密。认证机制使 IP 通信的数据接收方能够确认数据发送方的真实身份以及数据在传输过程中是否遭到改动。加密机制通过对数据进行编码来保证数据的机密性，以防数据在传输过程中被他人截获而失密。IPSec 的认证报头（Authentication Header，AH）协议定义了认证的应用方法，安全负载封装（Encapsulating Security Payload，ESP）协议定义了加密和可选认证的应用方法。在实际进行 IP 通信时，可以根据安全需求同时使用这两种协议或选择使用其中的一种。AH 和 ESP 都可以提供认证服务，不过，AH 提供的认证服务要强于 ESP。

作为 IPv6 的一个组成部分，IPSec 是一个网络层协议。它从底层开始实施安全策略，避免了数据传输（直至应用层）中的安全问题。但它只负责其下层的网络安全，并不负责其上层应用的安全，如 Web、电子邮件和文件传输等。

作为 IPSec 的一项重要应用，IPv6 集成了虚拟专用网（VPN）的功能，使用 IPv6 可以更容易地实现更为安全可靠的虚拟专用网。

5）IPv6 的功能变化

IPv6 技术相对 IPV4 而言，在 IP 报头中删除了一些不必要的功能，增强了 IPv4 原有的一些功能，并且增加了许多新功能，这些新增的功能如下：

（1）Anycast 功能。

Anycast 是指向提供同一服务的所有服务器都能识别的通用地址（Anycast 地址）发送 IP 分组，路由控制系统可以将该分组送至最近的服务器。例如，利用 Anycast 功能用户可以访问到离其最近的 DNS 服务器和文件服务器等。

IPv4 地址的概念及层次结构

（2）即插即用功能。

即插即用功能是指计算机在接入 Internet 时可自动获取登录参数的自动配置和地址检索等功能。

（3）QoS 功能。

IPv6 头部中的 4 比特优先级域和 24 比特的流标记域为业务优先级控制提供了广阔的空间。随着互联网接入设备的日益复杂化和服务类型的多样化，网络提供的各种服务质量已经越来越受到人们的关注。

IP 地址、VLAN 规划及设备配置规范

（4）手机上网功能。

IPv6 为手机上网提供了良好的协议平台和许多增值特性，将为移动应用提供良好的支撑。

2. IP 地址分配原则

目前，互联网上用户仍主要使用 IPv4 地址，而 IPv4 地址面临耗尽的情形，因此分配 IP 地址时应本着"合理规划、预留扩展、顺序分配、便于管理"的原则，尽可能地按照部门或用户集来分配 IP 地址，并且为每个部门或用户集预留适当的扩展空间。具体原则如下：

（1）唯一性：一个 IP 网络中，不能有两个主机采用相同的 IP 地址。

（2）连续性：IP 连续分配，易于路由聚合，提高路由协议效率。

（3）扩展性：考虑扩容余量。

（4）实意性：好的 IP 地址规划使每个地址有含义，看到地址就可以大致判断出该地址所属的设备或地址类型。

（5）节约性：尽可能合理利用每一个 IP 地址。

3. 企业网络中公网地址和私有地址分配

1）公网 IP 地址分配

公网 IP 地址又称可全局路由的 IP 地址，是在 Internet 中使用的 IP 地址。其分配方式如下：

（1）静态分配 IP 地址。

给每台计算机分配一个固定的公网 IP 地址。如果网络中每台计算机都采用静态的分配方案，那么很可能出现 IP 地址不够用的情况。所以一般只在下面两种情况下才采用这种方案：IP 地址数量大于网络中的计算机数量；网络中存在特殊的计算机，如作为路由器的计算机、需要提供公共服务的服务器等。

（2）动态分配 IP 地址。

如果网络中有很多台计算机，且又不是所有的计算机都同时使用，一般采用动态 IP 地址分配的方法。采用 IP 地址的动态分配策略时，只要同时打开的计算机数量少于或等于可供分配的 IP 地址数量，每台计算机就会自动获取一个 IP 地址，实现与 Internet 的连接。

（3）网络地址转换（Network Address Translation，NAT）方式。

NAT 是一种将私有（保留）地址转化为合法公有IP地址的技术，它被广泛应用于各种 Internet 接入方式和各种类型的网络中。借助 NAT，私有（保留）地址的"内部"网络通过路由器发送数据包时，私有地址被转换成合法的 IP 地址，一个局域网只需使用少量 IP 地址（甚至是 1 个）即可实现私有地址网络内所有计算机与 Internet 的通信需求。

网络地址转换通常有 3 种基本类型，即静态 NAT（Static NAT）、NAT 池（Pooled NAT）和端口 NAT（PAT）。其中，静态 NAT 设置起来最为简单，内部网络中每个主机的私有 IP 地址都被永久映射成外部网络中的某个合法 IP 地址；NAT 池方式是定义一系列公有 IP 地址的集合（地址池），将内部网络中私有 IP 地址动态映射到地址池中的一个公有 IP 地址；PAT 则是把内部地址映射到外部网络的一个 IP 地址的不同端口上。

2）私有 IP 地址分配

能在内部网络中使用的私有（专用）IP 地址则包括 A、B 和 C 三类，分别为 10.0.0.0、172.16.0.0、192.168.0.0 三个网段的地址，还有 Microsoft Windows 的 APIPA 预留的网段地址（169.254.0.0 ~ 169.254.255.255）。

企业网中采用私有 IP 地址方案，可根据网络用户数选用相应的私有 IP 地址，小型企业可以选择"192.168.0.0"地址段，大中型企业则可以选择"172.16.0.0"或"10.0.0.0"地址段。

常用的专用（私有）IP 地址分配方式有手工分配、DHCP 分配和自动专用 IP 寻址三种方式，具体采用哪种 IP 地址分配方式，可由网络管理员根据网络规模和网络应用等具体情况而定。

4. 设备命名规范

为了便于对网络系统中的资源和物理设备进行配置、管理和维护，应对网络中的所有设备进行规范化的命名。设备的命名一般应包含设备的地理位置、设备在网络中的逻辑位置、设备类型和设备序号等信息。其格式一般如下：

网络设备命名格式：[AAAA][B][C][DDDD][E]

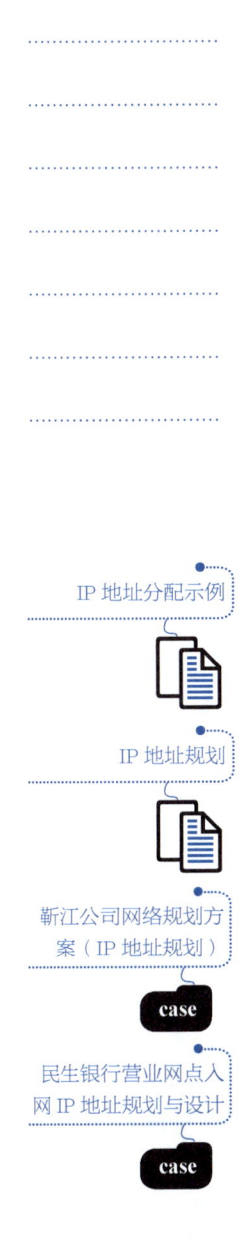

IP 地址分配示例

IP 地址规划

靳江公司网络规划方案（IP 地址规划）
case

民生银行营业网点入网 IP 地址规划与设计
case

国家信息系统安全评测白皮书

启明星辰网络安全白皮书

无线局域网安全技术白皮书

网络安全设计原则

微课
网络安全体系设计的内容与方法

网络管理与网络安全
PPT

AAAA：地理区域，如实习工厂——SXGC，网络中心——WLZX；

B：表示设备厂商编码，如C——思科，H——华为，H3——华3，R——锐捷。

C：设备类型编码标志位，如R——路由器，S——交换机。

DDDD：设备型号位标志位，如3640、3560。

E：设备序号，在主机名格式中前几个参数均相同时用来区分不同的设备，这种情况往往出现在有多台相同性质的设备的情况下。如网络中心具有两台相同性质的核心层交换机 Cisco 6509，根据上述命名规则，其设备名称分别为 WLZXCS6509-1 和 WLZXCS6509-2。

子任务五　网络安全管理方案设计

网络安全设计的重点在于根据安全设计的基本原则，制定出网络各层次的安全策略和措施，然后确定出选用什么样的网络安全系统产品。

1. 网络安全设计的基本原则

从工程技术角度出发，在进行网络系统设计时，应该遵守以下原则：

（1）网络信息安全的木桶原则。
（2）网络信息安全的整体性原则。
（3）安全性评价与平衡原则。
（4）标准化与一致性原则。
（5）技术与管理相结合原则。
（6）统筹规划、分步实施原则。
（7）等级性原则。
（8）动态发展原则。
（9）易操作性原则。

2. 网络安全防范体系层次

作为全方位的、整体的网络安全防范体系也是分层次的，不同层次反映了不同的安全问题，根据网络的应用现状和网络结构，可以将安全防范体系的层次划分为物理层安全、系统层安全、网络层安全、应用层安全和安全管理。

1）物理层安全（物理环境的安全性）

该层次的安全包括通信线路的安全、物理设备的安全、机房的安全等。物理层的安全主要体现在通信线路的可靠性（线路备份、传输介质），设备安全性（设备替换、拆卸和增加），设备的冗余备份，防灾害能力（水灾、火灾），抗干扰能力（电磁干扰），设备的运行环境（温度、湿度、烟尘、防静电），不间断电源保障等。

2）系统层安全（操作系统的安全性）

该层次的安全问题来自网络内使用的操作系统的安全（如 Windows 系统），主要表现在三方面，一是操作系统本身的缺陷带来的不安全因素，主要包括身份认证、访问控制、系统漏洞等；二是操作系统的安全配置问题；三是计算机病毒对操作系统的威胁。

3）网络层安全（网络的安全性）

网络层安全主要包括网络层身份认证、网络资源的访问控制、数据传输的保密与完整性、远程接入的安全、域名系统的安全、路由系统的安全、入侵检测的手段、网络设施防病毒等。

4）应用层安全（应用的安全性）

应用层安全主要是应用服务器及系统数据的安全，包括 Web 服务、电子邮件系统、DNS、数据库系统安全等。此外，还包括病毒对应用的威胁。

网络安全管理制度

5）安全管理（管理的安全性）

安全管理主要指安全管理制度、设备操作规范、人员管理等。管理的制度化极大程度地影响着整个网络的安全，严格的安全管理制度、明确的部门安全职责划分、合理的人员角色配置都可以在很大程度上减少其他层次的安全漏洞。

 笔 记

3. 网络安全设计的实施步骤

1）确定面临的各种攻击和风险

计算机系统本身的脆弱性和通信设施的脆弱性，共同构成了计算机网络潜在的威胁，主要有以下几个方面：

（1）自然因素。包括自然灾害和自然环境。

（2）意外事故。如停电、火灾等不可预见的意外事故。

（3）人为的物理破坏。

（4）计算机病毒。

（5）利用网络协议分析软件非法获取数据通信。

（6）黑客攻击。

2）确定安全策略

安全策略是网络安全系统设计的重要方法和手段。安全策略的制定要综合以下几方面的情况。

（1）系统整体安全性。由应用环境和用户方需求决定，包括各个子系统的安全目标和性能指标。

（2）对系统运行造成的负荷和影响（如策略检查造成的由网络通信时延、数据加密造成的数据扩展等）。

（3）便于网络管理人员进行控制、管理和配置。

（4）可扩展的编程接口，便于更新和升级。

（5）用户界面的友好性和使用的方便性。

3）建立安全模型

网络安全模型的设计和实现可以分为网络安全体制、网络安全连接和网络安全传输三部分。

（1）网络安全体制：包括安全算法库、安全信息库和用户接口界面。

（2）网络安全连接：包括安全协议和网络通信接口模块。

网络安全模型

（3）网络安全传输：包括网络安全管理系统、网络安全支撑系统和网络安全传输系统。

4）实施安全服务

（1）物理层的安全：物理层信息安全主要防止物理通路的损坏、物理通路的窃听和对物理通路的攻击（干扰等）。

（2）链路层的安全：链路层的网络安全需要保证通过网络链路传送的数据不被窃听，主要采用划分 VLAN（虚拟局域网）、加密通信（远程网）等手段实现。

（3）网络层的安全：网络层的安全需要保证网络只给授权的用户访问许可的服务，保证网络访问正确，避免被拦截或监听。

（4）操作系统的安全：操作系统安全要求保证用户信息、操作系统访问的安全，同时能够对该操作系统上的应用进行审计。

（5）应用平台的安全：应用平台指建立在网络系统之上的应用服务平台，如数据库服务器、电子邮件服务器、Web 服务器等。由于应用平台的系统非常复杂，通常要采用多种技术（如 SSL 等）来增强应用平台的安全性。

（6）应用系统的安全：应用系统是为用户提供的各种业务系统，应用系统使用应用平台提供的安全服务来保证其基本安全，如通信内容安全、通信双方的认证和审计等手段。

5）安全产品的选型

网络安全产品主要包括防火墙、用户身份认证系统、网络防病毒系统等。安全产品的选型工作要根据用户网络系统的安全目标，遵循网络设计的基本原则，选择技术先进、功能强大、服务品牌较好的安全产品。

子任务六　网络设备与服务器选型

一个网络系统可能涉及各种各样的网络设备，根据网络需求分析和扩展性要求，选择合适的网络设备，是构建完整的计算机网络系统的重要环节。

1. 交换机选型

交换机（Switch）是集线器的换代产品，其作用是将传输介质的线缆汇聚在一起，以实现计算机的连接。集线器工作在 OSI 模型的物理层，交换机工作在 OSI 模型的数据链路层甚至更高层。

1）交换机的性能指标

（1）转发速率。

转发速率即每秒能够处理数据包的数量，通常用 Mpps（Million Packet Per Second，每秒百万包数）表示，转发速率体现了交换引擎的转发功能，该值越大，交换机的性能越强。

（2）端口吞吐量。

端口吞吐量是指在没有帧丢失的情况下，设备端口能够接受的最大速率，它反映了交换机端口分组转发的能力。

（3）背板带宽。

背板带宽是交换机接口处理器（接口卡）和数据总线间所能吞吐的最大数

交换机及其选型

交换机背板带宽、包转发率计算方法

据量。背板带宽体现了交换机总的数据交换能力，单位为 Gbps，也叫交换带宽。一台交换机的背板带宽越高，所能处理数据的能力就越强，但成本也越高。

（4）端口种类。

根据交换机端口的传输速率，一般可分为纯百兆端口交换机、百兆/千兆端口混合交换机、纯千兆端口交换机、千兆和万兆端口混合交换机 4 类。每一种产品所应用的网络环境各不相同，核心骨干网络上最好选择千兆或以上产品，上连骨干网络一般选择百兆/千兆混合交换机，边缘接入一般选择纯百兆交换机。

（5）MAC 地址数量。

每台交换机都维护着一张 MAC 地址表，记录 MAC 地址与端口的对应关系，交换机根据 MAC 地址表将访问请求转发到对应端口。存储的 MAC 地址数量越多，数据转发的速率和效率也就越高，抗 MAC 地址溢出能力也就越强。

（6）缓存大小。

交换机的缓存用于暂时存储等待转发的数据。如果缓存容量较小，当并发访问量较大时，数据将被丢弃，从而导致网络通信失败。只有缓存容量较大，才可以在组播和广播流量较大的情况下，提供更佳的整体性能，同时保证最大的吞吐量。目前，一般交换机都采用共享内存结构，由所有端口共享交换机内存，均衡网络负载并防止数据包丢失。

（7）支持网管类型。

网管功能是指网络管理员通过网络管理软件对网络上的资源进行集中化管理的操作，包括配置管理、性能管理、记账管理、故障管理、操作管理和变更管理等。一台设备所支持的管理程度反映了该设备的可管理性及可操作性，现在交换机的管理通常通过厂商提供的管理软件或通过第三方管理软件进行管理。

（8）支持 VLAN。

一台交换机是否支持 VLAN 是衡量其性能好坏的一个重要指标。通过将局域网划分为虚拟网络 VLAN 网段，可以强化网络管理和网络安全，控制不必要的数据广播，减少广播风暴的影响。由于 VLAN 是基于逻辑连接而不是物理连接，因此网络中 VLAN 的划分可以突破交换网络中的地理位置限制，而根据管理需要来划分。目前，好的交换机产品可提供功能较为细致丰富的虚网划分功能。

（9）支持的网络类型。

一般情况下，固定配置式（非模块化、不带扩展槽）的交换机仅支持一种类型的网络，机架式交换机和固定配置式带扩展槽的交换机则可以支持一种以上类型的网络，如支持以太网、快速以太网、千兆以太网、ATM、令牌环及 FDDI 等。一台交换机所支持的网络类型越多，其可用性、可扩展性越强。

（10）支持冗余。

冗余增强了设备的可靠性，也就是当一个部件失效时，相应的冗余部件能够接替工作，使设备继续运转。冗余组件一般包括管理卡、交换结构、接口模块、电源、机箱风扇等。对于提供关键服务的管理引擎及交换结构模块，不仅要求冗余，还要求这些部件具有"自动切换"的特性，以保证设备冗余的完整性。

2）交换机的分类

从交换机的可管理性、交换机的结构及交换机的应用层次等方面，可以对交换机进行不同的分类，不同种类的交换机其功能特点和应用范围也有所不同，应当根据具体的网络环境和实际需求进行选择。

（1）可网管交换机和傻瓜交换机。

根据交换机是否可管理，可以将交换机划分为可网管交换机和傻瓜交换机两种类型。可网管交换机也称智能交换机，它拥有独立的操作系统，可以进行配置与管理，一般通过其提供的 Console 接口进行配置与管理，如图 1-12 所示。可管理型交换机一般可对端口进行 VLAN 划分、端口流量管理。大中型网络的汇聚层和核心层必须选择可管理的交换机，而接入层视应用需要而定。

傻瓜交换机即不能进行配置与管理的交换机，也称不可网管交换机。如果局域网对安全性要求不高，接入层交换机可以选用傻瓜交换机。傻瓜交换机仅提供大量网络接口供用户接入。

（2）固定端口交换机和模块化交换机。

从交换机的结构角度，交换机可分为固定端口交换机和模块化交换机两种不同的结构。

固定端口交换机：只能提供有限数量的端口和固定类型的接口（如 100BASE-T、1000BASE-T 或 GBIC、SFP 插槽）。一般的端口标准是 8 端口、16 端口、24 端口、48 端口等。固定端口交换机通常作为接入层交换机，为终端用户提供网络接入，或作为汇聚层交换机，实现与接入层交换机之间的连接。如图 1-13 所示为 Cisco Catalyst 3560 系列固定端口交换机。

图 1-12　RJ-45 控制端口　　　　图 1-13　Cisco Catalyst 3560 系列交换机

模块化交换机：也称机箱交换机，拥有更大的灵活性和可扩充性。用户可选择不同数量、不同速率和不同接口类型的模块，以适应不同的网络需求。如图 1-14 所示为 Cisco Catalyst 4503 模块化交换机。模块化交换机大都具有很高的性能（如背板带宽、转发速率和传输速率等）、很强的容错能力，支持交换模块的冗余备份，并且往往拥有可插拔的双电源，以保证交换机的电源供应。

模块化交换机通常被用于核心交换机或骨干交换机,以适应复杂的网络环境和网络需求。

(3)接入层交换机、汇聚层交换机和核心层交换机。

在层次型网络拓扑结构中,根据交换机所承担的角色,可分为接入层交换机、汇聚层交换机和核心层交换机。

中小型企业网络通常采用分层网络设计,以便于网络管理、网络扩展和网络故障排除。分层网络设计将网络分成相互分离的层,每层提供特定的功能,这些功能界定了该层在整个网络中扮演的角色。

接入层交换机:部署在接入层的交换机称为接入层交换机,也称工作组交换机,通常为固定端口交换机,用于实现将终端计算机接入网络。接入层交换机可以选择拥有 1~2 个 1000BASE-T 端口或 GBIC、SFP 插槽的交换机,用于实现与汇聚层交换机的连接。如图 1-15 所示为 Cisco Catalyst 2960 系列交换机。

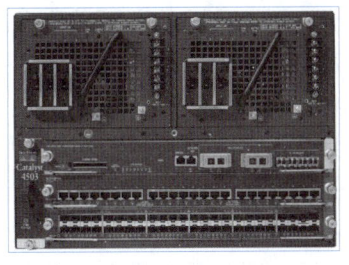

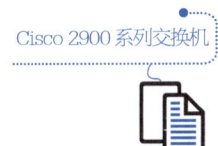

Cisco 2900 系列交换机

图 1-14 Cisco Catalyst 4503 模块化交换机   图 1-15 Cisco Catalyst 2960 系列交换机

汇聚层交换机:部署在汇聚层的交换机称为汇聚层交换机,也称骨干交换机、部门交换机,是面向楼宇或部门接入的交换机。汇聚层交换机首先汇聚接入层交换机发送的数据,再将其传输给核心层,最终发送到目的地。汇聚层交换机可以是固定端口交换机,也可以是模块化交换机,一般配有光纤接口。与接入层交换机相比,汇聚层交换机通常全部采用 1000 Mb/s 端口或插槽,拥有网络管理的功能。如图 1-16 所示为 Cisco WS-C3750G-24T-S 交换机。

图 1-16 Cisco WS-C3750G-24T-S 交换机

Cisco Catalyst 6500 系列交换机

核心层交换机:部署在核心层的交换机称为核心层交换机,也称中心交换机。核心层交换机属于高端交换机,一般全部采用模块化结构的可网管交换机,作为网络骨干构建高速局域网。如图 1-17 所示为 Cisco WS-C6509 交换机。

（4）二、三、四层交换机。

根据交换机工作在 OSI 七层网络模型的层次不同,交换机又可以分为第二层交换机、第三层交换机、第四层交换机等。

图 1-17　Cisco WS-C6509 交换机

第二层交换机：依赖于数据链路层的信息（如 MAC 地址）完成端口间数据的线速交换,它对网络协议和用户应用程序完全是透明的。第二层交换机通过内建的 MAC 地址表完成数据的转发决策。接入层交换机通常全部采用第二层交换机。

第三层交换机：具有第二层交换机的交换功能和第三层路由器的路由功能,可将 IP 地址信息用于网络路径选择，并实现不同网段间数据的快速交换。当网络规模较大或需要通过划分 VLAN 来减小广播所造成的影响时，必须借助第三层交换机才能实现。在大中型网络中，核心层交换机通常都由第三层交换机来充当。当然，某些网络应用较为复杂的汇聚层交换机也可以选用第三层交换机。

第四层交换机：工作在传输层，通过包含在每一个 IP 数据包包头中的服务进程/协议（例如 HTTP 用于传输 Web，Telnet 用于终端通信，SSL 用于安全通信等）来完成报文的交换和传输处理，并具有带宽分配、故障诊断和对 TCP/IP 应用程序数据流进行访问控制等功能。由此可见，第四层交换机应当是核心层交换机的首选。

3）交换机主流产品

市场上交换机品牌种类较多，不同品牌的交换机又包含多种型号的产品，下面简要介绍目前国内市场上主流的交换机产品。

（1）华为交换机。

华为 S5700 系列全千兆交换机

华为是全球领先的电信解决方案供应商，其产品和解决方案涵盖了移动、核心网、局域网、电信增值业务和终端等领域。华为主要产品系列：Quidway S2300、Quidway S2700、Quidway S3000、Quidway S3300、Quidway S3700、Quidway S5300、Quidway S5700、Quidway S9300 等。

华为 S8016 系列交换机

用户常用的交换机：S2326TP-EI、S2403H-HI、S2700-52P-EI-AC、S3328TP-EI（AC）、S3700-28TP-SI-AC、S5328C-EI-24S、S5700-24TP-SI-AC、S5700-28C-SI、S7802、S9306 等。

华为 S1700 系列交换机

（2）H3C 交换机。

华为 S3700 系列企业级交换机

H3C 交换机产品覆盖园区网交换机和数据中心交换机，从骨干到边缘接入共有十多个系列产品。主要产品系列：H3C E126、H3C S1000、H3C S1200、H3C S1500、H3C S2100、H3C S3100、H3C S3600、H3C S5000、H3C S5100、H3C S5500、H3C S5600、H3C S5800、H3C S7500、H3C S7600、H3C S9500、

H3C S3100 系列以太网交换机

H3C S12500 等。

用户常用的交换机：S1016R-CN、S1224R-CN、S1526-CN、LS-2126-EI-ENT-AC、LS-3100-26TP-SI-H3、LS-3600-28TP-SI、S5120-28P-SI、S5500-24P-SI、S5800-32C、LS-7506E、S9508、S12508 等。

（3）思科交换机。

思科的产品线比较丰富，网络集成项目中常见的 Cisco 交换机主要有 1900 系列、2900 系列、3500 系列、6500 系列、8500 系列等，分为低、中、高三个档次。

低端产品：

Cisco 典型的低端交换机产品主要是 1900 系列和 2900 系列，但常用的是 2900 系列。

Cisco 2900 系列交换机的产品型号主要包括 WS-C 2912-XL、WS-C2918-24TT-C、WS-C2924-XL、WS-C2950G-24-EI-DC、WS-C2960-24TT-L 等。

中端产品：

Cisco 中端交换机产品主要包括 C3500 系列、C3750 系列、C4500系列、C4900 系列。在 Cisco 中端交换机产品中，C3500 系列和 C3750 系列最具代表性，使用也非常广泛。其中，比较常用的产品有 C3560-24TS-S、C3560-24TS-E、C3560G-24PS-S、C3560-48TS-S、C3750-24TS-S、C3750G-24TS-E、C3750-24PS-S、C3750G-24T-S、C3750-48TS-S 等。

高端产品：

Cisco 的高端交换机产品主要用来满足园区主干网的高性能要求。目前，最为常用的是 C6500 系列和 C8500 系列。它们能够为园区网提供高性能、多层交换的解决方案，专门为需要千兆扩展、可用性高、多层交换的应用环境设计。Catalyst 6500 系列交换机具有 3 插槽、6 插槽、9 插槽和 13 插槽的机箱，Catalyst 8500 系列交换机具有 5 插槽或 13 插槽的机箱，这两个系列交换机都具有端口密度大、速度快、多层交换、容错性能好等特点。

（4）锐捷交换机。

锐捷网络是业界领先的网络设备及解决方案的专业化网络厂商。其主要产品系列：RG-S1800、RG-S1900、RG-S2000、RG-S2100、RG-S2300、RG-S2600、RG-S2900、RG-S3200、RG-S3500、RG-S3700、RG-S5700、RG-S6500、RG-S6800、RG-S7600、RG-S7800、RG-S8600、RG-S9600、RG-S18000 等。

其中，S1~S2 为接入交换机，S3~S5 为汇聚交换机，S6 及以后为核心路由交换机。

用户常用的交换机：RG-S1850G、RG-S1926S+、RG-S1926S、RG-S2026F、RG-S2352G、RG-S2724G、RG-S3760-12SFP/GT、RG-S5750-24GT/12SFP、RG-S6506、RG-S6810E、RG-S8610、RG-S9620 等。

H3C S5600 系列以太网交换机

H3C SOHO 系列以太网交换机

H3C S7500 系列路由交换机

RG-S18 系列交换机

RG-S3750 系列交换机

RG-S5760 系列安全智能全千兆多层交换机

RG-S9600 系列超高密度多业务 IPv6 核心路由交换机

DCRS-5960 系列汇聚交换机

DCRS-6200-52T 数据中心交换机

DCRS-9800 系列核心路由交换机

DCS-3950 系列接入交换机

交换设备选型
PPT

（5）神州数码交换机。

神州数码网络是国内领先的数据通信设备制造商和服务提供商。其主要产品系列：DCS-1000、DCS-3600、DCS-4500、DCRS-5950、DCRS-6800 等。

用户常用的交换机：DCS-1008D+、DCS-1024+（R2）、DCS-1024G+（R2）、DCS-3600-26C、DCS-4500-26T、DCRS-5950-28T-L（R3）、DCRS-6804、DCRS-6808 等。

其他还有 D-Link、TP-Link、IP-COM 等厂商的交换机，在此就不一一阐述了。

4）交换机选购

（1）核心交换机选型策略。

核心交换机是整个网络的核心，应具备以下特性。

高性能、高速率：二层交换最好能达到线速交换，即交换机背板带宽≥所有端口带宽的总和。如果网络规模较大或因为安全考虑需要划分虚网，则要求核心交换机具有出色的第三层（路由）交换能力。

便于升级和扩展：一般来说，250 个信息点以上的网络，适宜于采用模块化（插槽式机箱）交换机，如 Cisco Catalyst 4003；500 个左右的信息点网络，交换机还必须能够支持高密度端口和大吞吐量扩展卡，如 Cisco Catalyst 4006；250 个信息点以下的网络，为降低成本，应选择具有可堆叠能力的固定配置交换机作为核心交换机，如 Cisco 3500、2900 系列等。

高可靠性：应根据经费许可选择冗余设计的设备，如冗余电源、风扇等；要求设备扩展卡支持热插拔，易于更换维护。

强大的网络控制能力，提供 QoS 和网络安全，支持 RADIUS、TACACS+ 等认证机制。

良好的可管理性，支持通用网管协议，如 SNMP、RMON、RMON2 等。

（2）汇聚层/接入层交换机选型策略。

汇聚层/接入层交换机亦称二级交换机或边缘交换机，一般都属于可堆叠/扩充式固定端口交换机。在大中型网络中它用来构成多层次的、结构灵活的用户接入网络。在中小型网络中它也可能用来构成网络骨干交换设备，应具备下列要求。

灵活性：提供多种固定端口数量，可堆叠、易扩展。

高性能：作为大中型网络的二级交换设备，应支持千兆/百兆高速上连以及同级设备堆叠，同时尽量保持与核心交换机品牌一致。如果用作小型网络的中心交换机，要求具有较高背板带宽和三层交换能力的交换机，如 Cisco Catalyst 2948G-L3 和 Inter Express 550T Routing Switch 等。

在满足技术性能要求的基础上，应选择价格便宜、使用方便、即插即用、配置简单、具备一定的网络服务质量和控制能力的产品。

如果用于企业分支机构通过公网进行远程接入总部的交换机，还应支持虚

路由设备选型
PPT

拟专网 VPN 标准协议，支持多级别网络管理。

2. 路由器的选型

路由器是工作在 OSI 网络七层模型中第三层的设备，主要功能为路由选择和数据转发。

1）路由器的性能指标

（1）吞吐量。

吞吐量是指路由器转发数据包的能力，一般与路由器的端口数量、端口速率、数据包长度、数据包类型、路由计算模式（分布或集中）以及测试方法相关。吞吐量包括整机吞吐量和端口吞吐量两个方面，整机吞吐量通常小于路由器所有端口吞吐量之和。

（2）路由表大小。

路由器通过建立和维护路由表来决定数据包的转发，路由表能力是指路由表内所能容纳的路由表项的最大数量。

（3）背板能力。

背板指的是输入与输出端口间的物理通路，背板能力通常是指路由器背板容量或者总线带宽能力，它直接影响路由器数据包的转发速率。

背板能力主要体现在路由器的吞吐量上，传统路由器通常采用共享背板，共享背板由于受总线带宽影响，通常会出现拥塞问题，因此目前高端路由器一般都采用可交换式背板的设计。

（4）丢包率。

丢包率是指路由器在稳定的持续负荷下，由于受处理器处理能力、内存容量、背板带宽等限制，而不能转发的数据包占总数据包的比例。丢包率通常用来衡量路由器在超负荷工作时的性能。丢包率与数据包长度以及包发送频率相关。

（5）时延。

时延是指从数据包第一比特进入路由器到最后一比特离开路由器的时间间隔。该时间间隔是存储转发方式工作的路由器的处理时间。

（6）时延抖动。

时延抖动是指时延变化。因为普通数据业务对时延抖动不敏感，所以该指标对于普通路由器并不做特殊要求，但当网络上需要传输语音、视频等实时类型业务数据时，该指标要求较高。

（7）背靠背帧数。

背靠背帧数是指在不引起丢包的情形下，路由器以最小帧间隔发送最大数据包的数量。该指标用于衡量路由器的缓存能力。

（8）服务质量能力。

服务质量能力包括队列管理控制机制和端口硬件队列数两项指标。其中队列管理控制机制是指路由器拥塞管理机制及其队列调度算法；端口硬件队列数指的是路由器所支持的优先级数，一般一个优先级对应一个硬件队列，而队列的优先级则由队列调度算法进行控制。

网络设备选型基本原则与测试方法

路由技术

（9）网络管理能力。

网络管理是指网络管理员通过网络管理软件对网络上资源进行集中管理的操作，包括配置管理、性能管理、故障管理、安全管理、计费管理。设备所支持的网管程度体现了设备的可管理性与可维护性，通常使用 SNMP v2 进行管理。网管力度指示路由器管理的精细程度，如管理到端口、到网段、到 IP 地址、到 MAC 地址等，管理力度将影响路由器的转发能力。

（10）可靠性和可用性。

路由器的可靠性和可用性主要通过路由器本身的设备冗余程度、组件热插拔、无故障工作时间以及内部时钟精度这四项指标来衡量。

2）路由器的分类

（1）按性能档次划分。

按性能档次不同可以将路由器分为高、中和低档路由器。

（2）按结构划分。

路由器可分为模块化和非模块化两种结构。通常中、高端路由器为模块化结构，低端路由器为非模块化结构。

（3）从功能上划分。

从功能上划分，可将路由器分为核心层（骨干级）路由器，分发层（企业级）路由器和访问层（接入级）路由器。

思科高端路由设备选型
PPT

3）路由器主流产品

目前，国内市场上路由器品牌主要有思科路由器、华为路由器、锐捷路由器、H3C 路由器、神州数码路由器、TP-Link 路由器、D-Link 路由器、腾达路由器等。

思科中端路由设备选型
PPT

4）路由器选购

路由器的选购主要从以下几个方面考虑：

（1）路由器的管理方式。

（2）路由器所支持的路由协议。

（3）路由器的安全性保障。

（4）丢包率。

（5）背板能力。

（6）吞吐量。

（7）转发时延。

（8）路由表容量。

（9）可靠性。

防火墙产品的选型
PPT

3. 防火墙的选型

防火墙是一种设置在不同网络（如可信任的企业内部网络和不可信任的公共网络）或网络安全域之间的设备，是不同网络或网络安全域之间信息的唯一出入口，它能根据企业的安全策略控制（允许、拒绝、监测）出入网络的信息流，且本身具有较强的抗攻击能力。在逻辑上，防火墙是一个分离器、一个限制器,也是一个分析器,它可以有效地监控内部网络和 Internet 之间的任何活动,进而保证内部网络的安全。对于普通用户而言,防火墙是一种被放置在内网与外界网络之间的防御系统,从外界网络发往计算机的所有数据或行为都要经过它的判断处理,一旦发现有害数据或行为,防火墙就会进行拦截并进行日志记载,从而实现对计算机的保护。

1)防火墙的分类

(1)按物理特性进行分类。

防火墙按其物理特性可分为硬件防火墙、软件防火墙以及芯片级防火墙。

(2)按所采用的技术进行分类。

防火墙按其所采用的技术可分为包过滤技术防火墙、应用代理技术防火墙、状态监视技术防火墙。

(3)按结构进行分类。

防火墙按其结构进行分类可分为单一主机防火墙、路由器集成式防火墙和分布式防火墙。

2)防火墙主流产品

防火墙主流产品主要有 Cisco ASA 系列防火墙、NAI Gauntlet 防火墙、华为 SecPath、NetScreen-100 防火墙、CyberGuard 防火墙、3Com OfficeConnect Firewall、清华紫光 UNISECURE UF3500、Microsoft ISA Server 等。

园区网设备选型原则

3)防火墙选购

(1)选购防火墙的基本原则。

首先要明确防火墙的防范范围,即哪些应用要求允许通过,哪些应用要求不允许通过。

其次要明确想要达到什么级别的监测和控制。根据网络用户的实际需要,建立相应的风险级别,形成一个需要监测、允许、禁止的清单。

第三要明确费用预算。防火墙价格差别较大,安全性越高,实现越复杂,费用也越高。因此,要根据费用预算,科学合理地配置各种防御措施,使防火墙充分发挥作用。

(2)选购防火墙的基本标准。

第一是防火墙管理的难易程度。第二是防火墙自身的安全性。第三是支持的安全等级。按照美国国家安全局(NSA)国家计算机安全中心(NCSC)的认证标准,按安全性由高至低划分为 A、B、C、D 四个等级。第四是能否弥补其他操作系统之不足。第五是能否为使用者提供不同平台的选择。第六是能否向使用者提供完善的售后服务。第七是应该考虑企业的特殊需求(包括 IP 地址转换、双重 DNS、虚拟专用网 VPN、病毒扫描、限制同时上网人数等特殊控制需求)。

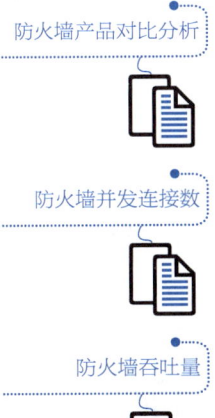

防火墙产品对比分析

防火墙并发连接数

防火墙吞吐量

(3)选购防火墙的基本技巧。

选购防火墙重点应把握住品牌、性能、价格和服务这四个基本要素。

安全网关介绍

服务器选型策略

品牌：品质的保证。选购防火墙应购买具有品牌优势，质量信得过的产品。

性能：只选性能适合的，不选性能最高的。

价格：并非越贵越好。

服务：能提供优质的售后服务。

4. 服务器选型

服务器是网络环境下为客户提供各种服务的专用计算机，在网络环境中，服务器承担着数据的存储、处理、发布等关键任务，是网络中不可或缺的重要组成部分。因为服务器必须连续不断地工作，且必须集中存储和处理，所以服务器的数据处理速度和系统可靠性要比普通的计算机高得多。

服务器包括处理器、芯片组、内存、外部存储系统以及 I/O 设备等部分，但是和普通个人计算机（Personal Computer，PC）相比，服务器硬件中包含着并行处理、流水处理、多线程支持等专门的服务器技术，这些专门的技术保证了服务器能够承担更高的负载，具有更高的稳定性和扩展能力。

1）服务器的性能指标

服务器性能指标主要是系统响应速度和作业吞吐量。响应速度是指用户从输入信息到服务器完成任务给出响应的时间。作业吞吐量是服务器在单位时间内完成的任务量。假定用户不间断地输入请求，则在系统资源充裕的情况下，系统的吞吐量与响应时间成反比，即响应时间越短，吞吐量越大。

影响服务器性能指标的主要因素包括 CPU 占用率、可用内存数以及物理磁盘读写时间等。

服务器性能常规评估方法

服务器性能评估的实战技巧

服务器硬件配置简单计算方法

2）服务器的分类

（1）按结构划分。

服务器按其结构不同可分为塔式服务器、刀片服务器和机架式服务器三种，如图 1-18～图 1-20 所示。

IBM Systemx 3400M3 服务器介绍

图 1-18　IBM 塔式服务器

图 1-19　IBM 刀片式服务器

IBM_System x3500 M3 塔式服务器产品介绍

IBM System x3620_M3 机架式服务器产品介绍

图 1-20　惠普机架式服务器

（2）按应用层次划分。

服务器可分为入门级服务器、工作组服务器、部门级服务器、企业级服务器。

（3）按服务器的处理器架构划分。

服务器按其处理器的架构（即服务器 CPU 所采用的指令系统）划分可以分为 CISC 架构服务器、RISC 架构服务器和 VLIW 架构服务器三种。

（4）按服务器的用途划分。

服务器按其用途不同可分为通用型服务器和专用型服务器两类。

3）主流服务器产品

目前市场上主流服务器有 IBM System x3550 M2、Dell R410、HP XW4600 工作站、华硕 RS520-E6、宝德 GS-1000、联想万全 T260 G3 等。

4）服务器选购

选购服务器可以从下列几方面考虑。

（1）可靠性。
（2）可用性。
（3）可扩展性。
（4）可管理性。
（5）够用性。
（6）升级维护成本。
（7）能否满足特殊要求。

HP ProLiant BL620c G7（643764-B21）服务器

HP ProLiant BL680c G7（643781-B21）服务器

电信业服务器选择原则

子任务七 物理网络设计

综合布线系统是一种模块化的、灵活性极高的建筑物内或建筑群之间的信息传输通道。它将语音、数据、视频等设备物理上相连，并能使这些设备与外部相连接。综合布线系统由不同系列和规格的部件组成，其中包括传输介质、相关连接硬件（如配线架、连接器、插座、插头、适配器）以及电气保护设备等，这些部件构成了综合布线系统的各个子系统。

1. 综合布线系统组成

综合布线系统是开放式结构，能满足电话及多种计算机数据系统，还能满足视频会议、视频监控等系统的需要。综合布线系统可划分成工作区子系统、水平（配线）子系统、干线（垂直）子系统、管理间子系统、设备间子系统、建筑群子系统等 6 个子系统，如图 1-21 所示。

1）工作区子系统

工作区即一个独立需要设置终端的区域。工作区子系统由水平子系统的信息插座、延伸到工作站终端设备处的连接电缆及适配器组成，如图 1-22 所示。一个工作区的服务面积可按 5～10 m^2 估算，每个工作区可接入一个语音或数据终端设备，或按用户要求设置。

康民医院综合布线系统设计

宏达集团公司大厦综合布线系统设计

网络系统集成与综合布线典型案例

网络综合布线系统标准与设计

网络中心综合布线系统设计

微课
物理网络设计 综合布线组成

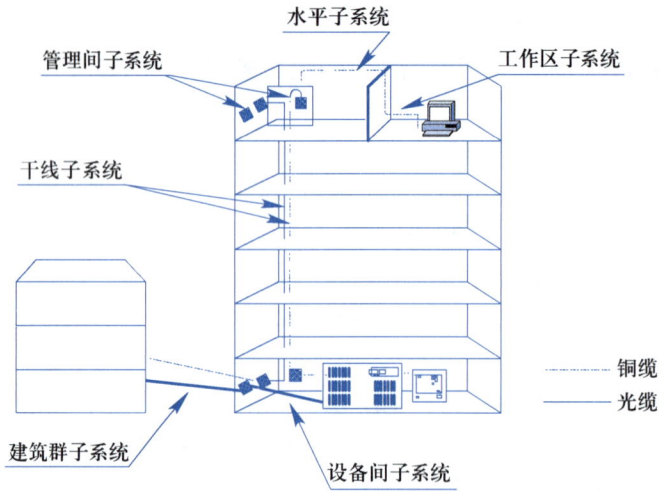

图 1-21 综合布线系统组成

图 1-22 工作区子系统

综合布线系统的信息插座应按下列原则选用：

（1）单个连接的 8 芯插座宜用于基本型系统。

（2）双个连接的 8 芯插座宜用于增强型系统。

（3）信息插座应在内部做固定线连接。

（4）一个给定的综合布线系统设计可采用多种类型的信息插座。

工作区的每一个信息插座一般应支持电话机、数据终端、计算机、电视机及监视器等终端的接入和安装。

工作区适配器的选用应符合下列要求：

（1）在设备连接器处采用不同信息插座的连接器时，应先用专用电缆或适配器。

（2）当在单一信息插座上开通 ADSL、ISDN 等业务时，宜用网络终端适配器。

（3）在水平子系统中选用的电缆类别（媒体）和工作区子系统设备所需的电缆类别（媒体）不同时，宜采用适配器。

（4）在连接处使用数模转换或数据速率转换等装置时，宜采用适配器。

（5）为保持网络规程的兼容性，可选用适配器。
（6）根据工作区内不同的电信终端设备可配备相应的终端适配器。

2）水平（配线）子系统

水平子系统由工作区用的信息插座、每层配线设备至信息插座的配线电缆、楼层配线设备和跳线等组成，如图 1-23 所示。

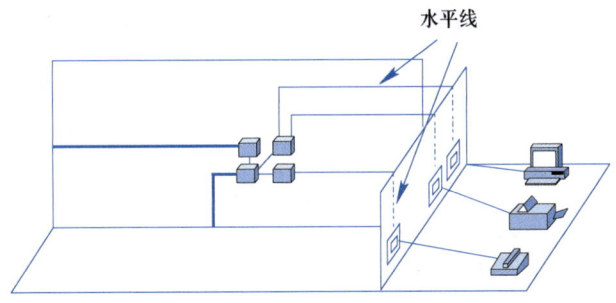

图 1-23　水平子系统

水平子系统应根据下列要求进行设计：

（1）根据网络工程项目提出的目前和未来的终端设备要求。
（2）每层需要安装的信息插座数量及其位置。
（3）终端将来可能产生移动、修改和重新安排的详细情况。
（4）一次性建设与分期建设的方案比较。

水平子系统一般采用 4 对双绞电缆，对于有较高速率应用的场合，应采用光缆。根据综合布线系统规范，水平子系统应在二级交接间、交接间或设备间的配线设备上进行连接。对于采用双绞线连接的水平子系统电缆，其长度应在 90 m 以内。

3）管理间子系统

管理间子系统设置在每层配线设备的房间内。管理间子系统由交接间的配线设备、输入输出设备等组成，如图 1-24 所示。管理间子系统应采用单点管理双交接。交接场的结构取决于工作区、综合布线系统规模和选用的硬件。在管理规模大、复杂、有二级交接间时，才设置双点管理双交接。在管理点，根据应用环境用标记插入条来标出各个端接场。

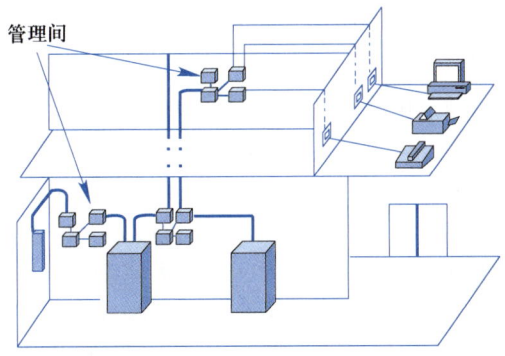

图 1-24　管理子系统

交接区应有良好的标记系统，如建筑物名称、建筑物位置、区号、起始点和功能等标志。交接间及二级交接间的配线设备宜采用色标区别各类用途的配线区。交接设备连接方式的选用宜符合下列规定：

（1）对楼层上的线路进行较少修改、移位或重新组合时，宜使用夹接线方式。

（2）在经常需要重组线路时应使用插接线方式。

（3）在交接场之间应留出空间，以便容纳未来扩充的交接硬件。

4）干线（垂直）子系统

干线子系统由设备间的配线设备和跳线以及设备间至各楼层配线间的连接电缆组成，如图 1-25 所示。在确定干线子系统所需要的电缆总对数之前，必须确定语音和数据信号电缆的共享原则。对于基本型每个工作区可选定 1 对，对于增强型每个工作区可选定两对双绞线，对于综合型每个工作区可在基本型和增强型的基础上增设光缆系统。

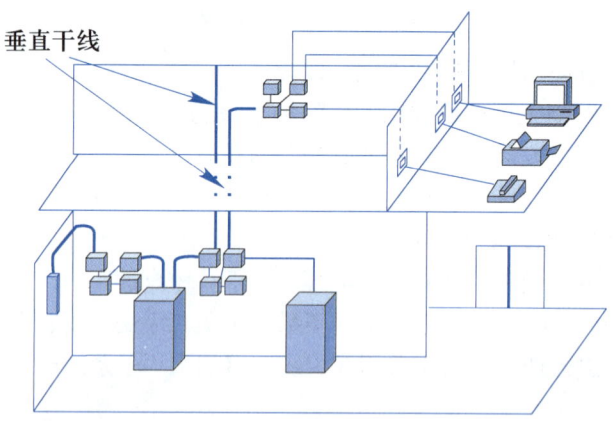

图 1-25　干线子系统

选择干线电缆最短、最安全和最经济的路由，选择带门的封闭型通道敷设干线电缆。干线电缆可采用点对点端接，也可采用分支递减端接以及电缆直接连接的方法。如果设备间与计算机机房处于不同的地点，而且需要把语音电缆连至设备间，把数据电缆连至计算机机房，则宜在设计中选取不同的干线电缆或干线电缆的不同部分来分别满足不同路由干线（垂直）子系统语音和数据的需要。需要时，也可采用光缆系统。

5）设备间子系统

设备间是在每一幢大楼的适当地点设置进线设备、进行网络管理以及管理人员值班的场所。设备间子系统由综合布线系统的建筑物进线设备、电话、数据、交换机等各种通信设备及其配线设备等组成，如图 1-26 所示。设备间内的所有进线终端应采用色标区别各类

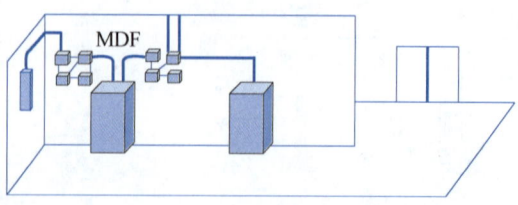

图 1-26　设备子系统

用途的配线区，设备间位置及大小应根据设备的数量、规模、最佳中心等内容综合考虑确定。

6）建筑群子系统

建筑群子系统由两个以上建筑物的电话、数据、电视系统组成，包括连接各建筑物之间的缆线和配线设备（CD），如图 1-27 所示。建筑群子系统一般采用单模或多模光纤，室外光缆敷设一般有架空、直埋或地下管道三种方式。若采用地下管道敷设方式，管道内敷设的铜缆或光缆应遵循电话管道和入孔的各项设计规定。此外安装时至少应预留 1~2 个备用管孔，以供扩充之用；若采用直埋沟内敷设时，如果在同一沟内埋入了其他的图像、监控电缆，应设立明显的共用标志。

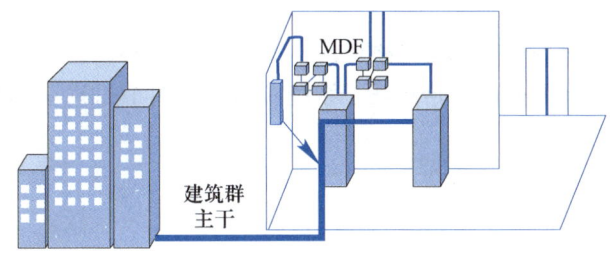

图 1-27　建筑群干线子系统图

2. 网络布线系统设计步骤

网络布线系统主要针对计算机网络和语音系统布线设计，主要解决布线系统的整体结构是怎样的，这个系统有多少个信息点、语音点，如何通过水平、干线、管理、建筑群子系统把它们连接起来，需要选择哪些传输介质（线缆），需要哪些管材（槽管），以及材料价格、施工费用等问题。

综合布线系统设计一般应遵循以下步骤。

1）**分析用户需求**

了解结构化综合布线的建筑物的分布及建筑物内部的基本结构。对于新建建筑物（综合布线与建设同时进行）和已使用建筑物（建设时布线未做）结构化布线要区别对待。新建建筑物应按照综合布线的标准设计，根据用户的需求，设计不同的等级；对已使用的建筑物，要了解用户的业务范围、服务器数量及配置要求，现有计算机网络或网络设备的使用情况，经费预算，从而设计既能满足用户需求，又能在预算范围内的网络综合布线方案。

2）**实地考察现场（获取建筑物平面图）**

一个好的网络方案，必须通过实地考察，确定设备间位置，以设备间为中心，进行线缆长度估算，垂直干线的估算，以及线缆到工作区的路由选择等，从而建立起完整的系统结构。同时，技术人员应从客户那里获取建筑物平面图以便进行下一阶段设计和预算。

3）**设计网络拓扑结构，确定系统结构**

根据用户的具体需求，结合现场（建筑物结构图）和设备间的位置，设计网络拓扑结构。目前，网络拓扑一般为星型结构，网络布线系统一般是双绞线和光纤的组合。

根据 GB50311—2007 综合布线系统工程设计规范，综合布线系统基本构成应如图 1-28 所示。

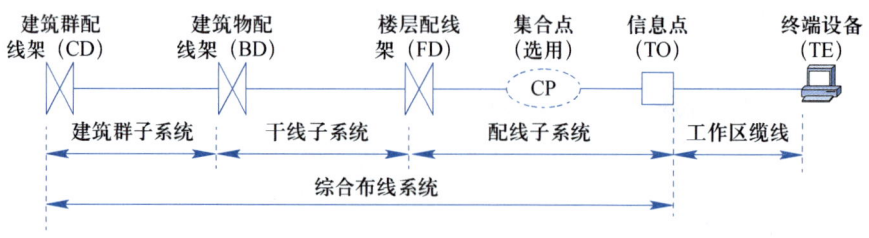

图 1-28　综合布线系统基本组成结构

注：配线子系统中可以设置集合点（CP），也可不设置集合点。

根据工程实际情况，综合布线子系统应该符合图 1-29（a）或图 1-29（b）的要求。

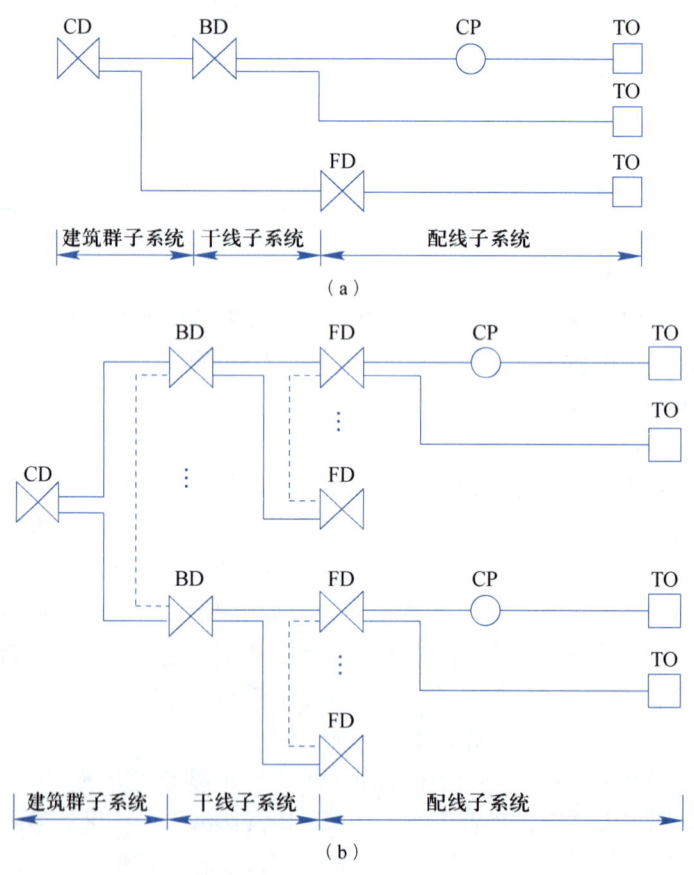

图 1-29　综合布线子系统构成

注：图 1-29（a）中的建筑物 FD 可以经过主干缆线直接连至 CD（信息点较少或只有某一层有楼层配线设备 FD 时），TO 也可以经过水平缆线直接连

至 BD（楼层信息点较少时）。

图 1-29（b）中的虚线表示 BD 与 BD 之间，FD 与 FD 之间可以根据实际情况预设主干缆线。

4）进行可行性论证

在可行性论证时，必须注意环境是否可行，性价比是否最优。应选择一个技术先进、经济合理的综合布线系统方案。

5）绘制综合布线施工图

方案论证可行后，必须依据方案绘制施工图，以管理和验收。

6）编制综合布线材料预算清单

根据设计方案，首先进行材料数量计算，例如，双绞线长度、超五类模块数量、面板数量，光缆长度、配线架数量等；然后再进行品牌选型，例如，选 AMP、康普、IBDN、西蒙、艾普、一舟等；再根据各个厂家的产品供货价格，编制出材料预算清单；最后根据市场施工单价，进行施工费的计算，得出工程的费用清单。综合布线系统的设计流程图如图 1-30 所示。

综合布线系统线缆材料的计算方法

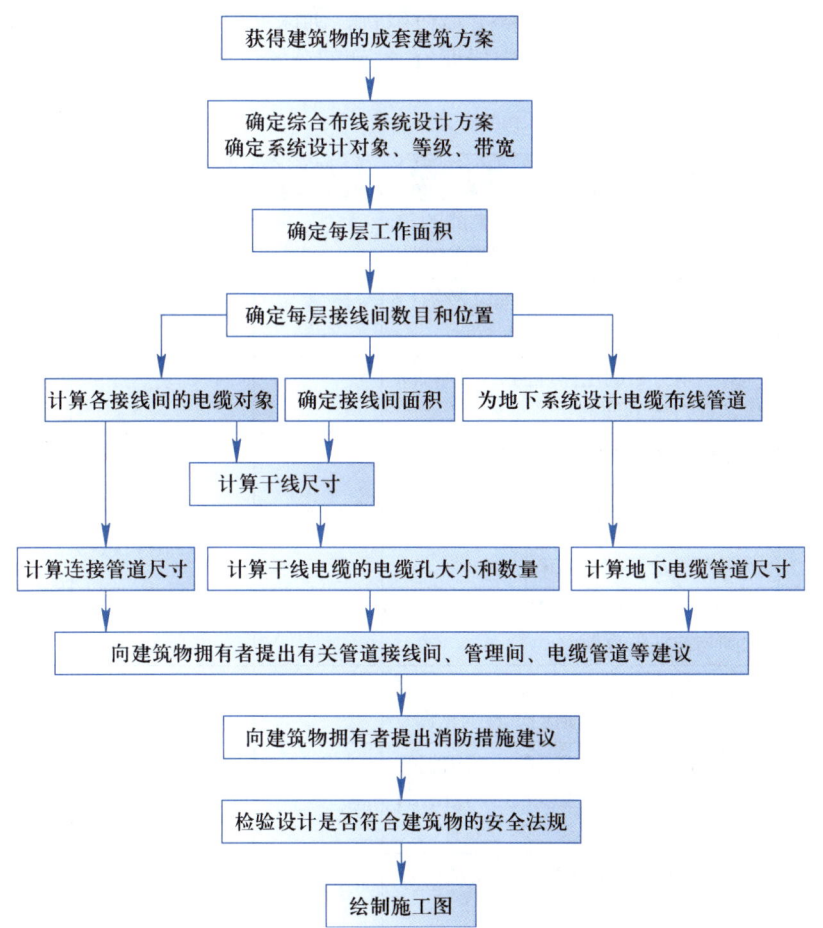

图 1-30　综合布线系统设计流程图

最后，根据"GB50311—2007 综合布线系统工程设计规范"要求，对综合布线各子系统按照设计规范分别进行设计。

项目总结

本项目是本课程所学内容的统领，主要讲解了网络工程项目的生命周期，网络工程项目的招投标流程，网络工程规划与设计的流程和主要工作内容，重点讲解了网络需求分析、逻辑网络设计、物理网络设计、网络工程组织与实施、系统测试与验收、网络安全管理与运维等内容，为后续具体项目的学习奠定了基础。

项目评估

学习评估分为项目检查和项目考核两部分（见表 1-2）。项目检查主要对教学过程中的准备工作和实施环节进行核查，确保项目完成的质量；项目考核是对项目教学的各个阶段进行定量评价，这两部分始终贯穿于项目教学全过程。

表 1-2 学习评估表

项目考核点名称	考 核 指 标	评　　分	占总项目比重/%	小　　计
网络工程项目生命周期	对网络工程、网络系统集成的定义，以及对两者的区别与联系的理解		10	
网络工程招投标流程和招投标文件内容	对网络工程招投标流程以及招投标文件的基本内容的掌握		20	
网络需求分析	对需求分析的工作任务，内容和需求调查方法的理解		10	
网络拓扑结构设计	掌握基本的网络拓扑结构，能够根据网络规模基本确定网络拓扑结构		10	
网络技术选型	对当前接入互联网的方式、特点、所需设备及连接方式的了解		10	
IP 地址规划	对网络工程项目中 IP 地址规划的原则与方法的理解		10	
网络安全与管理方案设计	对网络安全防范体系各层次的内容，设计的基本原则和步骤的掌握		10	
网络设备与服务器选型	对路由器、交换机、防火墙和服务器的性能指标、分类以及选购方法的掌握		10	
物理网络设计	对综合布线系统的组成以及设计步骤的掌握		10	
总计				

项目习题

一、填空题

1. 评估网络的核心路由器性能时，通常最关心的指标是_____，与该参数密切相关的参数或项目是_____。

2. 交互式路由器与三层交换机之间有着本质的区别，三层交换机是指具有部分路由器功能的交换机，工作在 OSI 的_____层，而此处的交换式路由器则是指具备部分交换机功能的路由器，工作在 OSI 的_____层。

二、选择题

1. 在网络详细需求分析中除包括网络总体需求分析、综合布线需求分析、网络可用性与可靠性分析、网络安全性需求分析，还应包括（　　）。
   A. 网络工程造价估算　　B. 网络工程进度安排
   C. 网络硬件设备选型　　D. 网络带宽接入需求分析

2. 对于建筑物的综合布线系统，一般根据用户的需要和复杂程度，可分为三种不同的系统设计等级，它们是（　　）。
   A. 基本型、增强型和综合型　　B. 星型、总线型和环型
   C. 星型、总线型和树型　　D. 简单型、综合型和复杂型

3. 目前，中华人民共和国颁布的《建筑与建筑群综合布线系统工程设计规范》是（　　）。
   A. GB50311—2007　　B. GB/T50312—2000
   C. CECS 89:97　　D. YD/T 926.1~3—1997

4. 六类综合布线产品的带宽标准为（　　）。
   A. 100 MHz　　B. 155 MHz
   C. 200 MHz　　D. 250 MHz

5. 网络工程施工过程中需要许多施工材料，这些材料有的必须在开工前就备好，有的可以在开工过程中准备，下列材料中在施工前就必须到位的有（　　）。
   A. 服务器　　B. 塑料槽板
   C. 集线器　　D. 交换机

6. 目前所讲的智能小区主要指住宅智能小区，根据国家建设部《关于在全国建成一批智能化小区示范工程项目》文件，将智能小区示范工程分为 3 种类型，其中错误的是（　　）。
   A. 一星级　　B. 二星级
   C. 三星级　　D. 四星级

7. 网络系统分层设计中层次之间的上连带宽与下一级带宽之比一般控制在（　　）。

A. 1∶1　　　B. 1∶10　　C. 1∶20　　D. 1∶40

8. 采用 IEEE 802.11b 标准的对等解决方案，将 4 台计算机连成一个无线局域网，如果要求该无线局域网与有线局域网连接，并保持对等解决方案不变，其解决方案是（　　）。

　　A. 增加 AP

　　B. 无解决方法

　　C. 其中一台计算机再安装一块无线网卡

　　D. 其中一台计算机再安装一块以太网网卡

9. SDH 网络是一种重要的广域网，其结构和用途可简述为（　　）。

　　A. 星型结构借助 TM 设备连接，主要用做专网

　　B. 链型结构借助 DXC 设备连接，主要用做接入网

　　C. 环型结构借助 ADM 设备连接，主要用做骨干网

　　D. 网状型结构借助 ADM 设备连接，主要用做长途骨干网

10. EPON 是一种重要的接入技术，其信号传输模式可概括为（　　）。

　　A. 采用广播模式，上下行均为 CSMA/CD 方式

　　B. 采用点到多点模式，下行为广播方式，上行为 TDMA 方式

　　C. 采用点到点模式，上下行均为 WDM 方式

　　D. 采用点到点模式，上下行均为 CSMA/CD 方式

11. 设计师为一个有 6 万员工的工厂网络中心机房设计的设备方案是：数据库服务器选用高性能小型机，邮件服务器选用高性能小型机；边界路由器选用具有万兆模块和 IPv6 的高性能路由器，使用中国电信的 1 000 Mb/s 出口接入 Internet；针对接入 Internet 方案，你的评价是（　　）。

　　A. 方案恰当

　　B. 路由器选择恰当；出口带宽偏小，难以满足要求

　　C. 路由器配置偏高；出口带宽可行

　　D. 路由器配置偏高；出口带宽偏小，难以满足要求

12. 以下关于综合布线的描述中，错误的是（　　）。

　　A. 终端有高速率要求时，水平子系统可采用光纤直接铺设到桌面

　　B. 多介质信息插座用于连接双绞线

　　C. 干线线缆铺设经常采用点对点结合和分支结合两种方式

　　D. 采用在管理子系统中更改、增加、交换、扩展线缆的方式来改变线缆路由

13. 对网络性能进行评估时，需要明确的主要性能指标是 　（1）　，除了可用理论方法进行分析外，更多地需要实际测量，主要的测量方法是 　（2）　。

（1）A. 实际数据率　　B. 丢包率　　　C. 延迟时间　　D. 延迟抖动

（2）A. 用速率测试仪，测试线路速率

　　　B. 运行测试程序，发送大量数据，观察实际性能值

　　　C. 收集网络上传输过程的全部信息，进行分析

D. 将用户程序放在不同网络上运行，比较所需时间

14. OSI 网络管理标准定义了网管的五大功能。例如，对每一个被管理对象的每一个属性设置阈值、控制阈值检查和告警的功能属于__(1)__；接收报警信息、启动报警程序以各种形式发出警报的功能属于__(2)__；接收告警事件、分析相关信息、及时发现正在进行的攻击和可疑迹象的功能属于__(3)__；上述事件捕捉和报告操作可由管理代理通过 SNMP 和传输网络将__(4)__发送给管理进程，这个操作__(5)__。

（1）A. 计费管理　　B. 性能管理　　C. 用户管理　　D. 差错管理
（2）A. 入侵管理　　B. 性能管理　　C. 故障管理　　D. 日志管理
（3）A. 配置管理　　B. 审计管理　　C. 用户管理　　D. 安全管理
（4）A. get　　　　 B. get-next　　 C. set　　　　 D. trap
（5）A. 无请求　　　B. 有请求　　　C. 无响应　　　D. 有响应

15. 以下关于网络安全设计原则的说法中，错误的是（　　）。

A. 充分、全面、完整地对系统的安全漏洞和安全威胁进行分析、评估和检测，是设计网络安全系统的必要前提条件

B. 强调安全防护、监测和应急恢复，要求在网络发生被攻击的情况下，必须尽可能快地恢复网络信息中心的服务，减少损失

C. 考虑安全问题解决方案时无须考虑性能价格的平衡，强调安全与保密系统的设计应与网络设计相结合

D. 网络安全应以不影响系统的正常运行和合法用户的操作活动为前提

16. 某局域网内部有 30 个用户，假定用户只使用 E-mail（收发流量相同）和 Web 两种服务，每个用户平均使用 E-mail 的速率为 1Mb/s，使用 Web 的速率是 0.5Mb/s，则按照一般原则，估算本局域网的出口流量（从局域网向外流出）是（　　）。

A. 45 Mb/s　　　B. 22.5 Mb/s　　C. 15 Mb/s　　　D. 18 Mb/s

17. 下列关于服务器技术的描述中，错误的是（　　）。

A. 对称多处理技术可以在多 CPU 结构的服务器中均衡负载
B. 集群系统中一台主机出现故障时不会影响系统的整体性能
C. 采用 RISC 结构处理器的服务器通常不采用 Windows 操作系统
D. 采用 RAID 技术可提高磁盘容错能力

18. 刀片服务器中某块"刀片"插入 4 块 500 GB 的 SAS 硬盘，若使用 RAID3 组建磁盘系统，则系统可用的磁盘容量为（　　）。

A. 500 GB　　　B. 1 TB　　　　C. 1 500 GB　　D. 2 TB

19. 设计师为一个有 6 万师生的大学网络中心机房设计的设备方案是：数据库服务器选用高性能小型机，邮件服务器选用集群服务器，20 TB FC 磁盘阵列作为邮件服务器的存储器。针对该服务器方案，你的评价是（　　）。

A. 数据库服务器选择恰当，邮件服务器选择不当

B. 数据库服务器选择不当，邮件服务器选择恰当

C. 数据库服务器和邮件服务器均选择恰当

D. FC 磁盘阵列选择不当，应选用 iSCSI 方式

20. 在层次化网络设计中，(　　)不是分布层/接入层交换机的选型策略。

A. 提供多种固定的端口数量搭配组网选择，可堆叠，易扩展，以便由于信息点的增加而进行扩容

B. 在满足技术性能要求的基础上，最好价格便宜，使用方便，即插即用，配置简单

C. 具备一定的网络服务质量和控制能力及端到端的 QoS

D. 具备高速的数据转发能力

21. 文档的编制在网络项目开发工作中占有突出的地位。下列有关网络工程文档的叙述中，不正确的是(　　)。

A. 网络工程文档不能作为检查项目设计进度和设计质量的依据

B. 网络工程文档是设计人员在一定阶段的工作成果和结束标识

C. 网络工程文档的编制有助于提高设计效率

D. 按照规范要求生成一套文档的过程，就是按照网络分析设计与规范完成网络项目分析与设计的过程

22. 下面关于服务器性能指标的描述中，正确的是(　　)。

A. 峰值 MIPS 通常是以指令集中最快指令的执行速度计算得到的

B. 由于 MFLOPS 值无须考虑运算部件与存储器、I/O 系统等速度之间相互协调等因素，因此可灵活应用于各种浮点运算速度的场合

C. TPCC 值和 SPEC 值是常见的服务器性能量化指标，但只能作为服务器规划选型的参考

D. 峰值 MFLOPS 以最慢的浮点指令来表示计算机的运算速度

23. 在网络工程项目管理中，保证客户和相关人员满意的最重要活动是(　　)。

A. 变更汇报和项目计划更新及其他适当的项目文件

B. 将需求记录下来整理为文档

C. 及时且有规律地汇报项目绩效

D. 绩效测评存档

24. 以下关于以太网交换机部署方式的描述中，错误的是(　　)。

A. 多个交换机矩阵堆叠后可当成一个交换机使用和管理

B. 把各个交换机连接到高速交换中心形成菊花链堆叠的高速连接模式

C. 不同品牌的交换机也能够使用级联模式连接

D. 如果通过专用端口对交换机进行级联，则要使用直连双绞线

25. 以下关于网络需求调研与系统设计的基本原则的描述中，错误的是(　　)。

A. 各阶段文档资料必须完整与规范

B. 在调查、分析的基础上，对网络系统组建与信息系统开发的可行性进行充分论证
C. 运用系统的观点完成网络工程技术方案的规划和设计
D. 大型网络系统的建设需要本单位行政负责人对项目执行的全过程进行监理

26. 以下关于网络结构与拓扑结构设计方法描述中，错误的是（　　）。
    A. 核心层网络用于连接分布在不同位置的子网，实现路由汇聚等功能
    B. 汇聚层根据接入层的用户流量，进行本地路由、安全控制、流量整形等处理
    C. 接入层网络用于将终端用户计算机接入网络
    D. 核心层设备之间、核心层设备与汇聚层设备之间通常采用冗余链路的光纤连接

27. 刀片服务器中某块"刀片"插入了 4 块 500 GB 的 SAS 硬盘。若使用 RAID 10 组建磁盘系统，则系统可用的磁盘容量为（　　）。
    A. 500 GB　　　B. 1 TB　　　C. 1 500 GB　　　D. 2 TB

28. 网络规划设计师小张对自己正在做的一个项目进行成本净值分析后，画出如图 1-31 所示的一张图，当前时间为图中的检查日期。根据该图小张分析：该项目成本 __（1）__，进度 __（2）__。
    （1）A. 正常　　B. 节约　　C. 超支　　D. 条件不足，无法判断
    （2）A. 超前　　B. 落后　　C. 正常　　D. 条件不足，无法判断

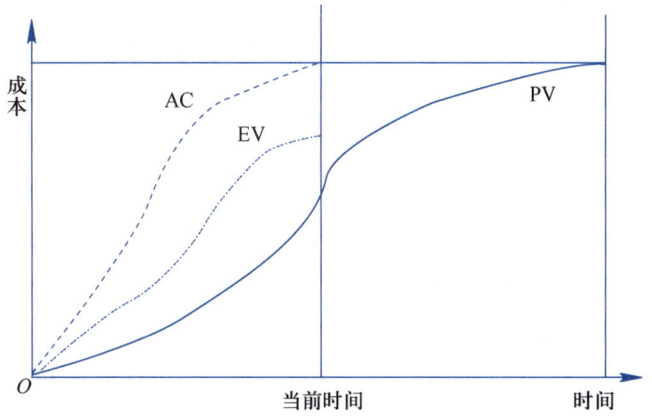

图 1-31　某项目成本净值分析图

29. 以下对于网络工程项目招标过程按顺序描述中，正确的是（　　）。
    A. 招标、投标、评标、开标、决标、授予合同
    B. 招标、投标、评标、决标、开标、授予合同
    C. 招标、投标、开标、评标、决标、授予合同

D. 招标、投标、开标、决标、评标、授予合同
30. 网络系统设计过程中，物理网络设计阶段的任务是（　　）。
    A. 依据逻辑网络设计的要求，确定设备的具体物理分布和运行环境
    B. 分析现有网络和新网络的各类资源分布，掌握网络所处的状态
    C. 根据需求规范和通信规范，实施资源分配和安全规划
    D. 理解网络应该具有的功能和性能，最终设计出符合用户需求的网络
31. 在层次化网络设计方案中，通常在（　　）实现网络的访问策略控制。
    A. 应用层　　　　　　　　　　B. 接入层
    C. 汇聚层　　　　　　　　　　D. 核心层
32. 以下关于网络工程需求分析的论述中，正确的是（　　）。
    A. 任何网络都不可能是一个能够满足各项功能需求的"万能网"
    B. 必须采用最先进的网络设备，获得最高的网络性能
    C. 网络需求分析独立于应用系统的需求分析
    D. 在进行网络需求分析时可以先不考虑系统的扩展性
33. 以下关于网络设备选型原则的描述中，错误的是（　　）。
    A. 选择网络设备，应尽可能选择同一厂家的产品
    B. 为了保证网络的先进性，应尽可能选择性能高的产品
    C. 核心设备的选取要考虑系统日后的扩展性
    D. 网络设备选择要充分考虑其可靠性
34. 以下关于网络关键设备选型的说法中，错误的是（　　）。
    A. 关键网络设备一定要选择成熟的主流产品，并且最好是一个厂家的产品
    B. 所有设备一定要留有一定的余量，使系统具有可扩展性
    C. 根据"摩尔定律"，网络设备更新速度快，价格下降快，因此要认真调查，慎重决策
    D. 在已有的网络基础上新建网络，要在保护已有投资的基础上选择新技术、新标准与新产品

三、综合题

已知某布线系统共有 100 个信息点，最远信息插座离楼层配线架的长度为 30 m，最近信息插座离楼层配线架的长度为 10 m，每个信息插座有两个信息口，试计算：需要订购的电缆数量（箱数）是多少，最终 RJ-45 的总需求量是多少，信息插座需要多少。

项目 2

欧宇公司办公网规划与设计

学习目标

【知识目标】
- 熟悉中小型办公网络业务需求；
- 熟悉中小型办公网络架构模型；
- 了解中小型办公网络组网一般原则；
- 掌握中小型办公网络无线架构设计；
- 掌握中小型办公网络安全与管理设计的原则与方法；
- 掌握中小型办公网资源管理的设计原则和方法；
- 了解网络工程项目招投标书的格式和规范。

【能力目标】
- 能对中小型企业网进行需求调查与分析；
- 能完成中小型企业网络拓扑结构的设计；
- 能完成中小型企业网络 IP 地址规划与设备命名；
- 能完成中小型企业网络安全管理方案设计；
- 能完成中小型企业网络设备选型、综合布线系统方案设计；
- 能编写中小型企业网络工程项目招投标书。

【素养目标】
- 培养文献检索、资料查找与阅读能力；
- 培养自主学习能力；
- 培养独立思考和分析问题的能力；
- 培养表达沟通、诚信守时和团队合作能力；
- 树立成本意识、服务意识和质量意识。

项目 2 欧宇公司办公网规划与设计

笔记

项目导读

学习情境

欧宇公司是一家电子产品销售公司，拥有财务部、技术部、人事部、后勤部以及销售和售后服务部五个部门，共 150 多名员工；租用一栋办公楼的 1~6 层作为公司办公和经营的场所，第一层作为公司的营业厅，其余各层作为公司的办公部门。

根据欧宇公司网络建设的现有需求，并考虑到未来的发展趋势，需要进行办公信息化建设，建立一个统一的办公信息网络，满足数据、语音、视频、图像等多媒体信息的传输，实现企业用户管理、办公自动化、业务系统和 Internet 访问等，提高公司的办公效率，加强部门与部门之间、公司与合作伙伴之间的联系。

项目描述

按照网络工程规划与设计的流程，对欧宇公司办公网进行规划与设计。整个项目包括需求调查与分析、网络设计、建设方案书编写以及招投标书编写四个学习任务。

项目实施

任务 2-1 欧宇公司办公网需求调查与分析

任务描述

本任务主要对欧宇公司办公网的业务、环境、信息点、流量、互联网接入、安全等方面的需求进行调查与分析，形成需求分析说明书，为下一阶段的网络设计提供依据。

问题引导

（1）企业办公网需求调查的主要内容是什么？
（2）企业办公网业务需求分析应该从哪些方面考虑？
（3）企业办公网安全与管理需求分析应该考虑哪些方面？
（4）如何计算网络信息点？
（5）如何编写需求分析说明书？

素养提升
强化成本管控 提升
项目成本管理水平

 **知识学习**

1. 中小企业定义

中小企业通常是指规模在 500 人以下的企业，如果进一步细分，又可分为 100 人以下的小型企业、100～250 人的中小型企业，以及 250 人以上的中型企业。从广义的角度，也可以将同等规模的政府、科研及教育等单位作为中小企业来看待。

2. 中小企业网络需求调查的主要内容

在企业网中，需求调查的对象主要是包括公司管理层和部门的关键应用人员，调查内容包括业务需求、网络需求、通信量需求、信息点统计、安全与管理需求、设备需求等方面，调查的方法主要有实地考察、用户访谈、问卷调查以及向同行咨询等。

1）业务需求调查的内容

- 用户的商业目标。
- 网络最终的使用者。
- 网络设计的范围：了解客户是新建一个网络还是改造现有网络，并要了解所需设计的网络是针对一个网段、一组局域网、一组广域网，还是远程访问网络或整个企业网络。
- 主要转折点：如完工的最后期限、商业活动的重要需求等。
- 业务系统类型：如人事管理系统、财务管理系统等。
- 投资规模。

2）网络需求调查的内容

- 常规 Internet 网络服务，包括电子邮件服务（E-mail）、文件传输服务（FTP）、WWW 信息服务和网络浏览、网络游戏等。
- 对内、外的数据传输与信息服务：包括数据库访问与更新、文件共享与访问、对外宣传信息服务（建立自己的 WWW 服务器和主页）、内部业务部门的业务处理以及信息交互等。
- 网络系统软件：包括网络操作系统、防病毒软件以及网络管理软件。
- 广域网（Internet 连接）：局域网接入城域网或广域网的方法。

3. 需求分析的主要内容

根据中小企业的规模、网络系统的复杂程度、网络应用的程度，企业对于网络的需求也各不相同，从简单的文件共享、办公自动化，到复杂的电子商务、ERP 等。中小型企业网需求分析的内容主要包括业务需求分析、管理需求分析、安全性需求分析、网络环境分析、扩展性分析、通信量需求分析、经济和费用控制等。

1）业务需求分析

业务需求分析的目标是明确企业的业务类型、应用系统软件的种类，以及它们对网络性能指标（如带宽、服务质量 QoS）的要求。

中小型企业网络建设的需求分析

2）通信量需求分析

包括内部通信（企业内部各部门间的通信）和对外通信（与 Internet 的通信、业务伙伴的通信、企业内部远程通信）。根据网络需求调查结果，分析影响网络性能的参数指标，包括网络时延、吞吐率、网络丢包率、带宽、响应时间、网络利用率等。

 任务实施

子任务一　欧宇公司办公网需求调查

1. 用户需求调查

网络需求调查表

网络使用需求调查表

网络功能需求调查表

欧宇公司用户需求调查以部门为单位进行，主要包括以下几方面。

- 各部门的业务需求：包括使用的操作系统，使用的办公系统，是否需要打印、传真和扫描业务，是否需要用到一些特定的行业管理系统，对各管理系统的应用需求等。
- 各部门的网络需求：包括主要的内部和外部网络应用，如是否需要用到公司内（外）部的网站服务等。

需求调查以问卷调查的方式进行，设计如表 2-1 所示的用户需求调查表，发放给企业各部门负责人员，调查完成后进行汇总，就可得到欧宇公司办公网的总体业务需求。

表 2-1　用户需求调查表

部门名称	调查项目	应用需求	受调查人签字
	期望使用的操作系统		
	期望使用的办公系统		
	是否需要打印、传真和扫描业务		
	期望使用的行业管理系统及要求		
	期望使用的内部网络应用		
	期望使用的外部网络应用		
	期望使用的其他业务需求		

微课
中小企业网络需求调查的方法

以人事部业务调查为例，人事部主要的工作是人事管理，为了提高办公效率，要求实现计算机办公；通过网络发布公司人事部管理文件，对公司员工提供人力资源、劳资信息查询功能；需要至少一台打印机、传真机和扫描仪，并提供文件共享；不能够查看其他部门的应用系统，如财务系统、后勤管理系统等；需要较流畅的网络，主要上网时段在正常上班时间（即白天 8:00—17:00），上网业务主要是访问公司门户网站、E-mail 收发等。部门内部员工需要使用笔记本电脑、平板电脑以及手机连接公司内网和因特网。人事部业务需求调查结果汇总表见表 2-2。

表 2-2　人事部业务需求调查结果汇总表

部　门	调 查 项 目	应 用 需 求
人事部	期望使用的操作系统	Windows 10 操作系统
	期望使用的办公系统	办公自动化，连网办公，发布本部门消息
	是否需要打印、传真和扫描业务	需要打印、传真和扫描业务
	期望使用的管理系统及要求	人事管理系统
	期望使用的内部网络应用	共享文件，共享部门打印机
	期望使用的外部网络应用	QQ，浏览网页，收发邮件，无线上网
	期望使用的其他业务需求	无

通过对财务部、技术部、销售和售后服务部等部门进行用户需求调查，并对各部门调查结果进行汇总、归纳，得到欧宇公司用户需求的总结果，汇总结果见表 2-3。

表 2-3　用户需求调查结果汇总表

部　门	应 用 需 求	备注（需求约束）
全体部门	操作系统：普通用户使用 Windows 10 操作系统，服务器使用 Windows Server 2008 操作系统（网络管理） 打印、传真和扫描业务：每个部门须配一台打印机、传真机和扫描仪 内部网络应用：办公自动化，发布企业消息，存放各部门的公共文件，共享文件，共享部门打印机 外部网络应用：QQ，浏览网页，收发邮件，无线上网	公共文件不能被非法修改，只有管理员才能登录服务器，能对上网业务进行控制
人事部	人事管理系统	只允许公司领导和人事部门使用
销售部	销售和售后管理、下载厂商产品资料、视频对话、语音通信	只允许公司领导和销售部门使用
财务部	财务管理系统	只允许公司领导和财务部门使用
技术部	企业的核心开发技术需要严格保密 进行企业资源管理（包括硬件、软件和资源的管理，如计算机、应用程序、用户登录等）	企业资源的使用必须受到控制
后勤部	后勤管理系统	只允许公司领导和后勤部门使用
营业厅	产品展示（营业厅）	允许客户使用，不能访问公司内部资源，可以连接 Internet

2. 环境需求调查

欧宇公司办公网环境需求调查主要是确定各部门办公区的分布情况，以及各部门使用办公网的员工人数。

欧宇公司租用的办公楼楼层建筑面积约 2 400 m^2，共 6 层，每层面积约 400 m^2，第一层作为公司的营业厅，第二层为公司的销售和售后服务部，第三层为技术部，第二层和第三层有两个大的会议室；第四层为人事部和一个员工活动中心；第五层为后勤部,包括后勤部的办公室和两个大的物资仓库,第六层为总经理办公室和财务部。中心机房放在第三层,由技术部进行管理。楼层分布见表 2-4。大楼的主配线间也设在第三层,在大楼的核心筒内有专门的弱电竖井及弱电配线间。

表 2-4 欧宇公司办公楼部门分布示意

六楼	部门经理办公室 601	财务部办公室 602	财务部办公室 603	总经理办公室 604	副总经理办公室 605
五楼	部门经理办公室 501	后勤办公室 502	后勤部办公室 503	一号物资仓库	二号物资仓库
四楼	部门经理办公室 401	人事部办公室 402	人事部办公室 403	员工活动中心	
三楼	部门经理办公室 301	技术部办公室 302	中心机房	二会议室	
二楼	部门经理办公室 201	销售和售后服务部办公室 202		一会议室	
一楼	营业厅				

各部门员工人数汇总见表 2-5。技术部、销售和售后服务部人员较多,约占总公司人数的 50%,因此这两个部门需要多布信息点。营业厅有多个展台,用来向客户展示公司产品,因此也需要多布信息点。其他房间按每 10 m² 布一个信息点来估算,仓库不需要布置信息点。

表 2-5 各部门员工人数汇总

部 门 名 称	员 工 人 数
营业厅	10
销售和售后服务部	10(销售人员)+6(售后人员)+1(部门经理)
技术部	16 +1(部门经理)
人事部	8+1(部门经理)
后勤部	8+1(部门经理)
财务部	8+1(部门经理)
总经理	1(总经理)+2(副总经理)
总人数	74

3. 通信量需求调查

内部流量由本地主机产生,并且流向办公网络中的其他主机,欧宇公司办公网网络流量主要来自对服务器和应用系统的访问流量,要求访问服务器和应用系统尽可能快速,可靠。

外部流量主要指公司员工访问互联网应用业务,如 Web 浏览、E-mail 收发、即时通信(如 QQ)。要求上网业务尽可能可靠,响应速度快,并且对视频、语音等业务有较好的通信服务质量。

欧宇公司办公网应用类型对带宽的要求见表 2-6。

表 2-6　欧宇公司办公网应用类型对带宽的要求

应 用 类 型	具体网络应用	基本带宽要求
内网数据服务	局域网内文件共享，对管理系统的访问，对应用服务器的访问，文件传输等	100 Mb/s 以上
Internet 应用服务	远程连接、Web 浏览、QQ、E-mail	2 Mb/s 以上
视频通信	VoD 视频点播、视频会议等	2 Mb/s 以上
语音通信	VOIP	1 Mb/s 以上

4. 安全与管理需求调查

办公网的安全与管理需求调查主要从以下几方面入手。

● 公司各部门的安全管理需求：包括对网络的访问，对本部门业务系统的访问，对其他部门业务系统的访问，对应用服务器的访问以及对本部门设备、文件的管理等。

● 公司网络的安全管理需求：包括全网的接入认证，对网络内部资源的统一管理，对无线用户访问网络的安全管理，对外网的合理访问等。

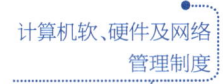

● 服务器的安全管理需求：包括服务器访问安全，服务器资源管理等。

欧宇公司办公网安全与管理需求调查结果见表 2-7。

表 2-7　安全与管理需求调查汇总表

部 门 名 称	安全管理需求
公司网络的安全管理需求	需要身份认证才可接入公司网络，需要对公司的网络设备进行安全管理，能够对公司资源（包括硬件、软件）进行统一管理，防病毒系统统一查杀和升级，各部门统一上网行为管理（如不允许下载视频和在线电影等）
服务器的安全管理需求	只有管理员才可以登录服务器，进行配置和管理，不同系统服务器上的资源只有所属部门的员工才可以进行添加、修改和删除
营业部	可以根据客户要求，使用相关的互联网应用（包括在线看电影、娱乐、视频通信），禁止通过 BT 或其他 P2P 软件下载文件，不能访问公司内部资源
人事部	不能通过互联网看电影、娱乐，禁止通过 BT 下载文件，本部门人员可以对人事管理系统进行操作（添加、删除、修改人事记录），可以通过办公 OA 上传、下载公司文件，部门内部文件管理及打印共享
财务部	不能通过互联网看电影、娱乐，禁止通过 BT 下载文件，本部门人员可以对财务管理系统进行操作（添加、删除、修改财务记录），可以通过办公 OA 上传、下载公司文件，部门内部的文件只有本部门人员才可以查看，部门内部文件管理及打印共享
技术部	不能通过互联网下载视频文件、娱乐，可以通过办公 OA 上传、下载公司文件，部门内部文件管理及打印共享
销售和售后服务部	不能通过互联网下载视频文件、娱乐，可以通过办公 OA 上传、下载公司文件，部门内部的文件只有本部门人员才可以查看，本部门人员可以对销售和售后管理系统进行操作（添加、删除、修改销售和售后记录），允许该部门负责人与厂商代表、客户通过视频语音通信，部门内部文件管理及打印共享
后勤部	不能通过互联网看电影、娱乐，禁止通过 BT 下载文件，本部门人员可以对后勤管理系统进行操作（添加、删除、修改后勤资源记录），可以通过办公 OA 上传和下载公司文件，部门内部文件管理及打印共享

技能训练 2-1

训练目的

掌握中小型办公网网络需求调查的方法和内容，了解办公网业务流程，完成网络需求调查结果的收集。

神舟公司办公网项目描述

训练内容

依据欧宇公司办公网需求调查的方法与原则，对神舟公司办公网络进行网络需求调查。

参考资源

（1）中小型办公网需求调查技能训练任务单。
（2）中小型办公网需求调查技能训练任务书。
（3）中小型办公网需求调查技能训练检查单。
（4）中小型办公网需求调查技能训练考核表。

训练步骤

（1）学生依据欧宇公司办公网需求分析的方法与原则，明确办公网网络需求调查的内容。
（2）结合选定公司办公网的实际情况，确定调查项目。
（3）提出初步的网络需求调查方案。
（4）制定工作计划，完成分工。
（5）学生分组讨论网络需求调查反馈，得出网络需求调查结果。
（6）对网络需求调查结果进行汇总，完成网络需求调查报告。

网络需求调查报告格式

中小型企业网络建设的需求分析

中小型企业网络设计需求分析

子任务二　欧宇公司网络需求分析

1. 网络规模需求分析

依据环境需求调查的结果，可知欧宇公司办公网络属于中小型企业网，每一个楼层对应一个公司部门，根据部门的实际工作流程和工作内容，统计并确定各楼层的信息点数，见表2-8。

表2-8　信息点数统计表

部门（楼层）	信息点数	说　明
营业厅（一楼）	24	营业厅内部需要使用计算机或投影向客户展示公司产品，并向客户办理相关销售手续，须多布信息点

续表

部门（楼层）	信息点数	说　　明
销售和售后服务部（二楼）	18	本部门有 16 名员工，每人配备一台计算机；部门经理办公室布置两个信息点
一会议室（二楼）	8	如果会议期间信息点不够，可以通过无线进行网络接入
技术部（三楼）	18	本部门有 16 名员工，每人配备一台计算机（该信息点包括中心机房）；部门经理办公室布置两个信息点
二会议室（三楼）	8	如果会议期间信息点不够，可以通过无线进行网络接入
人事部（四楼）	16	部门经理办公室布置两个信息点，其余信息点按每个房间 4 个进行布置（人事部 8 名员工，每间房 4 名员工），员工活动中心配置 6 个信息点
后勤部（五楼）	10	部门经理办公室布置两个信息点，其余信息点按每个房间 4 个进行布置（后勤部 8 名员工，每间房 4 名员工），两个物资仓库不需要配置信息点
财务部（六楼）	10	部门经理办公室布置两个信息点，其余信息点按每个房间 4 个进行布置（财务部 8 名员工，每间房 4 名员工）
总经理办公室（六楼）	4	按每个房间两个信息点进行布置，一个总经理办公室，一个副总经理办公室
总计	116	

2. 用户需求分析

通过对欧宇公司的实地调查、用户访谈，欧宇公司办公网涉及范围为整个企业网络，主要用于内部人员的办公和对外的宣传，能够提高员工工作效率，实现现代化办公的同时加强与客户之间的交流。

欧宇公司办公网的总体用户需求包括以下几方面：

（1）办公自动化 OA：提供行政、公文收发管理，使公司日常办公无纸化，减少办公开支，提高办公效率。

（2）需要访问 Internet，外网业务主要是网页浏览、收发邮件和即时通信，技术部和销售售后服务部还需要视频和语音通信，网络技术不复杂，没有特殊要求；内网业务主要是办公业务，网络流量主要是各部门访问本部门系统服务器产生的数据流量。

（3）办公应用系统：后勤管理系统、人事管理系统、财务管理系统以及销售和售后管理系统。

（4）资源共享：提供办公文件、打印机、传真机的共享。

（5）其他网络服务：在线视频、娱乐等服务功能。

（6）由于移动办公的需求，需要搭建无线网络。

（7）通过对网络数据流量的调查发现，如果需要满足内网的通信，数据流量大于 100M 即可；要满足外网业务，2 Mb/s 的宽带流量即可。

（8）使用主流的交换机、无线 AP 和宽带路由器即可满足网络带宽要求，

微课
中小企业网络需求分析

可以使用双绞线、光纤等传输介质进行网络设备的连接。

3. 网络管理与安全需求分析

办公网的网络安全管理需求包括以下四个方面：

（1）网络层安全管理：包括网络拓扑和网络性能管理。欧宇公司直接由技术部门进行办公网的维护与管理，管理人员较少，因此网络设备要求具有很好的可管理性，能够很方便地发现、隔离和排除网络故障，能够随时了解整个网络的运行情况，以保障网络的健康、稳定运行。

（2）设备层安全管理：包括设备的故障管理与配置安全，设备运行的日常监控。

（3）资源安全管理：包括对硬件资源，如打印机的安全使用；软件资源，如人事管理系统、财务管理系统；文件资源，如公司公共文件、部门文件以及不同职务人员的相关文件的安全访问。

（4）互联网应用安全管理：能限制用户对互联网访问的带宽，能对互联网应用业务的类型进行管理，不允许工作时间在线视频、P2P 应用等。

具体安全管理需求如下。

（1）中心机房和网络设备的物理安全，包括防盗、防雷、防静电、防尘、抗电磁干扰等。

（2）各部门安全需求：公司各部门都具有无线网络接入认证、有线网络接入认证的需求，以及对本部门业务系统的访问权限设置需求。

（3）内网用户安全需求：需要确保用户合法访问互联网，防止病毒传播及恶意攻击；内网有线网络用户 IP 地址必须固定，无线网络用户需要自动获取 IP 地址。

（4）外来人员安全需求：客户和合作伙伴需进行无线接入认证，禁止访问公司内网资源，对 Internet 的访问需要相关权限。

（5）服务器安全：保证各部门用户对本部门应用服务器的访问，各部门之间应用服务器不能相互访问；技术部核心服务器的数据需要进行备份；考虑到公司办公网络的安全，将 Web 服务器进行托管，禁止外部用户对公司内网进行访问。

（6）活动目录的安全与管理：对域控制器和 DNS 服务器进行安全访问控制，对活动目录合理规划，用户依据权限对资源进行合法访问。

（7）对 ARP 攻击进行有效控制，防止内网主机之间的 ARP 欺骗。

（8）内网用户通过 NAT 访问 Internet。

（9）提供操作系统加固、漏洞修复、实时升级等功能。

（10）能够统一查杀病毒，升级病毒库。

（11）能够提供日志记录信息。

4. 需求分析说明书的编写

1）需求分析说明书的作用

需求分析说明书是将需求调查的内容进行整理并形成文档，是系统设计人

欧宇公司办公网需求
分析说明书

员和用户对网络系统需求的统一认识,是后续分析与设计的依据。

2)需求分析说明书的内容

需求分析说明书一般包括用户的基本信息描述、网络建设环境描述、网络的建设目标、网络覆盖范围要求、网络的性能要求、网络应用以及建设预算等。

技能训练 2-2

▶ 训练目的

掌握中小型办公网网络需求分析的思路和方法,熟悉网络需求说明书格式,完成网络需求说明书的编制。

▶ 训练内容

依据欧宇公司办公网需求分析的方法与原则,对神舟公司办公网络进行网络需求分析。

▶ 参考资源

(1)中小型办公网需求分析技能训练任务单。
(2)中小型办公网需求分析技能训练任务书。
(3)中小型办公网需求分析技能训练检查单。
(4)中小型办公网需求分析技能训练考核表。

▶ 训练步骤

(1)根据网络需求调查结果,进行网络需求分析。
(2)整理网络需求分析结果。
(3)根据网络需求分析结果和网络需求分析说明书的格式编制神舟公司的办公网网络需求分析说明书。

▶ 知识拓展

1. 了解中小型企业各部门的工作职能

中小型企业的部门数是根据行业和企业特点来确定的,一般至少有人事、财务、市场、生产四个部门。

(1)综合管理部门,可以称为综合部、综合管理部、行政人事部、行政部、人力资源部。

(2)市场营销部门,可以是市场部、销售部、营销部。

(3)财务管理部门,可以称为财务部、财务管理部、计划财务部等。

(4)如果是生产制造类行业,还有生产部门,可以是车间、生产部等。

各部门的工作职能如下。

公司部门设置及岗位职责

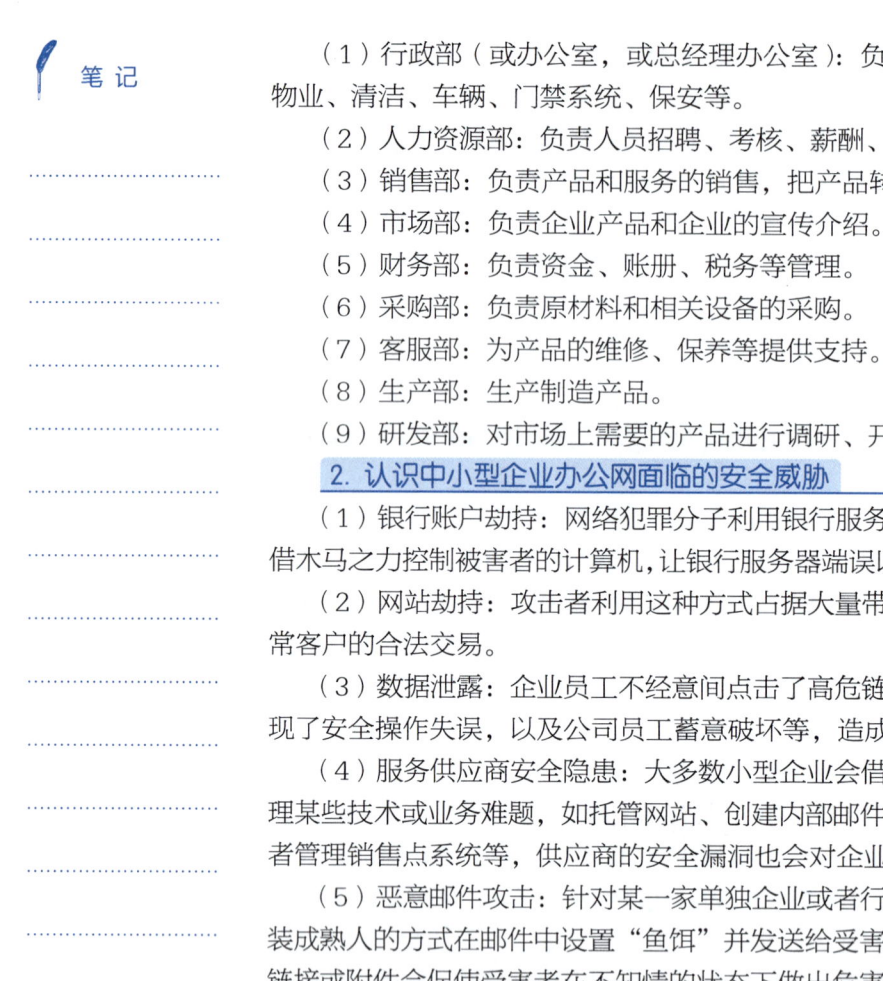

（1）行政部（或办公室，或总经理办公室）：负责后勤、行政事务，包括物业、清洁、车辆、门禁系统、保安等。

（2）人力资源部：负责人员招聘、考核、薪酬、培训、劳动合同管理等。

（3）销售部：负责产品和服务的销售，把产品转换成利润。

（4）市场部：负责企业产品和企业的宣传介绍。

（5）财务部：负责资金、账册、税务等管理。

（6）采购部：负责原材料和相关设备的采购。

（7）客服部：为产品的维修、保养等提供支持。

（8）生产部：生产制造产品。

（9）研发部：对市场上需要的产品进行调研、开发与设计。

2. 认识中小型企业办公网面临的安全威胁

（1）银行账户劫持：网络犯罪分子利用银行服务类木马入侵中小型企业，借木马之力控制被害者的计算机，让银行服务器端误以为是真正的客户在操作。

（2）网站劫持：攻击者利用这种方式占据大量带宽，使得网站无暇处理正常客户的合法交易。

（3）数据泄露：企业员工不经意间点击了高危链接、打开了未知附件或出现了安全操作失误，以及公司员工蓄意破坏等，造成数据被他人非法获取。

（4）服务供应商安全隐患：大多数小型企业会借助第三方服务供应商来管理某些技术或业务难题，如托管网站、创建内部邮件系统、使用云存储服务或者管理销售点系统等，供应商的安全漏洞也会对企业产生影响。

（5）恶意邮件攻击：针对某一家单独企业或者行业中的特定环节，通过伪装成熟人的方式在邮件中设置"鱼饵"并发送给受害者。邮件中所包含的恶意链接或附件会促使受害者在不知情的状态下做出危害系统安全、危害服务登录协议、泄露密码等破坏敏感信息的行为。

（6）软件漏洞：供应商一般都会针对自己的软件产品漏洞发布补丁，但大多数小型企业都没有及时进行更新或升级。

（7）网络系统管理漏洞：

① 企业应用系统没有及时升级、更新，没有及时进行安全加固，造成安全隐患；

② 企业 WiFi 网络作为移动办公的支撑，一直受到安全风险的威胁。

3. 网络信息点部署标准

建筑与建筑群的工程设计，应根据实际需要，选择适当配置的综合布线系统。当网络使用要求尚未明确时，宜按下列规定配置。

（1）最低配置：适用于综合布线系统中配置标准较低的场合，用铜芯对绞电缆组网。

- 每个工作区有 1 个信息插座。
- 每个信息插座的配线电缆为 1 条 4 对对绞电缆。
- 干线电缆的配置，计算机网络宜按 24 个信息插座配两对对绞线，或每一个交换机或交换机群配 4 对对绞线；电话至少每个信息插座配 1 对对绞线。

（2）基本配置：适用于综合布线系统中中等配置标准的场合，用铜芯对绞电缆组网。

- 每个工作区有两个或两个以上信息插座。
- 每个信息插座的配线电缆为 1 条 4 对对绞电缆。
- 干线电缆的配置，计算机网络宜按 24 个信息插座配置两对对绞线，或每一个交换机或交换机群配 4 对对绞线；电话至少每个信息插座配 1 对对绞线。

（3）综合配置：适用于综合布线系统中配置标准较高的场合，用光缆和铜芯对绞电缆混合组网。

- 以基本配置的信息插座量作为基础理论配置。
- 垂直干线的配置：每 48 个信息插座宜配 2 芯光纤，适用于计算机网络；电话或部分计算机网络，选用对绞电缆，按信息插座所需线对的 25%配置垂直干线电缆，或按用户要求进行配置，并考虑适当的备用量。
- 当楼层信息插座较少时，在规定长度的范围内，可几层合用交换机，并合并计算光纤芯数，每一楼层计算所得的光纤芯数还应按光缆的标称容量和实际需要进行选取。
- 如有用户需要光纤到桌面（FTTD），光纤可经或不经楼层配线设备（FD）直接从建筑物配线设备（BD）引至桌面，上述光纤芯数不包括 FTTD 的应用在内。
- 楼层之间原则上不敷设垂直干线电缆，但在每层的 FD 可适当预留一些接插件，需要时可临时布放合适的缆线。

4. 问题思考

（1）中小企业的业务需求有哪些？
（2）中小型企业办公网会有哪些安全需求？
（3）中小型企业办公网会有哪些管理需求？

任务 2-2　欧宇公司办公网设计

**任务描述**

根据上一任务中需求分析的结果进行欧宇公司办公网网络设计，包括网络拓扑结构设计、IP 地址规划与设备命名、设备选型以及办公网安全与管理设计。

**问题引导**

（1）中小企业办公网络设计的原则是什么？
（2）中小企业办公网络的典型组网拓扑有哪些？

办公局域网组建方案规划与设计

中小企业网络解决方案部署指南

（3）如何设计中小企业无线网络？
（4）如何管理中小企业网络资源？

知识学习

1. 中小企业网络设计原则

中小企业办公网规划时应遵循如下原则。

1）先进性

应综合考虑计算机技术、网络技术和多媒体等技术的发展趋势，网络规划时应采用先进技术，保证网络建成后能在一段时间内不被淘汰。

2）可扩充性

保证网络在需要时可进行扩充和升级。

3）可靠性

办公局域网主要是办公应用，要保证网络可靠运行，确保业务系统和数据的可靠。

4）安全性

办公局域网需要接入 Internet，要采取严格的安全防范措施，以保护网络用户的安全。

5）经济性

办公局域网主要用于资源共享、业务应用、多媒体应用和接入 Internet，以够用和安全为基准，成本不要太高。

2. 中小企业网络的典型组网

1）微型机构典型组网

微型机构可以由低端路由器为中心搭建公司网络，如图 2-1 所示。路由器作为企业网关，支持 Web、打印、认证、E-mail 等业务接入，以及无线终端和有线终端的混合接入。同时路由器集成简单防火墙功能，提供边界安全。企业可以通过增加低成本交换机扩展接入范围，以提升扩展性。

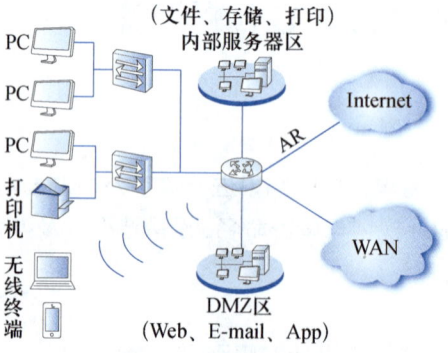

图 2-1 微型机构典型组网图

2）小型机构典型组网

小型机构可以以中低端交换机为中心搭建公司网络，该交换机作为中心汇聚点，通过其他低端交换机实现业务和终端的接入，同时部署路由器或防火墙作为企业网关，连接广域网或 Internet，如图 2-2 所示。

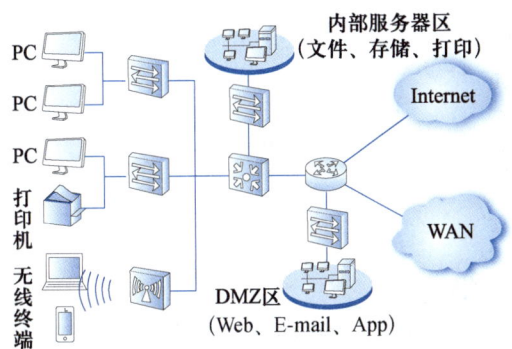

图 2-2　小型机构典型组网图

3）中小型机构典型组网

中小型企业的组网结构和小型企业类似，但因为企业规模的进一步扩大，有更强的企业内部互连以及企业出口的要求，对网络可靠性、可扩展性、安全性方面有一定要求。

这些要求体现在设备上，即需要功能更强的路由器或防火墙作为企业网关，通过中心交换机的双备份以及流量分担，进一步提升中心汇聚点的交换机性能、容量以及可靠性，如图 2-3 所示。

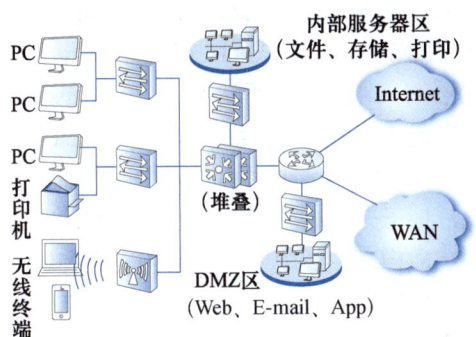

图 2-3　中小型机构典型组网图

4）中型机构典型组网

中型机构网络中的信息点已经具备一定规模，同时机构中的业务种类也较为丰富，因此对多业务承载、可靠性、可扩展性、安全性提出了较高的要求，并且要求可以提供网络管理、业务维护、故障处理等服务，其网络结构如图 2-4 所示。

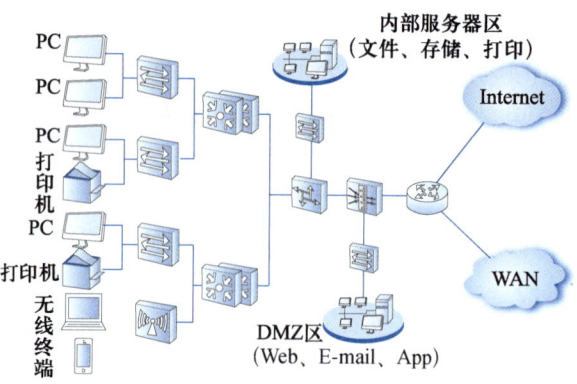

图 2-4　中型机构典型组网图

3. 无线局域网介绍

无线局域网的原理是利用电磁波在空中传输数据，不需要线缆介质。无线局域网的数据传输速率目前已经达到 600 Mb/s，最远传输距离可至 20 km 以上。它是对有线连网方式的一种补充和扩展，使网上的计算机具有可移动性，能有效解决有线网络不易扩展、不灵活的问题。

1）无线局域网的相关概念

在一个典型的无线局域网环境中，有一些进行数据发送和接收的设备，称为接入点（Access Point，AP）。通常，一个 AP 能够在几十至上百米的范围内连接多个无线用户。在同时具有有线和无线网络的情况下，AP 可以通过标准的 Ethernet 电缆与传统的有线网络相连，作为无线网络和有线网络的连接点。

无线控制器（Access Control，AC）是一种网络设备，它是一个无线网络的核心，负责管理无线网络中的 AP。通过无线控制器管理的 AP 只单独负责射频（RF）发射和通信的工作，其作用就是一个简单的基于硬件的射频底层传感设备，所有 AP 接收到的 RF 信号，经过 IEEE 802.11 的编码之后，传送到无线控制器，进而由无线控制器集中对编码流进行加密、验证、安全控制等更高层次的工作。因此，基于无线控制器的无线网络解决方案，具有统一管理的特性，并能够出色地完成自动 RF 规划、接入和安全控制策略等工作。

2）无线局域网组网方式

无线组网方式一般分为自治式组网和集中式组网。

● 自治式组网：自治式组网由 AP 构成，网络结构简单。在接入点少、用户量少、网络结构简单的情况下，宜采用自治式组网方式。

● 集中式组网：集中式组网由 AP 和 AC 构成。集中式组网架构的层次清晰，AP 通过 AC 进行统一配置和管理。在接入点多，用户量大，同时用户分布较广的组网情况下，宜采用集中式组网方式。

4. 办公网 IP 地址规划基本原则

IP 地址规划是网络设计中的重要一环，大型网络必须对 IP 地址进行统一

拓展阅读
Wi-Fi 6 关键技术

拓展阅读
无线网络

拓展阅读
DPU 技术

规划。IP 地址规划的好坏，影响到网络路由协议算法的效率、网络的性能、网络的扩展和网络的管理，也必将直接影响网络应用。IP 地址规划的基本原则如下：

1）唯一性

一个 IP 网络中不能有两个主机采用相同的 IP 地址。

2）连续性

连续地址在层次结构网络中易于进行路径聚合，大大缩减路由表，提高路由算法的效率。

3）扩展性

地址分配在每一层次上都要留有余量，在网络规模扩展时能保证地址聚合所需的连续性。

4）实意性

好的 IP 地址规划应该使每个地址具有实际含义，看到一个地址就可以大致判断出该地址所属的设备。这是 IP 地址规划中最具技巧型和艺术性的部分。

最完美的 IP 地址规划是使用 IP 地址公式，通过设置相关参数及系数，计算得出每一个需要用到的 IP 地址。

5. 网络设备选型的基本原则

网络设备选型的基本原则如下：

- 根据客户的网络业务需求选择相关的支撑技术；
- 根据网络需求来选择网络设备；
- 根据合理性、实用性、可管理性和节约费用等原则进行设备选择。

6. 办公网安全与管理方案总体设计原则

办公网安全管理设计，包括如下两个方面：

- 管理层面：网络安全规章制度的建立、实施以及监督。
- 技术层面：包括各种安全设备实施、安全技术措施应用等。

其总体设计原则应充分考虑未来发展需求，统一规划、统一布局和统一设计。在实施策略上根据实际需要及成本进行配置，保证系统应用的完整性和用户投资的有效性。因此在方案设计中，应遵循以下设计原则。

1）标准化原则

系统建设、业务处理和技术方案应符合国家、地区有关信息化标准的规定。数据指标体系及代码体系应满足统一化、标准化。

2）安全性原则

信息管理系统中的用户有着各种各样不同的权限级别和应用层次，因此在系统设计时，应该充分考虑不同用户的需求，保证正常用户能够高效、快速地访问授权范围内的系统信息和资源。同时，也必须能够有效地阻止未授权用户的非法入侵和非授权访问。

3）可靠性原则

网络须具备高稳定性和可靠性，以及高平均无故障率，保证故障发生时系

拓展阅读
ZTNA 技术

拓展阅读
SD-WAN 技术

统能够提供有效的失效转移或者快速恢复，保证系统的高可用性，即 7×24 小时不间断的工作模式。

4）可维护性及易用性原则

设计方案时，必须充分考虑管理维护的可视化、层次化以及控制的实时性。系统要满足不同计算机知识层次的人员操作和使用。

5）经济性原则

在保证系统安全、可靠运行的前提下，最大限度地降低系统建设成本，在满足当前应用的前提下，尽量选用易于扩展和升级的技术方案。

任务实施

中小企业局域网功能选型

中小型企业网络分析
PPT

子任务一　网络拓扑结构设计

1. 办公网络技术选型

1）局域网技术选型

从前面的需求分析可以得出，欧宇公司办公网络在文件传输和资料下载方面的需求较高，而对网络游戏、在线电影、语音视频和点播等方面的使用要求较低，所以用户对外网访问速度要求相对不高，只要网络稳定即可。

目前主流的局域网技术包括百兆、千兆和万兆以太网，由于万兆以太网费用较高，而在百兆以太网和千兆以太网上，千兆网络更能满足企业高速稳定的需求。根据目前企业采用的千兆以太网情形，大致可分为主干千兆、全千兆两种，鉴于欧宇公司各部门都需要访问服务器，我们选择全千兆以太网，以保证办公网络的高效稳定。

考虑欧宇公司办公网的建筑物结构、办公网的覆盖范围及对网络的性能需求，决定采用双绞线作为传输介质。

2）互联网接入设计

欧宇公司主要上网时段为正常上班时间（即：上午 8：00-下午 17：00），上网业务主要为 Web 浏览、E-mail 收发、即时通信（如 QQ）等。其中互联网流量为销售和售后服务部在线进行产品咨询及技术服务支持时产生的视频或语音通信流量，因此网络出口带宽考虑使用专线接入。专线接入具有专线专用、24 小时在线的特点，能实现双向数据同步传输，上网速度快、通信质量高、安全性高，并且运营费用可控（费用可采用包月制），可最大限度地降低网络运营成本。

目前专线接入类型如下：

（1）PCM 专线接入：可以向用户提供多种业务；线路使用费用相对较低，接口丰富，便于用户连接内部网络。

（2）DDN 专线接入：DDN 专线通信保密性强，通过图形化网络管理系统可以实时地收集网络内发生的故障进行故障分析和定位，特别适合金融、保险客户的需求。

（3）光纤接入：传输距离远、传输速度快、损耗低、通信质量高，同时抗扰能力极强。

（4）SDH 点对点：数字专线（SDH，Synchronous Digital Hierarchy，即同步数字体系），利用光纤、数字微波、卫星等数字电路开放的数据传输业务，是采用数字传输信道传输数据信号的通信网，可提供点对点、点对多点透明传输的数据专线出租电路，为用户传输数据、图像、语音等信息。

（5）ADSL 专线接入：ADSL 专线接入是 ADSL 接入方式中的一种，不同于虚拟拨号方式，而是采用一种类似于专线的接入方式，用户连接和配置好 ADSL MODEM，设置好相应的 TCP/IP 协议及网络参数（IP 和掩码、网关等都由局端事先分配）。启动后，用户端和局端会自动建立一条专用链路。所以，ADSL 的专线接入方式是以有固定 IP、自动连接等特点的类似专线的方式，甚至，它提供的速率比某些低速专线还快。

由于欧宇公司办公网络需要稳定、较高带宽的网络，综合考虑互联网出口要求及成本，欧宇公司办公网决定采用光纤接入方式。

光纤接入又分两种方式：一种是采用光纤收发器实现光纤与 WAN 口路由器的连接，这种方式最大的特点是投入成本低，选择光纤收发器时，需要注意接入光纤介质的类型，如果是单模光纤，要用到单模光纤收发器；如果是多模光纤，则要用多模光纤收发器。另一种是直接采用 WAN 口路由器提供的光纤模块，但这种光纤模块需要另外购买，并且成本比光纤收发器高，考虑成本因素，这里采用第一种方式。

3）无线技术选型

根据欧宇公司楼层平面图以及干扰因素，采用集中式无线组网结构，在各楼层放置 3 个全范围天线和接入点（AP），分别放在楼层两个对角和楼层中央，以确保覆盖效果。根据需要还可利用会议室内有线端口临时加配无线接入点，以保证信号的完全覆盖且不受干扰。

AP 之间的连接有两种方式：一种是有线连接，这种方式和传统的有线网络连接终端的方式相同，直接将无线 AP 通过 RJ-45 口连接到各楼层的接入交换机上。另一种是利用 AP 上的自动桥接方式进行连接，这种方式对 AP 的性能有更高要求，在购买时必须选择支持桥接的产品。

欧宇公司办公网络无须覆盖选用第一种有线连接方式，将无线 AP 通过 RJ-45 口网线连接到各楼层的接入交换机上，楼内用户通过无线接入点即可接入内部有线网络。

考虑到办公网络中有 18 个无线 AP，如果对每一个 AP 进行独立配置，难以实现全局的统一管理和集中配置，因此，本办公网络通过无线控制器对所有无线 AP 进行统一配置。

无线控制器有两种，一种是将无线控制器和核心交换机相连；另一种是

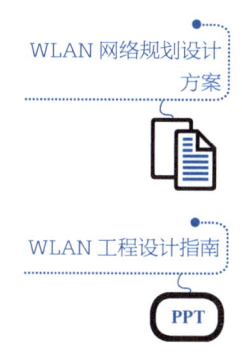

WLAN 网络规划设计方案

WLAN 工程设计指南

微课
无线接入网络设计

选用带有无线控制模块的核心交换机。

2. 办公网络拓扑结构

从组网结构上来说,企业网络宜采取分区管理分区服务的管理方式,以满足不同员工的使用需求。欧宇公司办公网采取分层设计,便于实现网络功能和网络管理,同时也利于网络升级。

欧宇公司办公网主要承载公司的日常工作、管理、销售和售后相关等各种业务系统,根据网络分层设计理念,办公网分为边界区、核心交换区、服务器区、楼层接入区四个部分。为适应企业内部移动用户和多媒体会议的需要,以及外来客户接入网络的需求,该办公网络采用有线+无线的混合组网模式,基本的形式是:防火墙(带防火墙功能的宽带路由器)+核心交换机(无线控制器)+接入交换机+无线 AP。

企业网络架构设计拓扑图

网络拓扑结构图

笔 记

1)核心交换区

部署在中心机房,主要实现办公网全网的高速转发,实现服务器区、楼层接入区之间的互连。

核心交换区设计为一个高速的 3 层交换骨干,部署一台 3 层千兆核心交换机,形成高性能、高可靠的办公网络核心区。

2)服务器区

部署在中心机房,主要实现以下功能:
- 用来承载欧宇公司的所有业务系统服务器,支撑公司业务系统的运行。
- 承载办公网网管系统。

服务器直接连接到核心交换机上,并且可以通过链路绑定提高带宽,能够保证公司内网对服务器高效、快速的访问。

3)楼层接入区

部署在各个配线间,用来实现信息点的安全接入。

主要完成以下功能:
- 通过 VLAN 实现业务划分。
- 设置端口安全,实现 IP 地址和端口的绑定,防止 IP 地址欺骗等。

接入网主要为用户终端提供高速、方便的网络接入服务,同时需要对用户终端进行访问行为控制,防止非法用户使用网络,保证合法用户合理使用网络资源,并有效防止和控制病毒传播和网络攻击。

4)网络边界

综合考虑欧宇公司办公网的出口带宽需求、成本及可靠性,采取 10 Mb/s 光纤专线接入 Internet。边界设备采用防火墙与专线进行连接。

欧宇公司办公网网络拓扑结构如图 2-5 所示。

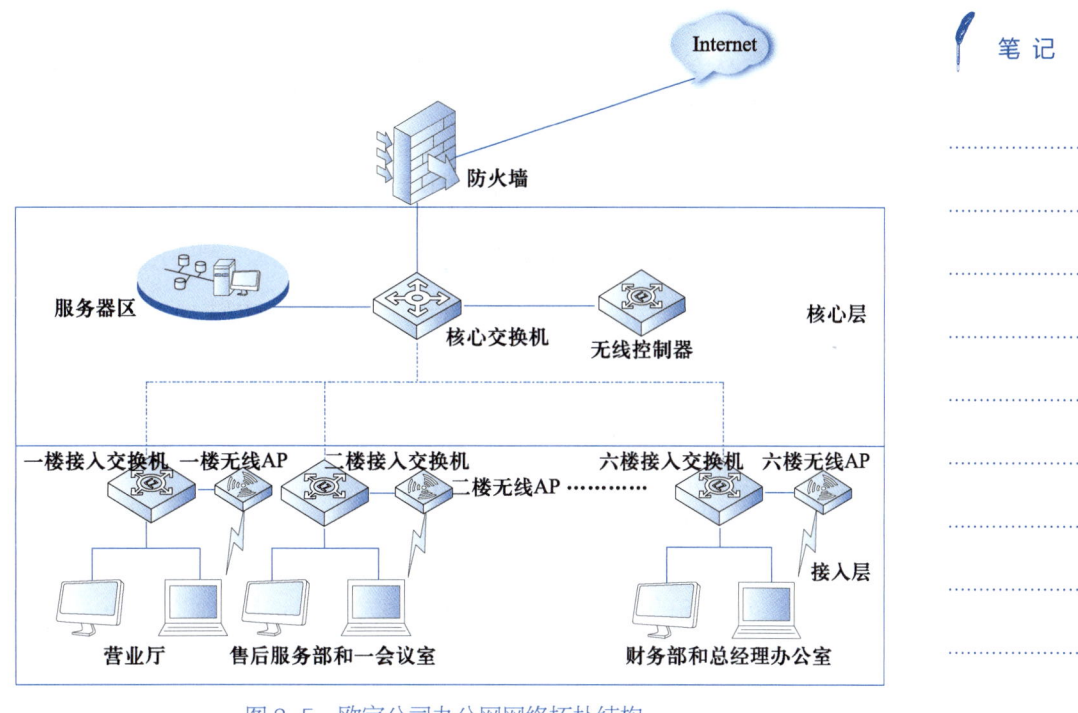

图 2-5　欧宇公司办公网网络拓扑结构

技能训练 2-3

 训练目的

熟悉办公网络技术选型（包括局域网技术和互联网接入技术），掌握办公网网络拓扑设计原则与方法，掌握常用绘图工具的使用方法。

 训练内容

依据神舟公司办公网需求分析的结果以及欧宇公司办公网网络拓扑结构设计的原则与方法，对神舟办公网进行网络拓扑结构设计。

 **参考资源**

（1）中小型办公网网络拓扑结构设计技能训练任务单。
（2）中小型办公网网络拓扑结构设计技能训练检查单。
（3）中小型办公网网络拓扑结构设计技能训练考核表。
（4）中小型办公网网络拓扑结构设计技能训练任务书。

训练步骤

（1）调查 2～3 种办公网常用的局域网技术和网络接入技术。

（2）确定符合神舟公司办公网实际情况的局域网技术和网络接入技术。

（3）依据欧宇公司办公网有线＋无线的混合组网模式，讨论如何组建神舟公司办公网的网络拓扑。

（4）结合神舟公司办公网的实际情况，提出办公网的网络拓扑结构设计方案。

（5）根据网络设计方案，绘制网络拓扑图。

子任务二　网络设备选型

网络设备选型基本原则与测试方法

交换机、无线AP的选型和选购

根据网络拓扑结构设计，欧宇公司办公网络核心采用千兆以太网，因此接入层交换机、无线接入点和核心交换机都必须拥有千兆以太网端口。考虑到产品的成熟性、易维护性和管理性，通过对现有主流网络厂商设备的综合比较，最终决定选用H3C的网络设备。

根据欧宇公司办公网网络拓扑，办公楼1~3层每层超过24个接入点，每层需要两台24口的接入层交换机，其余4~6层每层各1台24口的接入层交换机，共9台，每层楼3台无线AP，共18台。

根据H3C设备的系列和型号，9台接入层交换机选用H3C S5120-28P-LI、18台室内放装增强型无线接入设备选用H3C WA2620E H2、选用1台带有无线控制模块的S5800-32C交换机以及1台H3C SecPath 200-CS-AC统一威胁管理（UTM）设备。

H3c s5120-ei系列交换机介绍

1. 接入层交换机选型

企业网中用于日常办公的计算机，对带宽的要求比较高，因此接入层交换机均选用千兆以太网交换机，考虑到无线AP的供电需要，选择支持PoE供电的H3C S5120-28C-PWR-EI千兆以太网交换机。该交换机定位为企业网千兆接入交换机，具有全千兆接口、大缓存设计，具备高速率、低时延的转发性能，可以为用户提供高性能、低成本、可网管的千兆到桌面的解决方案，其主要参数见表2-9。

表2-9　接入层交换机主要参数

项　目	属　性
业务端口描述	24个10/100/1000 BASE-T以太网端口（PoE） 4个复用的1000BASE-X千兆SFP端口
扩展插槽	两个扩展插槽
可选接口模块	单端口10GE XFP接口模块 两端口10GE XFP接口模块 两端口10GE CX4接口模块 两端口10GE SFP+接口模块 两端口 1/10G BASE-T电接口模块
VLAN支持	支持VLAN功能，支持基于端口的VLAN（4k），支持基于MAC的VLAN、基于协议的VLAN，支持QinQ和灵活QinQ，支持VLAN Mapping，支持Voice VLAN，支持GVRP

续表

项 目	属 性
QOS 支持	支持 QOS
网管支持	支持网管
安全特性	支持用户分级管理和口令保护，支持 Radius 认证，支持 SSH 2.0 支持 IEEE 802.1x 认证、Guest VLAN、端口隔离 支持端口安全，支持端口 MAC 地址学习数目限制 支持 IP 源地址保护，支持 IP+MAC+端口的绑定

2. 无线接入设备（AP）选型

企业网络中由于办公场所的分散性和楼体结构的特殊性应该采用信号强、穿透能力好的无线 AP，由于接入交换机采用的是千兆以太网接口，因此无线接入设备必须具备千兆以太网接口，便于和接入交换机相连，所以选择支持 IEEE 802.11n 标准的 H3C WA2620E H2 室内放装增强型无线接入设备。

> H3C 系列室内放装增强型 IEEE 802.11n 无线接入设备

该设备是 H3C 自主研发的新一代超百兆室内放装增强型无线接入设备（AP），可提供相当于传统 IEEE 802.11a/b/g 网络 6 倍以上的无线接入速率，能够覆盖更大的范围。该系列无线产品上行链路采用千兆以太网接口，突破了百兆速率的限制，使无线多媒体应用成为现实。其主要参数见表 2-10。

表 2-10　无线接入设备主要参数

项 目		属 性
产品定位		室内放装增强型双频 Hardware 2.0
千兆以太网口（可扩展光传输）		1 个
PoE		支持 IEEE 802.3af/802.3at 兼容供电
本地供电		支持 48 V DC
Console 口		1 个
内置天线		随机附带鞭状天线
外置天线连接器		支持（4×4 天线系统）
工作频段		IEEE 802.11a/n：5.725 GHz～5.850 GHz（中国） IEEE 802.11b/g/n：2.4 GHz～2.483 GHz（中国）
WLAN 基础	每射频最大配置用户数	250（实际用户数因应用环境等因素存在差异）
	open system/shared key 认证	支持
	广播 Probe 请求应答控制	支持
	WPA、WPA2、Pre-RSNA 用户混合接入	支持
	隐藏 SSID	支持

续表

项　目		属　性
安全策略	加密	支持 64/128 位 WEP、动态 WEP、TKIP、CCMP（11n 推荐）加密 支持多种密钥更新触发条件动态更新单播/广播密钥
	IEEE 802.11i	支持
	WAPI	可选支持
	认证	支持 IEEE 802.1x 认证、MAC 地址认证、PSK 认证、Portal 认证等（根据应用不同可能需要 H3C WX 系列多业务无线控制器配合）
	用户隔离	支持： （1）无线用户二层隔离 （2）基于 SSID 的无线用户隔离
	转发安全	支持报文过滤、MAC 地址过滤、广播风暴抑制等
	无线端点准入	支持/无线 EAD
	SSID 与 VLAN 绑定	支持
	智能无线业务感知（wIAA）	支持
	wIDS/wIPS	支持
	实时频谱防护（RTSG）	支持
	网络管理	支持网管

H3C S5800 系列交换机

3. 核心层交换机选型

核心交换机必须满足企业网络大数据量的本地高速交换，同时，还需要提供基于硬件的线速转发，用以提高网络的运行效率和稳定性。考虑到无线的应用，选用带有无线控制模块的 H3C S5800-32C 交换机。该款交换机具备先进的硬件处理能力和丰富的业务特性；支持万兆扩展接口，便于以后骨干网络的升级；支持 IPv4/IPv6 硬件双栈及线速转发，使客户能够从容应对即将带来的 IPv6 时代；除此以外，其出色的安全性、可靠性和多业务支持能力使其成为大型企业网络和园区网的汇聚、中小企业网核心以及城域网边缘设备的最佳选择之一。其主要参数见表 2-11。

表 2-11　核心层交换机主要参数

项　目	参　数
管理端口	1 个 Console 口
USB 接口	1 个
固定业务端口	24 个 10/100/1000BASE-T 以太网端口，4 个 1/10G SFP+ 端口
以太网端口扩展插槽	1 个（前面板）

续表

项　　目	参　　数
以太网端口扩展模块类型	4 端口 1 G/10 G SFP+接口模块 2 端口 1 G/10 G SFP+接口模块 16 端口 10/100/1000 MBASE-T 电口模块 16 端口 100/1000 M SFP 端口模块 无线控制业务板（小规格）
流量控制	支持 IEEE 802.3x 流量控制，支持 back pressure
VLAN	支持基于端口、协议、MAC、IP 子网的 VLAN（4 094 个） 支持 QinQ 和灵活 QinQ 支持 Voice VLAN
DHCP	支持 DHCP Client，支持 DHCP Snooping，支持 DHCP Relay，支持 DHCP Server
安全特性	支持用户分级管理和口令保护，支持 AAA 认证、RADIUS 认证，支持 MAC 地址认证、IEEE 802.1x 认证、portal 认证，支持 HWTACACS，支持 SSH 2.0，支持 IP+MAC+端口绑定，支持 IP Source Guard，支持 HTTPs、SSL，支持 PKI（Public Key Infrastructure，公钥基础设施），支持 EAD，支持 ARP Detection 功能（能够根据 DHCP Snooping 安全表项，IEEE 802.1x 表项或 IP/MAC 静态绑定表项进行检查），可支持 DHCP Snooping，防止欺骗的 DHCP 服务器，支持 BPDU guard、Root guard，支持 OSPF、RIPv2 报文的明文及 MD5 密文认证
流量管理	支持 NetStream
管理	支持命令行接口（CLI）、Telnet、Console 口进行配置 支持 SNMPv1/v2/v3、RMON（Remote Monitoring）告警、事件、历史记录、Imc 网管系统、Web 网管 支持系统日志、分级告警、集群管理 HGMPv2、电源的告警功能，支持风扇温度告警

4. 防火墙

防火墙是企业网络边界的安全设备，主要保护企业内部网络设备及数据的安全，同时应提供用户远程接入、流量控制及用户行为审计等功能。欧宇公司办公网的防火墙选用 H3C SecPath U200-CS，该产品是 H3C 公司面向中小型企业/分支机构设计的新一代统一威胁管理（United Threat Management，UTM）设备，具有极高的性价比。在提供传统防火墙、VPN 功能基础上，同时提供病毒防护、漏洞攻击防护、P2P/IM 应用层流量控制和用户行为审计等安全功能，不仅能够全面有效地保证用户网络的安全，还支持 SNMP 和 TR-069 网管方式，最大化减少设备运营成本和维护复杂性。其主要参数如表 2-12 所示。

H3C Sec Path U200-CS 统一威胁管理产品

表 2-12 H3C SecPath U200-CS 统一威胁管理产品主要参数

项 目	属 性
接口	1个配置口（CON）、5个GE口
插槽	1个mini插槽，可通过该插槽扩展网络接口
CF	外置一个CF扩展槽（选配）
DDR SDRAM	512 MB
运行模式	路由模式、透明模式、混合模式
网络安全性	**AAA 服务** RADIUS 认证、HWTACACS 认证 PKI /CA（X.509 格式）认证 域认证、CHAP 验证、PAP 验证 **防火墙** 虚拟防火墙、安全区域划分 可以防御 ARP 欺骗、TCP 报文标志位不合法、Large ICMP 报文、SYN flood、地址扫描和端口扫描等多种恶意攻击 基础和扩展的访问控制列表、基于接口的访问控制列表、基于时间段的访问控制列表 动态包过滤、ASPF 应用层报文过滤 静态和动态黑名单功能 MAC 和 IP 绑定功能、基于 MAC 的访问控制列表 支持 IEEE 802.1q VLAN 透传 **病毒防护** 基于病毒特征进行检测、支持病毒库手动和自动升级 报文流处理模式 支持 HTTP、FTP、SMTP、POP3 防范的病毒类型有 Backdoor、Email-Worm、IM-Worm、P2P-Worm、Trojan、AdWare、Virus 等 支持病毒日志和报表 **深度安全防护** 支持对黑客攻击、蠕虫、木马等攻击的防御 支持对 BT 等 P2P/IM 识别和控制
VPN	**L2TP VPN** 支持根据 VPN 用户完整用户名、用户域名向指定 LNS 发起链接 支持为 VPN 用户分配地址 支持进行 LCP 重协商和二次 CHAP 验证 **GRE VPN** **SSL VPN** **IPSec/IKE** 支持 AH、ESP 协议 支持手工或通过 IKE 自动建立安全联盟 ESP 支持 DES、3DES、AES 多种加密算法 支持 MD5 及 SHA-1 验证算法 支持 IKE 主模式及野蛮模式 支持 NAT 穿越 支持 DPD 检测

续表

项　目	属　性
配置管理	命令行接口：通过 Console 口进行本地配置；通过 Telnet 或 SSH 进行本地或远程配置；配置命令分级保护，确保未授权用户无法侵入设备；详尽的调试信息，帮助诊断网络故障；用 Telnet 命令直接登录并管理其他设备；FTP Server/Client，可以使用 FTP 下载、上载配置文件和应用程序；支持日志功能；User-interface 配置，提供对登录用户多种方式的认证和授权功能
	支持标准网管 SNMPv3，并且兼容 SNMPv2c、SNMPv1
	支持 NTP 时间同步
	支持 Web 方式进行远程配置管理
	支持 SNMP/TR-069 网管协议
	支持 H3C SecCenter 安全管理中心进行设备管理

子任务三　办公网 IP 地址规划与设备命名

1. IP 地址规划

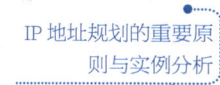

根据确定的有线信息点数以及无线接入点用户的 IP 需求，并且考虑未来的网络扩充，主网决定采用 192.168.0.0/21 网段。

本网按照部门进行 VLAN 规划，按楼层和部门划分进行 IP 地址分配。VLAN 命名规则是以部门名称每个字的拼音首字母组成，如营业厅的拼音是 Ying Ye Ting，每个字的拼音首字母是 YYT，这也是该部门所属 VLAN 的名称。VLAN 和 IP 地址规划见表 2-13。

表 2-13　VLAN 和 IP 地址规划

楼层位代码	VLAN 编号	VLAN 名称	部门名称	IP 地址段/掩码长度	VLAN 可使用 IP 地址范围
1	10	YYT	营业厅	192.168.1.0/24	192.168.1.1 ~ 192.168.1.254
2	20	XSSHB	销售和售后服务部	192.168.2.0/25	192.168.2.1 ~ 192.168.2.126
2	21	1FYS	第一会议室	192.168.2.128/25	192.168.2.129 ~ 192.168.2.254
3	30	JSB	技术部	192.168.3.0/25	192.168.3.1 ~ 192.168.3.126
3	31	2FYS	第二会议室	192.168.3.128/25	192.168.3.129 ~ 192.168.3.254
4	40	RSB	人事部	192.168.4.0/25	192.168.4.1 ~ 192.168.4.126
5	50	HQB	后勤部	192.168.5.0/25	192.168.5.1 ~ 192.168.5.126
6	60	CWB	财务部	192.168.6.0/25	192.168.6.1 ~ 192.168.6.126
6	61	ZJL	经理办公室	192.168.6.128/25	192.168.6.129 ~ 192.168.6.254
	300	WG	网络管理	192.168.0.0/25	192.168.0.1 ~ 192.168.0.126
	400	YD	移动设备	192.168.7.0/24	192.168.7.1 ~ 192.168.7.254

IP 地址规划的重要原则与实例分析

从表 2-13 中可以看出，各部门的 IP 范围都在 1～126 之间，子网号就是所属楼层，如技术部在 3 楼，子网号就是 3。网络设备的管理地址使用 192.168.0.0/25 网络。移动设备需要动态获取 IP 地址，因此单独划分一个移动（YD）VLAN，这段地址由 DHCP 服务器动态分配，这样做可以单独对这个 VLAN 编写访问控制策略。

服务器地址规划主要是为应用系统服务器和网管服务器分配 IP 地址。为提高服务器的安全性，按服务器服务类型规划 IP 地址，采用 192.168.0.128/25 网段进行 IP 地址规划，从最后一个地址进行分配，具体分配见表 2-14，不同服务器类型位于不同子网。

表 2-14 服务器 IP 地址规划

服务器名称	IP 子网	备注（服务器在不同子网中，每个子网分配两个 IP）
网管服务器	192.168.0.232/30	[192.168.0.233-192.168.0.234]
销售和售后服务系统	192.168.0.236/30	[192.168.0.237-192.168.0.238]
技术部服务器	192.168.0.240/30	[192.168.0.241-192.168.0.242]
人事管理系统	192.168.0.244/30	[192.168.0.245-192.168.0.246]
后勤管理系统	192.168.0.248/30	[192.168.0.249-192.168.0.250]
财务管理系统	192.168.0.252/30	[192.168.0.253-192.168.0.254]

2. 设备互连端口规划

由于本办公网络只有两层，所以接入层交换机统一使用 E0/1 接口与核心交换机的 E0/1～8 接口相连，核心交换机使用 E0/24 接口与边界设备（路由器或防火墙）的 LAN 口相连，见表 2-15。

表 2-15 设备端口互连表

设备 1（本端）	设备接口（本端）	-设备 2（对端）	设备接口（对端）
核心交换机 1	E0/1-2	-1 楼接入交换机（2 台）	E0/1
	E0/3-4	-2 楼接入交换机（2 台）	E0/1
	E0/5	-3 楼接入交换机	E0/1
	E0/6	-4 楼接入交换机	E0/1
	E0/7	-5 楼接入交换机	E0/1
	E0/8	-6 楼接入交换机	E0/1
	E0/24	-路由器或防火墙	GE1

3. 网络设备及接口命名

为了便于对网络系统中的资源和物理设备进行维护与配置，须对该网络中的所有设备进行规范化的系统命名，命名格式为 A-B。

A：设备类型编码标志位，如 FW——防火墙、R——路由器、MSW——核心交换机、SW——接入交换机、AP——无线接入点。

B：部门名称，如 RSB——人事部。

欧宇公司办公网络设备命名见表 2-16。

表 2-16 欧宇公司办公网络设备命名表

设 备 名	设 备 命 名
防火墙	FW
核心交换机	MSW
一楼接入交换机（2 台）	SW-YYT1/2
一楼 AP（3 台）	AP-YYT1/2/3
二楼接入交换机（2 台）	SW-XSSHB1/2
二楼 AP（3 台）	AP-XSSHB1/2/3
三楼接入交换机（2 台）	SW-JSB1/2
三楼 AP（3 台）	AP-JSB1/2/3
四楼接入交换机	SW-RSB
四楼 AP（3 台）	AP-RSB1/2/3
五楼接入交换机	SW-HQB
五楼 AP（3 台）	AP-HQB1/2/3
六楼接入交换机	SW-CWB
六楼 AP（3 台）	AP-CWB1/2/3

技能训练 2-4

训练目的

了解办公网网络设备选型的原则与方法，掌握办公网 IP 地址规划及设备命名方法。

训练内容

依据欧宇公司办公网网络设计的原则与方法，对神舟公司办公网进行 IP 地址规划及网络设备选型。

参考资源

（1）中小型办公网网络设备选型及 IP 地址规划技能训练任务单。
（2）中小型办公网网络设备选型及 IP 地址规划技能训练任务书。
（3）中小型办公网网络设备选型及 IP 地址规划技能训练检查单。

(4)中小型办公网网络设备选型及 IP 地址规划技能训练考核表。

训练步骤

（1）通过咨询、信息检索等方式，列举 2~3 种主流厂商的网络设备产品系列。

（2）依据神舟公司办公网网络设计方案，结合欧宇公司办公网网络设备选型方案，提出符合神舟公司办公网的网络设备选型方案。

（3）根据网络设备选型方案，选择符合神舟公司办公网的网络设备产品。

（4）依据技能训练 2-2 中环境需求、业务需求以及安全管理需求，结合欧宇公司按楼层和部门进行 IP 地址分配的原则，提出神舟公司办公网的 IP 地址规划方案。

（5）讨论并确定符合神舟公司办公网的 IP 地址规划方案。

（6）根据 IP 地址规划方案，进行具体 IP 地址规划。

子任务四　办公网安全与管理方案设计

欧宇公司办公网安全系统设计的目标是从技术与管理两方面着手，将公司网络应用系统建设成一个安全、可靠的系统。重点建设内容包括以下几方面：

- 企业网络平台安全；
- 各个业务系统及公众服务体系的安全；
- 建立完善的病毒防护机制；
- 数据安全保障及有效的备份中心；
- 建设完善的综合管理系统和机制；
- 建立统一全网认证体系。

1. 欧宇办公网安全设计

1）安全基础设施设计

为保证系统的正常运行，需要为各类系统设备提供一个安全、可靠、温湿度及洁净度均符合要求的运行环境，同时为相关工作人员提供方便、快捷、舒适和安全的工作环境；同时制定完善的网络安全管理条例，对人员和设备进行管理。

对信息系统中的主机安全防护可以通过操作系统安全加固（打安全补丁、设置安全策略）、安装防病毒软件等方法进行。

2）应用系统安全设计

办公网络中运行有多个应用系统，如人事管理系统、财务管理系统、OA 系统等，为保证各业务系统的安全，需要对各业务系统的访问进行控制，同时对部门服务器的访问也有安全要求。因此，该办公网按照部门划分 VLAN，为每个 VLAN 单独设置访问控制权限。

3）网络设备安全设计

禁用网络需求之外的所有网络服务，因为不必要的网络服务可能会为攻击

网络安全设计原则

企业信息安全解决方案

构建企业网络安全方案

企业网络安全方案设计

企业计算机信息及网络安全管理制度

企业网络安全管理制度

者提供更多的攻击途径，尤其要注意设备的默认配置是否满足网络安全需求。

在接入交换机上通过端口绑定为每台接入有线网络的主机分配一个固定的 IP 地址，确保 IP 地址不被盗用；同时划分 VLAN，将接入主机划分到不同的部门。

核心交换机上部署 ACL，为不同部门配置访问控制策略。

开启防火墙的 NAT 应用，配置访问控制策略，禁止外网用户对内网的访问，保证内网用户对外网的安全访问。

4) 统一防病毒体系设计

欧宇公司办公网存在下列病毒安全隐患和需求：

- 计算机病毒在企业内部网络传播；
- 内部网络因为病毒无法提供对外网的正常访问；
- 内部网络用户因为病毒泛滥，影响日常工作效率，形成内部网络的安全隐患；
- 因为病毒导致内部资源被非法窃取等。

公司内部通过部署瑞星网络杀毒软件，按照"集中管理、分布处理"的原则在企业内部的服务器和客户端同时部署杀毒软件，共同完成对整个网络的病毒防护工作，为用户的网络系统提供全方位防病毒解决方案。

5) 网络接入安全

- 为所有接入网络的用户设置用户名和密码，作为每个用户的身份标识，用户通过该身份标识拥有相应网络访问的权限。

- 更改无线 AP 的默认密码：对无线 AP 的默认密码、用户名进行更改。在设置无线网络设备的密码时，使用字母和数字相混合的密码，并且定期更换密码。

- 开启无线上网加密设置：无线客户端必须凭密码才可以接入企业的无线网络。经过无线上网加密之后，入侵者无法搜索到加密的无线网络信号，这样可以大大增加企业无线网络的安全性。无线网络设备提供的无线上网加密设置，通常有 WEP、WPA/WPA2 和 WPA-PSK/WPA2-PSK 几种模式。在上述的加密模式中，WEP 是最简单的加密方式，本办公网采用 WPA-PSK/WPA2-PSK 加密模式。

- 通过对无线接入用户进行带宽限制，有效避免部分用户 P2P 业务对 WLAN 带宽的消耗。

- 无线 AP 使用 VLAN400（192.168.7.0/24）为无线接入用户动态分配 IP 地址，并限制该 VLAN 用户对公司内部资源的访问。

- 营业厅用户不允许访问公司内部资源。

2. 网络管理方案设计

1) 网络设备管理

网络管理主要对系统内各类交换机、路由器、防火墙、无线 AP 等设备进行监控和管理；针对网络拓扑、网络故障以及网络性能进行监控和管理。

2）服务器管理

针对系统内所有服务器进行监控和管理，要求能提供完善的报表系统，重点包括对 CPU、磁盘、内存的性能监控和管理；对文件和文件系统、对进程的监控和管理。具体的管理功能要求包括提供集中式的基于策略的管理方式，能灵活配置服务器系统资源监控的参数，采用智能的监控策略，提供实时性能数据和历史性能数据的查看功能等。由于欧宇公司办公网网络设备使用的均是 H3C 设备，因此直接使用 H3C 的 iMC 智能管理平台，对网络设备进行自动监控和管理，减少管理人员的负担并提高效率。

3）企业资源管理

为了对公司所有软硬件资源进行统一管理，设计一个域，建立活动目录，将公司所有服务器、客户机、文件等资源全部加入到域中，用户通过单点网络登录进入公司内部网络系统，管理员通过域组策略进行安全及桌面管理。

微课
小型企业网中域的规划

活动目录（Active Directory）存储了有关网络对象的信息，并且让管理员和用户能够轻松地查找和使用这些信息。Active Directory 通过对象访问控制列表以及用户凭据保护其存储的用户账户和组信息，通过该账号登录到网络上的用户既能够获得身份验证，也可以获得访问系统资源所需的权限。通过单点网络登录，管理员可以管理分散在网络各处的目录数据和组织单位，经过授权的网络用户可以访问网络任意位置的资源，基于策略的管理简化了网络的管理。

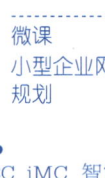

H3C_iMC_智能管理中心平台

通过网络需求分析，欧宇公司办公网络管理的对象有以下几类：

● 服务器及客户端计算机：管理服务器及客户端计算机账户，所有服务器及客户端计算机加入域管理并实施组策略，如总经理计算机可以查询所有应用服务系统；

公司网络组建域管理方案

● 用户服务：管理用户域账户、用户信息、企业通讯录（与电子邮件系统集成）、用户组、用户身份认证、用户授权等，按部门实施组管理策略，如人事部对人事管理系统拥有完全控制权限；

集团公司建立域服务器方案

● 桌面配置：系统管理员可以集中配置各种桌面应用策略，如界面功能的限制、应用程序执行特征限制、网络连接限制、安全配置限制等。

● 应用系统支撑：支持财务、人事、企业信息门户、办公自动化、补丁管理、防病毒系统等各种应用系统。

域管理方案建议

欧宇办公网络管理具体设计方案如下：

● 建立域控制器，创建域，按照部门划分组织单元，同时将各部门的计算机、网络资源（包括打印机、传真机等）加入本部门所属组织单元；所有接入计算机遵守 OU 统一命名规则，将计算机名设置为部门名加员工姓名。

广州市卡龙科技有限公司活动目录解决方案

● 通过组策略对组织单元设置权限，禁止不同部门之间互访，以及控制部门内部用户对本部门系统的访问。

雾美实业有限公司活动目录解决方案

● 对服务器上的资源按照所属部门创建访问权限，如人事管理系统只允许人事部进行访问和控制。
- 为每个内网用户创建一个域账户，用户通过该账户登录公司内网，同时获得访问服务器资源所需的权限。
- 对组织单元中计算机的桌面进行统一配置，如限制公司员工自行安装软件，工作时间进行视频下载等占用带宽的操作。
- 对部门打印机进行统一管理，部门用户通过共享访问部门打印机。
- 在组织单元内部创建共享文件夹，供本部门用户共享部门资源；要求各用户将个人计算机上的公司资料按部门存放于服务器上的部门文件夹中。
- 在域控制器上安装瑞星系统中心和瑞星管理员控制端，对瑞星软件服务器端和瑞星软件客户端进行统一控制。
- 在域控制器上安装 H3C 的 IMC 智能管理平台，对网络设备和服务器进行统一管理。

技能训练 2-5

训练目的

掌握中小型办公网网络安全管理的原则与方法，完成中小企业办公网网络安全管理方案设计。

训练内容

依据神舟公司办公网的安全与管理需求，完成神舟公司办公网的安全管理方案设计。

参考资源

（1）中小型办公网网络安全与管理方案设计技能训练任务单。
（2）中小型办公网网络安全与管理方案设计技能训练任务书。
（3）中小型办公网网络安全与管理方案设计技能训练检查单。
（4）中小型办公网网络安全与管理方案设计技能训练考核表。

训练步骤

（1）依据神舟公司办公网安全与管理需求，结合中小型办公网的安全与管理方案设计原则，讨论并提出符合神舟公司办公网的安全与管理方案设计原则。
（2）依据选定办公网的安全与管理方案设计原则，结合欧宇公司办公网的安全与管理设计方案，讨论神舟公司办公网的安全要素与管理对象。
（3）结合神舟公司办公网的实际情况，进行安全与管理方案设计。

子任务五 办公网综合布线系统设计

欧宇公司办公大楼的主配线间、机房设在第三层，大楼内有专门的弱电竖井及弱电配线间，主干线缆走弱电竖井，水平部分沿弱电桥架及穿管敷设，设计信息点总数 116 个。

1. 工作区子系统设计

办公网各房间信息点选择 RJ45 接口的双孔形式，按照信息点要求，选用超五类系列信息模块，符合国际标准 ISOIS 11801 的各项指标要求。

2. 水平子系统设计

采用超五类优质非屏蔽双绞线将信息模块与接入交换机相连，满足 1 000 Mb/s 传输要求，配合连接硬件产品支持多媒体语音、数据、图形图像等应用需求，满足 ANSI/TIA/EIA—568A 及 ISO/IEC 11801 等标准。

3. 管理间子系统

管理间子系统由交接间的配线设备、交换机、机柜、配线架等组成。每一层设立一个管理间，管理间数据配线系统采用超强型五类 24 口非屏蔽配线架，通过跳线与 24 口以太网交换机相连。管理间应保持室内无尘土、通风良好、室内照明不低于 150 lx，载重量每平方米不小于 45 kg，配置消防系统；每个电源插座的容量不小于 300 W。

4. 垂直子系统（中心机房）

将各楼层管理间的配线架与中心机房主管理间相连。数据干线选用超五类 25 对大对数电缆，以满足未来网络设备对多通道技术的需要和线缆的冗余备份；电话干线均选择三类大对数电缆；为防止垂直子系统电缆因自然垂直产生变形而影响通信质量，必须将垂直线缆在桥架上加以固定。

技能训练 2-6

 训练目的

掌握中小型办公网网络安全管理的原则与方法，理解活动目录，掌握办公网活动目录的规划与部署。

训练内容

依据神舟公司办公网的管理与安全需求，对神舟公司办公网进行活动目录规划。

参考资源

（1）中小型办公网活动目录设计技能训练任务单。
（2）中小型办公网活动目录设计技能训练任务书。

（3）中小型办公网活动目录设计技能训练检查单。
（4）中小型办公网活动目录设计技能训练考核表。

训练步骤

（1）学生依据神舟公司办公网的安全与管理设计方案，讨论活动目录的管理对象。
（2）结合神舟公司办公网的实际情况，进行活动目录规划与管理方案设计。
（3）根据活动目录规划与管理方案，确定活动目录的实施方案。

知识拓展

1. 了解无线局域网标准

IEEE 802.11 是当今无线局域网通用的标准，它是由国际电器电子工程学会（IEEE）所定义的无线网络通信标准。IEEE 802.11 定义了媒体访问控制层（MAC 层）和物理层。物理层定义了工作在 2.4 GHz 的 ISM 频段上的两种调频方式和一种红外传输的方式，总数据传输速率设计为 2 Mb/s。两个设备之间的通信可以以设备到设备的方式进行，也可以在基站或者接入点（AP）的协调下进行。为了在不同的通信环境下取得良好的通信质量，采用 CSMA/CA 硬件沟通方式。

随着无线网络发展，在 IEEE 802.11 基础上又发展出了 IEEE 802.11b、IEEE 802.11a、IEEE 802.11g 和 IEEE 802.11n 等，这些协议成员标准如下：

● IEEE 802.11：原始标准，工作在 2.4 GHz 的 ISM 频段上，总数据传输速率设计为 2 Mb/s。

● IEEE 802.11a：原始标准的物理层补充，工作频率为 5 GHz，最大原始数据传输速率为 54 Mb/s，不能与 IEEE 802.11b 进行互操作。

● IEEE 802.11b：无线局域网的一个标准，其载波的频率为 2.4 GHz，可提供 1 Mb/s、2 Mb/s、5.5 Mb/s 及 11 Mb/s 的多重传送速度。

● IEEE 802.11g：载波的频率为 2.4 GHz（与 IEEE 802.11b 相同），原始传输速率为 54 Mb/s，净传输速率约为 24.7 Mb/s（与 IEEE 802.11a 相同）。IEEE 802.11g 的设备向下与 IEEE 802.11b 兼容。

● IEEE 802.11i：IEEE 为了弥补 IEEE 802.11 脆弱的安全加密功能有线等效保密（Wired Equivalent Privacy，WEP）协议而制定的修正案，其中定义了基于 AES 的全新加密协议计数器模式密码块链消息完整码协议（CTR with CBC MAC Protocol，CCMP）。

● IEEE 802.11n：新的 IEEE 802.11 标准，最大传输速率理论值为 600 Mb/s，支持多输入多输出技术（Multi-Input Multi-Output，MIMO）。

● IEEE 802.11ac：正在发展中的 IEEE 802.11 无线计算机网络通信标准，它通过 6 GHz 频带进行无线局域网（WLAN）通信。理论上，它能够提供最少 1 Gb/s 带宽进行多站式无线局域网（WLAN）通信，或最少 500 Mb/s 的

笔记

单一连接传输带宽，目前支持这一协议标准的无线产品已经上市。

2. 了解千兆以太网的物理层协议标准

千兆以太网的物理层协议包括 1000BASE-SX、1000BASE-LX、1000BASE-CX 和 1000BASE-T 等标准。

- 1000BASE-SX：使用芯径为 50 μm 或 62.5 μm，工作波长为 850 nm 或 1300 nm 的多模光纤，采用 8B/10B 编码方式，传输距离分别为 260 m 和 525 m，适用于同一建筑物中同一层的短距离主干网。
- 1000BASE-LX：使用芯径为 9 μm、50 μm 或 62.5 μm，工作波长为 1300 nm 的多模、单模光纤，采用 8B/10B 编码方式，传输距离分别为 550 m 和 3~10 km，主要用于校园主干网。
- 1000BASE-CX：使用 150 Ω 平衡屏蔽双绞线（STP），采用 8B/10B 编码方式，传输速率为 1.25 Gb/s，传输距离为 25 m，主要用于集群设备的连接，如一个交换机房内的设备互连。
- 1000BASE-T：使用 4 对五类非平衡屏蔽双绞线（UTP），传输距离为 100 m，主要用于结构化布线中同一层建筑中的设备通信，从而可以利用以太网或快速以太网已铺设的 UTP 电缆。

3. H3C iMC 智能管理平台

H3C iMC 智能管理平台中小型网络管理版（简称为 Mini iMC）面向的是中小型企业网络用户（40 节点以下），涵盖了传统网管的基本功能，包括设备管理、拓扑管理、告警管理、性能管理等，不仅能够管理 H3C 公司的全线数据通信设备，还能够通过标准 MIB 管理 Cisco、3Com、华为等主流厂商的数据通信设备，如图 2-6 所示。

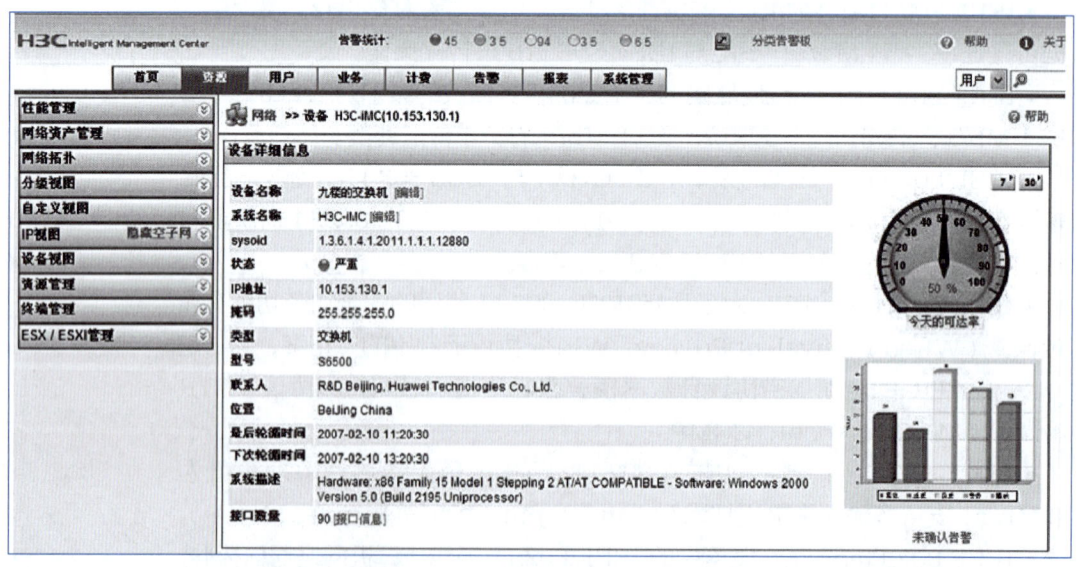

图 2-6　H3C iMC 智能管理平台

Mini iMC 的管理特性主要包括：
- 集中化的设备资源管理；
- 实用的网络视图；
- 完整的网络拓扑呈现；
- 智能的告警显示；
- 直观的状态监控；
- 简单易用的性能管理。

H3C iMC 智能管理平台直接部署在 Windows 操作系统上，其产品规格见表 2-17。

表 2-17　H3C iMC 智能管理平台产品规格

项　目	参　数
硬件平台	服务器端：PC 服务器，Xeon 2.4 GHz（及以上）、内存 2 GB（及以上）、硬盘 80 GB（及以上）、48 倍速光驱、100 Mb/s 网卡、显卡支持分辨率 1024×768、声卡 客户端：PC，主频 1.8 GHz（及以上）、内存 512 MB（及以上）、硬盘 20 GB（及以上）、48 倍速光驱、100 Mb/s 网卡、显卡支持分辨率 1024×768、声卡
操作系统	服务器：Windows 2003 Server/Server 2008（简体中文版） 客户端：Windows XP/2003（简体中文版） 浏览器：IE6.0 及以上版本

4. 问题思考

（1）如果企业还设有远程分支机构，应该如何进行网络设计？
（2）如果要保证企业网络的冗余和备份，应该如何设计网络？
（3）如何保证企业网中的核心数据安全？

任务 2-3　编写欧宇公司办公网网络建设方案书

任务描述

对欧宇公司办公网的网络设计结果进行汇总，编写欧宇公司办公网网络建设方案书。

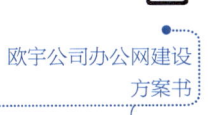

问题引导

（1）什么是网络建设方案书？
（2）如何编写网络建设方案书？

知识学习

网络建设方案书编写原则

撰写网络建设方案是企业网络建设项目中是比较重要的前期工作，主要提

微课
网络建设方案书编写

出网络建设的目标、各类网络需求及网络系统的设计方案等。

网络建设方案书格式包括如下内容：

（1）项目描述：对所要建设的网络项目进行描述，说明建设项目的规模、项目工期、建设要达到的目的等。

（2）需求分析：包括用户需求、网络应用需求、信息点需求、安全与管理需求等。

（3）网络系统设计：包括网络拓扑结构设计、网络设备选型、安全设计、综合布线系统设计等。

任务实施

结合任务 2-1 中欧宇公司办公网需求分析说明书和任务 2-2 中网络设计的结果，按照网络建设方案书的格式编写欧宇公司办公网网络建设方案书。方案书的内容包括工程概况、网络需求、逻辑网络系统设计规划以及网络综合布线系统设计，方案书的目录如下：

一、工程概况

1. 工程详述
2. 项目工期

二、网络需求

1. 网络要求
2. 用户要求
3. 设备要求

三、逻辑网络系统设计

1. 网络设计指导原则
2. 网络设计总体目标
3. 网络技术方案设计
4. IP 地址规划
5. 网络设备选择
6. 网络应用系统选择
7. 网络安全系统设计
8. 网络管理维护设计

四、网络综合布线系统设计

1. 布线系统总体结构设计
2. 工作区子系统设计
3. 水平子系统设计
4. 管理子系统设计
5. 设备间子系统设计

技能训练 2-7

 笔 记

训练目的

了解办公网络建设方案书编写规范，了解编写网络建设方案书的步骤和内容，编写办公网网络建设方案书。

训练内容

依据神舟公司办公网的设计结果，参照欧宇公司办公网网络建设方案书，编写神舟公司办公网网络建设方案书。

参考资源

（1）中小型办公网网络建设方案书编写技能训练任务单。
（2）中小型办公网网络建设方案书编写技能训练任务书。
（3）中小型办公网网络建设方案书编写技能训练检查单。
（4）中小型办公网网络建设方案书编写技能训练考核表。

训练步骤

（1）通过咨询、信息检索等方式，熟悉网络建设方案书的格式要求，了解相关规范。
（2）依据神舟公司办公网需求分析结果和网络设计结果，确定网络建设方案书编写的步骤和内容。
（3）编写神舟公司办公网网络建设方案书。

任务 2-4　编写欧宇公司办公网招投标文件

任务描述

了解招投标文件的内容以及编写时的注意事项，编写欧宇公司办公网招投标文件。

问题引导

（1）招标文件的作用是什么？
（2）招标文件的构成。
（3）如何编写招标文件？

网络工程招标书+合同+工程预算书

项目招投标流程

知识学习

1. 招投标概念

招标和投标是一种贸易方式的两方面。这种贸易方式既适用于采购物资设备，也适用于发包工程项目。

（1）招标：是由招标人（采购方或工程业主）发出招标通告，说明需要采购的商品或发包工程项目的具体内容，邀请投标人（卖方或工程承包商）在规定的时间和地点投标的行为。

（2）投标：是投标人（卖方或工程承包商）应招标人的邀请，根据招标人规定的条件，在规定的时间和地点向招标人递交投标文件以争取成交的行为。

2. 招标文件的构成

招标文件用以阐明所需的设备及服务、招标投标程序和合同条款。招标文件由以下部分组成：

（1）投标邀请；
（2）招标设备一览表；
（3）投标方须知；
（4）购销合同或协议；
（5）投标文件格式要求。

3. 投标文件的构成

（1）投标报价一览表、分项一览表；
（2）投标资格证明文件（公司的营业执照、法人代表登记证、税务登记证、企业资质证明等）；
（3）公司与制造商代理协议和授权书；
（4）产品相关技术资料及部分业绩清单；
（5）技术应答部分；
（6）售后服务承诺及用户培训等；
（7）附件或其他相关说明。

企业网络工程投标书模板

网络项目投标书

昆云公司网络设备招标书

欧宇公司办公网建设项目招标书

任务实施

子任务一 编写欧宇公司办公网招标文件

1. 招标邀请公告

包括招标文件编号、招标项目名称、标书认购售价以及出售时间和地点、投标规定的开始和截止时间、开标时间地点、所需的相关资质和证明等。

2. 招标项目说明

其包括投标方应具备的资格，注册资金要求，设计方案的要求，设备安装、调试要求、用户培训与服务要求、标书要求及投标要求等。

3. 项目描述

包括项目建设目标、项目相关需求（如信息点需求、网络性能需求、网络安全与管理需求）等。

4. 投标方须知

包括投标文件的构成、格式要求、编写要求、标书递交、开标和评标方式、合同签订要求等。

5. 附录

一般包括投标书的参考格式、投标所需相关文件的参考格式等。

技能训练 2-8

训练目的

掌握招标文件的编写规范及内容要求，能够编写企业网招标文件。

训练内容

依据欧宇公司办公网招标书的编写规范与内容要求，编写神舟公司办公网招标书。

参考资源

（1）中小型办公网招标书编写技能训练任务单。
（2）中小型办公网招标书编写技能训练任务书。
（3）中小型办公网招标书编写技能训练检查单。
（4）中小型办公网招标书编写技能训练考核表。

训练步骤

（1）依据欧宇公司办公网招标书的编写规范与内容要求，明确招标书的格式要求与内容要求。
（2）提出初步的编写框架，制定工作计划。
（3）讨论招标书的内容，完成神舟公司办公网招标书的编写。

子任务二　编写欧宇公司办公网投标文件

投标文件必须按照招标方给定的文件格式进行编写，同时必须按招标文件提供相关企业资质证明。欧宇公司办公网需要的投标文件包括以下内容：

（1）投标基本情况，包括投标文件组成，投标方的相关信息，如负责人的姓名、联系方式、公司地址等。
（2）商务部分，如法人代表授权书、项目总报价单。
（3）技术方案部分即网络建设方案书，包括项目建设目标、总体设计方案、

企业网项目投标书

网络系统集成标书

欧宇公司办公网项目投标书

微课
网络建设招投标书编写

综合布线系统设计方案等。

（4）技术支持及服务，包括产品保修与服务条例、系统维护相应条款、技术支持与服务的内容和范围、人员培训等。

（5）网络设备综合布线材料清单及报价。网络设备清单报价表见表 2-18。

表 2-18　网络设备清单报价表

序　号	产品名称及型号	单价/元	数　量	小计/元
1	H3C S5800-32C 交换机	25 500	1	25 500
2	H3C S5120-28P-LI 交换机	4 000	8	32 000
3	H3C SecPath 200-CS-AC 统一威胁管理	9 880	1	9 880
4	H3C WA2620E H2 室内增强型无线接入设备	5 700	18	102 600
5	S5800 小容量插卡	4 000	1	4 000
6	1GEF 接口模块	2 000	1	2 000
7	主服务器：IBM System x3300 M4（7382I00）	10 000	2	20 000
8	办公主机：联想家悦 S520（i3 3240）	2 999	120	359 880
	总计			555 860

技能训练 2-9

 训练目的

掌握投标文件的编写规范及内容要求，编写神舟公司网络建设项目投标书。

 训练内容

依据神舟公司办公网建设招标书要求，参照欧宇公司办公网投标书的编写规范与内容要求，完成神舟公司办公网建设投标书的编写。

 参考资源

（1）中小型办公网投标书编写技能训练任务单。
（2）中小型办公网投标书编写技能训练任务书。
（3）中小型办公网投标书编写技能训练检查单。
（4）中小型办公网投标书编写技能训练考核表。

训练步骤

（1）依据欧宇公司办公网投标书的编写规范与内容要求，明确投标书的格式要求与内容要求。

（2）根据神舟公司办公网网络建设方案书，结合神舟公司办公网招标书中技术要求部分，得出神舟公司投标书的技术部分。

（3）根据神舟公司办公网招标书的商务部分，完成投标书的商务应答。

（4）综合商务部分和技术部分，按投标书格式要求，编写神舟公司办公网投标书。

知识拓展

一般网络工程项目投标书包括以下内容。

1. 前言

一般介绍工程背景，分两部分，一部分介绍行业背景，一部分介绍工程相关背景。

2. 网络系统设计

2.1 设计概述（简要介绍工程性质、意义。）

2.2 网络建设目标（简要介绍工程建设的预期目标和规划，可以满足的业务目标。）

2.3 网络系统特点（包括整体性能评价、可靠性、易用性、安全性、扩展性、成本与性价比等。）

3. 网络总体设计

3.1 总体描述（包括骨干网技术、网络拓扑设计、接入网、地址分配、VLAN划分、服务器、安全架构等。）

3.2 骨干网（BackBone）（核心层设计，包括核心层技术选型、干线链路、核心层冗余等。）

3.3 网络结构（汇聚层与接入层技术选型、汇聚链路，网络拓扑结构等。）

3.4 地址分配（根据拓扑结构划分 VLAN，分配 IP 地址，填写如表 2-19 所示 VLAN 与 IP 地址分配表。）

表 2-19　VLAN 与 IP 地址分配表

部　　门	工作组名	VLAN 号	IP 地址	掩　码

3.5 网络设备选型（根据招标书中所需设备的技术性能参数要求，考虑企业与设备厂商之间的合作关系，考虑企业的利润因素，确定针对该网络工程项

目的网络设备选型，填写如表 2-20 所示的网络设备选择表。)

表 2-20　网络设备选择表

设 备 名 称	规 格 型 号	配　　置	质量性能说明	备　　注

3.6　服务器选型（描述服务器、品牌、型号、性能参数，存储的品牌、容量、容错等级等）

3.7　防火墙选型（防火墙的安全特性，处理能力、接口特性等）

4. 综合布线

4.1　综合布线系统概述

（1）综合布线标准介绍

（2）综合布线等级（基本型、增强型、综合型三种中选一种）

4.2　系统设计

（1）设计要求（介绍信息点分布情况，线缆、配线架、线槽等主材的规格）

（2）工作区子系统

（3）水平子系统

（4）主干子系统

（5）管理子系统

（6）设备间子系统

（7）建筑群子系统

（8）布线测试

5. 技术及服务

5.1　产品保修与服务条例

5.2　产品保修（写明保修范围）

5.3　服务条例（写明服务承诺）

5.4　工程文件清单

5.5　培训计划（培训对象、培训内容、培训时间）

6. 网络设备材料清单及报价（表 2-21）

表 2-21　设备清单报价表

序　号	设备名称及型号	性 能 参 数	单价/元	数　　量	小计/元
	总计				

项目总结

本项目以欧宇公司办公网建设为例,讲解了中小型企业办公网的网络需求调查与分析、网络逻辑设计、物理设计、IP 地址规划、网络设备选型、招投标书编写等内容,让读者对中小企业网的组网技术、网络架构、网络管理、无线覆盖设计、招投标书格式及内容等方面有一个较全面和深入的认识。

 项目评估

学习评估分为项目检查和项目考核两部分,见表 2-22。项目检查主要对教学过程中的准备工作和实施环节进行核查,确保项目完成的质量;项目考核是对项目教学的各个阶段进行定量评价,这两部分始终贯穿于项目教学全过程。

表 2-22 学习评估表

项目考核点名称	考 核 指 标	评 分	占总项目比重/%
技能考核项目 1 中小型办公网需求调查	办公网的业务需求、规模需求、网络技术需求、管理和安全等需求的调查是否具体、详细		10
技能考核项目 2 中小型办公网络需求分析	办公网的业务需求、规模需求、网络技术需求、管理和安全等网络需求分析是否全面		15
技能考核项目 3 中小型办公网网络拓扑结构设计	办公网络拓扑结构(包括互联网接入技术和局域网技术),无线覆盖方案设计是否具体、全面		20
技能考核项目 4 中小型办公网设备选型及 IP 地址规划	办公网网络设备选型的原则与方法,办公网 IP 地址规划及设备命名是否合理		10
技能考核项目 5 中小型办公网安全与管理方案设计	办公网网络管理与安全方案设计是否合理,考虑是否全面		10
技能考核项目 6 中小型办公网活动目录规划	办公网活动目录规划与部署是否合理,方案是否具体、详细		10
技能考核项目 7 中小型办公网方案书编写	中小型办公网络方案设计书、格式是否正确,内容是否符合设计要求		10
技能考核项目 8 中小型办公网招标书编写	中小型办公网招标书格式是否正确,内容是否合理		5
技能考核项目 9 中小型办公网投标书编写	中小型办公网投标书格式是否正确,内容是否合理		10
总计			

项目习题

一、综合题

1. 某一网络地址块 192.168.75.0 中有 5 台主机 A、B、C、D 和 E，它们的 IP 地址及子网掩码见表 2-23，请回答下列问题。

表 2-23　主机 IP 地址及子网掩码表

主　机	IP 地址	子网掩码
A	192.168.75.18	255.255.255.240
B	192.168.75.146	255.255.255.240
C	192.168.75.158	255.255.255.240
D	192.168.75.161	255.255.255.240
E	192.168.75.173	255.255.255.240

【问题 1】5 台主机 A、B、C、D、E 分属几个网段？哪些主机位于同一网段？

【问题 2】主机 D 的网络地址为（　　）。

【问题 3】若要加入第六台主机 F，使它能与主机 A 属于同一网段，其 IP 地址范围是（　　）。

【问题 4】若在网络中另加入一台主机，其 IP 地址为 192.168.75.164，它的广播地址是（　　），（　　）主机能够收到该主机发送的广播帧。

【问题 5】若在该网络地址块中采用 VLAN 技术划分子网，（　　）设备能实现 VLAN 之间的数据转发。

2. 某单位在部署计算机网络时采用了一款硬件防火墙，该防火墙带有三个以太网络接口，其网络拓扑如图 2-7 所示，请回答下列问题。

【问题 1】防火墙包过滤规则的默认策略为拒绝，表 2-24 给出了防火墙的包过滤规则。若要求内部所有主机能使用 IE 浏览器访问外部 IP 地址为 202.117.118.23 的 Web 服务器，为表 2-24 中（1）~（4）空缺处选择正确答案。

表 2-24　防火墙的包过滤规则

序号	策　略	源地址	源端口	目的地址	目的端口	协　议	方　向
1	（1）	（2）	Any	202.117.118.23	80	（3）	（4）

（1）备选答案：A. 允许　　　　　　　B. 拒绝

（2）备选答案：A. 192.168.1.0/24　　　B. 211.156.169.6/30
　　　　　　　C. 202.117.118.23/24

（3）备选答案：A. TCP　　　B. UDP　　　C. ICMP

（4）备选答案：A. E3→E2　　B. E1→E3　　C. E1→E2

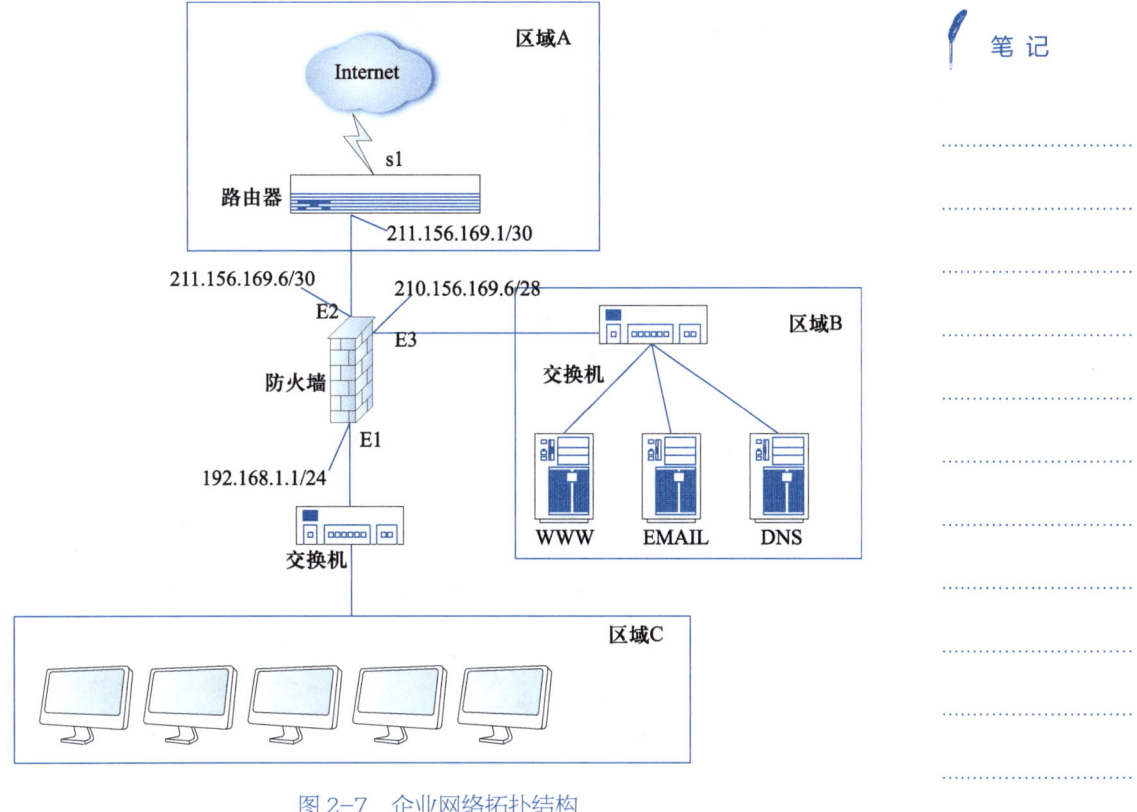

图 2-7 企业网络拓扑结构

【问题 2】内部网络经由防火墙采用 NAT 方式与外部网络通信，为表 2-25 中（5）~（7）空缺处选择正确答案。

表 2-25 NAT 方式

源 地 址	源 端 口	目 的 地 址	协 议	转 换 接 口	转换后地址
192.168.1.0/24	Any	（5）	Any	（6）	（7）

（5）备选答案： A. 192.168.1.0/24　　　B. any
　　　　　　　　C. 202.117.118.23/24
（6）备选答案： A. E1　　　　　　B. E2　　　　C. E3
（7）备选答案： A. 192.168.1.1　　　B. 210.156.169.6
　　　　　　　　C. 211.156.169.6

【问题 3】图 2-7 中_____（8）_____适合设置为 DMZ 区。
（8）备选答案： A. 区域 A　　　　　B. 区域 B　　　C. 区域 C

3. 某公司内部网络的工作站采用 100BASE-TX 标准与交换机相连，并经网关设备采用 NAT 技术共享同一公网 IP 地址接入互联网，如图 2-8 所示，请回答下列问题。

【问题 1】连接交换机与工作站的传输介质是（　　　），介质需要做成

（　　）（直通线/交叉线），最大长度限制为（　　）m。

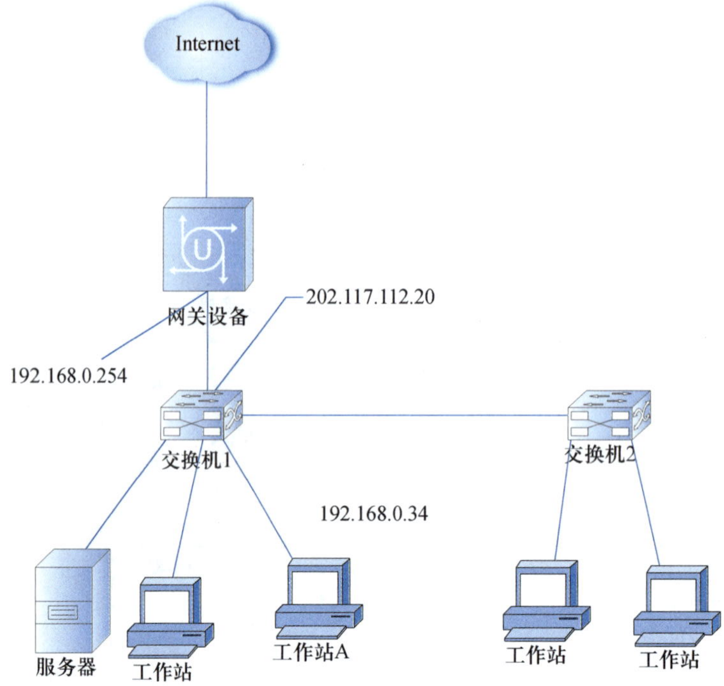

图 2-8　公司网络拓扑结构

【问题 2】交换机 1 与交换机 2 之间相距 20 m，采用交换机堆叠方式还是交换机级联方式？

【问题 3】在工作站 A 的网络配置中，网关地址是（　　）。

【问题 4】从以下选项中选择两种能够充当网关的网络设备（　　）。

A．路由器　　B．集线器　　　　C．代理服务器　　D．网桥

【问题 5】若工作站 A 访问外部 Web 服务器，发往 Internet 的 IP 包经由（　　）和（　　）IP 地址。

4．在一幢 11 层的大楼内组建一个局域网，该局域网的连接示意图如图 2-9 所示，请回答下列问题。

【问题 1】指出上述解决方案存在什么问题？需要增加什么设备？如何连接？

【问题 2】若在该局域网中实现 VLAN，路由器将起什么作用？

5．某市某局决定在原有的老办公楼之外再建设一栋新办公楼，增加办公点数量，进一步提升工作效率和服务质量。新办公楼的网络建设需求如下：

1）信息点分布

新办公楼共 9 层，信息点共计 200 个左右，基本平均分布在各个楼层。

2）网络层次架构

办公网主要用来承载与某局工作、管理相关的业务系统，根据网络分层设

计理念，本次办公网分为如下几个层次。

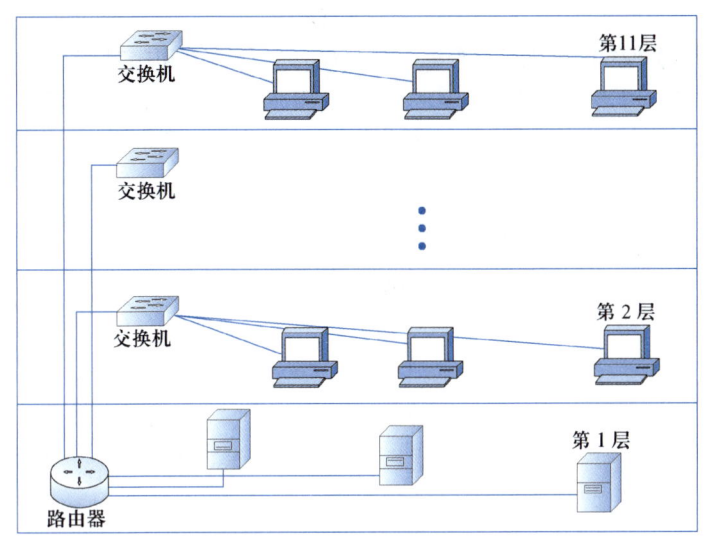

图 2-9　局域网连接示意图

（1）核心交换机区部署在网络中心，主要负责办公网全网的高性能线速转发，实现楼层接入区之间的互连。

（2）楼层接入区部署在各个配线间，用来实现信息点的安全接入。

（3）服务器接入区部署在网络中心，用来支撑业务系统。

3）业务流量分析

（1）核心交换机——核心转发：2 000 Mb/s。

（2）接入交换机——桌面：100 Mb/s。

4）链路要求

根据办公楼用户对带宽的需求，选择成熟的千兆以太网技术作为核心组网技术，主干采用千兆以太网链路。各类应用级服务器通过千兆以太网端口与核心交换机相连，楼层交换机（接入层）通过千兆光端口与核心交换机相连；楼层交换机通过百兆以太网端口为楼层用户提供网络接入。

【问题1】根据需求分析和带宽性能指标的要求，画出该办公楼局域网的拓扑结构。

【问题2】请根据题目要求，进行网络设备选型。要求选择主流的网络产品，制作设备清单报价表。

6. 某学校有10个计算机机房（每个机房有50台计算机），部门1有20台计算机，部门2有40台计算机，部门3有8台计算机，通过三层交换机与学校网络中心连接。另有3台服务器，分别提供WWW、E-mail、FTP服务。其中，每间计算机机房可以根据实际需要设置允许连接Internet的时间，FTP服务器仅对计算中心内部提供服务，请回答下列问题。

【问题1】请为该校园网划分VLAN，以满足各方面的需要，并说明理由。

【问题 2】市电信运营商分配给网络中心的 IP 地址为 211.100.58.0/24，请给出每个 VLAN 的 IP 地址分配方案（包括 IP 地址范围、子网掩码）。

【问题 3】根据题目中的要求，给出网络安全和访问控制的具体措施。

【问题 4】对该网络的设计和管理提出自己的建议，并说明理由。

7. 某医院行政办公大楼的网络拓扑图如图 2-10 所示，请回答下列问题。

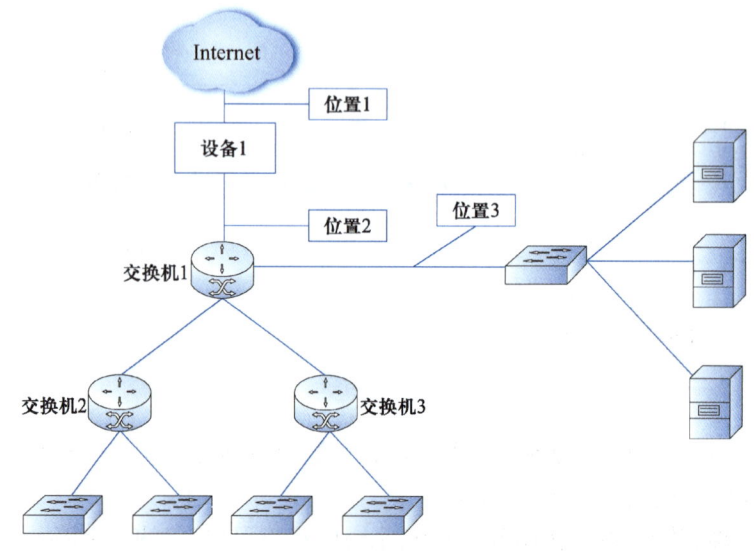

图 2-10　某医院行政办公大楼网络拓扑图

【问题 1】设备 1 应选用哪种网络设备？

【问题 2】若对整个网络实施保护，防火墙应加在图中位置 1 至位置 3 的哪个位置上？

【问题 3】如果采用了入侵检测设备对进出网络的流量进行检测，并且探测器在交换机 1 上通过端口镜像方式获得流量。通过相关命令显示的镜像设置信息如图 2-11 所示。

图 2-11　镜像设置信息

请问探测器应该连接在交换机 1 的哪个端口上？除了流量镜像方式外，还可以采用什么方式来部署入侵检测探测器？

【问题 4】为 IP 地址 202.113.10.128/25 划分 4 个大小相同的子网，每个子网中能够容纳 30 台主机，请写出子网掩码、子网网络地址及可用的 IP 地址段。

项目 3 麓山学院校园网规划与设计

学习目标

【知识目标】
- 了解中型园区网络需求分析的内容；
- 了解中型园区网络工程项目设计流程与规范；
- 了解中型园区网络工程项目逻辑设计、物理设计包括的内容；
- 了解中型园区网络工程项目招标书、投标书包含的内容。

【能力目标】
- 掌握校园网需求分析的方法；
- 掌握中型网络工程项目招标书的编制方法；
- 掌握中型网络拓扑结构设计的方法；
- 掌握中型网络 IP 地址规划与设备命名的方法；
- 掌握中型网络安全管理方案设计方法；
- 掌握中型网络设备选型、综合布线系统方案设计的方法；
- 掌握中型网络工程项目投标书的编制方法。

【素养目标】
- 培养文献检索、资料查找与阅读能力；
- 培养自主学习能力；
- 培养独立思考、分析问题的能力；
- 培养表达沟通、诚信守时和团队合作能力；
- 树立成本意识、服务意识和质量意识。

笔记

 项目导读

 学习情境

麓山学院是国家教育部批准设立的省属公办全日制普通高校。随着办学规模的扩大，麓山学院启动了新校区建设，校区占地一千余亩，建筑面积约 40 万 m^2，新校区将容纳在校学生 10 000 余人。

学院建筑物含一号教学楼、二号教学楼、实验楼、实训楼、办公楼、图书馆、实习工厂 7 栋教学及办公设施，以及 12 栋学生宿舍，校园布局如图 3-1 所示。

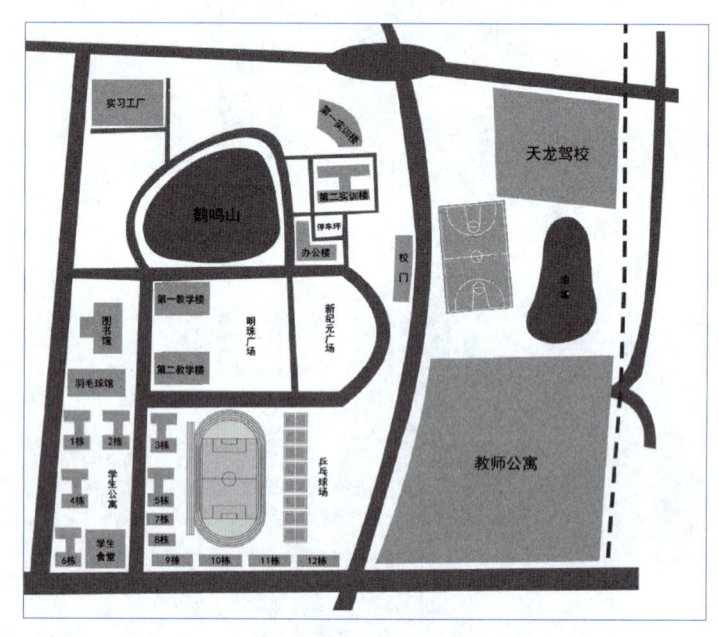

图 3-1 麓山学院校园布局

学校按业务职能划分有党政办、组织人事处、财务处等行政职能部门，有机械工程学院、汽车工程学院等 8 个院（系），行政组织结构如图 3-2 所示。

 项目描述

为了加强教育信息化的建设，麓山学院计划投入 500 万元建设校园网络平台，为学校教育教学、科学研究、教学管理及办公自动化等提供服务，提高学校信息化水平，校园网拟覆盖全院建筑物。

麓山学院校园网规划与设计包含网络需求分析、逻辑网络设计、物理网络设计、招投标书编制四个学习任务，如图 3-3 所示。

素养提升
华为数字化：从中国制造奔向中国创造

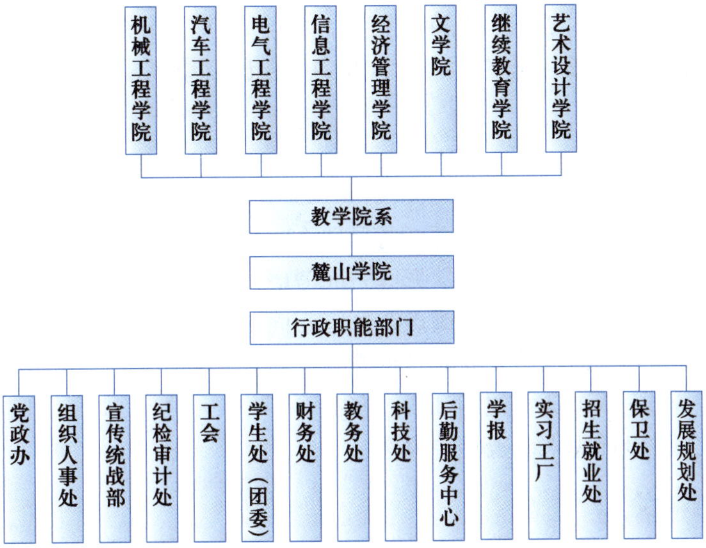

图 3-2　麓山学院行政组织结构

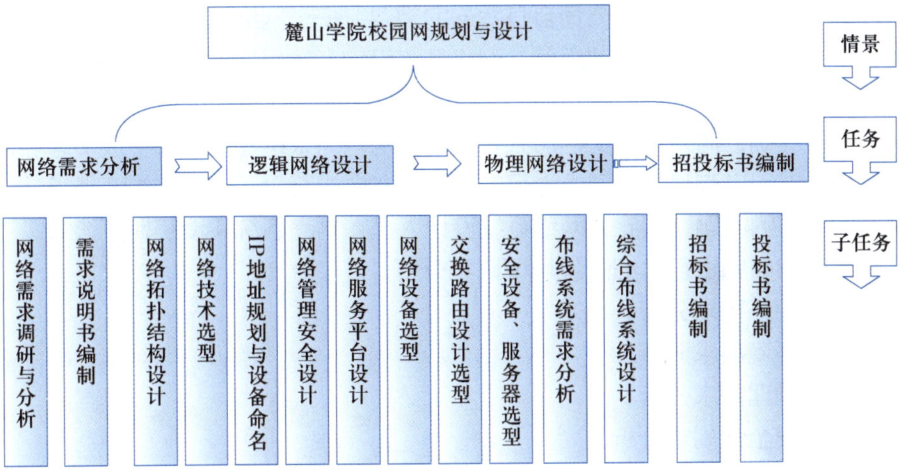

图 3-3　麓山学院校园网规划与设计项目学习任务

项目实施

任务 3-1　麓山学院校园网需求调研与分析

任务描述

通过对麓山学院校园网建设需求进行调研，了解并分析该校园网在业务、环境、信息点、流量、互联网接入、安全、认证计费、网络服务平台等方面的需求，通过该任务的学习，掌握中型园区网络需求调研与分析的内容和方法。

问题引导

（1）校园网需求分析的主要任务是什么？
（2）校园网流量需求应该从哪些方面考虑？
（3）校园网安全、管理侧重点在哪些方面？
（4）校园网互联网接入有哪几种方式？
（5）校园网认证计费包括哪些内容？
（6）怎样设计需求调查相关表格？

知识学习

1. 网络需求分析的主要内容

一个良好的网络系统建立在各种各样需求的基础之上，这种需求往往来自客户的实际需求或者出于公司自身发展的需要。一个网络系统将为很多不同类型客户提供各种不同功能的服务，网络系统设计者对用户需求的理解程度，在很大程度上决定了网络系统建设的成败。如何更好地了解、分析、明确用户需求，并能准确、清晰地以文档形式表达给参与网络系统建设的每个成员，保证系统建设过程以满足用户需求为目的的正确方向进行，是每个网络系统设计人员必须面对的问题。因此，网络系统设计人员在网络系统建设初期应该对以下几个方面的问题进行详细的现场调研和分析。

（1）业务需求分析。
（2）环境需求分析。
（3）管理需求分析。
（4）安全性需求分析。
（5）网络规模分析。
（6）网络拓扑结构分析。
（7）与外部联网分析。
（8）扩展性分析。
（9）通信量需求分析。

2. 获取需求信息的基本方法

获取需求信息是需求分析的第一步，目的是使网络系统设计人员全面准确地了解用户的需求。初学者可能认为，获取需求信息的手段无非就是调查研究，只需要多看就行，殊不知网络系统设计人员和用户之间的交流与理解，是一个反复的过程（可能是用户对需求并不明确，也可能是网络系统设计人员的理解不一定全面等）。为了减少此过程所耗费的时间，网络系统设计人员必须掌握一套行之有效的网络系统需求分析方法和技巧。目前，常用的网络系统需求分析方法主要包括以下几方面。
(1) 实地考察。
(2) 用户访谈。
(3) 问卷调查。
(4) 向同行咨询。

3. 网络信息点统计分析方法

信息点的数量并不是越多越好,在成本、美观等因素的制约下,数量够用且具备一定的冗余即可,一般依据以下几方面来确定信息点的数量。

(1) 按每 $10\,m^2$ 一个信息点,如果设备较密集,可以考虑两个以上的信息点。
(2) 客户是否对信息点数量有特别要求。
(3) 需要考虑链路的可靠性以及关键点是否需扩充。

4. 通信流量分析方法

对网络而言,用户需求主要体现在流经网络的信息量的大小,即网络带宽,网络带宽决定了网络的技术选型、设备选择等,是网络设计中重点考虑的方面。网络流量需要从内网和外网两方面分别统计,主要考虑用户的数量、网络应用业务正常运行所需的流量大小、网络利用率等方面。

任务实施

子任务一　麓山学院校园网业务需求分析、环境需求分析、信息点需求分析、流量需求分析

1. 需求调查准备

根据任务描述要求,在教师指导下制定调查方案(具体调查方案请参见网络工程规划与设计课程资源库网站),并设计校园网业务需求、信息点需求、流量需求等调研表格,见表 3-1 ~ 表 3-4。

调查方案

表 3-1　业务需求调查样表

所在部门	业务名称	业务描述
教务处	办公 OA、互联网应用、教务管理、网络教学	文档处理、传阅、上网、收发邮件、排课、选课、成绩管理、网络教学等

表 3-2 信息点需求调查表

建筑物名称：___办公楼___

部门（楼层）	业 务 类 型	信 息 点 数
招生就业处（一楼）		
后勤服务中心（一楼）		
财务处（二楼）		
学生处、团委（二楼）		
教务处（三楼）		
党政办（三楼）		
组织人事处（四楼）		
院领导（四楼）		
纪检、监察处（五楼）		
工会（五楼）		
宣传统战部（五楼）		
学报编辑部（六楼）		
科技处（六楼）		
小计		

表 3-3 麓山学院校园网内网流量需求

区 域 位 置	业 务 类 型	流量（Mb/s）	节 点 数	利用率（%）	总流量（Gb/s）
图书馆					
实训楼					
实验楼					
办公楼					
1号教学楼					
2号教学楼					
实习工厂					
学生宿舍1栋					
学生宿舍2栋					
⋮	⋮	⋮	⋮	⋮	⋮
学生宿舍12栋					
合计					

表 3-4　麓山学院校园网外网流量需求

区域位置	业务类型	流量（Mb/s）	节点数	利用率（%）	总流量（Gb/s）
图书馆					
实训楼					
实验楼					
办公楼					
1 号教学楼					
2 号教学楼					
实习工厂					
学生宿舍 1 栋					
学生宿舍 2 栋					
⋮	⋮	⋮	⋮	⋮	⋮
学生宿舍 12 栋					
合计					

2. 业务需求分析

业务系统是面向用户服务的，校园网主要为学校师生提供办公 OA、教学、管理、科研、互联网应用等方面的服务，不同的用户具有不同的服务需求，不同服务需求对网络基础平台的要求是不一样的，例如，财务处要求其他部门用户不能访问财务系统，学校办公系统在校园外部是不能访问的。只有充分了解校园网各类用户的实际需求，才能对校园网进行正确的规划和设计。了解校园网用户业务需求行之有效的方法是设计业务需求调查表，分别和校园网内各类用户进行交流、访谈，然后对调查结果进行分析、归纳，得到校园网的总体业务需求，见表 3-5。

表 3-5　业务需求汇总表

编号	业务类型	说明
1	办公自动化 OA	提供个人办公、公文流转、流程审批、人力资源管理等，使学校日常办公无纸化，减少办公开支，提高办公效率
2	E-mail 电子邮件	为师生收发电子邮件
3	FTP 服务	为师生提供文件共享
4	Web 服务	为学院提供门户网站
5	DNS 服务	为校园网 WWW 主机提供域名解析，实现校园网内网用户通过域名访问 WWW 服务器
6	学生综合信息管理	学籍信息、奖助学金管理等
7	教务综合信息管理	排课、选课、成绩管理等
8	人事管理	教职工信息、劳资管理等

续表

编 号	业务类型	说 明
9	网络教学	网络学习、远程教育、多媒体教学、VoD 视频点播等
10	财务管理	工资管理、财务预核算等
11	图书管理	图书检索、图书借阅/归还、电子图书阅览等
12	计费管理	用户认证、计费等
13	招生就业管理	招生咨询、考生管理、就业指导等
14	无线业务需要	用户通过无线网络访问校园网和 Internet 相关服务

3. 环境需求分析

麓山学院校园网建设涉及 19 栋建筑物，集中在一个校区。校园网网络中心是校园网络的核心与枢纽，是数据交换的中心和数据存储中心，为了保证各种智能设备与计算机系统稳定可靠运转，网络中心对温度、湿度、电源质量、电磁强度等具有明确的标准和要求，同时，考虑布线系统成本，网络中心一般应遵循"物理位置中心"的原则，因此，将校园网网络中心规划选址在图书馆 1 楼，各建筑物与网络中心的位置关系及距离如图 3-4 所示。另外，还需考虑室外无线网络设备的放置位置，应该远离噪声、辐射等可能干扰无线信号的环境，放置在用户难以触摸的地方。

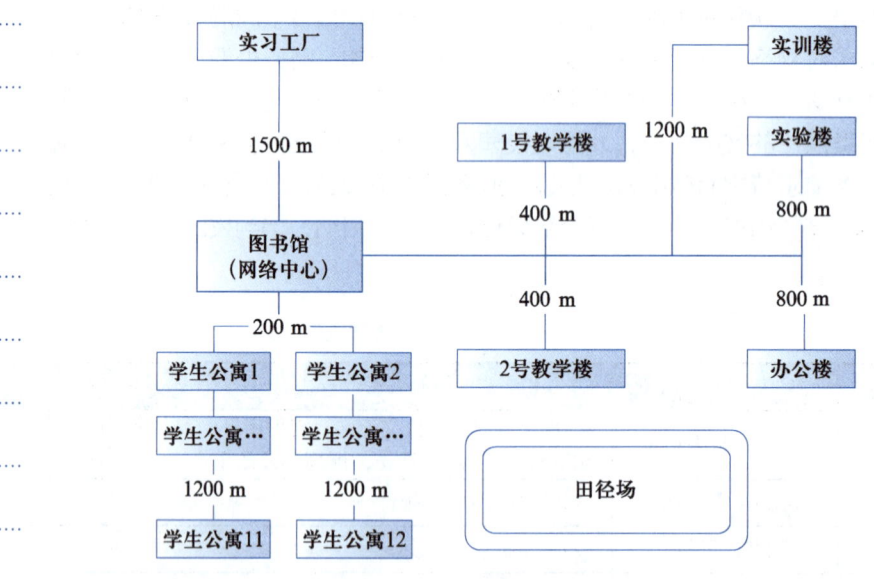

图 3-4　校园网环境布局

4. 信息点需求分析

根据学院建筑物地理分布情况，采用实地勘查、用户交流等方式分别统计各楼宇所需的信息点数目。为了方便网络设计和管理，可按楼层、归属部门、业务类型进行信息点需求统计，同时，要考虑信息点的冗余，以避免因单点线缆物理故障而不能进行网络访问。根据信息点需求样表（表 3-6）所示格式，分别对图书馆、实训楼、学生宿舍每栋建筑物进行统计，汇总得到麓山学院校园网信息点总量，见表 3-6。

表 3-6 麓山学院信息点需求汇总

楼　宇	层数	信息点数	说　明
图书馆	11	182	电子阅览室、图书检索大厅等用户需求密集处增加信息点
实训楼	5	300	对规划建设的以计算机应用为主的专业实训室（大量 PC）、专业教研室、协会活动室等须多规划信息点，以满足高带宽需求
实验楼	6	345	对规划建设的以计算机应用为主的专业实验室（大量 PC）须多规划信息点，以满足高带宽需求
办公楼	6	180	对会议室、招生办公室等部门应多规划信息点
1 号教学楼	5	120	对多媒体教室应多规划信息点
2 号教学楼	5	118	对多媒体教室应多规划信息点
实习工厂	2	20	对技术研发部、销售部等部门要多规划信息点
学生宿舍（1~12 栋）	6	5 760	每栋 6 层，每层 40 个房间，每间宿舍配两个信息点
总计		6 973	

5. 流量需求分析

校园网中网络流量主要来自于以下几方面：在线课堂、网络学习、在线视频、在线网络游戏、即时通信、WWW、FTP、E-mail、办公自动化 OA 等应用业务。校园网流量分布还具有较强的时段性，如每天晚上 7 点到 11 点之间是学生上网的高峰期，大约有 70% 流量被网络游戏、软件下载、在线视频等占据。麓山学院校园网内网流量需求见表 3-7。

上善学院校园网需求分析报告——流量需求分析部分

表 3-7 麓山学院校园网内网流量需求

区域位置	业务类型	流量(Mb/s)	节点数	利用率(%)	总流量(Gb/s)
图书馆	图书检索、图书借阅/归还、电子图书阅览等	6	182	80	0.874
实训楼	网络学习、远程教育、多媒体教学、VoD 视频点播	4	300	60	0.72
实验楼	网络学习、远程教育、多媒体教学、VoD 视频点播	4	345	60	0.828
办公楼	办公自动化 OA	6	180	50	0.54
1 号教学楼	网络学习、远程教育、多媒体教学、VoD 视频点播	4	120	50	0.24
2 号教学楼	网络学习、远程教育、多媒体教学、VoD 视频点播	4	118	50	0.295
实习工厂	办公自动化 OA、在线学习、远程教育、多媒体教学、VoD 视频点播	5	40	50	0.1
学生宿舍 1 栋	网络学习、远程教育、视频点播	2	240	100	0.48

续表

区域位置	业务类型	流量（Mb/s）	节点数	利用率（%）	总流量（Gb/s）
学生宿舍 2 栋	网络学习、远程教育、视频点播	2	240	100	0.48
学生宿舍 3 栋	网络学习、远程教育、视频点播	2	240	100	0.48
学生宿舍 4 栋	网络学习、远程教育、视频点播	2	240	100	0.48
学生宿舍 5 栋	网络学习、远程教育、视频点播	2	240	100	0.48
学生宿舍 6 栋	网络学习、远程教育、视频点播	2	240	100	0.48
学生宿舍 7 栋	网络学习、远程教育、视频点播	2	240	100	0.48
学生宿舍 8 栋	网络学习、远程教育、视频点播	2	240	100	0.48
学生宿舍 9 栋	网络学习、远程教育、视频点播	2	240	100	0.48
学生宿舍 10 栋	网络学习、远程教育、视频点播	2	240	100	0.48
学生宿舍 11 栋	网络学习、远程教育、视频点播	2	240	100	0.48
学生宿舍 12 栋	网络学习、远程教育、视频点播	2	240	100	0.48
合计					9.357

内网用户访问外网时网络流量主要来自于网络学习、在线视频、WWW 等应用服务，其流量分布见表 3-8。

表 3-8 麓山学院校园网外网流量需求

区域位置	业务类型	流量（Mb/s）	节点数	利用率（%）	总流量（Gb/s）
图书馆	图书检索、电子图书阅览等	0.5	182	70	0.0637
实训楼	网络学习、远程教育、多媒体教学、VoD 视频点播	0.2	300	50	0.03
实验楼	网络学习、远程教育、多媒体教学、VoD 视频点播	0.2	345	50	0.0345
办公楼	办公自动化 OA	0.5	180	50	0.045
1 号教学楼	网络学习、远程教育、多媒体教学、VoD 视频点播	0.2	120	50	0.012
2 号教学楼	网络学习、远程教育、多媒体教学、VoD 视频点播	0.2	118	50	0.0118
实习工厂	办公自动化 OA、在线学习、远程教育、多媒体教学、VoD 视频点播	0.2	40	50	0.004
学生宿舍 1 栋	网络学习、远程教育、视频点播、网络游戏	0.4	240	75	0.072
学生宿舍 2 栋	网络学习、远程教育、视频点播、在线游戏	0.4	240	75	0.072
学生宿舍 3 栋	网络学习、远程教育、视频点播、在线游戏	0.4	240	75	0.072
学生宿舍 4 栋	网络学习、远程教育、视频点播、在线游戏	0.4	240	75	0.072
学生宿舍 5 栋	网络学习、远程教育、视频点播、在线游戏	0.4	240	75	0.072

续表

区域位置	业务类型	流量（Mb/s）	节点数	利用率（%）	总流量（Gb/s）
学生宿舍 6 栋	网络学习、远程教育、视频点播、在线游戏	0.4	240	75	0.072
学生宿舍 7 栋	网络学习、远程教育、视频点播、在线游戏	0.4	240	75	0.072
学生宿舍 8 栋	网络学习、远程教育、视频点播、在线游戏	0.4	240	75	0.072
学生宿舍 9 栋	网络学习、远程教育、视频点播、在线游戏	0.4	240	75	0.072
学生宿舍 10 栋	网络学习、远程教育、视频点播、在线游戏	0.4	240	75	0.072
学生宿舍 11 栋	网络学习、远程教育、视频点播、在线游戏	0.4	240	75	0.072
学生宿舍 12 栋	网络学习、远程教育、视频点播、在线游戏	0.4	240	75	0.072
合计					1.065

根据表 3-7 和表 3-8 中数据统计，内网流量约需 10 Gb/s，外网流量约需 1.1 Gb/s。

技能训练 3-1

训练目的

掌握中型园区网的业务需求、环境需求、信息点需求、流量需求的调查与分析方法。

训练内容

依据麓山学院校园网需求分析的方法与原则，对本校的校园网进行业务需求、环境需求、信息点需求、流量需求调查与分析。

参考资源

（1）校园网业务需求分析、环境需求分析、信息点需求分析、流量需求分析技能训练任务单。

（2）校园网业务需求分析、环境需求分析、信息点需求分析、流量需求分析技能训练任务书。

（3）校园网业务需求分析、环境需求分析、信息点需求分析、流量需求分析技能训练检查单。

（4）校园网业务需求分析、环境需求分析、信息点需求分析、流量需求分析技能训练考核表。

训练步骤

（1）学生依据麓山学院校园网业务需求、环境需求、信息点需求、流量需求调查与分析的方法与原则，明确网络需求调查的内容。

（2）结合本校的实际情况，确定调查项目。

（3）提出初步的需求调查方案。

（4）制定工作计划，分组实施调查。

（5）学生分组讨论需求调查结果，分析得出本校业务需求、环境需求、信息点需求和流量需求，并形成相应的需求分析报告。

子任务二　麓山学院校园网互联网接入需求分析、网络安全需求分析与管理需求分析

上善学院校园网需求分析报告——互联网接入需求部分

1. 互联网接入需求分析

校园网连接互联网的出口是整个校园网络的咽喉部分，为提升校园网出口访问的性能和可靠性，采用两个出口与 Internet 互连，实现流量负载均衡和链路冗余。另外，根据流量需求分析结果，校园网须提供至少 1.1 Gb/s 的出口带宽。

2. 安全需求分析

对于计算机网络而言，安全是一个非常重要的方面，虽然计算机系统本身具有一定的安全防范措施，但网络系统的安全却是整个系统安全的第一道防线。网络系统安全总体上分为物理安全、网络安全、系统安全三方面，每方面又可再进行细分，具体见表 3-9。

表 3-9　网络系统安全类型

序号	安全类型		说　　明
1	物理安全	环境安全	对系统所在环境的安全保护，如区域保护和灾难保护
		设备安全	主要包括设备的防雷、防盗、防毁、防电磁辐射泄露、防止线路截获、抗电磁干扰及电源保护等
		媒体安全	包括媒体数据的安全及媒体本身的安全
2	网络安全	网络冗余	能保证网络正常高效运营
		系统隔离	能对不同安全级别信息资源进行授权访问
		访问控制	能对不同安全级别信息资源进行授权访问
		安全监测	能对网络系统进行侦听、预警、阻断、记录、跟踪等监测
		网络扫描	能对网络系统中的安全漏洞进行检测和分析，从而识别能被入侵者利用的网络漏洞
		网络设备安全	网络设备访问安全、运行安全等
		无线安全	无线登录安全、无线用户访问控制、信号干扰等
3	系统安全	操作系统安全	能进行用户权限分级管理、漏洞及时升级、数据及时存储备份
		应用服务安全	能 7×24 小时为用户提供网络应用服务
		认证与计费安全	对不同的用户采用不同的接入时段策略、接入控制策略和计费策略

而对于一种较为特殊的计算机网络——校园网而言，主要的安全问题如下。

（1）外网用户对校园网非法访问或恶意入侵，对网络和服务器发起 DoS/DDoS 攻击。

（2）校园网内部用户对校园网进行非法操作，如利用监听软件窃取通信数据，以及利用扫描软件进行系统安全漏洞扫描等。

（3）校园网内部用户对 Internet 的非法访问，如浏览黄色、暴力、反动等网站。

（4）校园网内外的各种病毒威胁。外部用户可能通过邮件以及文件传输等方式将病毒带入校园内网；内部教职工以及学生可能通过 U 盘、移动硬盘等介质传播病毒。

（5）各种操作系统以及应用系统自身的漏洞带来的安全威胁，如 DNS 欺骗、Web 服务器被恶意篡改等安全问题。

（6）因管理制度不健全、校园网管理人员以及全体师生的安全意识不强，导致用户认证信息泄露、校内资源被窃取、IP 地址被盗用等校园网的威胁。

（7）WiFi 登录密码设置过于简单，无线网络信号干扰严重，无线用户访问权限等安全问题。

校园网面临的主要安全威胁

Web 服务防篡改

DNS 欺骗分析与防范

微课
如何按照层次化进行安全需求分析

在上述 7 类安全问题中，感染病毒/蠕虫/木马程序/恶意代码、非法访问及拒绝服务攻击（DoS）等三方面是校园网面临的主要安全威胁。

同时，校园网还具有如下的业务安全需求：

（1）在学生宿舍区域，每台计算机只能在一个固定的地点使用固定的账号登录网络。

（2）财务、人事部门的相关业务系统，只允许本部门以及特定用户访问。

（3）每一个部门或寝室必须在逻辑上独立成一个局域网，防止局域网攻击的蔓延。

（4）提供内部用户访问网络资源的相关记录信息。

（5）防止外网用户通过服务器区入侵内网用户。

（6）提供分类计费上网功能，并能进行行为控制。

（7）提供无线用户安全接入功能，单独为无线用户划分 VLAN、配置访问控制权限，无线用户之间不能相互访问。

根据以上几方面，针对麓山学院校园网的实际网络及应用情况，从物理安全、网络安全、系统安全三方面对校园网的安全风险进行具体分析，得到校园网总体的安全需求，见表 3-10。

表 3-10 麓山学院校园网网络安全总体需求

序 号	安全需求类型	具 体 要 求
1	物理安全	（1）需要对网络中心进行门窗加固 （2）需要对网络中心核心设备提供 4 小时断电保护 （3）对网络中心提供防雷、防静电、防尘、抗电磁干扰的功能 （4）对网络中心提供恒温、恒湿环境 （5）对网络设备提供一定安全保护措施
2	网络安全	（1）隔离广播，防止网络内部窃听和非授权的跨网段访问 （2）使用防火墙将内外网隔离，不允许外部用户访问内网 OA 服务器 （3）允许外部用户访问 Web 服务器，允许用户从外网授权访问 E-mail、FTP 服务器 （4）内网用户通过 NAT 访问 Internet （5）提供链路冗余、主干双核心及负载均衡 （6）提供漏洞扫描、入侵检测等功能 （7）互联网接入提供双出口 （8）提供对资源按级别授权访问 （9）防止学生宿舍网络主机 IP 地址盗用和地址冲突 （10）对内网用户访问内部资源进行有效控制 （11）根据学生、教师、访客、无线用户等不同身份进行认证与计费，实施行为控制
3	系统安全	（1）能够对门户网站、教学、科研、学生管理等关键业务数据进行备份与恢复 （2）能够对操作系统加固 （3）提供病毒查杀功能 （4）能够保证网络服务平台的安全 （5）对 WWW、E-mail、FTP 等网络应用提供 7×24 小时支持 （6）能够提供日志信息

新南科技与贸易专科学校校园网络工程项目需求分析报告——管理需求分析部分

兰溪第三中学校园网络工程项目需求分析报告——管理需求分析部分

百利投资集团网络需求分析报告——管理需求分析部分

3. 管理需求分析

校园网的网络管理应该包括两方面的内容，一方面是对网络设备的管理和控制，如对交换机、路由器等的管理；另一方面是对服务器及相关的应用服务进行监控和管理。

麓山学院校园网网络管理的需求主要包括：

（1）能够对全网的节点变化及网络设备的运行状态进行监控和管理。

（2）能够对网络故障进行检测、诊断、跟踪、排除。

（3）能够监控和管理网络资源的性能，包括服务器、数据库和应用服务等。

（4）能够掌握全网的用户信息、日志信息、流量信息等。

（5）能够根据学生、教师等不同身份的用户进行认证与计费管理。

（6）能够对所有用户的上网行为进行管理，保证关键网络业务的正常运行。

（7）能够对网络带宽进行合理分配和控制。

（8）能够监控外网用户对内网资源的访问。

技能训练 3-2

训练目的

掌握中型园区网的互联网接入需求、网络安全需求、管理需求调查与分析的方法。

训练内容

依据麓山学院校园网需求分析的方法与原则，对本校的校园网进行互联网接入需求、网络安全需求、管理需求调查与分析。

参考资源

（1）校园网互联网接入需求分析、网络安全需求分析、管理需求分析技能训练任务单。

（2）校园网互联网接入需求分析、网络安全需求分析、管理需求分析技能训练任务书。

（3）校园网互联网接入需求分析、网络安全需求分析、管理需求分析技能训练检查单。

（4）校园网互联网接入需求分析、网络安全需求分析、管理需求分析技能训练考核表。

训练步骤

（1）学生依据麓山学院校园网互联网接入需求、网络安全需求、管理需求调查与分析的方法与原则，明确网络需求调查的内容。

（2）结合本校的实际情况，确定调查项目。

（3）提出初步的需求调查方案。

（4）制定工作计划，分组实施调查。

（5）学生分组讨论需求调查结果，分析得出本校互联网接入需求、网络安全需求和管理需求，并形成相应的需求分析报告。

子任务三　麓山学院校园网认证计费需求分析、网络服务平台需求分析

1. 认证计费需求分析

校园网需要根据学生、教师、访客等不同身份进行认证与计费，实施行为控制，加强校园网的管理。进行认证计费需求调查与分析时，需要考虑两方面的内容：认证控制的内容和计费的方式。

认证控制的内容应根据用户的实际需要，同时结合网络安全需求分析和网

靳南科技与贸易专科学校校园网络工程项目需求分析报告——认证计费需求分析部分

兰溪第三中学校园网络工程项目需求分析报告——认证计费需求分析部分

络管理需求分析的结果进行调查与分析；计费的方式应根据学校特有的作息时段以及用户的实际需求进行调查与分析。

麓山学院校园网认证计费需求分析如下：

（1）学生账号只能在学生宿舍区域的一台计算机上使用，且无法通过代理实现多台计算机共用一个账号。

（2）教师账号能在教学办公区域任意一台计算机上免费使用，但无法在学生宿舍区域使用。

（3）学生账号有多种计费策略，如按月、按季度、按学年计费等，教师账号不需要计费。

（4）支持多业务统一认证。

（5）支持学生账号接入时段控制，一天 24 小时独立控制，对节假日、周末、平常三个层次分别区分控制，可以通过一次设置保证全年的时段控制，教师账号不需要时段控制。

（6）支持行为记录功能。

2. 网络服务平台需求分析

网络服务平台是校园网对内、对外提供相应网络服务的区域。调查的内容包括：网络服务的种类、网络服务平台安全要求等。

进行网络服务平台需求调查与分析时，应充分考虑网络业务需求调查与分析的结果，同时也应结合网络安全需求调查与分析的结果。

麓山学院校园网网络服务平台需求分析如下：

（1）麓山学院校园网需要提供学生综合信息管理、教务综合信息管理、财务管理、人事管理、FTP 下载与上传、视频点播、Web 等服务。

（2）从安全角度考虑，应用服务器、数据库和存储数据的设备须分开部署，防止应用服务器被攻击后，影响信息资源的安全。

技能训练 3-3

 训练目的

掌握中型园区网的认证计费需求、网络服务平台需求调查与分析的方法。

 训练内容

依据麓山学院校园网需求分析的方法与原则，对本校的校园网进行认证计费需求、网络服务平台需求调查与分析。

参考资源

（1）校园网认证计费需求分析、网络服务平台需求分析技能训练任务单。

（2）校园网认证计费需求分析、网络服务平台需求分析技能训练任务书。

（3）校园网认证计费需求分析、网络服务平台需求分析技能训练检查单。

（4）校园网认证计费需求分析、网络服务平台需求分析技能训练考核表。

 **训练步骤**

（1）学生依据麓山学院校园网认证计费需求、网络服务平台需求调查与分析的方法与原则，明确网络需求调查的内容。

（2）结合本校的实际情况，确定调查项目。

（3）提出初步的需求调查方案。

（4）制定工作计划，分组实施调查。

（5）学生分组讨论需求调查结果，分析得出本校认证计费需求、网络服务平台需求，并形成相应的需求分析报告。

子任务四 编写麓山学院校园网招标书

1. 招标书的作用

招标文件是指由招标人编制并向投标人发售的明确资格条件、合同条款、评标方法和投标文件相应格式的文件。

招标文件是整个招投标活动开始的基础，是工程项目招投标活动的重点，招标文件的编制质量是项目招标能否成功的前提条件。招标文件是招标人向投标人提供的，为进行招标工作所必需的文件。招标文件既是投标人编制投标文件的依据，又是招标人与中标人签订合同的基础。

2. 招标书的内容

不同类型的工程对招标文件内容的要求不同，如设备采购的招标书中一般会标明所需设备的品牌、型号及数量等，而校园网工程项目招标书则可能不会明确设备的品牌、型号等。

校园网招标书有具体的编写规范和内容要求，其内容主要分成两部分：商务需求和技术需求。

商务部分包括：投标人邀请、投标须知（投标人须具备的条件、投标文件编写要求、投标文件递交要求、开标与评标、评标方法与标准、中标及合同签订、法律责任等）、采购合同范本等。

技术部分包括：项目建设要求说明、建设方案说明、设备规格清单等。

3. 编写麓山学院校园网招标文件

依据招标文件编写规范与内容要求，结合麓山学院校园网需求调查与分析的结果，编制招标文件。

技能训练 3-4

 **训练目的**

掌握招标文件的编写规范及内容要求。

训练内容

依据麓山学院校园网招标书的编写规范与内容要求，完成本校校园网招标书的编写。

参考资源

（1）校园网招标书技能训练任务单。
（2）校园网招标书技能训练任务书。
（3）校园网招标书技能训练检查单。
（4）校园网招标书技能训练考核表。

 训练步骤

（1）学生依据麓山学院校园网招标书的编写规范与内容要求，明确招标书的格式要求与内容要求。
（2）提出初步的编写框架。
（3）制定工作计划，小组各成员完成招标书指定部分内容。
（4）小组讨论招标书的内容，提交本校校园网招标书。

知识拓展

1. 同一个业务在内网和外网可能会有不同的执行效果

如果提供该业务的服务端在内网，因为内网的带宽相对充足，因此，可以提供更高的带宽使该业务的执行更加流畅。如果提供该业务的服务端在外网，因为网络出口带宽的限制，可能影响保证该业务正常执行的带宽。

2. 问题思考

（1）如何理解自顶向下的分析设计？
（2）举例说明网络需求分析可采取哪些具体的方法？
（3）网络工程需求分析的主要内容是什么？

任务 3-2　麓山学院校园网逻辑设计

 任务描述

根据麓山学院校园网需求分析报告，完成该校园网网络拓扑结构、网络技术选型、IP 地址规划与设备命名等方面的设计，通过该任务的学习，掌握中型园区网络逻辑设计的内容和方法。

问题引导

（1）校园网主要有哪些网络架构？
（2）校园网内网采取什么技术进行构建？
（3）校园网连接外网采用什么技术？
（4）校园网的 IP 地址有哪些类型？如何规划校园网的 IP 地址？

知识学习

1. 校园网出口的演变过程

校园网出口设计的演变大概经历了三个阶段。

第一阶段校园网出口设计：

高校校园网最早在 20 世纪 90 年代末出现，当时主要的应用是 E-mail 和门户网站，这个时期校园网出口都连接到教育网，出口带宽很低。随着互联网的出现，高校开始接入互联网。这个时期校园网出口的特点是单核心双出口，出口带宽低、出口数量少、用户规模小，相对提供的服务也很少，如图 3-5 所示。

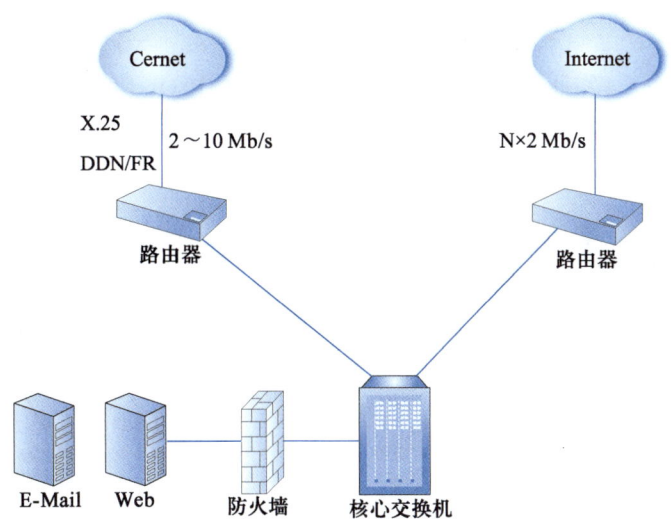

图 3-5　校园网第一阶段出口设计

第二阶段校园网出口设计：

随着校园网应用的增加以及校园网用户规模的增加，各个学校开始使用高性能路由器、防火墙充当出口设备，出口带宽也从几兆升级到几百兆，通过 NAT 完成内网地址向公网地址的转换。有些学校还开始使用负载均衡等辅助设备。这个时期校园网出口的特点是带宽增加、用户激增，用户开始关注网络使用体验，此阶段出口设备的 NAT 性能成为校园网的瓶颈，如图 3-6 所示。

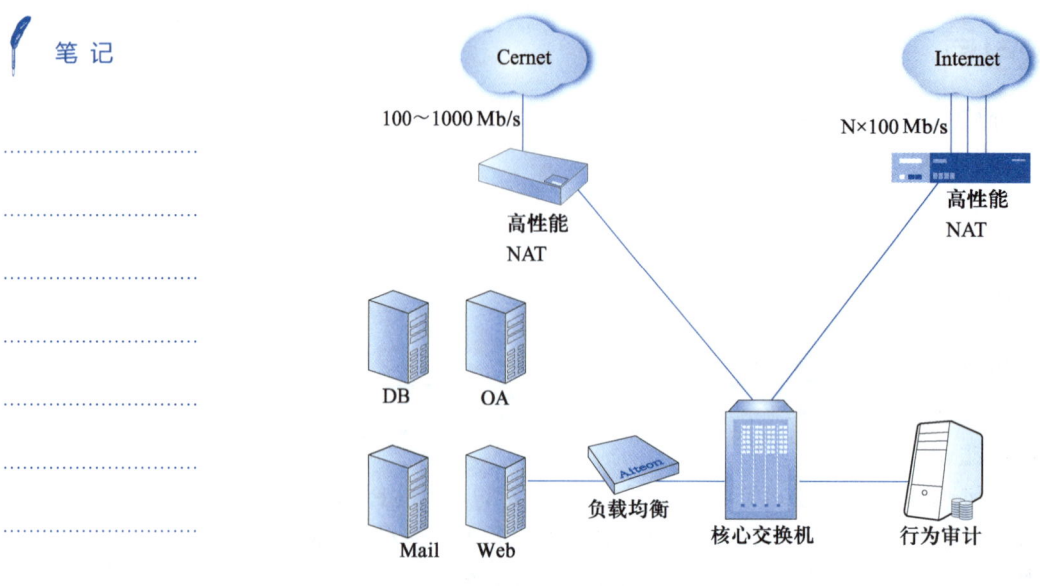

图 3-6　校园网第二阶段出口设计

第三阶段校园网出口设计：

随着 P2P、在线视频等业务的广泛使用，为了保证关键业务正常运行和较好的用户体验，校园网出口采用冗余架构的多出口设计，并通过流控设备进行网络流量控制，使外网出口稳定，互联网业务畅通，关键业务和用户体验能够尽量平衡，如图 3-7 所示。

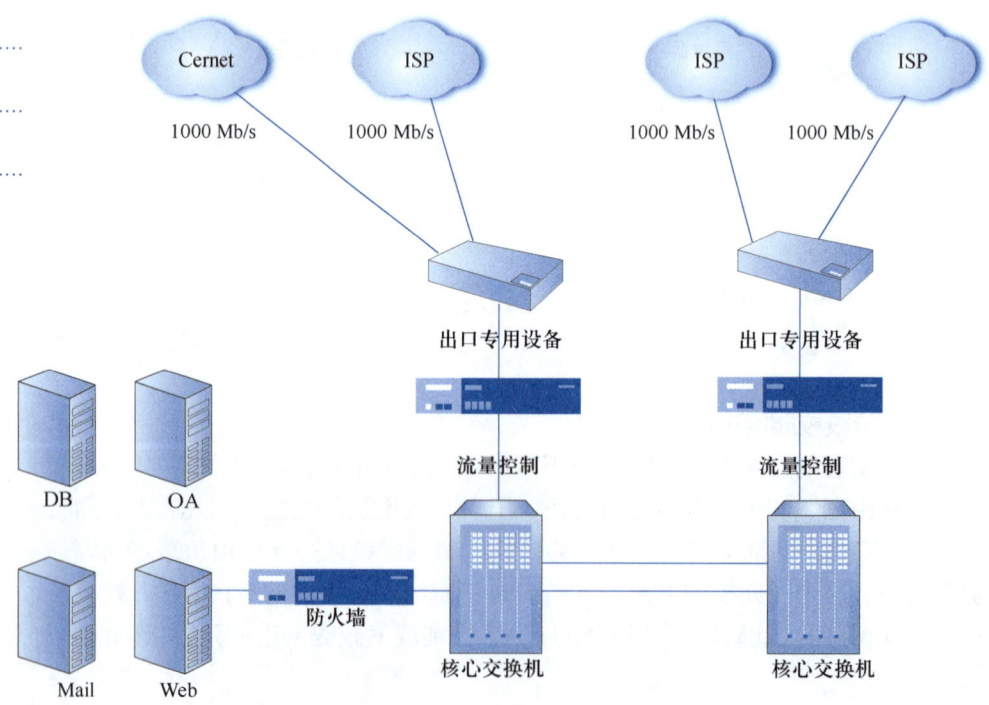

图 3-7　校园网第三阶段出口设计

2. 局域网技术

内部局域网主要保证校园内部用户数据的快速转发和资源的安全、高效访问，技术选择既要考虑网络的性能、先进性、扩展性等，又要考虑与现有设备兼容，保护学校现有投资。局域网技术主要包括万兆以太网、千兆以太网、ATM网络（局域网仿真 LANE）、FDDI 等，其中 ATM 网络和 FDDI 网络技术因技术、管理、兼容性等问题已被淘汰。目前主流的局域网技术主要包括万兆以太网技术、千兆以太网技术，无线网络技术主要包括 WiFi 5 和 WiFi 6 技术。其主要特点见表 3-11。

表 3-11 主流局域网技术对比

局域网技术	特 点	应 用 情 况
万兆以太网技术	（1）万兆以太网是一种使用光纤作为传输介质，采取全双工通信模式的技术，采用 64 B/66 B 的信息编码方式，采取串行或多路复用技术进行传输 （2）万兆以太网带宽高达 10 Gb/s，支持长达 40 km 的距离传输 （3）万兆以太网可以直接连接企业网骨干路由器，可以简化网络拓扑结构，提高网络性能 （4）万兆以太网技术取消了访问优先控制技术，简化了访问控制的算法，从而简化了网络的管理，并降低了部署的成本；在 QoS、网络安全、链路保护等方面提供了更多的支持 （5）万兆以太网保持向前兼容，使得用户能够实现无缝的升级，保护用户原有投资，也不影响原来的业务部署和应用	大型网络核心
千兆以太网技术	（1）千兆位以太网是一种新型高速局域网技术，它可以提供 1 Gb/s 的通信带宽，采用和传统 10 Mb/s、100 Mb/s 以太网同样的 CSMA/CD 协议、帧格式和帧长，因此可以实现对原有低速以太网基础的平滑升级 （2）适用于大中规模（几百至上千台终端用户网络）的园区网核心或大型网络的汇聚	中型网络核心或汇聚
WiFi 5 技术	（1）WiFi 5 是由无线网络标准的 WiFi 联盟提出的命名规则，将 802.11ac 更名为 WiFi 5 （2）理论上它能够提供最少 1 Gb/s 的无线通信带宽，向后兼容 802.11n （3）RF 带宽提升至 160 MHz，8 个 MIMO 空间流下行多用户的 MIMO 最多可达到 4 个，256QAM 高密度调变	终端接入
WiFi 6 技术	（1）WiFi 6 是由无线网络标准的 WiFi 联盟提出的命名规则，将 802.11ax 更名为 WiFi 6 （2）最高速率可达 9.6 Gb/s，理论传输速度达到 1.2 Gb/s （3）支持多用户并行传输数据即上下行 MU-MIMO（多用户多进多出）与上下行 OFDMA（正交频分多址），提升传输效率和降低时延，扩展了覆盖范围	万人会场、高密度办公、生产无线网络、智慧教学、智慧传媒以及城市和企业的数字化场景

3. 广域网技术

广域网可分为骨干网、城域网和接入网三个层次，骨干网相当于城市与城市之间的高速公路，城域网相当于城市市区之间的道路，用户接入网解决的是将道路从市区延伸到小区，直至抵达每个家庭用户，其中骨干网、城域网主要由电信、联通等运营商来承建。互联网接入设计是为了将校园网内部用户接入互联网，实现对外部资源的访问和互联网用户的通信。校园网的广域网设计主要是接入网设计，实现和公共传输网络之间的连接，并通过公共传输网络实现远程端点之间的数据交换。

目前，接入网技术主要有宽带接入和专线接入两种方式。

1）宽带接入技术

宽带接入技术主要包括 xDSL、Cable Modem、无源光网络 xPON（Passive Optical Network）等方式。

DSL（Digital Subscriber Line，数字用户环路）技术是基于普通电话线的宽带接入技术，它通过采用较高的频率及相应调制技术，在同一铜线上同时传送数据和语音信号，即利用在模拟线路中加入或获取更多的数字数据的信号处理技术来获得高传输速率（理论值可达到 52 Mb/s）。xDSL 中 "x" 表示任意字符或字符串，不同的字符代表不同的调制方式。各种 DSL 技术最大的区别主要是信号传输速率和距离的不同，以及上行信道和下行信道的对称性不同。主要包括 HDSL、SDSL、VDSL、ADSL 和 RADSL 等，其中最常用的是 ADSL（Asymmetric Digital Subscriber Line，非对称用户数字线路），其支持上行速率 640 kb/s 到 1 Mb/s，下行速率 1 Mb/s 到 8 Mb/s，有效传输距离为 3～5 km，在用户与交换机之间传输介质是独立的，即用户独享通信介质，是家庭或中小企业常用的接入互联网的方式。

Cable Modem 宽带接入技术是基于有线电视网（CATV）的网络接入技术。Cable Modem 与基于电话网络的 Modem 的工作原理是相同的，都是将数据进行调制后在 Cable（电缆）的一个频率范围内传输，接收时进行解调。Cable Modem 属于共享介质系统，其他空闲频段仍然可用于有线电视信号的传输。目前，CATV 都是基于混合光纤/同轴电缆网（Hybrid Fiber-Coaxial，HFC），HFC 通常由光纤干线、同轴电缆支线和用户配线网络三部分组成，从有线电视台出来的节目信号先变成光信号在干线上传输，到用户区域后把光信号转换成电信号，经分配器分配后通过同轴电缆送到用户端。其传输频率可高达 750 MHz，其中每一个标准的电视频道占用 6 MHz（NTSC）或 8 MHz（PAL）的射频频谱，因此，750 MHz 频宽的混合光纤/同轴电缆系统则可提供到 125（NTSC）或 90（PAL）个电视频道节目。Cable Modem 宽带接入技术一般利用 5 MHz 到 42 MHz 频带用于用户上行数据传输，最高速率可达 10 Mb/s，而在 42～750 MHz 之间电视频道中分离出一条 6 MHz 的信道（一般从广播电视的第二个频道 50 MHz 开始）用于下行数据传输，最高速率可达 27 Mb/s，Cable Modem 接入技术较好解决了声音、视频数据同时传输，在全球尤其是北美的发展势头很猛，每年用户数以超过 100% 的速度增长，在中国，已有广东、深圳、南京等省市开通了 Cable Modem 接入，是未来电信公司 xDSL 技术最大的竞争对手。但目前 Cable Modem 缺乏统一的国际标准，各厂家的产品的传输速率均不相同。

无源光网络 xPON（Passive Optical Network）：一种新兴的宽带接入技术，它通过一个单一的光纤接入系统，实现数据、语音及视频的综合业务接入，具有抗干扰性强、带宽高、传输距离远、维护管理方便等优点。其应用得到了全球运营商的高度关注，xPON 光接入技术中比较成熟的是 EPON 和 GPON，均由局端 OLT、用户端 ONU 设备和无源光分配网络 ODN 组成。

GPON（Gigabit-Capable PON，千兆位无源光网络）技术是基于 ITU—TG.984.x 标准的最新一代宽带无源光综合接入标准，具有高带宽、高效率、大覆盖范围、用户接口丰富等优点，被大多数运营商视为实现接入网业务宽带化、综合化改造的理想技术。GPON 下行最大速率为 2.5 Gb/s，上行为 1.25 Gb/s，分光比最大为 1∶128。

EPON（Ethernet Passive Optical Network，以太无源光网络）技术由 IEEE 802.3 委员会制定，是一种基于以太网的光纤接入网技术，它采用点到多点结构、无源光纤传输，在以太网之上提供多种业务。它在物理层采用了 PON 技术，在链路层使用以太网协议，利用 PON 的拓扑结构实现了以太网的接入。EPON 提供固定上下行带宽为 1.25 Gb/s，采用 8 B/10 B 线路编码，实际速率为 1 Gb/s，分光比最大为 1∶32。

2）专线接入技术

专线方式是在服务商到用户之间铺设一条专用的线路，线路只给用户独立使用，传输质量高、安全性高，支持多种传输速率，最高可达 40 Gb/s，常见专线接入技术对比见表 3-12。

表 3-12　常见专线接入技术对比

专线技术	描 述
E1	ISP 提供的光纤、铜缆、无线等专用数字信道，带宽一般为 n×64 kb/s（n 为 1～32），即 64 kb/s～2.048 Mb/s，标准速率为 2.048 Mb/s，是目前中小型企业 WAN 接入的一种主流专线技术
DDN	ISP 提供一种半永久连接的数字专用线路，传输速率最高可达 2.408 Mb/s，支持点到点和点到多点
POS	POS（Packet Over SONET/SDH，又称 IP Over SONET/SDH）是 Cisco 公司开发的一种传输技术，通过 SDH 提供的高速传输通道直接传送 IP 分组。POS 定位于电信运营级（Carrier Scale）的数据骨干网，其网络主要由大容量的高端路由器经由高速光纤传输通道连接而成，速率从 155 Mb/s 到 10 Gb/s，主要用于运营商骨干或大型企业 WAN 接入
以太网	ISP 为以太网用户提供高速光纤数字信道，可提供 100 Mb/s、1 000 Mb/s 速率接入，主要用于满足企业同城互连或大型企业事业单位高速互联网接入需求

4. IP 地址规划

在网络方案设计中，IP 地址的规划至关重要，地址分配方案的好坏直接影

微课
出口设计的重要性与涉及到的技术

网络拓扑结构（层次化模型）

校园网出口网络设计方案

怀钢（集团）有限公司信息化建设项目（第一期）出口设计

微课
核心层设计的技术选择

策略路由

路由策略

策略路由与路由策略的区别

响着网络的可靠性、稳定性和可扩展性等重要指标。地址一旦分配后，其更改的难度和对网络的影响程度都很大，从 IP 地址规划中可以看出一个网络的规划质量，甚至可以反映出一个网络设计师的技术水准。因此，在进行地址分配之前，必须规划好 IP 地址的分配策略和子网划分方案。

IP 地址规划的原则是：地址连续分配不浪费，考虑是否便于 IP 地址查询与管理，同时充分考虑用户数量和设备数量的扩充。

 任务实施

子任务一　麓山学院校园网拓扑结构设计、网络技术选型

1. 核心层及校园网出口设计

麓山学院校园网拓扑采用层次化模型，分为核心、汇聚、接入三层。网络主干采用万兆以太网技术，可最大限度地保障主干的数据传输速率。

1）校园网出口设计

麓山学院网络业务需求较大，特别是 P2P、在线视频等方面的流量较大，用户体验逐渐被重视，麓山学院校园网出口采用负载均衡的双出口冗余设计，确保关键业务和用户体验都能得到较好的满足。

2）核心层设计

校园网核心层拓扑结构设计较多采用"口字型"及全互连型设计。

（1）"口字型"设计：节省成本和光纤端口；减少网络配置的复杂性，可靠性较高；但是当一条链路失效，OSPF 需要重新计算路由（路由协议选择 OSPF），具有 OSPF 路由收敛时间的不确定性。

（2）全互连型设计：核心层设备之间需要连接，可靠性极高，即使一条链路失效，系统能自动切换到另一条链路，但是增加了成本和光纤端口，增加了配置复杂性。

（3）核心交换机旁挂两台 AC 设备，实现无线局域网的管理，AC 之间采用热备份，实现 AC 冗余管理。

麓山学院校园网 6 700 多个信息点，涉及财务、办公 OA、信息检索、Web 应用等多种业务类型；校园网在 BT 下载、在线视频、在线网络游戏、即时通信、WWW、FTP、E-mail 等应用方面流量需求比较大；为增强网络的可靠性，提高数据转发效率，降低网络延时，麓山学院校园网核心层采用全互连型拓扑设计，由两台万兆核心交换机、两台千兆安全网关组成，核心交换机之间采用双万兆端口高速互连实现流量的负载均衡和链路冗余，核心交换机分别通过千兆上联端口与安全网关级联。安全网关之间通过千兆端口互联，两台安全网关分别通过 1000 接口和 100 接口接入不同的运营商实现校园内网与外网之间互联。通过策略路由实现默认情况下学生宿舍用户流量从 1000 接口访问外网，其他用户流量默认从 100 接口访问外网，在晚上下班时间段及节假日期间其他用户不占用外网带宽的情况下，将校园网出口带宽全部自动分配给学生用户使

用,以确保网络的正常运行,提高网络访问时效性。

3)服务器区及安全设计

为了解决采用安全网关后外部网络用户不能访问内部网络服务器的问题,设立一个 DMZ 区,该 DMZ 区位于学校内部网络和外部网络之间,用来放置对外提供服务的服务器,如 Web 服务器、FTP 服务器和 E-mail 服务器等。

服务器区主要由各种服务器、存储设备构成,是承载校园网各种应用系统、数据共享与存储、IT 管理监控和运行维护、安全管理策略下发的重要区域,数据集中,平均或突发流量相对较大,安全策略复杂,因此本方案设计在服务器区部署 1 台数据中心专用交换机,提供高密度千兆/万兆的 SFP+ 端口接入各种不同类型服务器,支持先进的 FCOE IP 和 FC 存储融合技术,实现存储数据和 IP 数据均通过以太网传输,达到资源集约利用、简化服务器区结构、绿色环保节能的效果。在外网和内网之间部署防火墙,实现内网与外网的隔离,屏蔽内部网络结构及主机信息;在边界路由器上实施 NAT,实现私有地址和公有地址的转换;DMZ 区为内网与外网之间的服务器群提供了安全缓冲区。

4)汇聚层设计

麓山学院汇聚层与核心层之间采用双上行链路级联,如办公楼、教学楼等各楼宇使用一台支持万兆扩展的汇聚交换机,通过万兆光纤分别和两台核心交换机连接,实现汇聚层到网络中心节点的数据汇聚和链路的冗余(若传输距离在 550 m 以内采用 50/125 μm 多模光缆,传输距离大于 550 m、小于 5 000 m 采用 9/125 μm 单模光缆)。汇聚层与接入层之间采用千兆铜缆(cat 6 UTP)进行互连,如办公楼汇聚交换机通过千兆端口分别与办公楼 1 楼至 6 楼接入层交换机的千兆端口进行级联。汇聚层通过 VRRP 等协议控制网络流量,使学生宿舍用户流量默认汇聚上行到核心层交换机 2,其他用户流量默认汇聚上行到核心层交换机 1,实现全网用户流量负载均衡。

5)接入层设计

楼宇各个楼层都设置一台接入层交换机,采用千兆铜缆与楼宇的汇聚层交换机相连。如办公楼一楼接入层交换机通过千兆端口与办公楼汇集交换机千兆端口进行级联,办公楼一楼交换机通过百兆端口与办公楼一楼所有职能处室办公室进行级联。在接入层通过合理设置 VLAN 等技术手段,防止部门内 ARP 攻击、广播风暴;为不同类型用户提供不同带宽的网络接入(如实验楼用户 1000 Mb/s,办公楼用户 100 Mb/s),为学生宿舍用户提供网络接入安全控制。同时接入层还提供无线 WiFi 接入。

根据以上 5 方面的设计结果,得到麓山学院校园网网络拓扑结构,如图 3-8 所示。

2. 网络技术选型

校园网组网技术选型包括内部局域网的技术选型和外部互联网接入的技术选型两方面。

典型行业拓扑

使用 VISIO 画拓扑图

楚汉财经大学校园改建方案文档——网络拓扑设计部分

case

校园网流量监测与分析

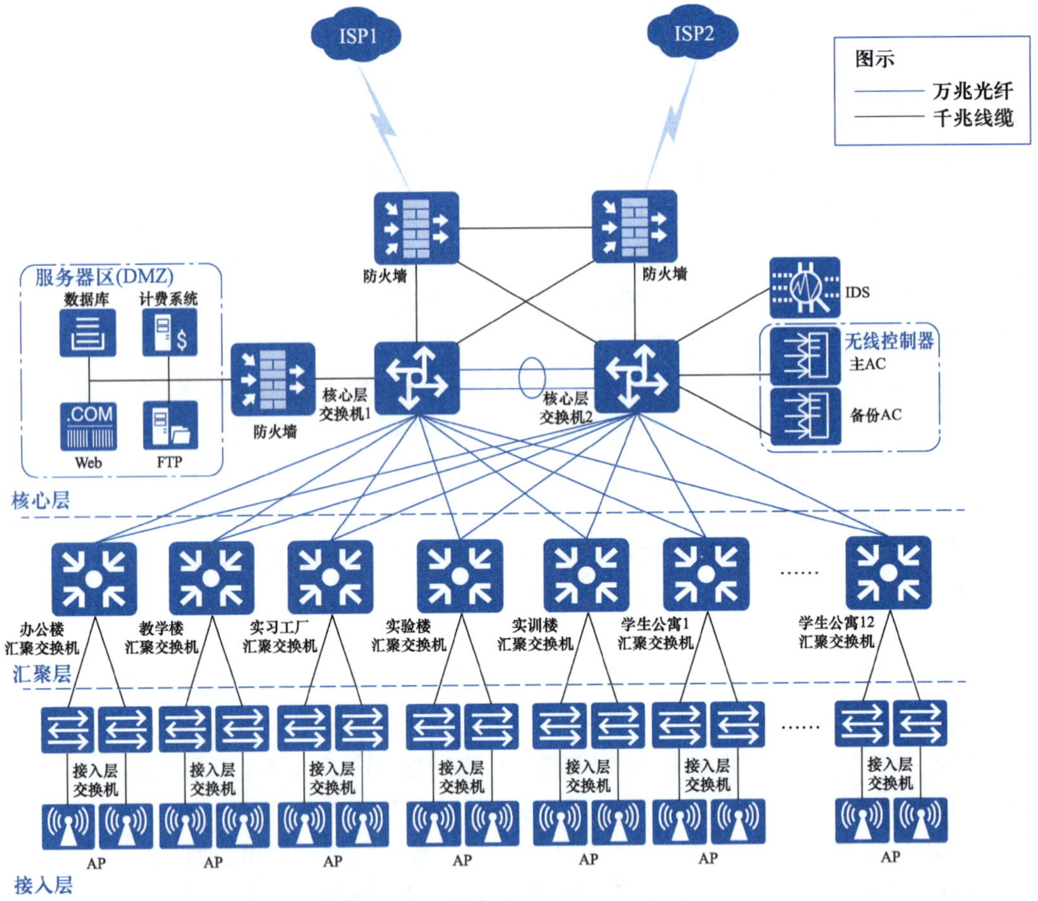

图 3-8 麓山学院校园网网络拓扑图

1）局域网技术选型

以往校园网流量模型中基本遵循 80/20 规则，即 80% 的流量在本地，20% 的流量流向主干。但随着校园信息化的飞速发展，网络信息点数量的不断增加，用户数量的不断增加，多媒体网络教学、E-Learning、数字图书馆、流媒体视频应用、多媒体互动游戏等业务的不断出现，访问本地流量仅占 20% 左右，其余 80% 流量都要经过校园网主干。近几年来，据权威机构的统计，所有行业的信息访问量排行中，教育行业一直高居榜首，出口访问利用率最高达 97%，校园网带宽匮乏，特别是核心网带宽匮乏已经成为普遍现象。因此，综合麓山学院校园网的现状需求和未来发展趋势，在核心层选择万兆以太网技术作为校园网骨干，为校园内用户提供高速数据交换；汇聚层选择千兆网络，对用户流量进行汇总；接入层选择为用户提供百兆/千兆接入和无线 WiFi 接入。

2）互联网接入技术选型

考虑到学院用户的规模、用户互联网业务类型需求及学校资金投入等情况，选择两条以太网专线接入，1 条 1 000 Mb/s 专线为学生宿舍用户提供互联网接入，另外 1 条 100 Mb/s 专线为其他用户提供互联网接入。

石化集团网络解决方案书

技能训练 3-5

 训练目的

（1）掌握中型园区网网络拓扑分层设计与冗余设计的思想和方法。
（2）掌握常用绘图工具的使用方法。
（3）掌握中型园区网局域网技术选型的方法。
（4）掌握中型园区网互联网接入技术选型的方法。

训练内容

依据本校校园网需求分析的结果以及麓山学院校园网网络拓扑结构设计、网络技术选型的原则与方法，对本校的校园网进行网络拓扑结构设计、网络技术选型。

参考资源

（1）校园网网络拓扑结构设计、网络技术选型技能训练任务单。
（2）校园网网络拓扑结构设计、网络技术选型技能训练任务书。
（3）校园网网络拓扑结构设计、网络技术选型技能训练检查单。
（4）校园网网络拓扑结构设计、网络技术选型技能训练考核表。

 训练步骤

（1）通过咨询、信息检索等方式，列举主流的校园网网络拓扑结构。
（2）依据本校校园网需求分析中网络性能需求、互联网接入及流量需求以及网络安全需求的结果，结合麓山学院校园网层次化网络拓扑结构设计方式，讨论并提出符合所在学校校园网实际情况的网络拓扑结构设计方案。
（3）通过咨询、信息检索等方式，列举校园网的主流网络接入技术（宽带接入、光纤接入）的优缺点。
（4）依据本校校园网需求分析中网络性能需求、互联网接入及流量需求以及网络安全需求的结果，综合考虑校园内部用户数据的快速转发和资源的安全、高效访问，同时结合学院用户的规模、用户互联网业务类型需求及学校资金投入等情况，讨论并提出初步的网络接入技术选型方案。
（5）根据网络拓扑结构方案，绘制网络拓扑图。
（6）结合本校的实际情况，确定网络接入技术。

子任务二　麓山学院校园网 IP 地址规划与设备命名

根据麓山学院校园网用户业务需求，将全网网络地址分为主机 IP 地址、设备互连 IP 地址、服务器 IP 地址、设备管理 IP 地址四大类，下面分别对这几类 IP 地址进行规划。

IP 地址、VLAN 规划及设备配置规范文档

怀钢（集团）有限公司信息化建设项目（第一期）IP 地址规划方案文档

1. 主机 IP 地址规划

微课
中型园区网 IP 地址
规划依据

麓山学院校园网内部采用 192.168.0.0/16 地址网段进行规划，无线网络单独采用 10.0.0.0/16 地址网段进行规划，各楼宇 IP 地址规划网段见表 3-13。

表 3-13 麓山学院各楼宇 IP 地址网段规划

楼栋编号	楼　宇	IP 地址网段	说　　明
11	办公楼	192.168.1.0/24	180 个信息点，根据行政部门进行 VLAN 划分
12	图书馆	192.168.2.0/24	60 个信息点，根据楼层进行 VLAN 划分
13	实训楼	192.168.3.0/24－192.168.7.0/24	目前只有 300 个信息点，考虑到每层楼都有相应的实验员办公室、教研室办公室、学生社团办公室以及未来 VoIP 需求，实训楼每层分配一个 C 类地址网段
14	实验楼	192.168.8.0/24－192.168.13.0/24	目前只有 345 个信息点，考虑到每层楼都有相应的实验员办公室、教研室办公室、学生社团办公室以及未来 VoIP 需求，实验楼每层分配一个 C 类地址网段
15	1 号教学楼	192.168.14.0/24	92 个信息点，根据楼层进行 VLAN 划分
16	2 号教学楼	192.168.15.0/24	92 个信息点，根据楼层进行 VLAN 划分
17	实习工厂	192.168.15.0/24	20 个信息点，根据工厂部门进行 VLAN 划分，本网段信息点较少，与 2 号教学楼共用一个网段
18	学生宿舍 1	192.168.16.0/22	每栋 6 层，每层 40 个房间，每间宿舍配两个信息点
19	学生宿舍 2	192.168.19.0/22	
20	学生宿舍 3	192.168.22.0/22	
21	学生宿舍 4	192.168.25.0/22	
22	学生宿舍 5	192.168.28.0/22	
23	学生宿舍 6	192.168.31.0/22	
24	学生宿舍 7	192.168.34.0/22	
25	学生宿舍 8	192.168.37.0/22	
26	学生宿舍 9	192.168.40.0/22	
27	学生宿舍 10	192.168.43.0/22	
28	学生宿舍 11	192.168.46.0/22	
29	学生宿舍 12	192.168.49.0/22	
30	无线管理	10.0.128.0/17	无线管理 VLAN，为无线设备分配 IP 地址
31	无线用户	10.0.0.0/17	无线用户共用 1 个网络，用户之间不能互访

VLAN 编号规则：采用 ABCD 四位表示，其中 AB 表示楼栋编号，C 表示楼层，D 表示该楼层 VLAN 编号。如 VLAN 号 1111 表示办公楼一楼招生就业处的 VLAN 编号。

VLAN 名称命名规则：Ax-B#，其中 A 表示楼栋名拼音首字母，x 表示楼层，B 表示部门名称拼音首字母，如 bgl1-zsjyc#表示办公楼 1 楼招生就业处 VLAN 命名。

IP 地址分配原则：地址连续分配不浪费，每个网段（子网或广播域）最后一个可用 IP 地址保留。

各楼栋具体 IP 地址规划见表 3-14～表 3-20。

表 3-14　办公楼 IP 地址规划（按部门）

部门名称	VLAN 号	VLAN 名	地址段/掩码长度	本 VLAN 可使用 IP 地址范围
招生就业处（一楼）	1111	bgl1-zsjyc#	192.168.1.0/28	192.168.1.1～192.168.1.14
后勤服务中心（一楼）	1112	bgl1-hqfwzx#	192.168.1.16/28	192.168.1.17～192.168.1.30
财务处（二楼）	1121	bgl2-cwc#	192.168.1.32/28	192.168.1.33～192.168.1.46
学生处（二楼）	1122	bgl2-xsc#	192.168.1.48/28	192.168.1.49～192.168.1.62
团委（二楼）	1123	bgl2-ytw#	192.168.1.64/28	192.168.1.65～192.168.1.78
教务处（三楼）	1131	bgl3-jwc#	192.168.1.80/28	192.168.1.81～192.168.1.94
党政办（三楼）	1132	bgl3-dzb#	192.168.1.96/28	192.168.1.97～192.168.1.110
人事处（四楼）	1141	bgl4-rsc#	192.168.1.112/28	192.168.1.113～192.168.1.126
院领导（四楼）	1142	bgl4-yld#	192.168.1.128/28	192.168.1.129～192.168.1.142
纪检、监察处（五楼）	1151	bgl5-jjscc#	192.168.1.144/28	192.168.1.145～192.168.1.158
工会（五楼）	1152	bgl5-gh#	192.168.1.160/28	192.168.1.161～192.168.1.174
宣传统战部（五楼）	1153	bgl5-tzxcb#	192.168.1.176/28	192.168.1.177～192.168.1.190
学报（六楼）	1161	bgl6-xb#	192.168.1.192/28	192.168.1.193～192.168.1.206
科技处（六楼）	1162	bgl6-kjc#	192.168.1.208/28	192.168.1.209～192.168.1.222
无线用户接入	11	bgl-wxjr#	10.0.1/22	10.0.3.254/22

表 3-15　图书馆 IP 地址规划（按楼层）

VLAN 号	VLAN 名	地址段/掩码长度	本 VLAN 可使用 IP 地址范围
1211	tsg-1#	192.168.2.0/28	192.168.2.1～192.168.2.14
1221	tsg-2#	192.168.2.16/28	192.168.2.17～192.168.2.30
1231	tsg-3#	192.168.2.32/28	192.168.2.33～192.168.2.46
1241	tsg-4#	192.168.2.48/28	192.168.2.49～192.168.2.62
1251	tsg-5#	192.168.2.64/28	192.168.2.65～192.168.2.78
1261	tsg-6#	192.168.2.80/28	192.168.2.81～192.168.2.94
1271	tsg-7#	192.168.2.96/28	192.168.2.97～192.168.2.110
1281	tsg-8#	192.168.2.112/28	192.168.2.113～192.168.2.126
1291	tsg-9#	192.168.2.128/28	192.168.2.129～192.168.2.142
1201	tsg-10#	192.168.2.144/28	192.168.2.145～192.168.2.158
1211	tsg-11#	192.168.2.160/28	192.168.2.161～192.168.2.174
1212	tsg-12#	192.168.2.176/28	192.168.2.177～192.168.2.190
1213	tsg-13#	192.168.2.192/28	192.168.2.193～192.168.2.206
12	tsg-wsjr#	10.0.4.1/22	10.0.7.254/22

表 3-16　实训楼 IP 地址规划（按楼层）

VLAN 号	VLAN 名	地址段/掩码长度	本 VLAN 可使用 IP 地址范围
1311	sxl-1#	192.168.3.0/24	192.168.3.1 ~ 192.168.3.254
1321	sxl-2#	192.168.4.0/24	192.168.4.1 ~ 192.168.4.254
1331	sxl-3#	192.168.5.0/24	192.168.5.1 ~ 192.168.5.254
1341	sxl-4#	192.168.6.0/24	192.168.6.1 ~ 192.168.6.254
1351	sxl-5#	192.168.7.0/24	192.168.7.1 ~ 192.168.7.254
13	sxl-wxjr#	10.0.8.1/22	10.0.11.254/22

表 3-17　实验楼 IP 地址规划（按楼层）

VLAN 号	VLAN 名	地址段/掩码长度	本 VLAN 可使用 IP 地址范围
1411	syl-1#	192.168.8.0/24	192.168.8.1 ~ 192.168.8.254
1421	syl-2#	192.168.9.0/24	192.168.9.1 ~ 192.168.9.254
1431	syl-3#	192.168.10.0/24	192.168.10.1 ~ 192.168.10.254
1441	syl-4#	192.168.11.0/24	192.168.11.1 ~ 192.168.11.254
1451	syl-5#	192.168.12.0/24	192.168.12.1 ~ 192.168.12.254
1461	syl-6#	192.168.13.0/24	192.168.13.1 ~ 192.168.13.254
14	syl-wxjr#	10.0.12.1/22	10.0.15.254/22

表 3-18　1 号教学楼 IP 地址规划（按楼层）

楼层	VLAN 号	VLAN 名	地址段/掩码长度	本 VLAN 可使用 IP 地址范围
一楼	1511	1jxl-1#	192.168.14.0/27	192.168.14.1 ~ 192.168.14.30
二楼	1521	1jxl-2#	192.168.14.32/27	192.168.14.33 ~ 192.168.14.62
三楼	1531	1jxl-3#	192.168.14.64/27	192.168.14.65 ~ 192.168.14.94
四楼	1541	1jxl-4#	192.168.14.96/27	192.168.14.97 ~ 192.168.14.126
五楼	1551	1jxl-5#	192.168.14.128/27	192.168.14.129 ~ 192.168.14.158
无线用户接入	15	1jxl-wxjr#	10.0.16.1/22	10.0.19.254/22

表 3-19　2 号教学楼与实习工厂 IP 地址规划（按楼层）

楼　层	VLAN 号	VLAN 名	地址段/掩码长度	本 VLAN 可使用 IP 地址范围
一楼	1611	2jxl-1#	192.168.15.0/27	192.168.15.1 ~ 192.168.15.30
二楼	1621	2jxl-2#	192.168.15.32/27	192.168.15.33 ~ 192.168.15.62
三楼	1631	2jxl-3#	192.168.15.64/27	192.168.15.65 ~ 192.168.15.94
四楼	1641	2jxl-4#	192.168.15.96/27	192.168.15.97 ~ 192.168.15.126
五楼	1651	2jxl-5#	192.168.15.128/27	192.168.15.129 ~ 192.168.15.158
工厂一楼（车间）	1711	sxgc-1#	192.168.15.160/27	192.168.15.161 ~ 192.168.15.190
工厂二楼（行政办公）	1721	sxgc-2#	192.168.15.192/27	192.168.15.193 ~ 192.168.15.222
无线用户接入	16	xsgc-wxjr#	10.0.20.1/22	10.0.23.254/22

表 3-20　学生宿舍 1 IP 地址规划（按楼层）

楼　　层	VLAN 号	VLAN 名	地址段/掩码长度	本 VLAN 可使用 IP 地址范围
一楼	1811	xsss-1#	192.168.16.0/25	192.168.16.1 ~ 192.168.16.126
二楼	1821	xsss-2#	192.168.16.128/25	192.168.16.129 ~ 192.168.16.254
三楼	1831	xsss-3#	192.168.17.0/25	192.168.17.1 ~ 192.168.17.126
四楼	1841	xsss-4#	192.168.17.128/25	192.168.17.129 ~ 192.168.17.254
五楼	1851	xsss-5#	192.168.18.0/25	192.168.18.1 ~ 192.168.18.126
六楼	1861	xsss-6#	192.168.18.128/25	192.168.18.129 ~ 192.168.18.254
无线用户接入	18	xsss-wxjr#	10.0.24.1/22	10.0.27.254/22

学生宿舍 2~学生宿舍 12 的 IP 地址规划与表 3-20 类似，在此不一一列出，请读者自己完成，可参考资源库中"麓山学院校园网 IP 地址规划.doc"文档。

2. 设备互连地址规划与端口规划

设备互连地址主要是指网络设备之间接口的地址，采用掩码长度为 30 位的子网进行划分。在拓扑结构设计与技术选型时，将各接入节点的网关定义在汇聚层（即汇聚-核心之间启用路由协议实现全网互连互通），需要在汇聚层-核心层设备之间、核心层-核心层设备之间规划 IP 地址。麓山学院有 19 栋建筑物（即 19 个汇聚点）需要分别与两台核心交换机级联，需要规划 44 个掩码长度为 30 位的子网，才能满足各汇聚设备与核心设备之间进行互连，同时保证预留部分 IP 地址。麓山学院校园网设备互连 IP 地址规划范围区间为 192.168.0.1/24 ~ 192.168.0.220/24。设备互连 IP 地址具体规划见表 3-21。

表 3-21　网络设备互连 IP 地址规划

设备1（本端）	-设备2（对端）	IP 子网	备 注 本端 IP	备 注 对端 IP
核心交换机 1	-办公楼汇聚交换机	192.168.0.0/30	192.168.0.1	192.168.0.2
	-图书馆汇聚交换机	192.168.0.4/30	192.168.0.5	192.168.0.6
	-实训楼汇聚交换机	192.168.0.8/30	192.168.0.9	192.168.0.10
	-实验楼汇聚交换机	192.168.0.12/30	192.168.0.13	192.168.0.14
	-1 号教学楼汇聚交换机	192.168.0.16/30	192.168.0.17	192.168.0.18
	-2 号教学楼汇聚交换机	192.168.0.20/30	192.168.0.21	192.168.0.22
	-实习工厂汇聚交换机	192.168.0.24/30	192.168.0.25	192.168.0.26
	-学生宿舍 1 汇聚交换机	192.168.0.28/30	192.168.0.29	192.168.0.30
	-学生宿舍 2 汇聚交换机	192.168.0.32/30	192.168.0.33	192.168.0.34
	-学生宿舍 3 汇聚交换机	192.168.0.36/30	192.168.0.37	192.168.0.38
	-学生宿舍 4 汇聚交换机	192.168.0.40/30	192.168.0.41	192.168.0.42
	-学生宿舍 5 汇聚交换机	192.168.0.44/30	192.168.0.45	192.168.0.46

续表

设备1（本端）	-设备2（对端）	IP子网	备注 本端IP	对端IP
核心交换机1	-学生宿舍6汇聚交换机	192.168.0.48/30	192.168.0.49	192.168.0.50
	-学生宿舍7汇聚交换机	192.168.0.52/30	192.168.0.53	192.168.0.54
	-学生宿舍8汇聚交换机	192.168.0.56/30	192.168.0.57	192.168.0.58
	-学生宿舍9汇聚交换机	192.168.0.60/30	192.168.0.61	192.168.0.62
	-学生宿舍10汇聚交换机	192.168.0.64/30	192.168.0.65	192.168.0.66
	-学生宿舍11汇聚交换机	192.168.0.68/30	192.168.0.69	192.168.0.70
	-学生宿舍12汇聚交换机	192.168.0.72/30	192.168.0.73	192.168.0.74
	-防火墙1	192.168.0.76/30	192.168.0.77	192.168.0.78
	-防火墙2	192.168.0.80/30	192.168.0.81	192.168.0.82
	-核心交换机2	192.168.0.84/30	192.168.0.86	192.168.0.87
	-DMZ防火墙	192.168.0.88/30	192.168.0.89	192.168.0.90
核心交换机2	-防火墙1	192.168.0.92/30	192.168.0.93	192.168.0.94
	-防火墙2	192.168.0.96/30	192.168.0.97	192.168.0.98
	-DMZ防火墙	192.168.0.100/30	192.168.0.101	192.168.0.102
	-防火墙3	192.168.0.84/30	192.168.0.87	192.168.0.86
	无线控制器AC1	10.0.128.0/17	10.0.128.1/17	10.0.128.2/17
	无线控制器AC2	10.0.128.0/17	10.0.128.3/17	10.0.128.4/17

核心交换机2与各楼宇汇聚交换机级联地址见资源库中"麓山学院校园网设备互连地址规划.doc"文档。

3. 设备管理地址规划

将用户VLAN与设备管理VLAN分开，避免因业务故障不能远程进行网络运维。麓山学院校园网设备管理地址采用172.16.0.0/24地址网段进行规划。麓山学院12栋学生宿舍，每栋6层，7栋办公、教学等建筑，总共有138台网络设备，同时预留部分IP地址，需规划158个设备管理地址（172.16.0.1/24~172.16.0.158/24）。其IP址规划见表3-22。

表3-22 设备管理IP地址规划

层次	设备名称	管理地址
核心层	核心层交换机1	172.16.0.1/24
	核心层交换机2	172.16.0.2/24
	出口安全网关1	172.16.0.3/24
	出口安全网关2	172.16.0.4/24
	DMZ防火墙	172.16.0.5/24

续表

层　　次	设 备 名 称	管 理 地 址
核心层	无线控制器 AC1	10.0.128.2/17
	无线控制器 AC2	10.0.128.4/17
汇聚层	办公楼	172.16.0.6/24
	图书馆	172.16.0.7/24
	实训楼	172.16.0.8/24
	实验楼	172.16.0.9/24
	1 号教学楼	172.16.0.10/24
	2 号教学楼	172.16.0.11/24
	实习工厂	172.16.0.12/24
	学生宿舍 1	172.16.0.13/24
	⋮	⋮
	学生宿舍 12	172.16.0.25/24
接入层（办公楼）	办公楼 1 楼交换机	172.16.0.26/24
	办公楼 2 楼交换机	172.16.0.27/24
	办公楼 3 楼交换机	172.16.0.28/24
	办公楼 4 楼交换机	172.16.0.29/24
	办公楼 5 楼交换机	172.16.0.30/24
	办公楼 6 楼交换机	172.16.0.31/24

其他楼宇接入层交换机管理地址规划见资源库中"麓山学院校园网设备管理地址规划.doc"文档。

4. 服务器地址规划

服务器地址规划主要是为 DMZ 区的 WWW、FTP、E-mail、数据库、业务应用系统服务器等分配 IP 地址，为提高服务器的安全性，采用 192.168.0.224/27 网段进行 IP 地址规划，将服务器 IP 地址规划在不同的 IP 子网中，具体分配如表 3-23 所示。

表 3-23　服务器 IP 地址规划

服务器名称	IP 子网	备注（应用服务器在不同子网，每个子网分配两个 IP）
WWW 服务器	192.168.0.224/30	192.168.0.225 ~ 192.168.0.226
FTP 服务器	192.168.0.228/30	192.168.0.229 ~ 192.168.0.230
E-mail 服务器	192.168.0.232/30	192.168.0.233 ~ 192.168.0.234
VoD 服务器	192.168.0.236/30	192.168.0.237 ~ 192.168.0.238

续表

服务器名称	IP 子网	备注（应用服务器在不同子网，每个子网分配两个 IP）
计费认证服务器	192.168.0.240/30	192.168.0.241 ~ 192.168.0.242
数据库服务器	192.168.0.244/30	192.168.0.245 ~ 192.168.0.246
应用服务器	192.168.0.248/30	192.168.0.249 ~ 192.168.0.250
预留	192.168.0.252/30	192.168.0.253 ~ 192.168.0.254

5. 网络设备命名

为了便于对网络系统中的资源和物理设备进行维护与配置，必须对该网络中的所有设备进行规范化的系统命名，其规划如下：

所有网络设备的主机名格式为：[AAAA][B][C][DDDD][E]

AAAA：地理区域，如实习工厂——SXGC，1 号教学楼——1JXL。

B：表示设备厂商编码，如 C——思科，H——华为，H3——华 3，R——锐捷。

C：设备类型编码标志位，如 R——路由器，S——交换机。

DDDD：设备型号标志位，如 3640、3560。

E：设备序号，在主机名格式中前几个参数均相同时用来区分不同的设备，这种情况往往出现在有多台相同性质的设备的情况下。如网络中心是有二台相同性质的接入层交换机，根据上述命名规则，其主机名称分别为 WLZXCS6509-1 和 WLZXCS6509-2。

技能训练 3-6

▶ 训练目的

（1）掌握中型园区网业务 IP 地址、管理 IP 地址、设备互联 IP 地址规划的原则与方法。

（2）掌握中型园区网网络设备命名的原则。

▶ 训练内容

依据本校校园网需求分析的结果以及麓山学院校园网 IP 地址规划与设备命名的原则与方法，对本校的校园网进行 IP 地址规划与设备命名。

▶ 参考资源

（1）校园网 IP 地址规划、设备命名技能训练任务单。

（2）校园网 IP 地址规划、设备命名技能训练任务书。

（3）校园网 IP 地址规划、设备命名技能训练检查单。

（4）校园网 IP 地址规划、设备命名技能训练考核表。

训练步骤

（1）学生依据本校校园网信息点需求分析的结果以及网络安全需求分析中关于 IP 地址规划的要求，结合 IP 地址的分配原则（连续分配不浪费），同时考虑便于 IP 地址查询与管理，提出校园网的 IP 地址规划方案。

（2）讨论并确定校园网 IP 地址规划方案。

（3）根据 IP 地址规划方案，进行具体 IP 地址规划。

（4）依据麓山学院校园网网络设备命名的方法，完成本校校园网网络设备的命名。

知识拓展

1. 内部网络专用 IP 地址规划

（1）RFC1918 文件认为使用专用地址规划一个内部网络地址时，首选的方案是使用 A 类地址的专用 IP 地址块。理由主要有两个：

① 该地址块覆盖 10.0.0.0～10.255.255.255 的地址空间，由用户分配的子网号与主机号的总长度为 24 位，可以满足各种专用网络的需要。

② A 类专用地址特征比较明显。自 20 世纪 80 年代之后，10.0.0.0 的地址已经不在 Internet 中使用。因此，只要出现 10.0.0.0～10.255.255.255 的地址，就可以快速识别出它是一个专用地址。

（2）使用专用地址规划内部网络地址时需要遵循以下基本原则：

① 简捷；

② 有效的路由；

③ 便于系统的扩展与管理。

2. IPv6 地址的特征及分类

（1）IPv6 的主要特征有：

① 新的协议格式。

② 巨大的地址空间。

③ 有效的分级寻址和路由结构。

④ 地址自动配置。

⑤ 内置的安全机制。

⑥ 更好地支持 QoS 服务等。

（2）IPv6 地址长度为 128 位，其地址空间是 IPv4 的 $2^{128-32}=2^{96}$ 倍。

（3）IPv6 的 128 位 IP 地址分为两部分，其中 64 位作为子网地址空间，而另外 64 位作为局域网 MAC 地址空间。64 位作为子网地址空间可以满足主机到主干网之间的 3 级 ISP 的结构。

（4）根据 RFC2373 文件对 IPv6 地址分类，IPv6 地址分为单播地址、组播地址、任意播地址（或称多播地址）和特殊地址 4 种类型。

（5）为简化主机配置，IPv6 支持地址自动配置。链路上的主机会自动地配置适合于所在链路的 IPv6 地址（称为链路本地地址），或者是适合于 IPv4 和 IPv6 共存的 IP 地址。

3. IPv6 地址表示方法

（1）IPv6 的 128 位地址采用冒号十六进制表示，即按每 16 位划分为 1 个位段，每个位段被转换为 1 个 4 位的十六进制数，并用冒号":"隔开。

（2）一个 IPv6 地址中可能会出现多个二进制数 0，因此规定了"前导零压缩法"，通过压缩某个位段中的前导 0 来简化 IPv6 地址的表示。但是在使用零压缩法时，不能把一个位段内部的有效零也压缩掉。需要注意的是，每个位段至少应该有 1 个数字，"0000"可以简写为"0"。

（3）如果几个连续位段的值均为 0，那么这些 0 就可以简写为"::"，即 IPv6 的地址可以使用"双冒号表示法"进一步简化地址表达。但双冒号"::"在一个 IPv6 地址中只能出现一次。

（4）IPv6 不支持子网掩码，它只支持前缀长度表示法——"地址/前缀长度"。前缀是 IPv6 地址，用做 IPv6 路由或子网标识。

4. 问题思考

（1）小学的校园网是否能够运用两层拓扑结构？

（2）什么情况下可以采取单核心的网络拓扑结构？

任务 3-3　麓山学院校园网网络中心规划与设计

 任务描述

对麓山学院校园网网络中心规划与设计的任务进行分解，完成该校园网网络中心环境、网络管理方案、网络安全方案、认证计费管理方案、网络服务平台等方面的设计，通过该任务掌握中型园区网网络中心规划与设计的内容和方法。

 问题引导

（1）中心机房的物理环境有什么要求？

（2）校园网如何防止 ARP 攻击的扩散？

（3）如何实现校园网的管理？

（4）认证的流程是什么样的？

（5）如何选择服务器的软件和硬件？

 **知识学习**

1. 网络管理

网络管理包括故障管理、性能管理、安全管理、配置管理和计费管理五大功能。网络管理系统能发现网络的故障以及性能问题,并当攻击出现时,提供报警功能,避免核心业务遭受损失。根据调查统计,使用网络管理系统的主要目的如图 3-9 所示。总的来看,60%左右的用户认为故障、性能和安全管理是使用网管软件的主要目的,而配置管理往往通过命令行来解决,计费管理也并非每个学院都需要。

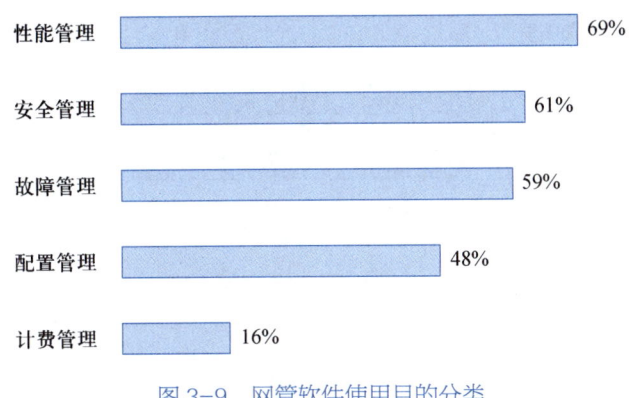

图 3-9 网管软件使用目的分类

按照被管理的对象层次,网络管理可以分为网元管理、网络层管理以及业务管理三个层面。网元管理软件主要由网络设备厂商随设备给用户提供,完成设备级管理。网络层管理软件主要由第三方软件厂商提供,一般分为点产品和平台软件,点产品侧重于某种功能,而平台软件则能够涵盖所有主要的功能。根据调查统计,网络管理系统的主要管理对象如图 3-10 所示,其中 70%用户用网管软件主要是管理交换机、路由器等网络设备,也有 50%的用户用来管理服务器。这表明网络管理并不再停留在对网络设备的管理层面,以服务器管理为核心的系统管理开始受到重视。

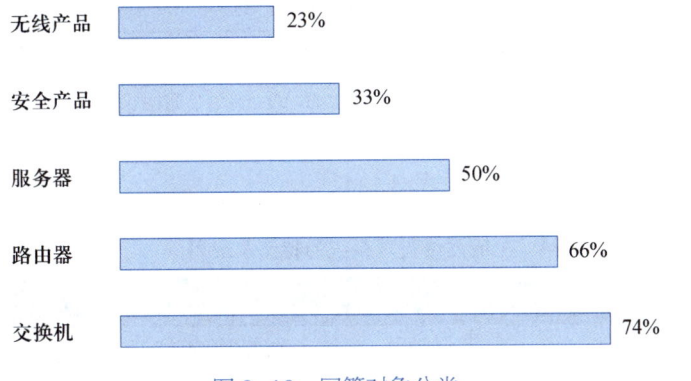

图 3-10 网管对象分类

网络管理系统并不是万能的,它与整个网络的组织结构相关,主要面临设备兼容性问题,可扩展性问题及报警不精准等问题,统计结果如图 3-11 所示。

笔 记

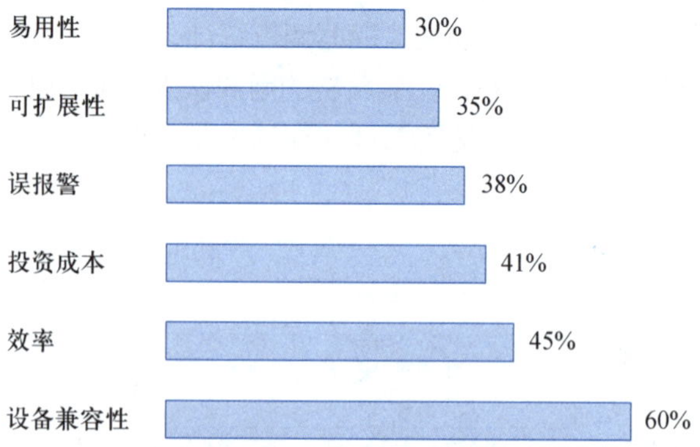

图 3-11 网管问题分类

网络管理系统主要从支持设备和网络拓扑结构的全面性、功能和价格等方面综合考虑，具体需求统计如图 3-12 所示。

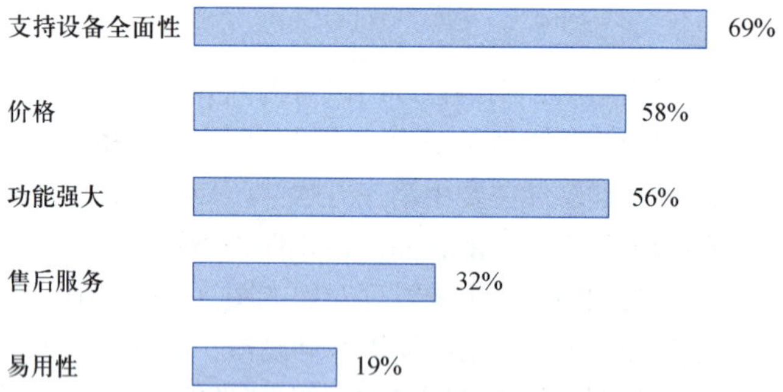

图 3-12 网管需要分类

网络管理系统产品介绍文档

2. 网络管理系统的特点及应用范围

网络管理系统的种类众多，主要有 IBM Tivoli、HP OpenView、CA Unicenter 等网管平台软件，也有 Cisco Works、StarView、QuidView、LinkManager 等设备厂商提供的网元管理软件，也有美萍网管等业务管理软件。它们的主要特点及应用见表 3-24。

表 3-24 主流网络管理系统的特点及应用

类 型	来 源	适用领域	优 点	缺 点	典型产品
免费或共享软件	网上下载	网络规模很小的企业	价格很低	只能解决简单的问题，缺乏服务和支持	Ethereal、MRTG
网元管理软件	设备厂商提供	使用单一厂商设备为主的用户	可对设备底层进行配置	不能很好支持其他厂商的设备管理	Cisco Works 2000、StarView、QuidView

续表

类型	来源	适用领域	优点	缺点	典型产品
点产品	第三方软、硬件厂商	对某项功能有深入需求的企业，例如电信	可提供某些领域的更详尽功能	较其他功能的软件的集成性不够强	Netscout
平台套件	第三方软件厂商	拥有多家厂商设备的大型企业	开放性和可扩展性好、功能全面	有些功能不够全面，价格比较贵	HP Open View NNM、IBM Tivoli NetView、CA Unicenter

3. 认证计费

认证计费是校园网的一个基本需求，其计费方案是随着管理理念不断深入而逐渐完善的。早期的校园网计费采用计费网关的形式，这种计费形式对小型的网络比较合适，其最大的问题是计费网关的处理性能会成为网络应用的瓶颈。随着技术的发展，交换机的处理能力越来越强，随之出现了分布式的网络计费，其中又以基于 IEEE 802.1x 认证技术的计费方案最为流行。

校园网用户分为两类：一类是免费用户；另一类是计费用户。无论是否计费都需要对其身份进行准确的识别，以确保网络安全。用户身份确认需要通过认证技术来实现，目前流行的认证技术比较多，如基于 WEB 的 Portal 认证、802.1x 认证和 PPPoE 认证等，见表 3-25。

表 3-25 认 证 技 术

认证技术	特点	应用范围
Portal	不需要安装认证客户端	信息系统
IEEE 802.1x	简单、不需要特殊的设备支持、支持任何网络应用	校园网
PPPoE	快速简便、任何能被 PPP 协议封装的数据都可以通过 PPPoE 传输	小区宽带

4. 数据库服务器的性能指标

为了确定麓山学院校园网数据库服务器的性能指标，我们对麓山学院各业务系统访问数据库的情形作如下设定：

（1）系统同时在线用户数量最多为 5 000 人（U1 表示）；
（2）平均每个用户每分钟发出两次业务请求（N1 表示）；
（3）系统发出的业务请求中，更新、查询、其他各占 1/3；
（4）平均每次更新业务产生 4 个事务（T1 表示）；
（5）平均每次查询业务产生 4 个事务（T2 表示）；
（6）平均每次其他业务产生 8 个事务（T3 表示）；
（7）一天内忙时的处理量为平均值的 8 倍；
（8）经验系数为 1.6（实际工程经验）；
（9）考虑服务器保留 50% 的冗余。

基于以上设定，可以得出麓山学院数据库服务器需要的处理能力：

服务器需要的处理能力计算公式为：TPC-C=U1×N1×（T1+T2+T3）/3×8×经验系数/冗余系数（TPC－C 为吞吐率衡量，单位是 tpmC）；

麓山学院校园网数据库服务器处理能力：TPC-C= 5000×2×(4+4+8)/3×8×1.6/0.5≈1365333 tpmC。

5. 数据库服务器的存储估算方法

为了计算麓山学院数据库服务器的存储容量，我们做如表 3-26 所示设定：

表 3-26 存 储 分 析

序 号	项目代码	描 述	数 值
1	Z1	吉比特与兆比特的转换	1024 M
2	U1	每日操作用户数	6 万
3	B1	每日进行数据更新的用户比例	25%
4	C1	每日进行数据更新的次数	4
5	b1	一次更新记录占用空间	0.004 MB
6	Y	系统至少保存一年的历史记录	365 日
7	R	服务器保留的冗余	30%
8	X1	采用 RAID0+1 模式	2

数据库服务器的存储容量估算为：

[(U1×B1×C1×b1×Y)/(1−R)] ×X1/Z1
=[(60000×25%×4×0.004 M×365)/(1−30%)]×2/1024 MB=244 GB

6. 数据库服务器 CPU、内存等关键部件的性能分析

数据库服务器的 CPU、内存等核心部件性能分析见表 3-27。

表 3-27 数据库服务器核心部件性能分析

名 称	类 型	负载操作数最大值	单个操作占用资源
CPU	Xeon 2.4×1	1031	0.097%
	Xeon 2.4×2	2251	0.044%
内存	2 GB	1150	1.74 MB

7. Web 服务器的性能计算

Web 服务器的 TPC-C 值计算方法一般如下：

TPC-C 值=活动用户数×每月使用次数×月忙时业务比例/每月忙时段天数×日忙时业务比例/日忙时小时数×操作次数×操作折算标准事务数/每小时分钟数

Web 服务器的访问并发性能计算方法见表 3-28。

表 3-28　Web 服务器访问并发性能

序 号	项目代码	描　　述	数　值
1	B1	每 CPU 应用线程数	99
2	B2	每台 Web Server 服务器的 CPU 数	24
3	Ty1	系统负载实际有效比例	90%
4	Ty2	操作系统自身占 CPU 使用率	10%
5	R	服务器保留的冗余	30%

服务器处理能力为：

TPC-C=B2×(Ty1-Ty2)×(1-30%)×B1=24×(90%-10%)×(1-30%)×99
　　　=1330

8. Web 服务器的 CPU、内存等核心部件性能分析

Web 服务器的 CPU、内存等核心部件性能见表 3-29。

表 3-29　Web 服务器核心部件性能分析

名　称	类　型	静态并发数	动态并发数	混合并发数
CPU	Xeon 2.4×1	6000	1000	2386
CPU	Xeon 2.4×2	7500	1400	3165
内存	一个连接占用 25～50 KB			
网卡	一个连接占用 10 KB			

任务实施

子任务一　麓山学院校园网网络中心环境设计和管理方案设计

1. 网络中心环境设计

网络中心是各类信息数据的处理中心，因此，网络中心应为网络核心设备、网络服务器和网络系统的可靠运行提供标准化的环境，以满足各种设备对温度、湿度、洁净度、电源、防火性、防静电能力、抗干扰能力、防雷、接地等各项指标的要求。网络中心具体环境要求见表 3-30。

微课
麓山学院校园网网络中心环境设计

表 3-30　网络中心环境需求表

环境参数	要　　求	备　　注
位置	位于校园中心位置，与其他各楼栋的距离最近	
面积	约 100 m²	四周墙面刷环氧聚氨酯漆（即防尘涂料）、落地防火玻璃隔断
净空高度	3 m	铝合金吊顶

续表

环 境 参 数	要　　求	备　　注
温度	20+/−2℃	
湿度	45%～65%	
UPS	配电设备前端增加交流不间断电源系统UPS	
防静电	抗静电活动地板（高度为 25 cm）	
电源	实现一类供电：须建立不间断供电系统，采用频率 50 Hz、电压 220 V/380 V TN−S 系统	双路供电：主电源由市电供电，备用电源由 UPS 电源提供
防雷	在主配电柜、UPS 配电柜、空调配电柜的电源输入端安装电源防雷器	
照明系统	均匀分布安装 4 个 40 W×3 灯盘，规格为 1200 mm×600 mm	设置 1 个灯盘为备用应急照明，在正常情况下由市电供电，停电时由 UPS 电源供电

麓山学院网络中心规划设置在图书馆 1 楼，面积约 100 m²，主要放置网络服务器、核心交换机、路由器、防火墙等网络设备。根据网络工程的需求，网络中心主要包括机房装修、配电系统、电源防雷及接地系统、空调系统等，具体组成部分如图 3-13 所示。

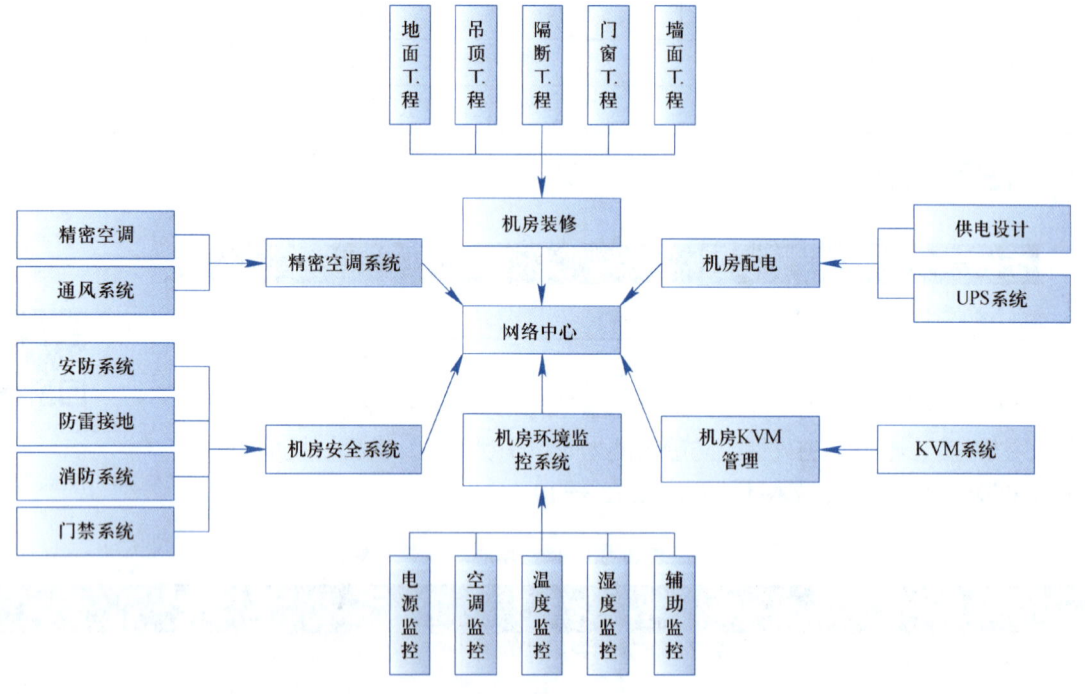

图 3-13　网络中心环境设计

2. 网络管理方案设计

根据校园网网络管理需求分析结果，我们采用 StarView 加 HP

OpenView 配合使用的网络管理方案，具体设计思路如下。

（1）麓山学院校园网主要采用锐捷网络设备，所以选用锐捷网络的 StarView 网络管理系统对整个网络设备进行集中式的配置、监视和控制，该网络管理系统能自动检测网络拓扑结构，监视和控制网段和端口，进行网络流量的统计和错误统计，网络设备事件的自动收集和管理等一系列综合而详尽的管理和监测。

（2）网管平台软件采用 HP OpenView，该软件提供了丰富的图形操作界面，能动态反映网络的拓扑结构，可以实现对管理服务器、应用服务器、数据库服务器等的管理，满足可扩展性和开放性要求。

HP OpenView 是一套当今业界优秀的面向业务的企业级系统管理软件解决方案，它包含了对网络设备、计算机系统、数据库、应用程序等管理功能，并有对几百个第三方厂家的支持。同时 HP OpenView 支持 SNMP、SNMPv2、DCE-RPC 和 CMIP 等业界管理标准，可以满足企业级网络和系统管理的复杂需求。

怀钢(集团)有限公司信息化建设项目(第一期)网络管理方案文档

晨阳学院校园信息化系统建设网络管理设计方案文档

技能训练 3-7

训练目的

（1）了解中型园区网网络中心对温度、湿度、供配电系统、防雷防静电、抗干扰等各项指标的要求。

（2）了解中型园区网的网络管理对象，掌握网络管理方法与手段。

训练内容

依据本校校园网环境需求分析、管理需求分析的结果以及麓山学院校园网网络中心环境设计、网络管理方案设计的原则与方法，完成本校校园网的网络中心环境设计和网络管理方案的设计。

参考资源

（1）校园网网络中心环境设计、网络管理方案设计技能训练任务单。
（2）校园网网络中心环境设计、网络管理方案设计技能训练任务书。
（3）校园网网络中心环境设计、网络管理方案设计技能训练检查单。
（4）校园网网络中心环境设计、网络管理方案设计技能训练考核表。

训练步骤

（1）依据本校校园网环境需求分析、管理需求分析的结果，结合学校环境布局图，确定网络中心的物理位置。

（2）通过咨询、信息检索等方式，结合确定的网络中心物理位置，制

微课
基于层次化结构设计安全体系

校园网安全整体解决方案设计

兰天学院安全解决方案

怀钢（集团）有限公司信息化建设项目（第一期）安全设计方案

ARP 攻击的防范与解决方案

动态 ARP 检测技术文档

DHCP Snooping 专题技术文档

Port Security feature 技术文档

定网络中心环境需求表。

（3）讨论并提出网络中心环境设计方案。

（4）通过咨询、信息检索等方式，确定校园网需要管理的网络对象。

（5）依据网络管理对象，讨论并列举出主流网络管理系统（2~3 种），分析优缺点。

（6）依据本校校园网网络管理需求的结果，结合主流网络管理系统的分析结果，确定网络管理系统。

（7）根据网络中心环境设计方案，绘制网络中心环境设计图。

（8）依据网络管理系统的功能，确定网络管理设计方案。

子任务二　麓山学院校园网安全方案设计

校园网的安全设计，不仅要从常规安全角度考虑，还要从业务安全角度分析，同时兼顾层次化的网络架构。

结合网络安全需求分析的结果以及网络拓扑设计的结果，我们对校园网进行基于层级化结构的安全体系方案设计。

1. 接入层设计

（1）采用 VLAN 技术，将每一个部门逻辑上独立划分成一个局域网络，限制不同部门之间的相互访问，同时也可以隔离广播风暴，限制针对局域网的攻击行为。

（2）采用 Dynamic ARP Inspection 技术和 DHCP Snooping 技术，阻止 ARP 欺骗攻击，消除不可信的 DHCP 信息。

（3）采用 STP 技术，消除网络中的环路。

（4）采用 Port Security Feature 技术，防止 MAC/CAM 攻击，限制可通过的 MAC 地址的最大值，控制学习或通过的 MAC 地址，处理超过规定数量的 MAC 地址。

（5）采用 IEEE 802.1x 技术，进行身份认证、账户与 MAC 地址绑定，保证在学生宿舍区域，每台计算机只能在一个固定的地点使用固定的账号登录网络。

（6）采用 PVLAN 技术，进一步细化 VLAN，使每一个学生寝室在逻辑上单独成为一个局域网。

（7）采用 QoS 技术，阻止 DoS/DDoS 攻击。

2. 汇聚层设计

（1）采用 VLAN 技术，防止某些网段的问题蔓延和影响到核心层。

（2）实施流量控制，防止由于网络流量过载对网络带来的冲击，保证用户网络高效而稳定地运行。

（3）实施访问权限约束，防止内网用户非授权访问。

（4）实施拥塞控制，防止过多的数据注入网络，使网络中的路由器或链路不过载。

（5）进行接入侧用户相互隔离，防止 IP 地址被盗用或仿冒，防止用户间的相互攻击。

3. 核心层设计

（1）采用双核心双链路设计，保证网络持续稳定运行。
（2）采用 ACL，限制 VLAN 间和特定接口的访问，确保特定用户访问财务部门、人事部门等核心部门的系统。

4. DMZ 区设计

（1）实现应用服务器和数据库服务器分离，防止应用服务器被攻击后，影响数据库安全。
（2）设计 DMZ 区域的访问控制策略，内网可以访问 DMZ 区，外网可以访问 DMZ 区，DMZ 区不能访问内网，确保外网用户无法通过服务器区入侵内网用户。
（3）采用 NAT 技术，对外网隐藏服务器区。
（4）部署防火墙，防止内、外网用户对服务器进行非法攻击。
（5）服务器安装杀毒软件，防止病毒对服务器的破坏。

5. 网络边界设计

部署安全网关，实施 NAT，隐藏内部网络，对不同目标设定不同访问控制策略，进行内容审计，防范病毒入侵，提供内网用户访问网络资源的相关记录信息，监测及阻断入侵行为，统计网络流量。

生成树协议（STP）技术文档

PVLAN 技术文档

安全网关介绍

技能训练 3-8

 训练目的

熟悉中型园区网网络安全体系的构建原则和部署策略，完成中型园区网安全方案设计。

训练内容

依据本校校园网网络安全需求分析的结果以及麓山学院校园网网络安全方案设计的原则与方法，完成本校校园网的网络安全方案设计。

参考资源

（1）校园网网络安全方案设计技能训练任务单。
（2）校园网网络安全方案设计技能训练任务书。
（3）校园网网络安全方案设计技能训练检查单。
（4）校园网网络安全方案设计技能训练考核表。

训练步骤

（1）通过咨询、信息检索等方式，结合本校校园网业务需求的结果，讨论并列举出本校校园网业务安全要求。

（2）依据本校校园网网络安全需求的结果，按照本校校园网网络拓扑结构层次提出层次化的网络安全设计方案。

（3）讨论并确定网络安全细则，整理并最终得出本校校园网的网络安全方案。

子任务三　麓山学院校园网认证计费管理方案设计

因为校园网的业务类型比较丰富，且安全要求较高，比如进行身份认证、账户与 MAC 地址绑定等。目前主要有基于 Web 的 Portal 认证、IEEE 802.1x 认证和 PPPoE 认证等三种认证技术，结合网络安全设计的结果，对比以上三种认证技术的特点和应用范围，麓山学院校园网采用 IEEE 802.1x 认证技术，具体的认证计费流程如图 3-14 所示。

IEEE 802.1x 认证技术介绍

Portal 认证介绍

PPPoE 认证技术介绍

三种认证技术对比

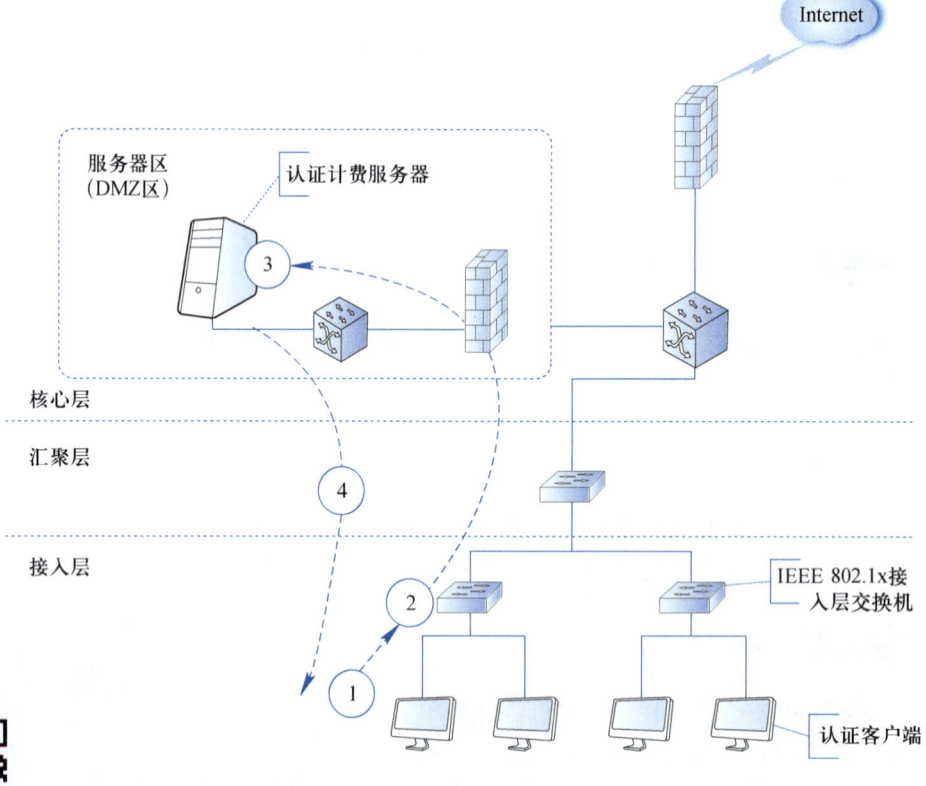

图 3-14　认证计费流程

微课
认证计费规划流程

具体认证计费流程描述如下。

（1）学生机启动 IEEE 802.1x 认证客户端软件，输入账号、密码并登录，向接入交换机发送 EAP 报文。

（2）接入交换机接收并解封客户端发送的 EAP 报文，然后将账号、MAC 等信息重新封装成 Radius 报文并发送至认证计费服务器。

（3）认证计费服务器接收 Radius 报文，与安全账号数据库进行匹配，核对用户身份。

（4）如果认证通过，则认证计费服务器下发 Radius 报文至接入交换机通知该用户认证通过，接入交换机再将相对应的端口打开，允许用户上网，同时认证计费服务器将动态 IP 地址、网关、DNS 服务器地址等相关信息下发给客户端；如果不通过，则认证计费服务器下发 Radius 报文至接入交换机通知该用户认证不通过，接入交换机依旧关闭相对应的端口，同时认证计费服务器将认证失败的原因反馈至客户端。

EAP 报文分析文档

Radius 报文文档

为了防止因为用户端设备发生故障造成异常死机，或者在用户使用期间账户到期而不能正常断线，从而影响到用户计费的准确性，认证点应当定期重新发起认证过程，该过程对于用户是透明的，即用户无须再次输入账号和密码。重新认证时间值可以在认证计费系统中手动/自动设置。

从上述的认证计费流程来看，认证计费管理的核心就是认证计费管理系统，它能帮助管理员有效地解决带宽管理、行为记录等问题。

基于认证计费需求分析的结果，结合 802.1x 认证技术的特点，麓山学院校园网认证计费管理方案具备如下特点。

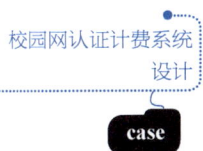

校园网认证计费系统设计

（1）采用分布式认证方式，将认证的负担分布到每一个接入层设备，即使所有的用户同时发起认证请求也不会造成网络拥塞和服务中断。

（2）支持对于逻辑端口的认证，允许每一个物理端口下有多个用户同时上网，但每一个用户都需要进行严格的身份认证。

（3）支持手动/自动绑定技术，可以将用户的账号和 IP、MAC、VLAN、设备的端口等元素绑定在一起。每次认证的时候不仅确认用户名和密码，还须认证其 IP 或 MAC，甚至是 VLAN 和端口号，不仅强化了对用户合法身份识别，同时更降低了因账号被盗所引起的损失。

（4）阻止 Proxy 的使用（无论是单网卡还是双网卡 Proxy 技术）。

（5）提供详细的用户在线信息，如账号、IP、MAC、端口、时间、流量等，并可实施强制下线，减少非法用户和中毒计算机对网络的危害。

（6）提供灵活的时间控制，如学生账号在周一至周五 23:00~6:00 不允许上网，但周六和周日可以全天上网。

（7）提供灵活的计费方式，有周期、流量、计时三种计费方式，可以组合成一种或几种计费策略。

（8）提供周期不使用不扣费及复合分段计费等配置。

技能训练 3-9

训练目的

（1）熟悉中型园区网的主流认证技术。
（2）掌握中型园区网认证计费管理方案的设计原则和方法。

训练内容

依据本校校园网认证计费需求分析的结果以及麓山学院校园网认证计费管理方案设计的原则与方法，对本校的校园网进行认证计费管理方案设计。

参考资源

（1）校园网认证计费管理设计技能训练任务单。
（2）校园网认证计费管理设计技能训练任务书。
（3）校园网认证计费管理设计技能训练检查单。
（4）校园网认证计费管理设计技能训练考核表。

训练步骤

（1）讨论、分析几种主流的认证技术，确定本校校园网采用的认证技术。
（2）讨论并确定本校校园网的认证计费管理方案。

子任务四　麓山学院校园网服务平台设计

校园网需要提供学生综合信息管理、教务综合信息管理、财务管理、人事管理、FTP 下载与上传、视频点播、Web 等服务同时还要考虑到教务管理系统可能会出现的几个峰值的大规模并发访问，如在线选修、在线评教评学、期末考试等。因此网络服务平台设计不仅要考虑服务器群的网络架构设计，还要考虑软件的选择和服务器选型。

1. 服务器群网络架构设计

1）构建 DMZ 区域

为了针对资源提供不同安全级别的保护，传统中小型局域网组建时会构建一个 DMZ 区域，将必须公开的应用服务、数据库和磁盘阵列系统以单台服务器方式分开部署在此区域，防止应用服务器被攻击后，影响信息资源的安全。DMZ 区域网络架构设计如图 3-15 所示。

2）部署服务器虚拟集群

为了防止多应用高并发导致系统不稳定、服务器资源使用率不均匀等问题，在局域网规划设计中，越来越多服务器群网络架构设计选择部署服务器虚拟集群。服务器虚拟集群技术将多个服务器、网络存储设备等独立的服务器物理资

怀钢（集团）有限公司信息化建设项目（第一期）网络服务平台设计方案书

服务器 DMZ 区设计原则

网络操作系统选型

Windows Server 2008 介绍

源利用高速通信网络抽象成统一的资源池,从资源池中灵活的分配适当的资源给相应的应用。服务器虚拟化技术一种典型的表现形式是采用虚拟平台(如 VMware ESXi)将一台物理服务器虚拟化为多台逻辑服务器,如图 3-16 所示。

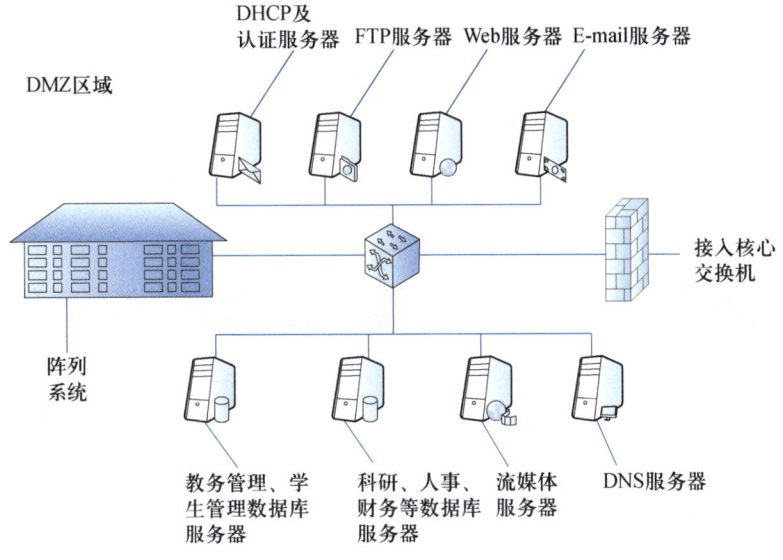

图 3-15　DMZ 架构设计

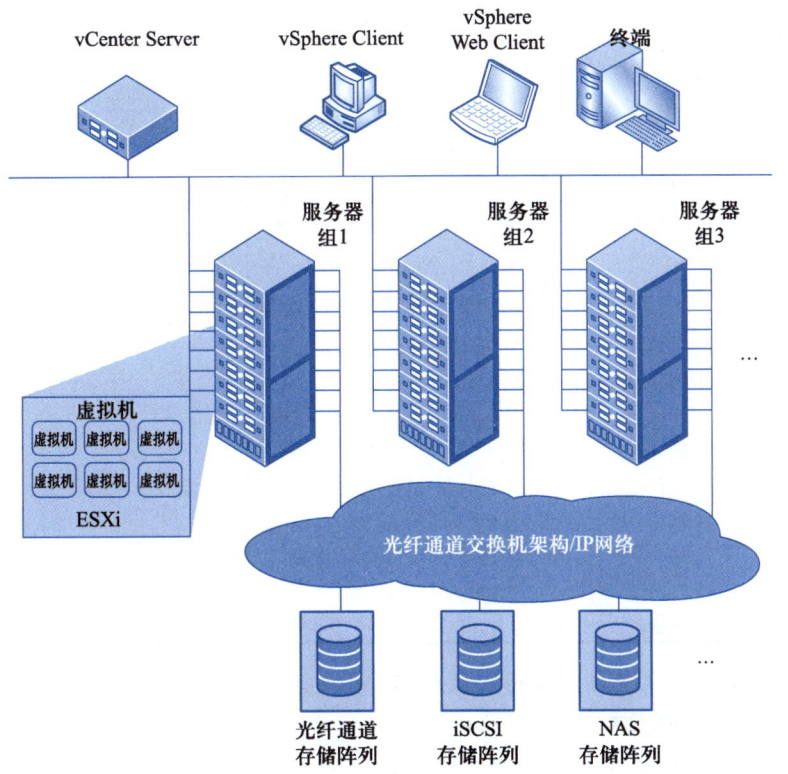

图 3-16　服务器虚拟集群

拓展阅读
传统服务器架构和
服务器虚拟化架构
的区别

2. 软件选择

校园网所有的应用服务都由应用服务软件提供，操作系统则是应用服务软件运行的平台，因此操作系统、应用服务软件的选择直接影响校园网服务能否持续稳定运行。

1）操作系统

操作系统是支持、管理、维护应用服务的平台，其选择应从易操作性、稳定性、兼容性、安全性以及维护难度等几方面考量。

目前主流的操作系统有 Windows 系列、UNIX 系列、Linux 系列等，大部分主流应用服务软件都能在这些操作系统上运行，操作系统选型见表 3-31。

表 3-31 操作系统选型

序号	指标项	技术指标	选择产品
1	版本及授权	知名品牌的企业版（至少含 10 个客户端访问许可），要求购买开放式许可	Windows Server 2008 R2 企业版（含 15 个客户端访问许可），购买微软开放式许可
2	用户管理	可实现灵活安全的用户账户管理，支持分组管理、分级管理，自由设定用户和用户组的权限 在获得授权的情况下，对用户文件和系统文件的搜索、查询、修改、删除	支持
3	功能要求	外接设备管理：支持通过标准接口（IEE1394 接口、VGA 接口、USB 接口等）外接设备（投影机、摄像机、扫描仪等），并支持外接大容量（750 GB 以上）存储设备 网络和共享服务：可通过有线或无线网络实现网络打印和共享硬盘，支持 IPX、IPv4 和 IPv6 应用进程管理：可浏览目前系统正在运行的操作系统及应用系统的进程，实现进程的暂停、启动和停止 安全管理：提供默认的安全策略配置，可根据用户的实际需求修改调整安全策略 软件升级管理：可通过安装升级补丁或通过网络进行系统的更新和升级 对存储设备的分区管理，支持存储设备的多分区类型和大分区（500 GB 以上） 对系统应用进程实现查看、暂停、关闭	支持

校园网对操作系统的主要要求如下：
- 产品成熟度高，能持续稳定运行；
- 能部署如 Web、FTP 等应用服务；

- 能为应用服务提供一定的安全策略；
- 能自动更新系统漏洞补丁。

2）数据库管理系统

Linux 操作系统简介

数据库管理系统是位于用户与操作系统之间的一层数据管理软件，完成数据的组织、存储、维护、获取等任务。其选择应从存储性能、联机存储与备份性能、数据库镜像、稳定性以及安全性等几方面考虑。

目前主流的数据库产品有 Oracle、DB2、SQL Server、Sybase 等，能为不同级别要求提供数据组织、存储和管理服务。

网络数据库选型

校园网很多业务系统均需要数据库的支持，如学生综合信息管理系统、教务综合信息管理系统等，数据库管理系统的选型见表 3-32。

表 3-32 数据库管理系统选型

序号	指标项	技术指标	选择产品
1	版本及授权	知名品牌标准版，授权数：至少 1 个 CPU 授权，要求提供开放式许可	SQL Server 2008 R2 标准版，授权数：1 个 CPU 授权，提供微软开放式许可
2	MDM	数据库产品内置 Master Data Management（MDM，主数据管理）功能	支持
3	数据表分区	数据库提供数据表分区能力的商务和技术许可，以便支持海量数据表	支持
4	分析存储能力	同一产品中提供 ROLAP（关系型在线分析存储）、MOLAP（多维在线分析存储）、HOLAP（混合分析存储）	支持
5	联机存储和备份	支持联机存储和备份功能（如磁带方式、光盘方式）	支持
6	数据库加密	提供数据库透明加密能力的商务和技术许可，提供密钥+证书的方式进行加密，提供支持硬件加密（例如 U 盘）	支持
7	CDC 功能	提供数据的变化捕获（CDC）功能，准确识别变化数据	支持
8	数据库镜像	提供数据库镜像，能够实现主服务器故障时，自动启用备份数据库提供服务，并且能够实现数据库意外损坏页面的自动恢复	支持
9	数据压缩	数据库产品提供数据压缩的商务和技术许可，提供数据存储能力和访问效率	支持
10	空间数据库	内置支持空间数据库能力，并包含商务和技术许可，更好地满足地理信息数据的存储和访问	支持

3）虚拟化平台系统

如采用图 3-16 方式部署服务器虚拟集群，服务器虚拟化硬件平台搭建完成后需要在服务器上安装虚拟化平台。软件虚拟化平台应从硬件环境扩展性、

CPU 效率、内存效率、虚拟硬件扩展等几个方面进行考量。目前主流的虚拟化平台有 VMware ESXi、Hyper-V、XenSystem，三种虚拟化产品的性能对比（部分）见表 3-33。

表 3-33 虚拟化产品效率对比（部分）

性能与效率	VMWare ESXi	Hyper-V	XenSystem
硬件环境扩展性	64 个逻辑内存，521 GB RAM	24 个逻辑内存，1 TB RAM	32 个逻辑内存，128 GB RAM
CPU 效率	CPU 硬件辅助或 BT 虚拟化专用调度	需要硬件辅助重复使用通用操作系统调度程序	需要硬件辅助重复使用通用操作系统调度程序
内存效率	内存硬件辅助，超负荷使用/共享	内存硬件辅助，无超负荷使用/共享	内存硬件辅助，无超负荷使用/共享
虚拟硬件扩展	8 路虚拟 CPU，255 GB 虚拟 RAM	仅在 Windows 2008 上实现 4 路 64 GB 虚拟 RAM	8 路虚拟 CPU，32 GB 虚拟 RAM
热添加虚拟资源	支持：CPU、内存、磁盘	无	无

基于 VMware 虚拟化技术的产品最多支持 64 个逻辑 CPU，支持 512 GB 的内存资源。内存资源所具有超负荷使用和共享性，CPU、内存和磁盘的热添加功能，使得 VMWare ESXi 系列虚拟化产品能够满足当前几乎所有需求的硬件资源支持。

3. 服务器选型

服务器选型策略

服务器介绍

服务器选型应从校园网用户的应用需求、服务器的技术发展趋势、对主流厂商产品的认知、能否获得主机厂商的良好支持以及应用经验等几方面进行考虑，具体如下：

1）数据库服务器

数据库服务器的作用包括：数据的对象定义、存储备份、访问更新、统计分析、安全保护、数据库运行管理。其选型应从计算能力、可靠性、存储方案等几方面考虑。

目前主流数据库有 Oracle、DB2、SQL Server、Sybase 等，要求服务器具备高强度密集计算能力、高速在线事务处理能力以及可靠、大容量数据存储能力。

校园网对数据库服务器的主要性能要求做如下设定。

- 系统同时在线用户数为 3000 人以上；
- 平均每次更新业务产生 3 个事务；
- 平均每次查询业务产生 3 个事务；
- 平均每次其他业务产生 6 个事务；
- 一天内忙时的处理量为平均值的 6 倍；
- 考虑服务器至少保留 40%的冗余。

依据性能要求，一种数据库服务器选型策略见表 3-34。

表 3-34 数据库服务器选型

序 号	指 标 项	技术参数要求	产 品 选 型
1	系统架构	机架式,知名品牌	联想 R680 G7
2	CPU	64 位处理器	Intel 至强 E7-4800
		主频≥1.8 GHz,且本次配置总主频(主频×CPU 内核数)≥14.4 GHz	1.86 GHz
		配置 CPU 两颗,单颗内核数≥4,最多支持 CPU 颗数≥4	2 颗,6 核,最多 4 颗
		必须配置 CPU 的最高缓存	18 MB
3	内存	≥32 GB,采用 ECC DDR3,单机实配内存与 CPU 内核 Core 数配比为 4 GB:1CPU 内核	ECC DDR3,标配 8 GB
4	内置磁盘容量	3 个 300 GB SAS 硬盘,支持热插拔,模式 RAID 0、1、5	3 块 300 GB 2.5 英寸热拔插 10000 转 SAS 硬盘,最大支持 8 块热插拔 SAS 硬盘
5	光驱	DVD-RW 1 个	支持
6	操作系统	Windows Server 2003 R2 中英文企业版(x32/x64)+SP2,4 用户使用许可	支持
7	电源	220 V,双电源模块	热插拔冗余电源
8	网络接口附件	配置千兆自适应电以太网接口 1 个	4 个千以太网电口网卡
9	HBA 卡	配置 8 GB HBA 卡 1 个	支持
10	控制台	支持 KVM Over IP	支持
参考价格		12 万元	

联想 R680 G7 服务器是面向 IT 核心应用的企业级旗舰服务器,基于 Intel QPI 架构 EX 多路多核处理器设计,选用 Intel 32 nm 至强 E7 系列处理器,高达 8 倍带宽的全新内存子系统,72 条 PCIe Gen2 通道的全新 I/O 子系统;支持 MCA 功能,可检测并修复 CPU、芯片组、内存等硬件致命错误,采用 2+2 双重保护设计、电源转换效率高达 92%的高效能电源;支持内存、硬盘、电源、风扇、I/O 等部件全冗余热插拔;提供远程可视化操作,可从任何地方随时管理和控制服务器,快速排除服务器故障。支持高达 1 TB 的内存容量,标配 4 个具备 IOAT2/ VT/VMDQ 技术的高性能千兆网卡,提供 11 个 I/O 扩展槽,满足关键业务、虚拟化对大内存、高 I/O 扩展、安全、性能的多重需求,同时为将来升级预留了扩展空间。

2)Web 服务器

Web 服务器用来响应 Web 请求,并运行相关应用,其选型应从计算能力、可靠性、存储方案等几方面考虑。

目前主流的 Web 应用软件有 Apache、IIS、Tomcat 等,要求服务器具

7 款主流 Web 服务器软件对比

备支持大规模并发用户访问的能力、提供不间断服务的能力以及快速响应的能力。

校园网对 Web 服务器的主要要求如下：
- 现有用户要求 20 万用户/天的访问量；
- 至少 2000 用户并发连接；
- 网站以静态网页为主；
- 系统整体负载不能高于 90%；
- 服务器至少保留 30% 的冗余。

依据性能要求，一种 Web 服务器选型策略见表 3-35。

表 3-35　Web 服务器选型

序号	项目	技术参数要求	产品选型
1	机箱	2U 机架式服务器	联想 R680 G7
2	处理器	配置至少两个 6 核 Xeon E7-4807 处理器（1.86 GHz，18 MB 缓存），可扩至四颗处理器	Intel 至强 E7-4800，两颗，6 核，最多 4 颗
3	内存	配置至少 8 GB DDR3 内存	ECC DDR3，标配 8 GB
4	网卡	配置双口千兆网卡	支持
5	硬盘	配置至少两个 300 GB 10000 转 6 Gb/s SAS 2.5"	3 块 300 GB 2.5 英寸热插拔 10000 转 SAS 硬盘，最大支持 8 块热插拔 SAS 硬盘
6	电源	配置冗余电源	支持
7	HBA 卡	配置至少 1 块单端口 8 GB HBA 卡	支持

磁盘阵列介绍

网络存储设备的选型

3）硬件磁盘阵列

硬件磁盘阵列是一个完整的磁盘阵列系统与系统相接，内置 CPU。它与主机并行工作，所有的 I/O 都在磁盘阵列中完成，能减轻主机的负担，增加系统整体性能，加速数据的存取与传输。其选型应从控制器冗余设计、断电保护技术、缓存大小、磁盘阵列的扩展性、前后端链路设计、存储带宽、IOPS 大小、磁盘链路设计、存储的管理灵活性、磁盘阵列支持的协议、磁盘阵列的兼容性、远程磁盘阵列维护管理的支持、服务能力等几方面考量。

校园网对硬件磁盘阵列的主要要求如下：
- 支持群集（Cluster）的方式共用磁盘阵列；
- 支持 Windows Server 2008 操作系统；
- 最大硬盘数量 48 个以上；
- 高可靠性；
- 支持 RAID。

依据硬件磁盘阵列的性能要求，一种硬件磁盘阵列的选型策略见表 3-36。

表 3-36　存储产品选型

序号	项目	技术参数要求	产品选型
1	品牌	具有自有知识产权和开发能力的产品，原厂生产，非 OEM、贴牌或联合品牌，国际知名第三方存储品牌	联想 SureSAS112i（双控 iSCSI）
2	体系结构	支持群集的方式共用磁盘阵列	8 个 1 Gb/s iSCSI 外接主机通道
3	内置硬盘接口	支持 SAS、SATA	支持
4	系统支持	支持 Windows Server 2008	Windows Server 2003/2008
5	RAID	支持 RAID	冗余双活双控，支持 RAID0、1、3、5、6、10、50、60
6	最大硬盘数量	≥48 个	96 个
7	处理器	至少每控制器 1 颗，主频≥1.0 GHz	每控制器 1 颗 1.2 GHz RISC 存储专用处理器，整合 XOR 引擎
8	磁盘扩展	具备磁盘扩展功能	两个 6 GB External Mini SAS

4）X86 虚拟化服务器

如采用图 3-16 所示的方式部署服务器虚拟集群，将 VMWare ESXi 虚拟操作系统直接安装在 X86 虚拟化服务器"裸机"上，原 X86 服务器的硬件资源（内存、CPU、磁盘存储和网络等）转换到一个虚拟计算资源池中，形成模块化的基准架构单元，通过网络聚合，实现硬件模块化的横向扩展。目前 VMWare ESXi 的最新版本为 6.0，系统配置要求如下：至少需要两颗处理器，支持硬件虚拟化，4 GB 以上物理内存，一个以上的千兆或更快的有线网卡。虚拟化平台基础硬件选型应从处理器性能、物理内存大小、最大硬盘容量、网卡类型等几个方面考量，见表 3-37。

表 3-37　X86 高性能虚拟化服务器

序号	项目	VMWare ESXi 6.0 系统配置要求	产品选型
1	品牌	具有自有知识产权和开发能力产品；原厂生产，非 OEM、贴牌或联合品牌。国际知名第三方存储品牌，在 vSphere 服务器兼容性列表中	IBM system X3850 X5 7143i20
2	处理器	至少需要两颗处理器，不低于 E5-2620v3，主频≥1.0 GHz	两颗（标配），至强处理器 7000 系列，Intel、Xeon E7-4820，主频 2.266 GHz
3	物理内存	4 GB 以上物理内存	4GB×4（标配），可扩充至 1024 GB
4	最大硬盘容量	不少于 3 块 600 GB	4 TB
5	网卡类型	两个以上千兆或更快的有线网卡	双端口多功能千兆网络适配器（2 个 1 GB 接口）
6	内置硬盘接口	支持 SAS	支持
7	硬盘热插拔	支持热插拔	支持热插拔
8	RAID	支持 RAID	支持 RAID5

技能训练 3-10

 训练目的

（1）掌握中型园区网服务器区的规划。
（2）掌握中型园区网服务器软硬件的选型。

 训练内容

依据本校校园网网络服务平台需求分析的结果以及麓山学院校园网网络服务平台设计的原则与方法，对本校的校园网进行网络服务平台设计。

 参考资源

（1）校园网网络服务平台设计技能训练任务单。
（2）校园网网络服务平台设计技能训练任务书。
（3）校园网网络服务平台设计技能训练检查单。
（4）校园网网络服务平台设计技能训练考核表。

 训练步骤

（1）依据本校校园网网络服务平台需求的结果，讨论并确定服务器的类型及数量。
（2）依据本校校园网网络安全需求的结果及服务器的数量、类型，讨论并设计服务器区的拓扑结构。
（3）讨论并选择服务器的硬件配置、操作系统以及应用软件。
（4）整理并最终得出本校校园网的网络服务平台设计方案。

 知识拓展

1. 如何利用 QoS 防范拒绝服务攻击

拒绝服务（DoS）攻击是目前黑客广泛使用的一种攻击手段，它通过独占网络资源，使网络主机不能进行正常访问，从而导致宕机或网络瘫痪。

DoS 攻击主要分为 Smurf、SYN Flood 和 Fraggle 三种，在 Smurf 攻击中，攻击者使用 ICMP 数据包阻塞服务器和其他网络资源；SYN Flood 攻击使用数量巨大的 TCP 半连接来占用网络资源；Fraggle 攻击与 Smurf 攻击原理类似，使用 UDP echo 请求而不是 ICMP echo 请求发起攻击。

尽管网络安全专家都在着力开发阻止 DoS 攻击的设备，但收效不大，因为 DoS 攻击利用了 TCP 本身的弱点。正确配置路由器能够有效防止 DoS 攻击。以 Cisco 路由器为例，Cisco 路由器中的 IOS 软件具有许多阻止 DoS 攻击的特性，保护路由器自身和内部网络的安全。

利用 QoS 防止 DoS 攻击的方法：

使用服务质量优化（QoS）特征，如加权公平队列（WFQ）、承诺访问速率（CAR）、一般流量整形（GTS）以及定制队列（CQ）等，都可以有效阻止 DoS 攻击。需要注意的是，不同的 QoS 策略对付不同 DoS 攻击的效果是有差别的。例如，WFQ 对付 Ping Flood 攻击要比对付 SYN Flood 攻击更有效，这是因为 Ping Flood 通常会在 WFQ 中表现为一个单独的传输队列，而 SYN Flood 攻击中的每一个数据包都会表现为一个单独的数据流。此外，可以利用 CAR 来限制 ICMP 数据包流量的速度，防止 Smurf 攻击，也可以用来限制 SYN 数据包的流量速度，防止 SYN Flood 攻击。使用 QoS 防止 DoS 攻击，需要理解 QoS 以及 DoS 攻击的原理，才能针对 DoS 攻击的不同类型采取相应的防范措施。

使用 QoS 可以阻止 DoS 攻击，但不同的 DoS 攻击需要设置不同的 QoS 特性。比如网络遭受远程僵尸疯狂的 Ping 攻击，此时就需要利用 QoS 的 WFQ 特征，让整个外部网络的访问队列更规整，削弱疯狂 Ping 攻击的权数。如果遭受了洪水攻击却也启动 WFQ 特性，则效果不佳，这主要是由于数据包的独立性造成 WFQ 无法正确选择过滤，而总体的洪水流量不会因此而改变访问通道。

2. IEEE 802.1x 认证技术介绍

1）技术分析

IEEE 在 2001 正式颁布了 IEEE 802.1x 标准，用于基于以太的局域网、城域网和各种宽带接入手段的用户/设备接入认证。这种认证采用基于以太网端口的用户访问控制技术，只有网络系统允许并授权的用户才可以访问网络系统的各种业务（如以太网连接、网络层路由、Internet 接入等业务），既可以克服 PPPoE 方式的诸多问题，又避免了引入集中式宽带接入服务器所带来的巨大投资。

IEEE 802.1x 协议是基于 Client/Server 的访问控制和认证协议。它可以限制未经授权的用户/设备通过接入端口访问 LAN/MAN。在获得交换机或 LAN 提供的各种业务之前，IEEE 802.1x 对连接到交换机端口上的用户/设备进行认证。在认证通过之前，IEEE 802.1x 只允许 EAPoL（基于局域网的扩展认证协议 EAP over LAN）数据通过设备连接的交换机端口；认证通过以后，正常的数据可以顺利地通过以太网端口。

用户侧的以太网交换机上放置一个扩展认证协议（EAP）代理，用户 PC 运行 EAPoL 的客户端软件与交换机通信。网络访问技术的核心部分是 PAE（端口访问实体）。在访问控制流程中，端口访问实体包括：认证者（对接入的用户/设备进行认证的端口）、请求者（被认证的用户/设备）和认证服务器（根据认证者的信息，对请求访问网络资源的用户/设备执行实际认证功能的设备）3 部分。

以太网的每个物理端口分为受控和不受控两个逻辑端口，物理端口收到的每个帧都被送到受控和不受控端口。对受控端口的访问，受限于受控端口的授权状态。认证者的 PAE 根据认证服务器认证过程的结果,控制"受控端口"的授权/未授权状态。处在未授权状态的控制端口,拒绝用户/设备的访问。

2)特点

基于以太网端口认证的 802.1x 协议有如下特点:

(1)IEEE 802.1x 协议为二层协议,不需要到达三层,对设备的整体性能要求不高,可以有效降低建网成本。

(2)借用了在 RAS 系统中常用的 EAP(扩展认证协议),可以提供良好的扩展性和适应性,实现对传统 PPP 认证架构的兼容。

(3)IEEE 802.1x 的认证体系结构中采用了"可控端口"和"不可控端口"的逻辑功能,从而可以实现业务与认证分离,由 RADIUS 和交换机利用不可控的逻辑端口共同完成对用户的认证与控制,业务报文直接承载在正常的二层报文上通过可控端口进行交换,其通过认证后的数据包是无须封装的纯数据包。

(4)可以使用现有的后台认证系统降低部署的成本,并有丰富的业务支持。

(5)可以映射不同的用户认证等级到不同的 VLAN。

(6)可以使交换端口和无线 LAN 具有安全的认证接入功能。

3. 服务器硬件配置简单计算方法

1)CPU 的计算方法

通常一个 CPU 可以负荷 2~3 个长时间占用 CPU 的进程。虽然各业务系统应用不一样,但一般我们可以按照并发用户数×10%来计算。

2)内存的计算方法

每用户×30 MB。

以上方法适合单节点服务器,对于多节点结构服务器则计算有所不同:

(1)其中 300 用户以上环境,建议采用多节点结构。

(2)其中 CPU 和内存的范围数,取决于 CPU 性能和应用情况(表 3-38)。

表 3-38 CPU 和内存范围数

并发用户数	1~30	30~100	100~200	200~300	300 以上
CPU	2	4	6~8	8~12	—
内存	4	4~6	8~12	12~16	—

3)磁盘空间的计算方法(表 3-39)

表 3-39 磁盘空间计算方法

并发用户数	1~30	30~100	100~200	200~300	300 以上
初始空间	100 GB	100 GB	100 GB	100 GB	—
年增长	10 GB	20 GB	30 GB	50 GB	—
维护空间	30 GB	40 GB	50 GB	60 GB	—
建议总空间	160 GB	200 GB	240 GB	310 GB	—

4. 问题思考
（1）如何实施基于层次化的网络安全体系构建？
（2）为何小区宽带接入一般都使用 PPPoE？
（3）家庭计算机和服务器的区别是什么？

任务 3-4　麓山学院校园网设备与安全管理产品选型

任务描述
通过对麓山学院校园网网络设备与安全管理产品选型的任务进行分解，完成该校园网网络设备、安全与管理产品的选型，通过该任务掌握中型园区网络设备与安全管理产品选型的原则和方法。

问题引导
（1）交换机的主要参数有哪些？
（2）如何选择无线控制器 AC？
（3）如何选择防火墙？
（4）如何选择认证计费系统？
（5）如何选择杀毒软件？

知识学习

1. 交换机选型

1）交换机的相关指标

交换机类型：机架式与固定配置式

端口：电口或光口。

传输速率：10 M/100 M/1000 Mbps 等。

传输模式：全/半双工自适应模式

是否支持网管：包括配置管理、性能管理、记账管理、故障管理、安全管理等。

背板带宽：接口处理器和数据总线之间所能处理的最大数据量。

安全性及 VLAN 支持：MAC 地址过滤、MAC 地址与固定端口绑定、端口速率限制等。支持 VLAN 配置方式、VLAN 数量。

冗余支持：管理卡、交换结构、接口模块、电源、散热系统、机箱风扇等。

2）交换机选型的基本原则

适用性与先进性相结合：不同品牌的交换机产品价格差异较大，功能也不一样，因此选择时不能只看品牌或追求高价，也不能只看价钱低的，应该根据应用的实际情况，选择性价比高，既能满足目前需要，又能适应未来几年网络发展需要的交换机。

主流产品：选择交换机时，应选择内市场份额较大，具有高性能、高可靠性、高安全性、高可扩展性、高可维护性的产品，如中兴、3Com、华为、锐捷、神舟数码等市场份额较大的产品。

端口密度：二层交换机一般作为接入层交换机，需要具备高密度的端口以节省成本，因为端口密度越大的交换机，其单端口成本可能越小。

安全可靠：交换机的安全决定了网络系统的安全，交换机的安全主要表现在 QoS 支持、IEEE 802.1x 支持、VLAN 支持、过滤技术等方面。

产品与服务相结合：选择交换机时，要看产品的技术支持和售后服务。

3）三层交换机选型的基本原则

在交换机的交换容量（Gbps）、背板带宽（Gbps）、处理能力（Mpps）、吞吐量（Mpps）等众多技术指标中，必须以"满配置时的吞吐量"这个指标来衡量，因为其他技术指标难以进行测量，只有吞吐量是可以使用 Smart Bits 和 IXIA 等测试仪表直接测量和验证。

交换模式：不同品牌的交换机所采用的交换机技术也不同，主要可分为集中式和分布式两类。传统总线式交换结构模块是集中式，现代交换矩阵模块是分布式。

延时与抖动：企业网、校园网都是高速局域网，都要传输大量音频和视频等多媒体数据，而这些多媒体数据对延时和传输可靠性要求较高。有些传统集中式交换机的延时高达 2 s，而某些现代分布式交换机的延时只有 10 ms 左右，两者相差上百倍，导致延时过高的原因通常包括阻塞设计的交换结构和过量使用缓冲等，所以，关注延时实际上需要关注产品的模块结构。

性能稳定性：三层交换机多用于核心和汇聚层，其稳定性将会影响网络系统的主机，甚至整个网络系统。可以通过吞吐量、延迟、丢帧率、地址表深度、线端阻塞和多对一功能等多项指标以及市场应用性来衡交换机的性能稳定性。

安全可靠性：第三层交换机一般作为网络核心设备，是被攻击的重要对象，要求三层交换机具备较高的网络安全防护能力。

功能齐全：产品不但要满足现有需求，还应满足未来一段时间内的需求，能节约用户投资。

2. 无线控制器（AC）选型原则

1）明确系统需求

即需要明确 AC 最大管理 AP 数目、最大管理用户数目、是否支持 IPv4/IPv6 双协议栈。不同 AC 能够管理的 AP 数目、用户数目不同，组网时应根据实际方案选择满足管理要求的 AC 产品。

2）安全性原则

AC 应支持灵活的认证方式，实现用户集中认证，支持灵活的用户策略管理、权限控制能力，禁止非授权用户接入无线网络，影响网络安全；支持 DHCP 防护、ARP 防护、广播风暴抑制等管理功能，进一步有效保证无线网络的

拓展阅读
常见的虚拟化平台

正常使用。

3）稳定可靠原则

AC 应支持对 802,11a/b/g/n 无线接入点的管理，同时兼容 802.11ac 无线接入点，可对无线网络进行平滑延伸和扩展；支持 1+1 热备份以及 N+1 冗余备份；支持 AC 内及 AC 间快速二层、三层漫游，满足语言业务的无缝漫游需求；数量支持负载均衡管理，最大能管理的 AP 防止个别 AP 负载过高，提升终端无线体验。

3. 防火墙选型原则

1）总拥有成本和价格

防火墙产品作为网络系统的安全屏障，其总拥有的成本不应该超过受保护网络系统可能遭受最大损失的成本。

2）明确系统需求

即用户需要什么样的网络监视、冗余度以及控制水平。必须明确监测怎样的传输流、允许怎样的传输流通行，以及应当拒绝什么样的传输流。

3）应满足企业特殊要求

企业安全政策中的某些特殊需求并不是每种防火墙都能提供的，比如加密控制标准、访问控制、特殊防御功能等，因此要选择满足企业特殊要求的产品。

4）防火墙的安全性

防火墙产品最难评估的是安全性能，普通用户通常无法判断。因此，用户在选择防火墙产品时，应该尽量选择占市场份额较大同时又通过了国家权威认证机构认证测试的产品。

5）防火墙产品的主要需求

防火墙产品的主要需求包括内网安全性需求，细度访问控制能力需求，VPN 需求，统计、计费功能需求，带宽管理能力需求等，这些都是选择防火墙时重点要考虑的方面。

6）培训与售后服务

应该选择能为用户提供良好的培训和售后服务的产品供应商，以保证产品的正常运行与维护。

7）可扩充性

网络的扩容和网络应用都有可能随着新技术的出现而增加，网络的风险成本也会急剧上升，因此便需要防火墙产品具有安全功能的扩充或升级能力。

4. 如何选择安全网关

1）大企业的选择——偏重于安全

金融、运营商等大型企业的办公与业务系统对安全非常重视，因为木马、间谍软件植入企业内部的主机或者终端会对企业造成无法弥补的危害和经济损失，所以这些企业通常都有较完整的网络安全防护架构，防火墙中启用的访问控制策略也比较多，在这种情况下用户只需要增加对必须开放的端口以及应用协议进行防护。例如邮件与 Web 应用，邮件有专门的邮件安全网关，Web 需要 Web 安全网关或者防病毒网关。虽然 UTM 设备具有邮件安全与 Web 安全的组件，但是防护效果不一定能满足这类用户的需求。

例如，对于防病毒的功能，大企业用户首要关心的是性能，其次是查杀防护效果，即识别率，最后还关心增强的功能，如是否支持多种协议，是否具有多种部署方式等，必须支持 http, https, pop3, smtp, ftp 等应用协议的扫描过滤。

牺牲特征数量，可以大幅提升性能，但却不能做到有效的防护。例如，全球每年产生的 malware 数量达到 500 万个，理论而言，UTM 设备中内置的特征库应该可以找到至少 500 万个样本，才能识别 1 年内的所有威胁，但是，通常 UTM 设备会放 2 万个左右的特征，最多找到 100 万左右的样本。这样的样本数量相当于专业病毒厂商 4 个月左右的样本数量。所以大型企业用户通常会选择专业的防病毒网关或者 web 安全网关。Web 安全网关与防病毒网关实现的安全部分功能非常类似，但是 web 安全网关还增添了 Internet 应用接入的管控功能，对上网行为会作相应管理与控制，这些都可以辅助加强企业的网络安全。例如对 IM 进行控制，这样也可以阻断病毒的一部分传播渠道。

2）小企业的选择——偏重于管理

小企业并不是不重视安全，只是为了做到安全而采购防火墙、IPS、防病毒网关、邮件安全网关等一系列产品，投资与潜在风险危害不成比例，性价比不高，所以小企业更愿意选择管理类的上网行为管理与综合类的 UTM。小企业用户通过使用上网行为管理产品，可以较低的投入实现网络的管理与安全控制。

上面是基于用户需求分析，下面对这几类产品自身特点作简单分析。

（1）性能方面：主要体现在 tcp 连接与 udp 转发。目前，通过使用专用芯片或网络处理器，高端产品可以达到 10 G。

带宽管理：主要体现在 UDP 包的转发速率，对于一般用户来说，1 G 的带宽管理基本能满足要求。

URL 过滤：主要体现在对 HTTP Proxy 的处理速度，能达到线速处理最好。

网关防病毒的性能瓶颈在于基于特征的扫描与 http 的并发连接，目前通过硬件的扫描加速可以实现 http 1 G 基于特征的扫描和实际环境中 4 万左右的 HTTP 并发。

（2）功能方面：

带有安全功能的是 UTM 与防病毒网关、Web 安全网关；带有管理功能的是 UTM、web 安全网关与上网行为管理网关。安全通常带有全球的特性，而管理通常带有区域特性，所以产品厂商通常从安全入手，增加管理功能以满足用户需求。

5. 如何选择杀毒软件

杀毒软件是网管普遍关心的问题，杀毒软件需要从技术支撑、性能、服务等多方面综合考虑进行选择。

第一是性能。杀毒软件必须拥有好的防御功能和强大的杀毒能力，能够针对新出现的病毒及时查杀。目前，杀毒软件一般都是从病毒样本中提取特征码，然后添加到病毒代码库中，其工作本质是相同的。因此评价一款杀毒软件主要从监控系统、主动防御、系统以及软件安全漏洞修复、产品自我保护强度、扫描速度、反病毒功能以及资源占用情况等性能进行考虑。

第二是服务。服务是防病毒软件的生命。对防病毒软件来说，买产品相当于是买服务，因此不能单纯以产品的价格而定，必须以病毒代码库是否能及时更新、是否可进行现场支持等因素综合考虑。

第三是企业自身的技术实力。对于技术力量相对薄弱的企业用户来说，可选易安装，易管理的产品，能让使用者轻松管理杀毒软件。能提供标准的策略制定模板，方便用户自行设定。

对技术力量比较雄厚的企业用户来说，在选择杀毒软件的时候，可以考虑把杀毒软件整合到网络的整体安全体系中。根据自己的需求建立安全策略。

第四是易部署。在产品的安装部署上，应当相对比较简单。策略的制定要相对简单，分发要及时有效，减轻管理员的工作量，提高管理效率。

第五是自身需求。选择杀毒软件要考虑自身的需求，首先是个人级用户，还是企业级用户，企业用户最好购买收费的杀毒软件，个人用户的话，如果对网络安全的需求不高，只是进行浏览网页，发邮件，聊天，或者下载、上传文档等活动，可以采用免费的杀毒软件。

从安全的角度来看，杀毒软件的查杀病毒能力永远是第一位的，适当地综合杀毒的速度快慢，或者占用系统的资源多少、安装的便利性等。每个杀毒软件都有自己的长处和短处，只有合理地利用好自身的资源，明确自身的需求，才能真正选择出一款适合的产品。

 任务实施

子任务一　麓山学院校园网交换机选型

1. 核心层交换设备选型

核心层交换设备选型主要从转发速率、端口吞吐量、背板带宽、端口种类、网管支持、VLAN 支持、网络类型支持、冗余支持等方面进行选型。参考选型方案见表 3-40。

表 3-40　核心层交换机设备参考选型

序号	指标项	技术参数要求	选择型号 RG-S12010	选择型号 H3C S12508
1	系统性能	交换容量≥2.4 Tb/s，包转发率≥980 Mpps	15 Tb/s 背板带宽，提供 5 714 Mpps/7620 Mpps 的数据转发能力	3.06 Tb/s 背板带宽，提供 960 Mpps/1920 Mpps 的数据转发能力

交换设备选型

交换机及其选型

交换机产品介绍

续表

序号	指标项	技术参数要求	选择型号 RG-S12010	选择型号 H3C S12508
2	接口要求	机框式交换机,业务槽位数≥8个(不含主控引擎槽位),系统要求支持分布式全线速转发能力,支持6个万兆单模光口,两个万兆多模光口、6个千兆光口、6个10/100/1000 Mb/s电口	主控板槽位数量为两个,业务板槽位数量为8个,16端口万兆以太网光接口业务板,24口千兆口接口业务板	主控板槽位数量为两个,业务板槽位数量为8个,交换网板槽位数量为9个,16端口万兆以太网光接口业务板(SFP+LC),24口千兆口接口业务板
3	关键部位冗余	支持冗余电源、冗余主控	支持电源冗余、冗余主控,交流电源模块2000 W两块	主控、交换网板、电源、风扇冗余,冗余主控;交流电源模块2000 W两块
4	虚拟化	提供两台核心交换机设备虚拟成一台逻辑设备功能,该逻辑设备必须具备跨设备的链路捆绑功能、一致的转发表项以及统一的管理界面,并提供技术白皮书	支持VSU(虚拟化技术,将多台设备虚拟成1台),具备跨设备的链路捆绑功能、一致的转发表项,以及统一的管理界面	支持IRF2虚拟化特性
5	路由协议	支持完整IPv4/IPv6路由协议族;支持IPv4/IPv6等价路由、策略路由功能	BGP4、IS-IS、OSPFv2、RIPv1、RIPv2、IGMP v1/v2/v3、DVMRP、PIM-SSM/SM/DM、MBGP、LPM Routing、Policy-based Routing、Route-policy、ECMP、WCMP、VRRP	支持静态路由、RIP、OSPF、IS-IS、BGP4 支持VRRP、VRRP负载分担模式,支持等价路由,支持策略路由,支持路由策略,支持GRE、IPv4 in Ipv6等隧道功能
6	可靠性	支持VRRPv2/v3;支持快速智能以太环网保护协议,提供50 ms以下的故障恢复功能;支持双链路智能切换技术实现主备链路快速保护,提供双链路组网的毫秒级快速故障恢复功能;提供主机系统CPU保护功能,避免CPU遭受报文攻击;提供Ethernet OAM(IEEE 802.1ag和IEEE 802.3ah)、GR for OSPF/BGP等	支持VSU(虚拟化技术,将多台设备虚拟成1台),支持GR for RIP/OSPF/BGP等路由协议,支持RERP(快速以太网环保护协议),支持REUP双链路快速切换技术,支持RLDP单向链路检测技术,支持TPP(拓扑保护技术),支持电源1+1冗余备份,风扇采用冗余设计,所有单板和电源模块支持热插拔功能NFPP(基础安全保护策略)、CPP(CPU保护)	交换网板支持N+1冗余备份;背板采用无源设计,避免单点故障;各组件均支持热插拔功能;支持各种配置数据在主备主控板上实时热备份;支持端口聚合,支持链路跨板聚合;支持BFD for VRRP/BGP/IS-IS/OSPF/RSVP/静态路由等,实现各协议的快速故障检测机制,故障检测时间小于50 ms;支持IP FRR、TE FRR,业务切换时间小于50 ms

续表

序号	指标项	技术参数要求	选择型号 RG-S12010	选择型号 H3C S12508
7	访问控制策略	支持基于第二层、第三层和第四层的 ACL，支持基于端口和 VLAN 的 ACL，支持 IPv6 ACL	支持基于第二层、第三层和第四层的 ACL，支持基于端口和 VLAN 的 ACL，支持 IPv6 ACL	支持标准和扩展 ACL，支持 Ingress/Egress ACL，支持 VLAN ACL，支持全局 ACL
8	安全特性	支持 IEEE 802.1x 认证和集中式 MAC 地址认证；支持 DHCP Snooping，防止 DHCP 服务器欺骗	防 DDoS 攻击、非法数据包检测、数据加密，防源 IP 欺骗，防 IP 扫描，支持 Radius/TACACS，支持 OSPF、RIPv2 及 BGPv4 报文的明文及 MD5 密文认证，支持受限的 IP 地址的 Telnet 的登录和口令机制、uRPF，支持广播报文抑制、DHCP Snooping，防网关 ARP 欺骗、ARP Check	支持防止 ARP、未知组播报文、广播报文、未知单播报文，支持 MAC 地址限制、IP+MAC 绑定功能，支持 uRPF 技术，防止基于源地址欺骗的网络攻击行为，支持 IEEE 802.1x，支持 Portal 认证、支持 Radius，支持 OSPF、RIPv2 及 BGP4 报文的明文及 MD5 密文认证
9	流量分析	提供网络流量分析（Netstream 或 sFlow）功能	支持 IPFIX 流量分析	支持网络流量分析（Netstream）
10	管理和维护	支持 SNMP v1/v2/v3、RMON、SSHv2，可通过命令行、Web、中文图形化配置软件等方式进行配置和管理，支持虚电缆检测功能和单向链路检测	支持 SNMP v1/v2/v3、Telnet、Console、Web、RMON、SSHv1/v2、FTP/TFTP 文件上下载管理，支持 NTP 时钟，支持 Syslog，支持 SPAN/RSPAN	支持 SNMP v1/v2/v3、Telnet、Console、Web、RMON、SSHv1/v2、FTP/TFTP 文件上下载管理，支持故障后报警和自恢复，支持系统工作日志
	参考价格		79200 元	88000 元

由于网络中心核心设备的稳定和安全性能是整个网络最重要的保障，背板带宽、包转发率、冗余特性、虚拟化、路由协议、端口类型等参数比较重要，对比以上锐捷 RG-S12010 和 H3C S12508 两款产品，麓山学院核心层设备建议选择锐捷 RG-S12010 交换机。

2. 无线控制器（AC）设备选型

麓山学院无线组网方式上，选用 AC+AP 的三层网络结构，AC 部署在核心层，主备 AC 通过配置双链路提供可靠网络服务，AC 负责整网的无线 AP 管理、安全认证、漫游等功能，作为 DHCP 服务器为 AP 分配 IP 地址，较好地解决了大规模无线网中 AP 管理以及安全稳定性问题。接入层 AP 负责简单的用户接入工作。AC 设备选型主要从最大可管理 AP 数目、最大可接入用户数目、802.11 局域网协议兼容、无线漫游、QoS、备份和安全特性等方面进行考量，见表 3-41。

表 3-41 无线控制器（AC）设备性能参数对比

序号	指标项	技术参数要求	选择型号 RG-WS6816	选择型号 H3C WX5540X
1	性能指标	最大可管理 AP 数目≥500,最大可管理用户个数≥15000，整机吞吐量≥30 Gbps，支持 IPv4/IPv6 双协议栈	最大可管理 AP 数目：常规 AP3200 个，面板 AP6400 个，最大可管理用户个数 80 K,整机最大性能 40 Gbps，支持 IPv4/IPv6 双协议栈	最大可管理 AP 数目 5120,最大可管理用户个数 51200,整机最大性能 120 Gbps,支持 IPv4/IPv6 双协议栈
2	兼容 802.11 局域网协议	支持 802.11、802.11b、802.11a、802.11g、802.11n、802.11ac	支持 802.11、802.11b、802.11a、802.11g、802.11d、802.11h、802.11w、802.11k、802.11v、802.11r、802.11i、802.11e、802.11n、802.11ac、802.11ax	支持 802.11、802.11b、802.11a、802.11g、802.11d、802.11h、802.11w、802.11k、802.11v、802.11r、802.11i、802.11s、802.11ac、802.11ax、802.11e
3	CAPWAP 协议	AP 和 AC 之间支持 L2/L3 层网络拓扑，AP 可以自动发现可接入的 AC，AP 可以自动从 AC 更新软件版本，AP 可以自动从 AC 下载配置	支持	支持
4	漫游	支持全网无缝漫游，终端用户移动时保持 IP 地址与认证状态不变，实现快速漫游和语音的支持	支持 AC 内二层/三层漫游，支持跨 AC 间二层/三层漫游，支持本地转发下 AC 内二层/三层漫游，支持本地转发下 AC 间二层/三层漫游	支持同一 AC 内,不同 AP 下二、三层漫游,支持不同 AC 间,不同 AP 下二、三层漫游
5	无线 QoS	支持多种模式的带宽限制，可针对重要关键的数据传输应用，提供优先的带宽保证	支持基于 AP 的带宽限速，基于 WLAN 的带宽限速，支持基于用户的静态限速和智能限速，支持公平调度	支持基于用户角色(User Profile)的接入控制，支持基于带宽均分算法，支持基于每用户指定带宽的算法，在流量未拥塞时，确保不同优先级 SSID 下的报文都可以自由通过；在流量拥塞时，确保每个 SSID 可以保持各自约定的最小带宽
6	备份	支持 N+1、N∶M 热备份	支持 N∶M 热备份,任意一台 AC 宕机不影响整机业务	支持 N+1 备份；AC 组中一台 AC 宕机不影响其他 AC 的功能，具有组网成本低，业务弹性拓展等优势

续表

序号	指标项	技术参数要求	选择型号 RG-WS6816	选择型号 H3C WX5540X
7	安全特性	支持多种认证方式，支持完整的数据安全保障机制，支持多种安全防御机制	支持 802.1x 认证、MAC 地址认证、Portal 认证等，支持完整的数据安全保障机制，可支持 WEP、TKIP 和 AES 加密技术，确保无线网络的数据传输安全，支持静态黑名单、动态黑白名单、非法 AP 检测、非法 AP 反制、支持防仿冒攻击(Spoof Attack)、支持防 Weak IV 攻击等	支持 802.1x 认证、MAC 地址认证、Portal 认证、LDAP 认证，可支持 WEP、TKIP、CCMP 和 AES 加密技术，支持多种安全防御机制：黑名单、白名单、Rogue 防御、畸形报文检测、非法用户下线、基于可预设升级的 Signature MAC 层攻击检测与反制（如 DoS 攻击，Flood 攻击、中间人攻击）等

根据网络需求及 AC 关键性能参数及价格比较，麓山学院 AC 设备选取 RG-WS6816 无线控制器。

3. 汇聚层交换设备选型

汇聚层交换机负责汇聚接入层交换机发送来的数据，再将其传输给核心层，最终发送到目的地。交换设备选型主要从转发速率、端口吞吐量、背板带宽、端口种类、网管类型支持、VLAN 支持、网络类型支持、冗余支持等方面进行选型，参考选型方案见表 3-42。

表 3-42　汇聚层交换设备参考选型

序号	指标项	技术参数要求	选择型号 RG-S8610	选择型号 H3C S10504
1	系统性能	交换容量≥1.92 Tb/s，包转发率≥980 Mpps	9.6 Tb/s 背板带宽，提供 1905 Mpps/5715 Mpps 的数据转发能力	1.92 Tb/s 背板带宽，提供 960 Mpps/2880 Mpps 的数据转发能力，720 K MAC 地址，180 万路由表项
2	系统架构	采用多级多平面交换架构，控制引擎和交换引擎分离设计，满足系统高可靠性要求；系统能够配置独立的交换网板与独立的主控板；系统支持高速 40 GE 和 100 GE 以太网标准	多级多平面交换架构，控制引擎和交换引擎分离设计；独立的交换网板与独立的主控板；系统支持高速 40 GE 和 100 GE 以太网标准	多级多平面交换架构，控制引擎和交换引擎分离设计；独立的交换网板与独立的主控板；系统支持高速 40 GE 和 100 GE 以太网标准
3	物理特性	整机采用竖插槽设计，前后通风，非左右通风系统，提高系统的散热效率；要求设备可以放入标准 19 英寸机柜	采用竖插槽设计，前后通风，非左右通风系统，提高系统的散热效率；设备可以放入标准 19 英寸机柜	采用竖插槽设计，前后通风，非左右通风系统，提高系统的散热效率；设备可以放入标准 19 英寸机柜

续表

序号	指标项	技术参数要求	选择型号 RG-S8610	选择型号 H3C S10504
4	接口要求	机框式交换机，总业务槽位数≥8个；系统要求支持分布式全线速转发能力，支持两个万兆单模光口	10个总业务槽位数，两个用于管理与交换矩阵，支持分布式全线速转发能力，万兆光纤LR接口模块10GBASE-LR-XFP两块	总业务槽位数为10个，支持分布式全线速转发能力，16端口千兆以太网光口（SFP、LC）+8端口千兆以太网Combo口+两端口万兆以太网光接口模块（XFP、LC）
5	关键部位冗余	系统支持电源N+1（N≥2）冗余、交换网板N+1（N≥2）冗余、主控冗余，以提高系统的可靠性	交换路由处理板支持1+1冗余备份，电源支持M+N冗余备份；交换网板支持N+1冗余备份；交流电源模块RG-PA2000两块	关键部件交换路由处理板支持1+1冗余备份，电源支持M+N冗余备份；交换网板支持N+1冗余备份；背板采用无源设计，避免单点故障，各组件均支持热插拔功能；交流电源模块-2500W两块
6	端口缓存	交换机所有端口支持入端口和出端口缓存，支持接口板分布式调度机制，提高系统的可靠性；要求业务单板千兆及万兆端口均采用独立缓存机制，满足端口缓存64字节报文200 ms的最低时间要求	交换机所有端口支持入端口和出端口缓存，支持接口板分布式调度机制，千兆及万兆端口均采用独立缓存机制，满足端口缓存64字节报文200 ms的最低时间要求	交换机所有端口支持入端口和出端口缓存，支持接口板分布式调度机制，千兆及万兆端口均采用独立缓存机制，满足端口缓存64字节报文200 ms的最低时间要求
7	路由协议	支持RIP、OSPF、BGP等IPv4/IPv6双栈路由协议，满足实际组网要求；支持IP PIM、三层多播路由和ICMP、IGMP等二层组播；支持等价路由、路由策略、策略路由等功能	支持BGP4、IS-IS、OSPFv2、RIPv1、RIPv2、IGMP v1/v2/v3、DVMRP、PIM-SSM/SM/DM、MBGP、LPM Routing、Policy-based Rou-ting、Route-policy、ECMP、WCMP、VRRP,支持静态路由、等价路由、策略路由、ICMPv6、ICMPv6重定向、DHCPv6、ACLv6、MLD v1/v2	支持静态路由、RIP、OSPF、IS-IS、BGP4，支持等价路由、策略路由、路由策略、IPv4和IPv6双协议栈、IPv6静态路由、RIPng、OSPFv3、IS-ISv6、BGP4+，支持VRRPv3；Pingv6、Telnetv6、FTPv6、TFTPv6、DNSv6、ICMPv6，IPv4向IPv6的过渡技术
8	可靠性	支持VRRPv2/v3；支持快速以太环网保护协议，提供50 ms以下的故障恢复功能；支持双链路上行保护协议，双链路组网的快速故障恢复功能；支持BFD/GR for OSFP/BGP/IS-IS/RSVP等路由协议	支持VRRPv2/v3；支持快速以太环网保护协议，提供50 ms以下的故障恢复功能；支持双链路上行保护协议，双链路组网的快速故障恢复功能；支持BFD/GR for OSFP/BGP/IS-IS/RSVP等路由协议	支持各种配置数据在主备主控板上实时热备份；支持NSF/GR for OSFP/BGP/IS-IS/RSVP；支持端口聚合，支持链路跨板聚合；支持BFD for VRRP/BGP/IS-IS/OSPF/RSVP/静态路由等，实现各协议的快速故障检测机制，故障检测时间小于50 ms

续表

序号	指标项	技术参数要求	选择型号 RG-S8610	选择型号 H3C S10504
9	安全特性	支持基于第二层、第三层和第四层的 ACL，支持基于端口和 VLAN 的 ACL，支持 IPv6 ACL，支持 IEEE 802.1x 认证和集中式 MAC 地址认证	支持基于第二层、第三层和第四层的 ACL，支持基于端口和 VLAN 的 ACL，支持 IPv6 ACL，支持 IEEE 802.1x 认证和集中式 MAC 地址认证，防 DDoS 攻击、非法数据包检测、数据加密、防源 IP 欺骗、防 IP 扫描	支持基于第二层、第三层和第四层的 ACL，支持基于端口和 VLAN 的 ACL，支持 IPv6 ACL，支持 Portal 认证、MAC 认证，支持 IEEE 802.1x 和 IEEE 802.1x Server，支持 AAA/Radius 认证
10	VPN 功能	支持 L3 MPLS VPN、L2 MPLS VPN、VPLS 等 VPN 功能	支持 L3 MPLS VPN、L2 MPLS VPN、VPLS 等 VPN 功能	支持 L3 MPLS VPN、L2 VPN、VLL（Martini, Kompella）、MCE、MPLS OAM、VPLS、VLL、分层 VPLS 以及 QinQ+VPLS 接入
11	流量分析	系统实配提供网络流量分析（Netstream 或 sFlow）功能，满足网络维护对流量分析的基本要求	提供网络流量分析	支持网络流量分析
12	业务扩展	系统可支持扩展防火墙、IPS 入侵防御系统、应用控制网关等模块，满足后期在交换机上开展安全业务的需要；系统还可以扩展负载均衡模块，满足服务器部署负载均衡的需要	系统可支持扩展防火墙、IPS 入侵防御系统、应用控制网关等模块，满足后期在交换机上开展安全业务的需要；系统还可以扩展负载均衡模块，满足服务器部署负载均衡的需要	防火墙业务板模块支持扩展防火墙、IPS 入侵防御系统、应用控制网关等模块，满足后期在核心交换机上开展安全业务的需要
13	管理和维护	支持 SNMP v1/v2/v3、RMON、SSHv2，可通过命令行、Web、中文图形化配置软件等方式进行配置和管理，支持虚电缆检测功能和单向链路检测	支持 SNMP v1/v2/v3、Telnet、Console、Web、RMON、SSHv1/v2、FTP/TFTP、USB、监控显示屏等方式进行配置和管理，支持虚电缆检测功能和单向链路检测	支持 SNMP v1/v2/v3、Telnet、Console、Web、RMON、SSHv1/v2、FTP/TFTP 文件上下载管理，支持故障后报警和自恢复，支持系统工作日志
	参 考 价 格		21300 元	25800 元

根据网络需求及汇聚层交换机关键性能参数及价格比较，麓山学院汇聚层交换设备选取 RG-S8610 汇聚交换机。

4. 接入层交换设备选型

接入层交换机亦称二级交换机或边缘交换机，用于实现终端计算机的网络接入，其一般具有端口密度大、扩展性较强等特点。麓山学院校园网接入层交换设备参考选型见表3-43。

表3-43 接入层交换设备参考选型

序号	指标项	技术参数要求	选择型号 RG-S2928G-E	选择型号 S5120-24P-EI
1	系统性能	交换容量≥120 Gb/s，包转发率≥40 Mpps	208 Gb/s 交换容量，提供51 Mpps 的数据转发能力	192 Gb/s 交换容量，提供40 Mpps 的数据转发能力
2	固定接口类型	系统可用千兆电接口数量≥24，千兆光电复用接口数量≥4	24 口 10/100/1000 Mb/s 自适应端口，4 个千兆 SFP 光口，1 个 USB 接口	24 个 10/100/1000BASE-T 以太网端口；4 个复用的 1000BASE-X SFP 端口
3	VLAN特性	支持基于端口的 VLAN 和协议 VLAN；最大可用 VLAN 数目≥4094	标准 IP ACL，扩展 IP ACL（基于 IP 地址、TCP/UDP 端口号的硬件 ACL），MAC 扩展 ACL，基于时间 ACL，专家级 ACL，最大可用 VLAN 数目≥4094	支持基于端口的 VLAN（4 K），MAC 的 VLAN，基于协议的 VLAN，QinQ、灵活 QinQ，VLAN Mapping，Voice VLAN，GVRP
4	链路聚合	支持手工聚合和 LACP	支持手工聚合和 LACP	支持手工聚合和 LACP
5	镜像功能	支持本地端口镜像和远程端口镜像	交换路由处理板支持 1+1 冗余备份，电源支持 M+N 冗余备份，交换网板支持 N+1 冗余备份，交流电源模块 RG-PA2000 2 块，支持端口镜像	关键部件交换路由处理板支持 1+1 冗余备份，电源支持 M+N 冗余备份，交换网板支持 N+1 冗余备份，支持端口镜像
6	组播协议	支持 IPv4/IPv6 二层组播协议，满足用户终端接收组播报文的功能要求	支持 BGP4、IS-IS、OSPFv2、RIPv1、RIPv2、IGMP v1/v2/v3、DVMRP、PIM-SSM/SM/DM、MBGP、LPM Routing、Policy-based Routing、Route-policy、ECMP、WCMP、VRRP，支持静态路由、等价路由、策略路由、ICMPv6、ICMPv6 重定向、DHCPv6、ACLv6、MLDv1/v2	支持静态路由、RIP、OSPF、IS-IS、BGP4，支持等价路由、策略路由、路由策略、IPv4 和 IPv6 双协议栈、IPv6 静态路由、RIPng、OSPFv3、IS-ISv6、BGP4+；VRRP v3；Pingv6、Telnetv6、FTPv6、TFTPv6、DNSv6、ICMPv6，IPv4 向 IPv6 的过渡技术
7	二层协议	支持 STP/RSTP/MSTP，支持快速以太环环网协议，适应环网组网时快速切换需要，切换时间小于 50 ms	支持 STP/RSTP/MSTP，支持快速以太环环网协议，适应环网组网时快速切换需要，切换时间小于 50 ms	支持 STP/RSTP/MSTP，RRPP 支持快速以太环环网协议，适应环网组网时快速切换需要，切换时间小于 50 ms

续表

序号	指标项	技术参数要求	选择型号 RG-S2928G-E	选择型号 S5120-24P-EI
8	访问控制策略	支持基于第二层、第三层和第四层的 ACL，支持基于端口和 VLAN 的 ACL，支持 IEEE 802.1x 认证，支持集中式 MAC 地址认证	支持基于第二层、第三层和第四层的 ACL，支持基于端口和 VLAN 的 ACL，支持 IPv6 ACL，支持 IEEE 802.1x 认证和集中式 MAC 地址认证，防 DDoS 攻击、非法数据包检测、数据加密，防源 IP 欺骗，防 IP 扫描	支持基于第二层、第三层和第四层的 ACL，支持基于端口和 VLAN 的 ACL，支持 IPv6 ACL，支持 Portal 认证、MAC 认证，支持 IEEE 802.1x 和 IEEE 802.1x Server，支持 AAA/Radius 认证
9	安全特性	支持 IP+MAC+PORT 的绑定，支持 ARP 入侵检测和限速功能，支持 DHCP Client DHCP Snooping，防止欺骗 DHCP 服务器，用户分级管理和口令保护，支持 IEEE 802.1x 认证	支持 IP、MAC、端口三元素绑定，过滤非法的 MAC 地址，基于端口和 MAC 的 IEEE 802.1x、Web 认证、和 IEEE 802.1x、ARP-Check、ACL 可同时开启，支持 ARP-Check，ARP 报文限速，广播风暴抑制，DHCP Snooping，支持 BPDU Guard	支持用户分级管理和口令保护，IEEE 802.1x 认证/集中式 MAC 地址认证，Guest VLAN，RADIUS 认证，SSH 2.0，端口隔离，端口安全，EAD
10	管理和维护	支持 SNMP v1/v2/v3、RMON、SSHv2，支持虚电缆检测功能，快速准确定位网络中故障电缆的短路或断路点；支持单向链路检测协议，有效防止网络中单通故障的发生；支持通过命令行、Web、中文图形化配置软件等方式进行配置和管理	支持 SNMPv1/v2C/v3、CLI（Telnet/Console）、RMON(1, 2, 3, 9)、SSH、Syslog、NTP/SNTP、Web 界面管理，支持虚电缆检测功能和单向链路检测	支持 SNMPv1/v2/v3、Web 网管，支持 RMON 告警、事件、历史记录，iMC 智能管理中心，支持 VCT 电缆检测功能，DLDP 单向链路检测协议，支持 loopback-detection 端口环回检测
	参考价格		5900 元	6500 元

根据网络需求及接入层交换机关键性能参数及价格比较，麓山学院接入层交换设备选取 RG-S2928G-E 接入层交换机。

技能训练 3-11

训练目的

（1）了解中型园区网核心、汇聚、接入层交换机的选型策略。

（2）了解中型园区网交换机背板带宽、包转发率、接口特性、端口种类等性能指标。

（3）掌握中型园区网核心、汇聚、接入层交换机选型的方法。

训练内容

依据本校校园网需求分析、逻辑设计、网络中心规划与设计中关于网络设备的要求以及麓山学院校园网网络设备选型的原则与方法，对本校校园网进行网络设备选型。

参考资源

（1）校园网交换机选型技能训练任务单。
（2）校园网交换机选型技能训练任务书。
（3）校园网交换机选型技能训练检查单。
（4）校园网交换机选型技能训练考核表。

训练步骤

（1）依据本校校园网信息点需求、流量需求、互联网接入需求、安全需求的结果，结合学校的网络拓扑结构设计、网络技术选型的结果，确定交换设备具体性能参数要求及数量。

（2）通过咨询、信息检索等方式，选定符合性能参数要求的设备的品牌及型号（两种以上）。

（3）讨论并确定交换设备的品牌及型号。

（4）根据确定的品牌及型号，整理得出交换设备选型的结果。

子任务二　麓山学院校园网安全与管理产品选型

1. DMZ 区防火墙选型

DMZ 区防火墙处于 DMZ 区和核心交换机之间，为 DMZ 区提供保护，防范来自内、外网的攻击。由于 DMZ 区提供了大量的应用服务，因此，DMZ 区防火墙的吞吐量必须达到千兆，避免成为网络瓶颈，同时还要考虑其端口数量、可靠性以及具备日志记录、一定的病毒查杀等功能。麓山学院校园网 DMZ 区防火墙选型见表 3-44。

表 3-44　DMZ 区防火墙设备选型

序号	项　目	技　术　参　数	RG-WALL 1600-XA	Fortinet FortiGate-3810A
1	产品特性	专业 2U 硬件设备，配置冗余电源	2U，冗余电源	2U，冗余电源
2	端口数量	提供至少两个 GE 口和两个 SFP 口，并具备工作端口扩容的能力	提供两个千兆电接口，10 个千兆 Combo 接口，1 个千兆管理口，1 个千兆 HA 接口；提供 1 个 XM 扩展插槽，可扩展 2XFP 万兆/4XFP 万兆/12GE/12SFP 接口模块	8 个 10/100/1000 Mb/s 接口和两个 SFP 硬件，4 个 AMC 扩展插槽

续表

序号	项目	技术参数	RG-WALL 1600-XA	Fortinet FortiGate-3810A
3	性能参数	MTBF≥50 000 小时，吞吐量≥10 000 Mb/s	吞吐量≥10 000 Mb/s，MTBF≥100 000 小时	吞吐量≥10 000 Mb/s，MTBF≥100 000 小时
4	可靠性	支持 HA 模式或 Bypass 功能，当防火墙断电、物理链路断线时，保证服务持续	支持 HA 模式	支持 HA 模式
5	功能要求	可以阻止蠕虫、网络病毒，包括 Santy、Witty、Mydoom、Sasser、MS Blaster、SQL Slammer、Nimda 以及 Code-Red 等；可以阻止间谍软件，包括冰河木马、流光广外女生木马、Netspy 木马、NetBus 木马等，支持 ARP 欺骗防护	内置防病毒,支持应用层过滤	内置防病毒
		提供地址转换功能，支持静态 NAT（Static NAT）、动态 NAT（Pooled NAT）和端口 NAT（PAT），支持多对一、多对多和一对一等多种地址转换方式	支持 NAT、PNT、应用代理、VLAN 路由、STP 和 BPDU 协议	支持 NAT、PNT、应用代理、VLAN 路由、STP 和 BPDU 协议
		支持基于对象的虚拟系统（VIPS），虚拟系统可以针对不同的网络环境和安全需求，不同部门和网段需求，制定不同的规则和响应方式，实现面向不同对象、实现不同策略的智能化入侵防护	支持预定义服务和网络对象，支持行为管理	支持预定义服务和网络对象，支持行为管理
		支持采用基于行为分析的检测技术，对 0day 攻击能够很好地防范，具备协议自动识别功能	支持内容过滤协议种类，动态端口协议检测	支持内容过滤协议种类，动态端口协议检测
		支持入侵攻击阻断，能够对 CGI 注入攻击等常见服务器攻击进行检测并阻断，支持目录遍历、缓冲区溢出等攻击行为阻断	支持攻击检测保护,URL 过滤,阻断 URL 列表导入,IP 和 MAC 绑定,规则时效属性，E-mail 过滤，FTP 命令过滤，禁止多线程下载,P2P 应用控制,IM 的应用控制,对 ActiveX、Java applet、Java script 的过滤，支持 TCP、UDP、ICMP 连接的实时监控	支持攻击检测保护，URL 过滤，阻断 URL 列表导入,IP 和 MAC 绑定，规则时效属性，E-mail 过滤，FTP 命令过滤，禁止多线程下载,P2P 应用控制，IM 的应用控制，对 ActiveX、Java applet、Java script 的过滤，支持 TCP、UDP、ICMP 连接的实时监控
		支持独立式多路 IPS 工作模式，各路 IPS 相互独立，彼此之间没有数据交换	支持 IPS 规则	支持 IPS 规则

续表

序号	项目	技术参数	RG-WALL 1600-XA	Fortinet FortiGate-3810A
5	功能要求	同时支持 B/S 和 C/S 管理模式	支持集中管理、本地管理、远程管理、界面会话查询、病毒库的更新	支持 B/S 和 C/S 管理模式
	价 格		330 000 元	380 000 元

根据网络需求及防火墙关键性能参数及价格比较，麓山学院 DMZ 区防火墙选取 RG-WALL 1600-XA 型防火墙。

2. 安全网关

安全网关处于校园网的出口处，防范外网的攻击。校园网为双核心、双出口结构，一个出口为千兆，另一个出口为百兆，考虑到链路自动选择以及未来扩容需要，安全网关选择两台千兆级的产品，同时还要考虑其端口数量、可靠性以及具备日志记录、IDS 功能、一定的病毒查杀等功能。麓山学院校园网安全网关选型见表 3-45。

表 3-45 安全网关选型

序号	项目	技术参数	SG-6000-G5150	USG2000C
1	产品特性	千兆 UTM，冗余电源	千兆 UTM，冗余电源	千兆 UTM，冗余电源
2	端口数量	提供至少两个 GE 口和两个 SFP 口，具备工作端口扩容的能力	4 个千兆电口，8 个 SFP 口，4 个通用扩展槽	4 个 10/100/1000 BASE-T 接口，4 个千兆接口
3	性能参数	要求并发连接≥50 000，吞吐量≥1000 Mb/s	吞吐量 8 000 Mb/s，并发连接 3 000 000	吞吐量 2 000 Mb/s，并发连接 2 500 000
4	可靠性	支持 HA 模式或 Bypass 功能，当设备断电、物理链路断线时，保证服务持续	支持 HA 模式	支持 HA 模式
5	功能要求	可以阻止蠕虫、网络病毒，包括 Santy、Witty、Mydoom、Sasser、MS Blaster、SQL Slammer、Nimda 以及 Code-Red 等；可以阻止间谍软件，包括冰河木马、流光广外女生木马、Netspy 木马、NetBus 木马等，支持 ARP 欺骗防护	内置防病毒，支持应用层过滤	内置防病毒
		提供地址转换功能，支持静态 NAT（Static NAT）、动态 NAT（Pooled NAT）和端口 NAT（PAT），支持多对一、多对多和一对一等多种地址转换方式	支持 NAT、PNT、应用代理、VLAN 路由、STP 和 BPDU 协议	支持 NAT、PNT、应用代理、VLAN 路由、STP 和 BPDU 协议

续表

序号	项目	技 术 参 数	SG-6000-G5150	USG2000C
5	功能要求	支持基于对象的虚拟系统（VIPS），虚拟系统可以针对不同的网络环境和安全需求，不同部门和网段需求，制定不同的规则和响应方式，实现面向不同对象、实现不同策略的智能化入侵防护	支持预定义服务和网络对象，支持行为管理	支持预定义服务和网络对象，支持行为管理
		支持采用基于行为分析的检测技术，对 0day 攻击能够很好地防范，具备协议自动识别功能	支持内容过滤协议种类，动态端口协议检测	支持内容过滤协议种类，动态端口协议检测
		支持入侵攻击阻断，能够对 CGI 注入攻击等常见服务器攻击进行检测并阻断，支持目录遍历、缓冲区溢出等攻击行为阻断	支持攻击检测保护，URL 过滤，阻断 URL 列表导入，IP 和 MAC 绑定，规则时效属性，E-mail 过滤，FTP 命令过滤，禁止多线程下载，P2P 应用控制，IM 的应用控制，对 ActiveX、Java applet、Java script 的过滤，支持 TCP、UDP、ICMP 连接的实时监控	支持攻击检测保护，URL 过滤，阻断 URL 列表导入，IP 和 MAC 绑定，规则时效属性，E-mail 过滤，FTP 命令过滤，禁止多线程下载，P2P 应用控制，IM 的应用控制，对 ActiveX、Java applet、Java script 的过滤，支持 TCP、UDP、ICMP 连接的实时监控
		支持独立式多路 IPS 工作模式，各路 IPS 相互独立，彼此之间没有数据交换	支持 IPS 规则	支持 IPS 规则
		支持 IPS	内置模块	内置模块
	价格		900 000 元	158 000 元

根据网络需求及安全网关关键性能参数及价格比较，麓山学院选取 USG2000C 型安全网关。

3. 杀毒软件

杀毒软件为应用服务器提供查杀病毒的服务，应具有查杀已知病毒、识别未知病毒、判断风险软件等能力，并且具备病毒的统一查杀和病毒库统一升级管理等功能。麓山学院校园网杀毒软件选型见表 3-46。

表 3-46 杀毒软件选型

序号	项目	技 术 参 数	瑞星网络防病毒系统（10 用户）	McAfee 网络版杀毒软件（10 用户）
1	产品特性	网络版杀毒软件	网络版杀毒软件	网络版杀毒软件
2	功能要求	支持对所有 Windows/Linux 平台的实时监控和手动扫描任务	支持常见的操作系统平台，包括 Windows、Linux、AIX 等	支持主流操作系统平台，包括 Windows、Linux 等

续表

序号	项目	技 术 参 数	瑞星网络防病毒系统（10用户）	McAfee 网络版杀毒软件（10用户）
2	功能要求	支持用户根据实际需要来定制针对特定目标的定时扫描任务	能自定义查杀病毒	支持按需扫描，客户端防病毒可以执行快速扫描、全盘扫描、定制扫描
		可以根据用户的实际情况，排除不需要扫描的对象	支持	支持
		具备一般病毒清除的能力	开启实时监控后能完全预防已知病毒危害	支持实时防护，支持对病毒的实施监控、清除和扫描
		提供针对脚本、宏病毒和基于SMTP和POP3协议的邮件的实时监控保护	可防范网页中的恶意代码，有效查杀各类Office文档中的宏病毒，支持邮件文件检测、杀毒	提供针对脚本、宏病毒和基于SMTP和POP3协议的邮件的实时监控保护，并且支持独立的客户端邮件病毒扫描模块
		可查杀压缩文件（包括带有密码的压缩文件）中的病毒	压缩文件、打包文件查杀毒	支持针对压缩文件的查杀
		支持磁盘引导区的扫描	支持在硬盘操作系统启动之前开始查杀病毒	支持BOOT工具的检测与查杀
		支持对风险软件的监控和扫描	支持对风险软件的监控和扫描	支持对风险软件的监控和扫描
		拥有启发式扫描技术，具有一定的对未知病毒的识别能力	具有未知病毒检测、清除能力	利用Artemis技术实现对可疑对象的实时防护
		支持对邮件数据库的扫描	支持常见客户端邮件系统的防（杀）病毒	支持常见客户端邮件系统的防（杀）病毒
		支持对染毒对象和可疑对象采取不同的处理方法	支持	支持
		防毒程序可以自动对染毒和可以对象采取隔离、删除和放弃等操作	支持	支持
3	其他	支持通过代理服务器从互联网升级	支持	支持
		支持增量升级	支持	支持
		支持离线升级	支持	支持
		反病毒数据库升级后，不必要求客户端重启计算机或其他中断客户端的操作	支持	支持
		在新病毒或病毒大规模爆发的时候，可以迅速地推出解决方案	支持	支持
价　格			3 400元	4 500元

由于杀毒软件起到保护服务器不受病毒危害的作用,其查杀能力、速度、预防未知病毒的能力等参数相当关键,对比以上瑞星和 McAfee 两款产品,麓山学院服务器杀毒软件建议选择瑞星网络防病毒系统。

4. 认证计费系统

目前主流的认证计费管理系统有锐捷认证计费管理系统、联想认证计费管理系统、美萍认证计费管理系统等,均支持 IEEE 802.1x。其选择应从管理人数、认证方式、计费方式等几方面考虑。麓山学院校园网认证计费管理系统选型见表 3-47。

表 3-47 认证计费管理系统选型

序号	指标项	技术指标	选择产品	
1	品牌	知名品牌	RG-SAM3.X	联想 Hyperboss
2	管理人数	5000 人以上	支持	支持
3	认证方式	支持多业务统一认证	通过配置可以实现 IEEE 802.1x、VPN 接入、Web 准入、网关准出、无线接入等多种接入方式,使同一个用户可以通过不同的服务接入	支持 IEEE 802.1x、VPN 接入、Web 准入、网关准出、无线接入等多种接入方式
4	计费方式	支持自定义计费策略	有周期、流量、计时三种计费方式,可以组合成一种或几种计费策略,还提供周期不使用不扣费及复合分段计费等配置	支持基于流量、周期、计时等三种计费方式,均可任意组合
5	账号绑定	支持绑定设置	可以实现用户账号、用户 IP、用户 MAC、NAS IP、NAS Port 的绑定	支持多种账号绑定策略
6	屏蔽代理	支持屏蔽代理服务器功能	可限制屏蔽二次拨号	支持屏蔽代理服务器
7	日志功能	提供认证日志、系统日志、管理员操作日志、用户 Web 自助服务日志、账单服务器日志等	可记录和查询认证日志、系统日志、管理员操作日志、用户 Web 自助服务日志、账单服务器日志等,实现事后的审计;并且其内网日志可以通过和 RG-elog 产品的对接实现基于用户的 NAT 日志、URL 日志的统一分析和查询	提供认证日志、系统日志、管理员操作日志、用户 Web 自助服务日志、账单服务器日志

根据认证计费需求及认证计费系统关键性能参数及价格比较,麓山学院认证计费系统选取 RG-SAM3.X 认证计费系统。

技能训练 3-12

训练目的

(1)了解中型园区网核心、汇聚、接入层的安全风险。

（2）熟悉中型园区网对防火墙、安全网关、认证计费系统等安全与管理产品的性能指标要求。

（3）掌握中型园区网内网、外网安全产品选型的方法。

（4）掌握中型园区网认证计费管理系统选型的方法。

训练内容

依据本校校园网需求分析、逻辑设计、网络中心规划与设计中关于安全与管理产品的要求以及麓山学院校园网安全与管理产品选型的原则与方法，对本校校园网进行安全与管理产品选型。

参考资源

（1）校园网安全产品选型技能训练任务单。

（2）校园网安全产品选型技能训练任务书。

（3）校园网安全产品选型技能训练检查单。

（4）校园网安全产品选型技能训练考核表。

训练步骤

（1）依据本校校园网流量需求、互联网接入需求、安全需求的结果，结合本校校园网的网络拓扑结构设计、网络技术选型、网络安全方案设计的结果，确定安全产品具体性能参数要求及数量。

（2）通过咨询、信息检索等方式，选定符合性能参数要求的安全产品（两种以上）。

（3）依据本校校园网认证计费管理方案，讨论并列举出主流认证计费系统（2~3种），分析优缺点。

（4）依据麓山学院校园网认证计费管理系统的选型原则，结合主流认证计费系统的分析结果，确定符合所在学校校园网实际情况的认证计费系统。

知识拓展

1. 交换机背板带宽、包转发率的计算方法

1）交换机性能计算

交换机的背板带宽，是交换机接口处理器或接口卡和数据总线间所能吞吐的最大数据量。背板带宽标志了交换机总的数据交换能力，单位为Gb/s，也叫交换带宽，一般的交换机的背板带宽从几百Gb/s到几十Tb/s不等。一台交换机的背板带宽越高，处理数据的能力就越强，但同时设计成本也会越高。

交换机的性能参数计算方法如下：

（1）线速的背板带宽。

考察交换机上所有端口能提供的总带宽。计算公式为端口数×相应端口速率×2（全双工模式），如果总带宽≤标称背板带宽，那么在背板带宽上是线速的。

(2)第二层包转发线速。

第二层包转发率＝千兆端口数量×1.488 Mpps+ 百兆端口数量×0.1488 Mpps+其余类型端口数×相应计算方法，如果这个速率≤标称二层包转发速率，那么交换机在做第二层交换时可以做到线速。

(3)第三层包转发线速。

第三层包转发率＝千兆端口数量×1.488 Mpps+ 百兆端口数量×0.1488 Mpps+其余类型端口数×相应计算方法，如果这个速率≤标称三层包转发速率，那么交换机在做第三层交换时可以做到线速。

所以，如果能满足上面三个条件，那么我们就说这款交换机真正做到了线性无阻塞。

背板带宽资源的利用率与交换机的内部结构息息相关。目前交换机的内部结构主要有以下几种：一是共享内存结构，这种结构依赖中心交换引擎来提供全端口的高性能连接，由核心引擎检查每个输入包以决定路由。这种方法需要很大的内存带宽、很高的管理费用，尤其是随着交换机端口的增加，中央内存的价格会很高，因而交换机内核成为性能实现的瓶颈；二是交叉总线结构，它可在端口间建立直接的点对点连接，这对于单点传输性能很好，但不适合多点传输；三是混合交叉总线结构，这是一种混合交叉总线实现方式，它的设计思路是，将一体的交叉总线矩阵划分成小的交叉矩阵，中间通过一条高性能的总线连接。其优点是减少了交叉总线数，降低了成本，减少了总线争用，但连接交叉矩阵的总线成了新的性能瓶颈。

2）端口速率与包转发率计算

以太网传输最小包长是 64 字节、POS 口是 40 字节。包转发线速的衡量标准是以单位时间内发送 64 Byte 的数据包（最小包）的个数作为计算基准的。对于千兆以太网来说，计算方法如下：

1 000 000 000 b/s/8 bit/(64+8+12)Byte=1 488 095 pps

说明：当以太网帧为 64 Byte 时，须考虑 8 Byte 的帧头和 12 Byte 的帧间隙的固定开销。故一个线速的千兆以太网端口在转发 64 Byte 包时的包转发率为 1.488 Mpps。快速以太网的线速端口包转发率正好为千兆以太网的十分之一，为 148.8 kpps，不同的端口速率对应的包转发率见表 3-48。

表 3-48　不同端口速率的包转发率标准

序　号	端　口　类　型	包　转　发　率
1	万兆以太网	14.88 Mpps
2	千兆以太网	1.488 Mpps
3	百兆以太网	0.1488 Mpps
4	OC-3　POS	0.29 Mpps
5	OC-12　POS	1.17 Mpps
6	OC-48　POS	468 MppS

3）端口实际速率计算

在以太网中，每个帧头都要加上 8 字节的前导符，前导符的作用在于指示监听设备数据将要到来。然后，以太网中的每个帧之间都要有帧间隙，即每发完一个帧之后要等待一段时间再发另外一个帧，在以太网标准中规定最小是 12 字节，（实际应用中有可能会比 12 个字节要大），即每个帧至少有 20 个字节的固定开销，以百兆交换为例，百兆交换机单个端口的实际吞吐量：148，809×(64+8+12)×8≈100 Mbps，通过这个公式不难看出，真正的数据交换量占到 64/84=76%，百兆交换机端口链路的"线速"数据吞吐量实际上只有 76 Mbps，另外一部分被用来处理了额外的开销，这两者加起来才是标准的百兆。

2. 如何选择一台合适的交换机

背板带宽，是交换机接口处理器或接口卡和数据总线间所能吞吐的最大数据量，背板带宽越高，处理数据的能力就越强，可以从两个方面衡量交换机的背板带宽：

（1）只有所有端口容量×端口数量之和的 2 倍应该小于背板带宽，才可实现全双工无阻塞交换，交换机才具备发挥最大数据交换性能的条件。

（2）满配置吞吐量（Mb/s）=满配置 GE 端口数×1.488 Mpps（其中 1 个千兆端口在包长为 64 字节时的理论吞吐量为 1.488 Mpps）。例如，一台最多可以提供 64 个千兆端口的交换机，其满配置吞吐量应达到 64×1.488 Mpps = 95.2 Mpps，才能够确保在所有端口均线速工作时，提供无阻塞的包交换。如果一台交换机最多能够提供 176 个千兆端口，而宣称的吞吐量不到 261.8 Mpps（176 × 1.488 Mpps = 261.8），那么有理由认为该交换机采用的是有阻塞的结构设计。

一般来说，两者都满足的交换机才是合格的交换机。

背板带宽相对大，吞吐量相对小的交换机，除了保留升级扩展的能力外，就是软件效率/专用芯片电路设计有问题；背板带宽相对小，吞吐量相对大的交换机，整体性能比较高。

3. 选择认证计费系统时需要考虑的 10 个重要因素

认证计费是网络有偿运营提供者必须具备的一个功能，认证计费的准确性、计费策略的灵活性、带宽的可控性、实时监控性等是选择认证计费系统需要重点关注的方面，具体主要包括以下 10 个方面：

1）灵活的计费方式

计费方式必须要能提供多样化的选择，宽带计费系统的计费方式包括基于增值服务计费、时间计费、流量计费、点播次数计费、包月计费、封顶计费、优惠时段计费、代交代扣计费和银行交纳费用接口等，计费数据保证准确无误。

2）完善的宽带控制

用户登录上网时，宽带计费系统的网络管理功能可设定该用户的独享带宽，甚至根据同时在线的人数自动伸缩分配带宽。

3）具有高性能的网络处理能力

宽带计费的性能必须达到线性，否则就会成为网络的瓶颈，不但计费保证不了，还会限制宽带网的应用和发展。

4）严密的账号管理

好的计费系统应具有详细的开设账号手续；能修改用户账号密码和用户资料；可以对用户进行多级分组管理；能够绑定 IP 和 MAC 地，防止用户账号被盗；安全的层级网管人员授权；支持批量的账号开设和管理；可以分批设置用户的服务和权限；可以查询用户的使用时间、次数和费用等。

5）在线监控功能

计费系统自动分配 IP 地址给合法用户；实时监控用户的在线行为；显示在线用户列表；调整用户的访问带宽；网络连接情况，异常网络信号报警；流量和费用统计等。

6）操作简单

认证计费系统既要方便用户上网，又要方便管理员进行用户管理、费用查看、网络情况监视、分析统计等，具有友好的操作界面。

7）安全稳定

需要有完善的资料备份机制，包括磁盘阵列、双机备份和远程备份等，确保用户信息及计费信息的安全。

8）详尽报表

能根据用户需要提供各种类型的统计数据，如开户数、缴费情况、开户类型、带宽利用率等，便于用户分析决策。

9）可扩展性

计费系统自身要具备可扩展性，例如支持百万级的大型计费应用，支持分布式的层级计费管理。使用多台服务器来解决接入用户数量过多的问题，或者解决小区网络多样化的问题，实现负载均衡，保证计费系统稳定运转。

10）具有良好的性价比和综合实力

应选择市场上应用广泛、客户反映良好、成熟度高的产品；同时要考虑产品供应商的规模、技术实力、售后服务等综合实力；及经过权威检验机构认证或评测的产品。

4. 问题思考

（1）什么情况下需要使用防火墙？什么情况下需要使用安全网关？
（2）如何评估交换机的性能指标？

任务 3-5　麓山学院校园网物理网络设计

任务描述

通过对麓山学院校园网物理网络设计的任务进行分解，完成该校园网的物理网络设计、成本预算等任务，通过该任务掌握中型园区网物理网络设计的原则和方法。

 问题引导

（1）综合布线涉及哪些部分。
（2）如何对综合布线耗材进行预算。

 知识学习

1. 综合布线系统设计

综合布线系统设计包括6个系统的设计，其设计步骤如图3-17所示。

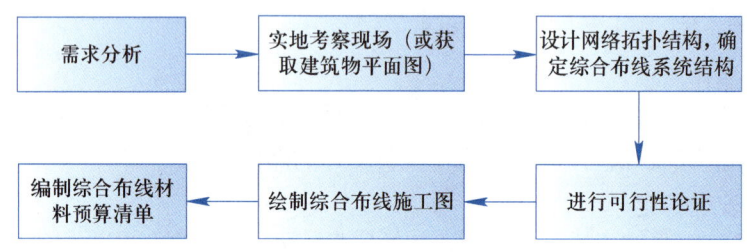

图3-17　综合布线系统设计流程

2. 工作区子系统设计

1）工作区的设计范围

工作区的设计就是要确定每个工作区的规模、信息点的数量、信息插座的类型与数量、适配器的类型与数量以及工作区电源的配置等。

2）工作区设计要点

其主要包括工作区的面积、工作区的规模（信息点数量）、工作区信息插座的类型、工作区信息插座安装的位置。

3）工作区的设计步骤

确定信息点数量：工作区信息点数量应根据用户的具体需求来确定。

确定信息插座数量：工作区应安装的信息点数量确定后，信息插座的数量就容易确定了。但必须为以后扩充留有余量，富余量应不少于实际数量的3%。

确定相应设备数量：相应设备因布线系统不同而不同。但一般来说，每个信息插座都需要配置一个墙盒或地盒、一个面板、一个半盖板。

工作区电源设置：工作区电源插座的设置除应遵循国家有关的电气设计规范外，还需参考行业相关要求进行设计。一般情况下，每组信息插座附近宜配备220 V电源三孔插座为设备供电，安装信息插座与其旁边的电源插座应保持200 mm的距离，电源插座应选用带保护接地的单相电源插座，保护接地与中性线应严格分开。

3. 配线子系统的设计

配线子系统（也称水平干线子系统）的设计涉及配线子系统的网络拓扑结构、布线路由、管槽设计、线缆类型选择、线缆长度确定、线缆布放、设备配置等内容。配线子系统往往需要敷设大量的线缆，因此，如何配合建筑物装修进行水平布线，以及布线后如何方便地进行线缆的维护工作，也是设计过程中应注意考虑的问题。

配线子系统设计要点如下。

1）配线子系统中的所有电缆必须安装成物理星形拓扑结构

它以楼层配线架（FD）为中心，各个信息点（TO）为从节点，楼层配线架和信息点之间采取独立的线路互相连接，形成以 FD 为中心向外辐射的星形网状态。配线子系统的线缆一端与工作区的信息点端接，另一端与楼层配线间的配线架相连接，如图 3-18 所示。

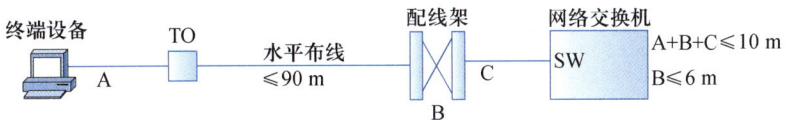

图 3-18 终端设备与配线子系统连接

2）水平缆线的布线距离规定

按照 GB50311-2007 国家标准的规定，配线子系统各缆线长度应符合图 3-19 的划分并符合下列要求：配线子系统信道的最大长度不应大于 100 m。其中水平缆线长度不大于 90 m，工作区缆线、电信间配线设备的跳线和设备缆线之和不应大于 10 m，当大于 10 m 时，水平缆线长度（90 m）应适当减少。楼层配线设备（FD）跳线、设备缆线及工作区设备缆线各自的长度不应大于 5 m，如图 3-19 所示。

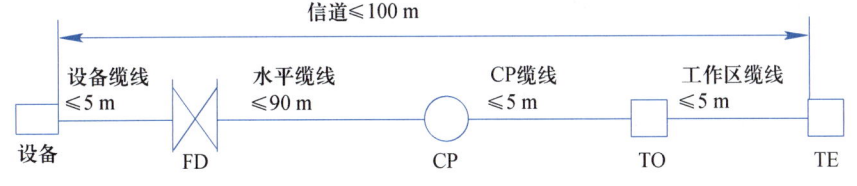

图 3-19 配线子系统缆线划分

3）配线子系统线缆选择

配线子系统的线缆，要根据要传输信息的类型、容量、带宽和传输速率来确定。按照配线子系统对线缆及长度的要求，在配线子系统楼层配线间到工作区的信息点之间，不同的应用场合采用不同的布线线缆。

4）线缆长度计算

一般可按下列步骤计算线缆长度。

《综合布线系统工程设计规范》（GB 50311—2007）

（1）首先确定布线方法和线缆走向。

（2）确定电信间所管理的区域。

（3）确定离电信间最远信息插座的距离（L）和离电信间最近的信息插座的距离（S），计算平均线缆长度=$(L+S)/2$。

（4）线缆平均布线长度=平均线缆长度+备用部分（平均线缆长度的10%）+端接容差6 m（约）。

每个楼层用线量的计算公式如下：

$$C=[0.55\times(L+S)+6]\times n$$

C—每个楼层的用线量，F—最远信息插座离电信间的距离，S—最近的信息插座离电信间的距离，n—每楼层信息插座的数量。

4. 管理间子系统的设计

管理间子系统也称电信间子系统，是专门安装楼层机柜、配线架、交换机和配线设备的楼层管理间。管理间一般设置在每个楼层的中间位置，主要安装建筑物楼层配线设备，管理间子系统连接垂直子系统和水平干线子系统。当楼层信息点很多时，可以设置多个管理间。

管理间子系统设计要点如下。

1）管理间数量的确定

一般每个楼层至少设置 1 个管理间（电信间）。如果情况特殊，每层信息点数量较少，且水平缆线长度不大于 90 m 情况下，可几个楼层合设一个管理间。如果该层信息点数量不大于400 个，水平缆线长度在 90 m 范围以内，宜设置一个管理间，当超出这个范围时，宜设两个或多个管理间。

2）管理间的面积

GB 50311 中规定管理间的使用面积不应小于5 m^2，楼层的管理间基本都设计在建筑物竖井内。在小型网络工程中，有时管理间简化成一个网络机柜，管理间安装落地式机柜时，机柜前面的净空不应小于 800 mm，后面的净空不应小于 600 mm。安装壁挂式机柜时，安装高度不小于1.8 m。

3）管理间的电源要求

管理间应提供不少于两个 220 V 带保护接地的单相电源插座。

4）管理间门要求

管理间应采用外开丙级防火门，门宽大于 0.7 m。

5）管理间环境要求

管理间内温度应为 10～35℃，相对湿度宜为 20%～80%。应该考虑网络交换机等设备发热对管理间温度的影响，应保持管理间温度不超过 35℃。

5. 干线子系统的设计

干线子系统（也称垂直子系统）是综合布线系统中关键的部分。干线子系统的设计包括干线子系统线缆的选择、干线子系统线缆的接合方式设计以及干线子系统的布线路由设计等内容，其步骤如图3-20所示。

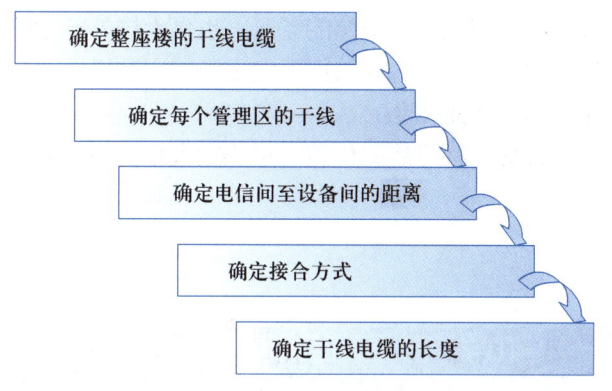

图 3-20　干线子系统设计步骤

1）干线子系统线缆选择

在设计干线子系统时通常使用以下线缆：

（1）62.5/125 μm 多模光缆；

（2）50/125 μm 多模光缆；

（3）8.3/125 μm 单模光缆。

（4）100 Ω 双绞线电缆[包括 4 对和大对数（25 对、50 对、100 对等）]。

2）干线子系统的接合方式

通常，干线子系统线缆的接合方式有三种：点对点端接、分支递减端接、电缆直接端接。

3）干线子系统的布线路由设计

干线线缆布线路由应选择较短的安全的路由。干线子系统路由的选择要根据建筑物的结构以及建筑物内预留的管道等决定。

6. 设备间子系统的设计

设备间子系统是楼宇中数据、语音垂直主干线缆终接的场所，也是建筑群的线缆进入建筑物终接的场所，更是各种数据、语音主机设备及保护设施的安装场所。设备间子系统一般设在建筑物中部或建筑物的一、二层，避免设在顶层或地下室，位置不应远离电梯，而且为以后的扩展留下余地。建筑群的线缆进入设备间时应有相应的过流、过压保护设施。

设备间子系统设计要点：

主要包括设备间的设置方案、设备间面积、设备间建筑结构、设备间环境要求、设备间接地要求、线缆敷设等内容。

7. 建筑群和进线间子系统的设计

1）建筑群子系统

建筑群子系统的设计主要包括建筑群子系统主干线缆的选择、建筑群子系统主干线缆数量的确定、建筑群子系统布线路由和布线方法的设计等内容。

2）进线间子系统

进线间子系统是建筑物之间，建筑物配线系统与电信运营商和其他信息业务服务商的配线网络互连互通及交接的场所,也是大楼外部通信和信息管线的入口部位,并可作为入口设施和建筑群配线设备的安装场地。一栋建筑物进线间一般设置 1 个,且位于地下层。

进线间子系统设计包括进线间位置、进线间大小、进线间设备配备、进线间环境等方面的内容。

飞扬大厦综合布线方案

任务实施

校园网综合布线设计方案 (1)

子任务一　麓山学院校园网工作区子系统、配线子系统、管理间子系统设计

1. 工作区子系统

校园内学生宿舍各房间信息点选择 RJ-45 接口的双孔形式,其他各房间全部选择 RJ-45 接口的单孔形式,选用超五类系列信息模块,性能达到国际标准 ISOIS 11801 的指标。

综合布线网络实物图

3 个典型综合布线工程的案例分析

以麓山学院 1 号教学楼一、二层为例,工作区子系统采用超 5 类双绞线缆,其工作区信息点统计见表 3-49。

表 3-49　工作区信息点统计

房间号		X01		X02		X03		X04		TO 小计	TP 小计	合计
类别		TO	TP	TO	TP	TO	TP	TO	TP			
一层	TO	4		6		8		6		24		
	TP		2		2		2		2		8	
二层	TO	6		4		4		4		18		
	TP		2		2		2		2		8	
TO 小计		10		10		12		10				42
TP 小计			4		4		4		4			16
合计										42	16	58

说明:X=楼层　　TO=网络信息点　　TP=语音信息点

2. 配线子系统

水平线缆全部采用 CAT 5E 4 对 UTP 超五类优质非屏蔽双绞线,满足 100 m 传输要求,配合连接硬件产品可以支持语音、数据、图形图像等多媒体应用,满足 ANSI/TIA/EIA—568A 及 ISO/IEC 11801 等标准。

以 1 号教学楼 1 楼为例,因 1 号教学楼内每个教室只有一台计算机,对网络带宽要求不高,所以采用的线缆是超 5 类双绞线缆,接入交换机放置在楼道靠左侧,最远的信息点距接入交换机约 80 m,最近的信息点距接入交换机 8 m,所需的双绞线缆长度为:$C=[0.55 \times (80+8)+6] \times 24=1305.6$ m。

3. 管理间子系统

管理间子系统由交接间的配线设备、输入输出设备等组成。每一层或两层设立一个管理间，管理间数据配线系统采用 CAT 5E 超强型五类 24/48 口非屏蔽配线架，通过跳线与 24/48 口以太网交换机相连，交换机至少要预留两个光纤通道，每个管理间需要一条 4 芯光纤与设备间相连。管理间应尽量保持室内无尘土、通风良好、室内照明不低于 150 Lx，载重量不小于 100 磅/m²。应符合有关消防规范，配置有关消防系统。每个电源插座的容量不小于 300 W。

麓山学院 1 号教学楼水平子系统采用跨层布线方式，二层信息点的桥架位于大楼一层，三层信息点的桥架位于大楼二层，四层信息点的桥架位于大楼三层，五层信息点的桥架位于大楼四层，五层没有管理间。从图 3-21 中我们可以看到，一二层管理间位于大楼一层，其中一层的缆线从地面进入竖井，二层的缆线从桥架进入大楼一层竖井内，然后接入一层的管理间配线机柜，三层缆线从桥架竖井进入二层的管理间，四层缆线从桥架进入三层的管理间。

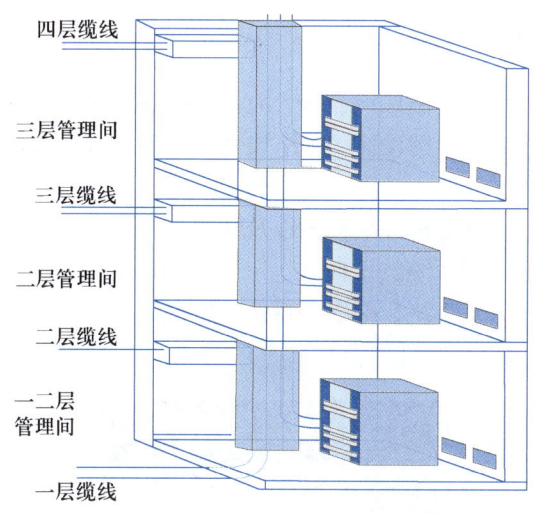

图 3-21 麓山学院 1 号教学楼跨层管理间示意图

技能训练 3-13

训练目的

（1）了解中型园区网综合布线系统的组成。
（2）熟悉中型园区网综合布线系统设计规范。
（3）掌握中型园区网物理网络工作区子系统、配线子系统、管理间子系统的设计方法。

笔 记

 训练内容

依据本校校园网信息点需求、流量需求、互联网接入需求的结果，结合网络拓扑结构设计、网络技术选型的结果以及建筑物平面图，对本校校园网进行物理网络工作区子系统、配线子系统、管理间子系统设计。

 参考资源

（1）校园网工作区子系统、配线子系统、管理间子系统设计技能训练任务单。

（2）校园网工作区子系统、配线子系统、管理间子系统设计技能训练任务书。

（3）校园网工作区子系统、配线子系统、管理间子系统设计技能训练检查单。

（4）校园网工作区子系统、配线子系统、管理间子系统设计技能训练考核表。

 训练步骤

（1）依据本校校园网信息点需求、流量需求、互联网接入需求的结果，结合所在学校的网络拓扑结构设计、网络技术选型的结果以及建筑物平面图，确定信息点数量及类型。

（2）依据本校的网络拓扑结构图以及建筑物平面图，进行工作区子系统、配线子系统、管理间子系统的设计。

（3）根据工作区子系统、配线子系统、管理间子系统的设计方案，绘制设计图。

浩樊大厦综合布线设计方案
case

校园网综合布线设计方案（2）
case

微课
校园网物理网络设计

子任务二　麓山学院校园网干线子系统、设备间子系统、建筑群和进线间子系统设计及综合布线耗材成本预算

1. 干线子系统

干线子系统（Floor Distributor，FD；Building Distributor，BD）用于连接管理间子系统与设备间子系统，该系统分配设备间到各管理间和总（楼栋）配线架与分（楼层）配线架的路由，采用 6 芯 62.5 μm/125 μm 多模光纤，支持 1000 Mb/s 甚至更高速率，并且至少预留 1 条 2 芯光纤到每个管理间。

目前，垂直干线布线路由主要采用电缆井和电缆孔两种方法。对于单层平面建筑物水平干线布线路由主要用金属管道和电缆托架两种方法。

麓山学院各楼宇由于涉及多楼层，且各栋建筑都预留有电缆井，因此干线子系统布线采用垂直型电缆井方式进行布线路由。

2. 设备间子系统

设备间子系统由设备室的电缆、连接器和相关支持硬件组成,将各种公用系统设备互连起来。设备间的主要设备有数字程控交换机、计算机网络设备、服务器、楼宇自控设备主机等。设备间子系统同时也是连接各建筑群子系统的场所,校园网每栋建筑物设立一个设备间,作为该栋建筑的数据汇聚中心,选用 24 口机柜式光纤配线架,通过垂直子系统多模光纤与各楼层管理间相连。设备间应尽量保持室内无尘土、通风良好、室内照明不低于 150 Lx,载重量不小于 100 磅/m²。应符合有关消防规范,配置有关消防系统。室内应提供 UPS 电源,以保证网络设备正常运行及维护的供电。每个电源插座的容量不小于 300 W。

麓山学院图书馆设备间在设计布局时,将安装设备区域和管理人员办公区域分开考虑,这样不但便于管理人员的办公而且便于设备的维护,如图 3-22 所示。

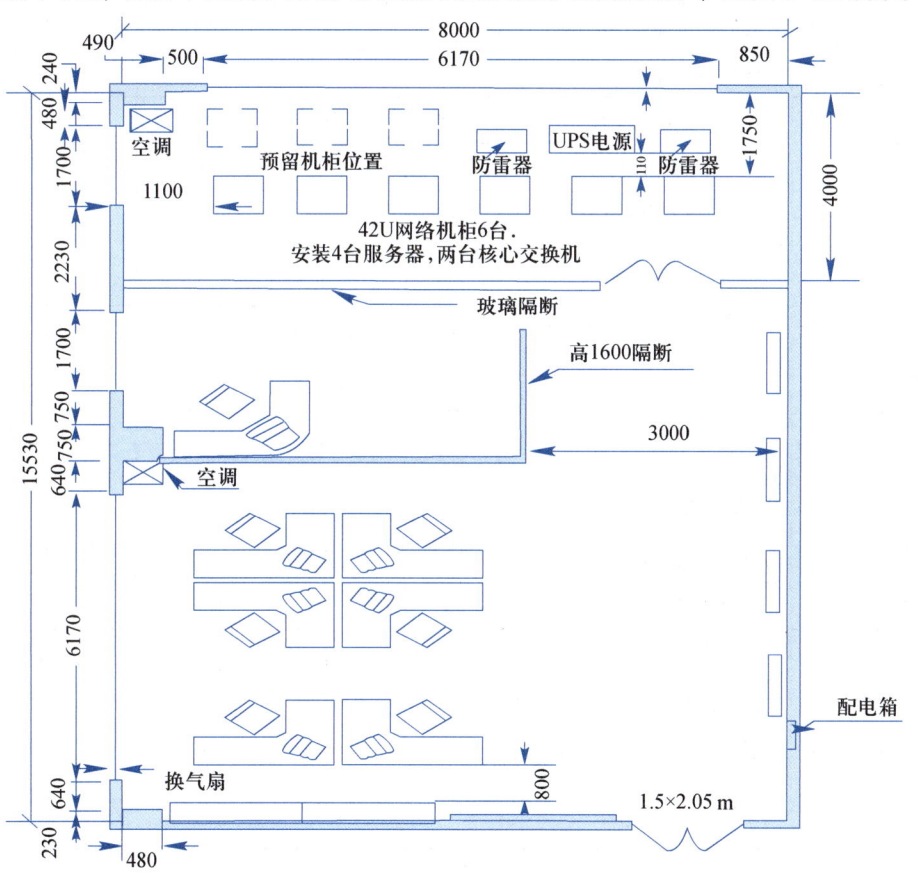

图 3-22 麓山学院图书馆设备间子系统

3. 建筑群和进线间子系统

1)建筑群子系统

建筑群子系统应由连接各建筑物之间的综合布线缆线、建筑群配线设备(Campus Distributor,CD)和跳线等组成。考虑到校园网各建筑物与网络中心(图书馆 1 楼)的距离,选用室外 6 芯单模光纤将各建筑物与网络中心相连,采用地下管道或电缆沟的敷设方式，并至少应预留 1~2 个备用管孔，以供扩充之用。麓山学院建筑群干线光缆采用电缆沟方式进行敷设，线缆路由考虑建筑物之间的地形选择距离短、线路平直的路由。

2）进线间子系统

因为麓山学院校园网网络中心在图书馆，因此进线间子系统规划放在图书馆地下一层，方便与 ISP 运营商进行路由互通。

4. 综合布线系统耗材成本预算（表 3-50）

表 3-50　综合布线系统耗材成本预算

序号	材料名称	材料规格/型号	单位	数量	单价/元	合计/元
1	网络机柜	图腾 12U，五面出线	个	60	400	24 000
		图腾 24U，五面出线	个	40	600	24 000
		图腾 48U，五面出线	个	8	1 200	9 600
2	打线式配线架	24 口六类配线架	个	80	650	52 000
		48 口六类配线架	个	20	1 020	20 400
3	机架式光纤配线架	型号：FPP12-SC，12 端口	个	10	850	8 500
4	理线环	型号：PP-MA	个	250	200	50 000
5	110 配线架（含连接端块）	型号：PP110-100，配套端子	个	130	400	52 000
6	大对数语音电缆	型号：TOR4253BK，25 对	轴	5	3 000	15 000
7	多模光纤	型号：FMAF-6，A1b-50/125 多模光缆	米	10 000	4	40 000
8	单模光纤	型号：FMAF-6，A1b-9/125 单模光缆	米	30 000	3	90 000
9	六类网络线	AMP 六类线	箱	110	650	71 500
10	语音电话线	AMP 三类 4 芯，型号为 4C-0.5BC	箱	60	500	30 000
11	其他配线辅助耗材	PVC 线管、PVC 槽配件、信息点底盒面板、水晶头、单模/多模光纤耦合器等	—	—	20 000	20 000
		合计				507 000

技能训练 3-14

 训练目的

（1）掌握中型园区网物理网络干线子系统、设备间子系统的设计方法。

（2）掌握中型园区网综合布线系统耗材成本预算方法。

训练内容

依据本校校园网信息点需求、流量需求、互联网接入需求的结果,结合网络拓扑结构设计、网络技术选型的结果以及建筑物平面图,对本校校园网进行物理网络干线子系统、设备间子系统设计,并进行综合布线系统耗材成本预算。

参考资源

(1)校园网干线子系统、设备间子系统、建筑群和进线间子系统设计及综合布线耗材成本预算技能训练任务单。

(2)校园网干线子系统、设备间子系统、建筑群和进线间子系统设计及综合布线耗材成本预算技能训练任务书。

(3)校园网干线子系统、设备间子系统、建筑群和进线间子系统设计及综合布线耗材成本预算技能训练检查单。

(4)校园网干线子系统、设备间子系统、建筑群和进线间子系统设计及综合布线耗材成本预算技能训练考核表。

训练步骤

(1)依据本校的网络拓扑结构图以及建筑物平面图,进行干线子系统、设备间子系统的设计。

(2)根据干线子系统、设备间子系统的设计方案,绘制设计图。

(3)进行综合布线系统耗材成本预算。

知识拓展

1. 综合布线系统的优点

综合布线系统是以计算机和通信系统的配线为对象设计的,是一个综合式系统。它可以使用相同的电线、配线端子板以及相同的插头和模块化插孔。整个系统采用星形结构,由工作区子系统、水平子系统、干线子系统、设备间子系统、管理子系统和建筑群子系统等组成。由于每个子系统相对独立,每条线路都与其他线路无关,因而容易更改布局和维护。

(1)兼容性。在传统布线系统中,电话配线采用双绞线,而计算机的配线多采用同轴电缆,从线路材料到插头、插座均不相同;而在综合布线系统中,所有信号的传输均统一设计,采用相同的传输介质、插头、插座及适配器等,从而使布线系统大为简化。

(2)开放性。综合布线系统的设计符合国际上的统一标准,因而对所有厂商的产品都是开放的。

(3)灵活性。由于在综合布线系统中,所有信息的传输皆采用相同的传输介质,因而在增加新设备或更改设备类型时,都不需要改变原布线系统。

（4）先进性。综合布线系统可根据当今网络通信的发展趋势，考虑到通信速率的不断提高，以及用户对信息服务多样性的需求，在选用传输介质上留有足够余地。例如，可采用光纤和双绞线混合的布线方式来合理地构成布线系统。

（5）经济性。综合布线系统的初期投入可能会大一些，但由于它在日后的运行中，可省去因改装、扩容而重新布放线缆的投资，并使维护、管理费用降低，因而从总体来看是经济的。

2. 问题思考

（1）综合布线过程中，如何选择合适的线缆？
（2）成本预算的原则是什么？

任务 3-6　编写麓山学院校园网建设投标书

任务描述

通过对编写麓山学院校园网建设投标书的任务进行分解，完成该校园网建设投标书的编写任务，掌握中型园区网投标书的编写原则和内容要求。

问题引导

投标书包含哪些部分？

知识学习

投标文件的组成

（1）投标函及其附表。
（2）法定代表人资格证明书和法定代表人的授权委托书。
（3）各种资格证明材料。
（4）详细的预算书、投标报价汇总表、主要材料用量汇总表。
（5）计划投入的主要施工设备表、项目经理与主要施工人员表。
（6）钢材、木材、水泥、混凝土、特材和其他需要甲方供应的材料的用量，所需人工的总工日数等。
（7）施工规划，包括主要的施工方法、技术措施、质量保证体系及措施、工期进度安排及保证措施、安全生产及文明施工措施、施工平面布置图等。
（8）近年来的工作业绩、获得的各种荣誉（需要提供证书的复印件，必要时验证原件）。
（9）对招标文件中合同协议条款内容的确认和响应，该部分内容往往并入投标书或投标书附录。
（10）资格预审资料（如经过资格审查则不需要提供）。
（11）投标担保书和招标文件要求提交的其他条件等。

上述 1~6 项内容组成商务标；第 7 项为技术标的主要内容，第 8、9 项内容组成资信标或并入商务标、技术标，具体根据招标文件规定。

投标人必须使用招标文件提供的投标文件表格格式，主要有投标书及投标书附录、工程量清单与报价表、辅助资料表等。

 任务实施

子任务　编写麓山学院校园网建设投标书

1. 投标书的作用

投标书是指投标单位按照招标书的条件和要求，向招标单位提交的报价并填具标单的文书，它要求密封后邮寄或派专人送到招标单位，故又称标函。它是投标单位在充分领会招标文件，进行现场实地考察和调查的基础上所编制的投标文书，是对招标公告提出的要求的响应和承诺，并同时提出具体的标价及有关事项来竞争中标。

投标书是整个招投标过程中最重要的一环，必须表达出用户单位的全部意愿，不能有疏漏，投标商必须对标书的内容进行实质性的响应，否则被判定为无效标（按废弃标处理）。投标书同样也是评标最重要的依据。

2. 投标书的内容

投标书的内容应符合招标书中对于投标书的具体编写规范和内容要求，其内容主要分成两部分：商务应答和技术应答。

商务部分包括投标承诺书、法定代表人授权委托书、投标人基本情况简介、同类型项目业绩、投标资格证明文件、详细的预算书、投标报价汇总表等。

技术部分包括投标方案介绍、技术规格、参数响应/偏离表、质量保证承诺书、售后服务承诺书等。

3. 麓山学院校园网建设投标书

依据麓山学院校园网招标书的要求，分商务部分和技术部分编写麓山学院校园网建设投标书。

育才中学校园网建设项目投标文件

兰达职业中专校园网络设备（竞争性谈判）_报价文件 case

兰达职业中专校园网络设备（竞争性谈判）_技术部分 case

麓山学院校园网投标书

技能训练 3-15

训练目的

掌握投标文件的编写规范及内容要求。

训练内容

依据麓山学院校园网投标书的编写规范与内容要求，完成本校校园网建设投标书的编写。

参考资源

（1）编写校园网建设投标书技能训练任务单。

（2）编写校园网建设投标书技能训练任务书。
（3）编写校园网建设投标书技能训练检查单。
（4）编写校园网建设投标书技能训练考核表。

 ▶ 训练步骤

（1）学生依据麓山学院校园网投标书的编写规范与内容要求，明确投标书的格式要求与内容要求。

（2）根据本校校园网逻辑设计方案、网络中心规划与设计方案、网络设备与安全产品选型方案、物理网络设计方案，结合校园网招标书中技术要求部分，整理得出校园网网络建设方案书，形成校园网建设投标书的技术应答。

（3）根据校园网建设招标书的商务部分，完成校园网建设投标书的商务应答。

（4）参照麓山学院校园网建设投标书的编制规范，结合校园网网络建设方案书、商务应答，编写学生所在学校的校园网建设投标书。

 ▶ 知识拓展

1. 编写投标书注意事项

下面以高速公路某标段建设项目投标书为例进行介绍：

1）封面
（1）封面格式是否与招标文件要求格式一致。
（2）封面标段、里程是否与所投标段、里程一致。
（3）企业法人或委托代理人是否按照规定签字或盖章，是否按规定加盖单位公章，投标单位名称是否与资格审查时的单位名称相符。
（4）投标日期是否正确。

2）目录
（1）目录内容从顺序到文字表述是否与招标文件要求一致。
（2）目录编号、页码、标题是否与内容编号、页码（内容首页）、标题一致。

3）投标书及投标书附录
（1）投标书格式、标段、里程是否与招标文件规定相符，建设单位名称与招标单位名称是否正确。
（2）报价金额是否与"投标报价汇总表合计"、"投标报价汇总表"、"综合报价表"一致，大小写是否一致，国际标中英文标书报价金额是否一致。
（3）投标书所示工期是否满足招标文件要求。
（4）投标书是否已按要求盖公章。
（5）法人代表或委托代理人是否按要求签字或盖章。
（6）投标书日期是否正确，是否与封面所示吻合。

4）修改报价的声明书（或降价函）
（1）修改报价的声明书内容是否与投标书相同。
（2）降价函是否按招标文件要求装订或单独递送。

5）授权书、银行保函、信贷证明

（1）授权书、银行保函、信贷证明是否按照招标文件要求格式填写。

（2）上述三项是否由法人正确签字或盖章。

（3）委托代理人是否正确签字或盖章。

（4）委托书日期是否正确。

（5）委托权限是否满足招标文件要求，单位公章是否加盖。

（6）信贷证明中信贷数额是否符合业主明示要求，如业主无明示，是否符合标段总价的一定比例。

6）报价

（1）报价编制说明是否符合招标文件要求。

（2）报价表格式是否按照招标文件要求格式，名目排序是否正确。

（3）"投标报价汇总表合计"、"投标报价汇总表"、"综合报价表"及其他报价表是否按照招标文件规定填写，编制人、审核人、投标人是否按规定签字或盖章。

（4）"投标报价汇总表合计"与"投标报价汇总表"的数字是否吻合，是否有计算错误。

（5）"投标报价汇总表"与"综合报价表"的数字是否吻合，是否有计算错误。

（6）"综合报价表"的单价与"单项概预算表"的指标是否吻合，是否有计算错误。"综合报价表"费用是否齐全，来回改动时要特别注意。

（7）"单项概预算表"与"补充单价分析表"、"运杂费单价分析表"的数字是否吻合，工程数量与招标工程量清单是否一致，是否有计算错误。

（8）"补充单价分析表"、"运杂费单价分析表"是否有偏高、偏低现象，如有则分析原因，所用工、料、机单价是否合理、准确，以免产生不平衡报价。

（9）"运杂费单价分析表"所用运距是否符合招标文件规定，是否符合调查实际。

（10）配合辅助工程费是否与标段设计概算相接近，降造幅度是否满足招标文件要求，是否与投标书其他内容的有关说明一致，招标文件要求的其他报价资料是否准确、齐全。

7）对招标文件及合同条款的确认和承诺

（1）投标书承诺与招标文件要求是否吻合。

（2）承诺内容与投标书其他有关内容是否一致。

（3）承诺是否涵盖了招标文件的所有内容，是否实质上响应了招标文件的全部内容及招标单位的意图。业主在招标文件中隐含的分包工程等要求，投标文件在实质上是否予以响应。

（4）招标文件要求逐条承诺的内容是否逐条承诺。

（5）对招标文件（含补遗书）及合同条款的确认和承诺，是否确认了全部内容和全部条款，不能只确认、承诺主要条款，用词要确切，不允许有保留或留有其他余地。

2. 问题思考

（1）如何编写技术规格、参数响应/偏离表？

（2）如何竞标？竞标过程中有哪些注意事项？

项目总结

本项目主要讲解了麓山学院校园网的网络需求、逻辑设计、网络中心规划与设计、网络设备与安全产品选型、物理网络设计等内容，让读者对中型园区网的组网技术、整体架构、安全规划、服务平台构建、认证计费设计有一个较全面和深入的认识。

项目评估

学习评估分为项目检查和项目考核两部分（表3-51）。项目检查主要对教学过程中的准备工作和实施环节进行核查，确保项目完成的质量；项目考核是对项目教学的各个阶段进行定量评价，这两部分始终贯穿于项目教学全过程。

表3-51 学习评估表

项目考核点名称	考核指标	评分	占总项目比重（%）	小计
技能考核项目1 校园网业务需求分析、环境需求分析、信息点需求分析、流量需求分析	业务需求、环境需求、信息点需求、流量需求的调查与分析全面，需求分析说明书规范		2	
技能考核项目2 校园网互联网接入需求分析、网络安全需求分析、管理需求分析	互联网接入需求分析、网络安全需求分析、管理需求的调查与分析全面，需求分析说明书规范		2	
技能考核项目3 校园网认证计费需求分析、网络服务平台需求分析	认证计费需求分析、网络服务平台需求的调查与分析全面，需求分析说明书规范		2	
技能考核项目4 编写校园网招标书	招标书符合编写规范，内容符合要求		4	
技能考核项目5 校园网网络拓扑结构设计、网络技术选型	网络拓扑结构设计合理，设计方案说明清楚；网络技术先进性、扩展性好		10	
技能考核项目6 校园网IP地址规划、设备命名	IP地址规划既满足现有要求，又便于扩充；设备命名规范，便于管理与识别		10	
技能考核项目7 校园网网络中心环境设计、网络管理方案设计	网络中心环境设计全面,可靠性高；网络管理方案简单高效		10	

续表

项目考核点名称	考 核 指 标	评分	占总项目比重（%）	小计
技能考核项目 8 校园网网络安全方案设计	网络安全方案考虑全面，措施设计合理		10	
技能考核项目 9 校园网认证计费管理设计技能训练	认证计费类型灵活，管理方便		10	
技能考核项目 10 校园网网络服务平台设计	网络服务平台规划合理，性能优越		10	
技能考核项目 11 校园网交换机选型	交换机选型性价比高		5	
技能考核项目 12 校园网安全产品选型	安全产品选型性价比高		5	
技能考核项目 13 校园网工作区子系统、配线间子系统、管理间子系统设计	工作区子系统、配线间子系统、管理间子系统设计规范		8	
技能考核项目 14 校园网干线子系统、设备间子系统、建筑群和进线间子系统设计及综合布线耗材成本预算	干线子系统、设备间子系统、建筑群和进线间子系统设计规范，综合布线耗材成本预算合理		8	
技能考核项目 15 编写校园网建设投标书	投标书符合编写规范，内容与招标书要求一致		4	
总计				

项目习题

一、填空题

1. 综合布线系统工程设计的范围就是用户信息需求分析的范围，这个范围包括信息覆盖的区域和区域上有什么信息两层含义，因此，要从____（1）____和____（2）____两方面来考虑这个范围。

2. 工作区子系统设计中，每____（1）____ m² 为 1 个工作区，对于增强型设计等级，每个工作区安排____（2）____个信息插座。

3. 综合布线的项目施工管理包含工程施工管理、____（1）____管理和____（2）____管理。

4. DNS 同时调用了 TCP 和 UDP 的 53 端口，其中____（1）____端口用于 DNS 客户端与 DNS 服务器端的通信，而____（2）____端口用于 DNS 区域之间的数据复制。

5. 防火墙将网络分割为两部分，即将网络分成两个不同的安全域。对于接入 Internet 的局域网，其____（1）____属于可信赖的安全域，而____（2）____属于不可信赖的非安全域。

6. 专用的 FTP 服务器要求用户在访问它们时必须提供____（1）____和____（2）____。

7. 集群的主要优点有＿＿＿（1）＿＿＿、＿＿＿（2）＿＿＿和＿＿＿（3）＿＿＿。

二、选择题

1. 某校园网内 VLAN2 的网关地址设置为 137.229.16.1，子网掩码设置为 255.255.240.0，则以下 IP 地址中，（　　）不属于该 VLAN。

    A. 137.229.15.32　　　　　　B. 137.229.18.128
    C. 137.229.24.254　　　　　　D. 137.229.31.64

2. 在基于 IEEE 802.1x 与 Radius 组成的认证系统中，Radius 服务器的功能不包括（　　）。

    A. 验证用户身份的合法性　　　B. 授权用户访问网络资源
    C. 对用户进行审计　　　　　　D. 对客户端的 MAC 地址进行绑定

3. 在信息安全技术体系中，（　　）用于防止信息抵赖，（　　）用于防止信息被窃取，（　　）用于防止信息被篡改，（　　）用于防止信息被假冒。

    A. ① 加密技术　　② 数字签名　　③ 完整性技术　　④ 认证技术
    B. ① 完整性技术　② 认证技术　　③ 加密技术　　　④ 数字签名
    C. ① 数字签名　　② 完整性技术　③ 认证技术　　　④ 加密技术
    D. ① 数字签名　　② 加密技术　　③ 完整性技术　　④ 认证技术

4. 目前，某城市大学城内共有 4 所综合性大学，高校 1 和高校 4 的校园约有 14 500 个信息点，高校 2 和高校 3 约有 16 300 个信息点。HL 系统集成公司承接了该大学城各高校网络互连互通及数据中心建设的网络工程项目。

HL 公司的规划师老李在进行逻辑网络设计时，提出了本阶段的工作内容是：网络拓扑结构设计，局域网技术选择，广域网技术选择，IP 地址和域名设计，路由协议选择，网络安全设计，网络管理模式与工具选择，撰写逻辑设计文档。

对规划师老李确定的逻辑设计内容的评价，恰当的是（　1　）。在进行 IP 地址设计时，规划师老李可能（　2　）。

（1）A. 应去掉"广域网技术选择"这一部分
　　　B. 应补充"物理层技术选择"部分
　　　C. 应补充"网络设备选型"部分
　　　D. 内容全面，符合逻辑设计的工作准则

（2）A. 由于信息不足，无法确定子网掩码
　　　B. 选用 255.255.240.0 这一子网掩码
　　　C. 选用 255.255.224.0 这一子网掩码
　　　D. 选用 255.255.192.0 这一子网掩码

5. 某单位允许其内部网络中的用户访问 Internet。由于业务发展的需要，现要求在政务网与单位内部网络之间进行数据安全交换。适合选用的隔离技术是（　　）。

    A. 防火墙　　　　　　　　　　B. 多重安全网关
    C. 网闸　　　　　　　　　　　D. VPN 隔离

6. 网络 122.21.136.0/22 中最多可用的主机地址有（　　）个。
   A. 1024　　　　B. 1023　　　　C. 1022　　　　D. 1000

7. 规划一个 C 类网，需要将网络分为 9 个子网，每个子网最多 15 台主机，下列（　　）是合适的子网掩码。
   A. 255.255.224.0　　　　　　B. 255.255.255.224
   C. 255.255.255.240　　　　　D. 没有合适的子网掩码

8. 一个子网网段地址为 10.32.0.0，掩码为 255.224.0.0 的网络，它允许的最大主机地址是（　　）。
   A. 10.32.254.254　　　　　　B. 10.32.255.254
   C. 10.63.255.254　　　　　　D. 10.63.255.255

9. 当某一服务器需要同时为内网用户和外网用户提供安全可靠的服务时，该服务器一般要置于防火墙的（　　）。
   A. 内部　　　　B. 外部　　　　C. DMZ 区　　　　D. 都可以

10. 在以下各项功能中，不可能集成在防火墙上的是（　　）。
    A. 网络地址转换（NAT）
    B. 虚拟专用网（VPN）
    C. 入侵检测和入侵防御
    D. 过滤内部网络中设备的 MAC 地址

11. 为数据库服务器和 Web 服务器选择高性能的解决方案，较好的方案是＿＿（1）＿＿，其原因在于＿＿（2）＿＿。
    （1）A. 数据库服务器用集群计算机，Web 服务器用 SMP 计算机
    　　B. 数据库服务器用 SMP 计算机，Web 服务器用集群计算机
    　　C. 数据库服务器和 Web 服务器都用 SMP 计算机
    　　D. 数据库服务器和 Web 服务器都用集群计算机
    （2）A. 数据库操作主要是并行操作，Web 服务器主要是串行操作
    　　B. 数据库操作主要是串行操作，Web 服务器主要是并行操作
    　　C. 都以串行操作为主
    　　D. 都以并行操作为主

12. 某机构要新建一个网络，除内部办公、员工收发邮件等功能外，还要对外提供访问本机构网站（包括动态网页）和 FTP 服务，设计师在设计网络安全策略时，给出的方案是：利用 DMZ 保护内网不受攻击，在 DMZ 和内网之间配一个内部防火墙，在 DMZ 和 Internet 间，较好的策略是＿＿（1）＿＿，在 DMZ 中最可能部署的是＿＿（2）＿＿。
    （1）A. 配置一个外部防火墙，其规则为除非允许，都被禁止
    　　B. 配置一个外部防火墙，其规则为除非禁止，都被允许
    　　C. 不配置防火墙，自由访问，但在主机上安装杀病毒软件
    　　D. 不配置防火墙，只在路由器上设置禁止 PING 操作
    （2）A. Web 服务器，FTP 服务器，邮件服务器，相关数据库服务器

B. FTP 服务器，邮件服务器
C. Web 服务器，FTP 服务器
D. FTP 服务器，相关数据库服务器

三、综合题

1. 某校园网部分需求如下。

（1）信息中心距图书馆 2 km，距教学楼 300 m，距实验楼 200 m。

（2）图书馆的汇聚交换机置于图书馆主机房内，楼层设备间共两个，分别位于二层和四层，距图书馆主机房距离均大于 200 m，其中，二层设备间负责一、二层的计算机接入，四层设备间负责三、四、五层的计算机接入，拓扑结构如图 3-23 所示，各层信息点数见表 3-52 所示。

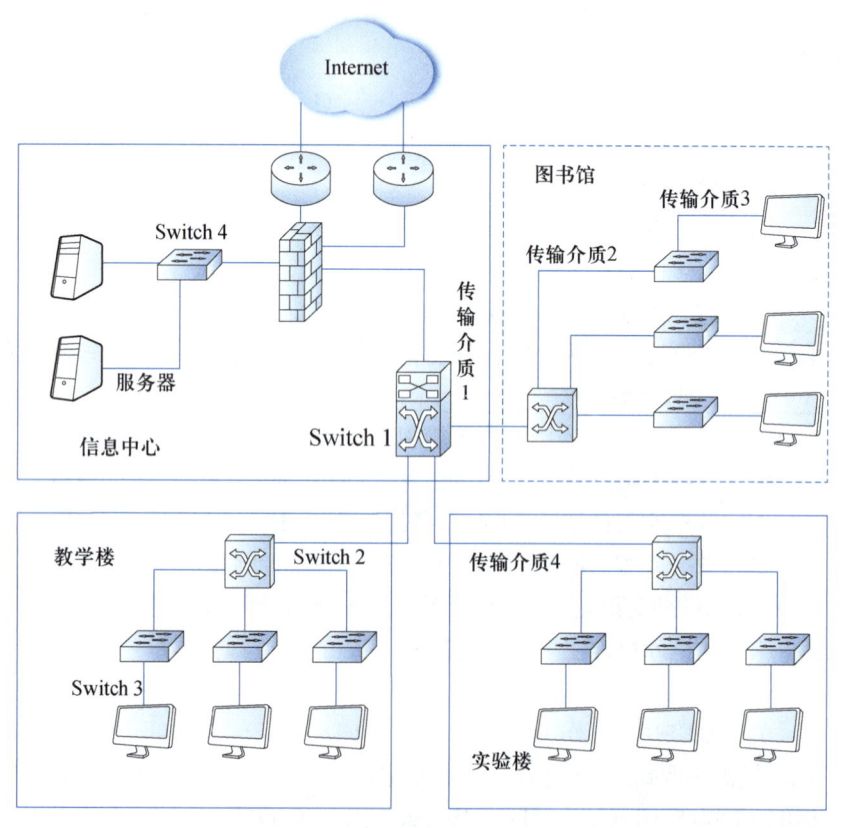

图 3-23　校园网拓扑结构

表 3-52　信息点统计

楼　层	信　息　点　数
1	24
2	24
3	19
4	21
5	36

（3）所有计算机采用静态 IP 地址。

（4）学校网络要求千兆主干，百兆到桌面。

（5）信息中心有两条百兆出口线路，在防火墙上根据外网 IP 设置出口策略，分别从两个出口访问 Internet。

（6）信息中心有多台服务器，通过交换机与防火墙相连。

（7）信息中心提供的信息服务包括 Web、FTP、数据库、流媒体等，数据流量较大，要求千兆接入。

根据以上信息，请回答下列问题。

【问题 1】根据网络需求和拓扑结构图，在满足网络功能的前提下，本着最节约成本的布线方式，传输介质 1 应采用___（1）___，传输介质 2 应采用___（2）___，传输介质 3 应采用___（3）___，传输介质 4 应采用___（4）___。

（1）~（4）备选答案：
    A. 单模光纤　　　B. 多模光纤　　　C. 基带同轴电缆
    D. 宽带同轴电缆　E. 1 类双绞线　　F. 5 类双绞线

【问题 2】学校根据网络需求选择了四种类型的交换机，其基本参数见表 3-53。

表 3-53 交换机参数

交换机类型	参　　　数
A	12 个固定千兆 RJ-45 接口，背板带宽为 24 Gb/s，包转发率为 18 Mpps
B	24 个千兆 SFP，背板带宽为 192 Gb/s，包转发率为 150 Mpps
C	模块化交换机，背板带宽为 1.8 Tb/s，包转发率为 300 Mpps，业务插槽数量为 8，支持电源冗余
D	24 个固定千兆 RJ-45 接口，1 个 GBIC 插槽，包转发率为 7.6 Mpps

根据网络需求、拓扑图和交换机参数类型，在图 3-22 中，Switch1 应采用___（5）___类型交换机，Switch2 应采用___（6）___类型交换机，Switch3 应采用___（7）___类型交换机，Switch4 应采用___（8）___类型交换机。

根据需求描述和所选交换机类型，图书馆二层设备间最少需要交换机___（9）___台，图书馆四层设备间最少需要交换机___（10）___台。

【问题 3】该网络采用核心层、汇聚层、接入层的三层架构。根据层次化网络设计的原则，数据包过滤、协议转换应在___（11）___层完成。___（12）___层提供高速骨干线路，MAC 层过滤和 IP 地址绑定应在___（13）___层完成。

【问题 4】根据该网络的需求，防火墙至少需要___（14）___个百兆接口和___（15）___个千兆接口。

2. 某校园网物理地点分布如图 3-24 所示，拓扑结构如图 3-25 所示，请回答下列问题。

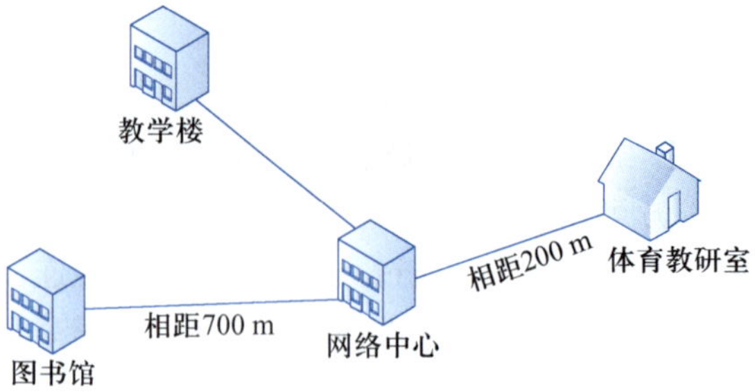

图 3-24　校园网物理地点分布示意图

【问题 1】由图 3-24 可见，网络中心与图书馆相距 700 m，而且两者之间采用千兆连接，那么两个楼之间的通信介质应选择＿＿（1）＿＿。

备选答案：

（1）A．单模光纤　　　B．多模光纤　　　C．同轴电缆　　　D．双绞线

【问题 2】校园网对校内提供 VoD 服务，如图 3-25 所示，对外提供 Web 服务，同时进行网络流量监控。对以上服务器进行部署，VoD 服务器部署在＿＿（2）＿＿，Web 服务器部署在＿＿（3）＿＿，网络流量监控服务器部署在＿＿（4）＿＿，以上三种服务器中通常发出数据量最大的是＿＿（5）＿＿。

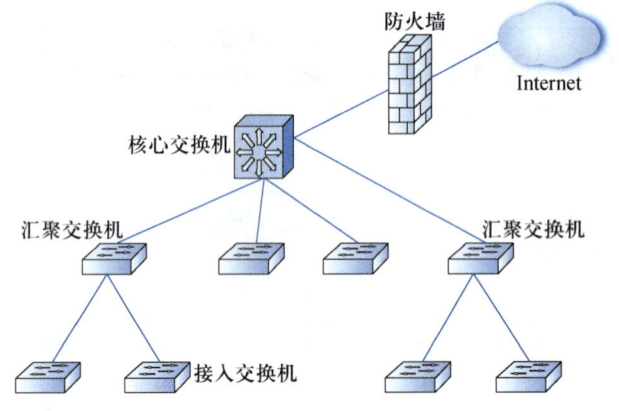

图 3-25　校园网拓扑结构

（2）、（3）、（4）、（5）的备选答案：

　　A．核心交换机端口　B．核心交换机镜像端口　　C．汇聚交换机端口

　　D．接入交换机端口　E．防火墙 DMZ 端口

【问题 3】校园网在进行 IP 地址部署时，给某基层单位分配了一个 C 类地址块 192.168.110.0/24，该单位各部门的计算机数量分布见表 3-54。要求各部门处于不同的网段，请将表 3-55 中的（6）～（13）处空缺的主机地址（或范围）和子网掩码填写在相应位置上。

表 3-54　计算机数量分布

部　门	主 机 数 量
教师机房	100 台
教研室 A	32 台
教研室 B	20 台
教研室 C	25 台

表 3-55　IP 地址分配及子网掩码

部　门	可分配的地址范围	子 网 掩 码
教师机房	192.168.110.1 ~（6）	（10）
教研室 A	（7）	（11）
教研室 B	（8）	（12）
教研室 C	（9）	（13）

3. 某学校拟组建一个小型校园网，具体要求如下。

1）设计要求

（1）终端用户包括 48 个校园网普通用户，一个有 24 个多媒体业务需求用户的电子阅览室，一个有 48 个用户的多媒体教室（性能要求高于电子阅览室）。

（2）服务器提供 Web、DNS、E-mail 服务。

（3）支持远程教学，可以接入互联网，具有广域网访问的安全机制和网络管理功能。

（4）各楼之间的距离为 500 m。

2）可选设备（表 3-56）

表 3-56　可 选 设 备

设备名称	数量	特　　性
Switch1	1 台	具有两个 100 BASE-TX 端口和 24 个 10 BASE-T 端口
Switch2	2 台	各具有两个 100 M 快速以太网端口（其中一个 100 BASE-TX、一个 100 BASE-FX）和 24 个 10BASE-T 端口
Switch3	2 台	各配置 2 端口 100BASE-FX 模块、24 个 100 BASE-TX 快速以太网端口
Switch4	1 台	配置 4 端口 100BASE-FX 模块、24 个 100 BASE-TX 快速以太网端口，具有 MIB 管理模块
Router1	1 台	提供了对内的 10/100 M 局域网接口，对外的 128 k 的 ISDN 或专线连接，同时具有防火墙功能

3）可选介质

3 类双绞线、5 类双绞线、多模光纤。

该校网络设计方案如图 3-26 所示。

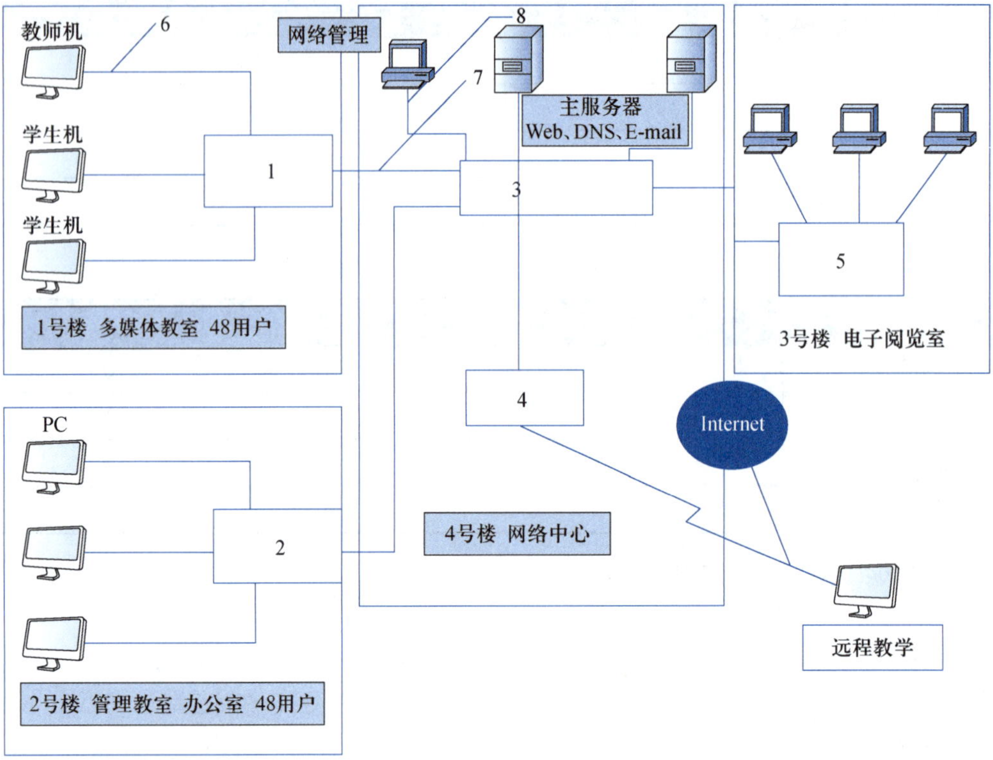

图 3-26　校园网设计方案

根据以上信息，请回答下列问题。

【问题 1】依据给出的可选设备进行选型，填写图 3-25 中 1~5 处空缺的设备名称（每处可选一台或多台设备）。

【问题 2】填写图 3-25 中 6~8 处空缺的介质（所给介质可重复选择）。

4. 某公司 A 楼高 40 层，每层高 3.3 m，同一楼层内任意两个房间最远传输距离不超过 90 m，A 楼和 B 楼之间距离为 500 m，需要在整个大楼进行综合布线，结构如图 3-26 所示。为满足公司业务发展的需要，要求为楼内客户机提供数据速率为 100 Mb/s 的数据、图像及语音传输服务。根据以上信息，请回答下列问题。

【问题 1】综合布线系统由 6 个子系统组成，图 3-27 中（1）~（6）处空缺子系统的名称分别是什么？

【问题 2】考虑性能与价格因素，图 3-26 中（1）、（2）和（4）中各应采用什么传输介质？

【问题 3】为满足公司要求，通常选用什么类型的信息插座？

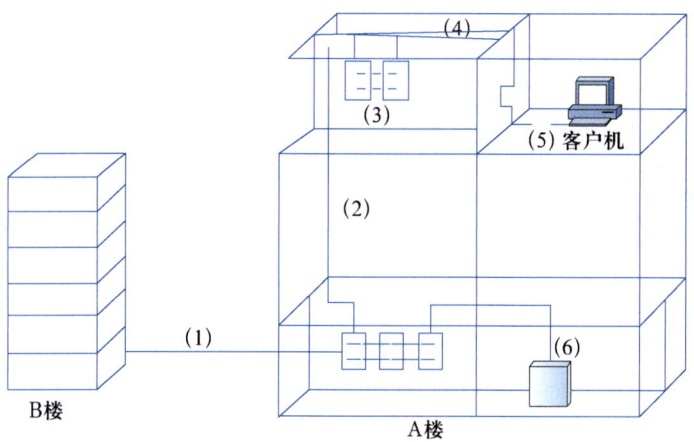

图 3-27 公司建筑物分布示意图

项目 4
电子政务云内网规划与设计

学习目标

【知识目标】
- 了解电子政务云内网的概念；
- 了解电子政务云内网的总体需求；
- 了解电子政务云内网的设计标准及规范。

【能力目标】
- 掌握电子政务云内网的网络架构设计；
- 掌握电子政务云内网的通信线路设计；
- 掌握电子政务云内网的网络设备选型；
- 掌握电子政务云内网的 IP 地址规划与路由规划设计；
- 掌握电子政务云内网网络中心的规划与设计。

【素养目标】
- 培养文献检索、资料查找与阅读能力；
- 培养自主学习能力；
- 培养独立思考、分析问题的能力；
- 培养表达沟通、诚信守时和团队合作能力；
- 树立成本意识、服务意识和质量意识。

项目导读

学习情境

江南省决定新建一套电子政务云内网平台，一方面以省政府为中心，下连 10 个市级政府，每个市级政府再连接各自所属的 10 个县级政府；另一方面，将省委、人大、政府、政协、法院、检察院等 200 余家省直单位的内部局域网进行互连。江南省具体行政结构如图 4-1 所示。

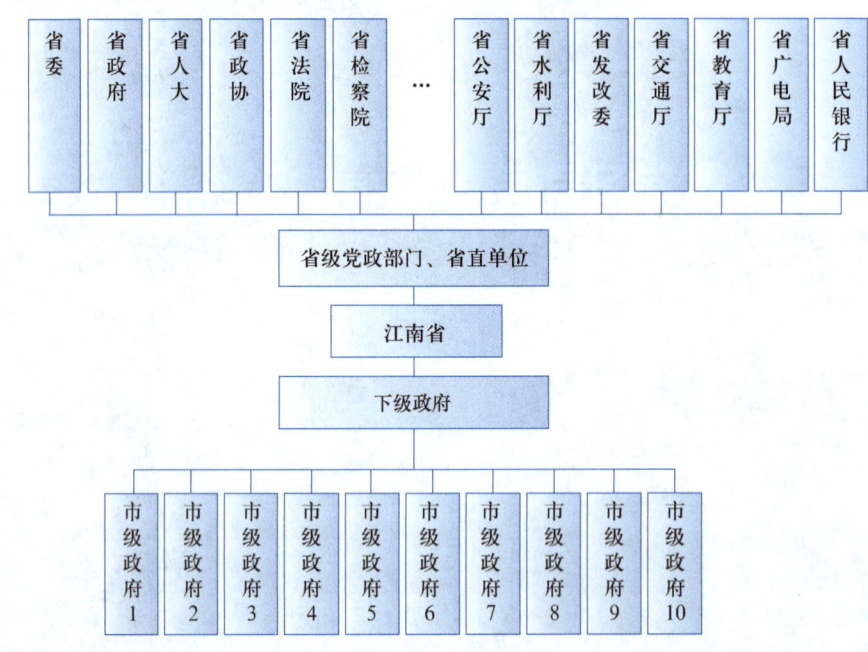

图 4-1　江南省行政结构图

项目描述

国家电子政务云网络由电子政务云内网和电子政务云外网组成。电子政务云内网由党委、人大、政府、政协、法院、检察院等党政部门与直属单位业务网络互连组成，主要满足各级政务部门内部办公、管理、协调、监督和决策的需要，同时满足省级以上政务部门的特殊办公需要。电子政务云外网主要满足各级政务部门的社会管理、公共服务等面向社会公众的需要。

电子政务云内网是党政机关和各业务单位的办公专网，主要实现对国家机密和敏感度高的核心政务信息的保护，维护社会公共秩序和监管行政职能的准确实施，为企业和公民提供公共服务的质量保证。电子政务云内网要求物理隔离，即政务云内网与其他网络在物理上是完全断开的，同时要求支持数据、语音和视频等业务。

江南省电子政务云内网主要满足江南省各级党政机关内部办公、管理、协

中国电子政务云系统概述

case

课堂教学讨论任务单——电子政务云内网和电子政务云外网的区别

case

调、监督和决策的需要，同时也必须满足党政部门特殊办公的需要。通过高带宽、全互连，各级党政部门能提高紧急、重要事件的快速反应和处理能力，实现指挥调度和快速响应的现代化，决策的信息化，日常办公业务规范化、网络化，从而进一步提高政府工作质量和工作效率，推进宏观管理现代化、决策科学化和国民经济信息化，更好地为广大人民群众服务。

拓展阅读
政务云及其安全

项目实施

任务 4-1 网络需求调研与分析

素养提升
合约意识

任务描述

通过需求调查与分析，明确电子政务云内网的用户类型，即哪些用户（政府部门和单位）必须接入电子政务内网；各类用户的业务需求，估算业务流量；了解电子政务云内网面临的安全问题；如何实现电子政务云内网的管理。

问题引导

（1）如何实现电子政务云内网的连接。
（2）江南省电子政务云内网纵向（省级、市级、县级政府）有几个骨干节点？横向（各级党政部门直属单位）有多少个骨干节点？
（3）电子政务云内网需要承载哪些主要业务？
（4）电子政务云内网纵向网之间流量需要多大。
（5）电子政务云内网需要采取哪些安全措施才能实现密级要求？
（6）如何实现电子政务云内网的管理。

微课
电子政务云内网网络需求分析

笔记

知识学习

电子政务云内网特性

1）安全性

电子政务云内网是在物理上完全与外部网络相隔离的专用网络，网内的信息对外界是绝对保密的。因此，网络设备、网络安全、网络管理、通信线缆、传输要求等指标应达到相关的安全要求。例如，网络应提供报文加密，网络加密设备除提供标准加密算法和 128 位以上加密密钥支持外，须具备对私有密钥的支持能力，以强化网络安全。

同时，政务云内网在体系架构上也是足够安全的。首先，政务云内网部署在私有云环境下，与公有云有效隔离，最大程度上保证了政务云内网的网络安全；其次，政务云内网的应用服务部署于私有云中具备自主弹性能力的高性能云主机中，可以有效应对政务云内网中的大并发访问，极大地提高了应用服务的安全性、可靠性和稳定性；最后，政务云内网的所有数据和文件都存储在私有云的专有存储服务设备中,这些设备不但是高度冗余的,而且具备全方位的容灾能力和灾难恢复能力,有效地保护了政务云内网中重要数据和文件的安全。

2)先进性

电子政务云内网作为党政机关的涉密网,在一定程度上体现了本省信息化建设与应用水平。因此,网络规划设计方案应具备一定的先进性,以满足今后一段时间内的各类应用业务增长需要。为了支持数据、话音、视频等业务的可靠传输,要采用先进的网络技术,高带宽、高质量的传输链路,高可靠性、高性能(交换能力、服务质量等)和多协议支持的网络产品。

3)可扩展性和可升级性

随着政务云信息化应用业务的增加和应用水平的提高,网络中的数据流和信息流会呈指数增长,要求电子政务云内网有较好的可扩展性,并能随着技术的发展不断升级。

4)可靠性

电子政务云内网具有其特殊性,某些应用要求高度的稳定性、可靠性,因此要求各层次的网络设备、数据链路要具备良好的负载均衡能力和较强的冗余能力,同时,数据库系统需做读写分离,以提高政务云内网各应用的可靠性和可用性。另外,各业务系统数据应进行定期备份。网络中的核心设备均要求提供双电源、支持热插拔等。同时,在物理层、数据链路层和网络层均要有备份。

5)易管理和易维护性

电子政务云内网覆盖区域广、涉及用户多、业务约束多,因此要求网络系统具有良好的可管理性,具有实时监测、故障诊断、故障隔离、过滤设置、用户级别设置等功能。

6)服务质量(QoS)保障

因为电子政务云内网中涉及语音、视频等实时数据传输,同时还涉及不同级别的用户,因此需要为不同的业务类型和不同的用户提供不同的带宽及相应的优先级服务质量保证。

任务实施

子任务一 网络互连需求调查

1. 网络互连方式需求调查

省级电子政务云内网按层次可以分为一级网络、二级网络、三级网络。其中,一级网络为省级政府网络;二级网络为市级政府网络;三级网络为县级政府云网络。省级电子政务云内网在纵向上应该实现省级网络与省属各个市级网络、市级网络与市属各个县级网络平台之间的连接,具体网络层级结构见表4-1。

表 4-1　电子政务云内网纵向层级结构表

一 级 网 络	二 级 网 络	三 级 网 络
省政府	市级政府 1	县级政府 10～县级政府 19
	市级政府 2	县级政府 20～县级政府 29
	市级政府 3	县级政府 30～县级政府 39
省政府	市级政府 4	县级政府 40～县级政府 49
	市级政府 5	县级政府 50～县级政府 59
	市级政府 6	县级政府 60～县级政府 69
	市级政府 7	县级政府 70～县级政府 79
	市级政府 8	县级政府 80～县级政府 89
	市级政府 9	县级政府 90～县级政府 99
	市级政府 10	县级政府 100～县级政府 109

同时，电子政务云内网在横向上能够连接省级党政部门、省政府的组成机构、直属机构、办事机构、事业单位等各个省直单位的内部局域网，以及省委、省政府、省人大、省政协等省级党政部门内部局域网。

2. 网络接入方式需求分析

电子政务云内网横向上要将省级党政部门、直属单位接入，纵向上要将省、市、县三级党政部门相连，根据流量需求、采用不同带宽的专线接入。

子任务二　网络接入节点需求调查

电子政务云内网在纵向上以省政府为核心节点，下连 10 个市级政府，各个市级政府再分别连接各自所属的 10 个县级政府。网络接入节点数见表 4-2 和表 4-3。

拓展阅读
电子政务云与公共服务云的区别

表 4-2　一级网络接入节点需求调查表

一级网络汇聚点	一级网络接入点	说　　明
省政府	市级政府 1	上连省政府，下连 10 个县级政府
	市级政府 2	上连省政府，下连 10 个县级政府
	市级政府 3	上连省政府，下连 10 个县级政府
	市级政府 4	上连省政府，下连 10 个县级政府
	市级政府 5	上连省政府，下连 10 个县级政府
	市级政府 6	上连省政府，下连 10 个县级政府
	市级政府 7	上连省政府，下连 10 个县级政府
	市级政府 8	上连省政府，下连 10 个县级政府
	市级政府 9	上连省政府，下连 10 个县级政府
	市级政府 10	上连省政府，下连 10 个县级政府
接入点小计	10 个	

表 4-3　某个二级网络接入节点需求调查表

二级网络汇聚点	二级网络接入点	说　　明
市级政府	县级政府 1	上连市级政府
	县级政府 2	上连市级政府
	县级政府 3	上连市级政府
	县级政府 4	上连市级政府
	县级政府 5	上连市级政府
	县级政府 6	上连市级政府
	县级政府 7	上连市级政府
	县级政府 8	上连市级政府
	县级政府 9	上连市级政府
	县级政府 10	上连市级政府
接入点小计	10 个	

由上可知，江南省电子政务云内网的一级网络包括 1 个省级核心节点，二级网络包括 10 个市级节点，三级网络包括 100 个县级节点。

江南省电子政务云内网平台横向上连接省委、省政府、省人大、省政协、法院、检察院等 200 家省级党政部门和省直单位，其中 50 家省级党政部门和省直单位原来已经接入省政府专网，可以直接接入电子政务云内网平台，其余 150 家省级党政部门和省直单位需要通过新的线路接入电子政务云内网平台。

子任务三　网络业务需求调查

电子政务云内网平台应提供数据交换和整合功能，支持跨平台操作，支持各种不同数据库，实现数据的实时获取、转换、传递、交换、整合等，实现信息资源共享。

电子政务云内网应满足开展各项涉秘业务的需要，为党政机关提供一个安全、先进、灵活、高带宽、高可靠性的业务支撑网络平台。具体要求见表 4-4。

表 4-4　电子政务云内网业务需求表

编号	业务类型	业务描述
1	办公自动化	各级政府机关通过广域网实现纵向省、市/地、县等各级政府机关的公文交换、信息传递、多媒体信息交换、会议通知、值班应急系统等政府机关办公功能
2	政务信息查询	主要包括多媒体信息系统、政策法规系统、公文库系统及其他信息库的查询系统。提供公文库查询、政策法规库查询、多媒体信息查询、目录库查询（统计信息、综合信息、人口信息、法人单位信息、自然资源信息、空间地理信息、宏观经济信息等）

续表

编号	业务类型	业务描述
3	涉密公文交换	建立涉密公文电子交换系统，改变传统的手工传输方式，实现党政部门涉密公文、信息、会议、督查等主要办公业务的数字化和网络化，公文和信息传输无纸化。可定制标准化涉密公文模板，提供身份识别功能、压缩传输功能、解压接收功能、收发文管理功能和催办回复功能。各入网单位可视本单位实际情况，建立内部公文运转和查询系统
4	机要信息应用	建立机要信息应用平台，省直各部门的机要室用单机通过省级电子政务云内网平台与其进行加密信息交换，形成机要统一的省级纵向涉密网；同时，各市（地）委机要局通过市级电子政务云内网平台、省级电子政务云内网平台与省委机要局机要信息应用平台进行加密信息交换，形成省市机要系统统一的纵向涉密网
5	电子邮件	建设覆盖省、市/地、县及各厅、局、委、办的电子邮件消息传递系统。通过该系统实现全省范围内的电子邮件邮递功能，便于信息传递和人员的沟通与交流
6	域名系统	实现电子政务网内省市（地）县三级之间的域名访问

子任务四　网络流量需求分析

1. 县级和市级节点间的流量需求分析

根据市级汇聚节点所连接的县级接入节点数目以及它们之间的主要网络业务类型，可以得到市级和县级节点间流量需求，如表 4-5 所示。

表 4-5　市级和县级节点间流量需求表

二级网络汇聚节点	二级网络接入节点	主要网络业务	流量需求（Mb/s）
市级汇聚节点	县级政府接入节点 1	办公自动化、政务信息查询、涉密公文交换、机要信息应用、电子邮件、域名系统	4
	县级政府接入节点 2	办公自动化、政务信息查询、涉密公文交换、机要信息应用、电子邮件、域名系统	4
	县级政府接入节点 3	办公自动化、政务信息查询、涉密公文交换、机要信息应用、电子邮件、域名系统	4
	县级政府接入节点 4	办公自动化、政务信息查询、涉密公文交换、机要信息应用、电子邮件、域名系统	4
	县级政府接入节点 5	办公自动化、政务信息查询、涉密公文交换、机要信息应用、电子邮件、域名系统	4
	县级政府接入节点 6	办公自动化、政务信息查询、涉密公文交换、机要信息应用、电子邮件、域名系统	4
	县级政府接入节点 7	办公自动化、政务信息查询、涉密公文交换、机要信息应用、电子邮件、域名系统	4
	县级政府接入节点 8	办公自动化、政务信息查询、涉密公文交换、机要信息应用、电子邮件、域名系统	4
	县级政府接入节点 9	办公自动化、政务信息查询、涉密公文交换、机要信息应用、电子邮件、域名系统	4
	县级政府接入节点 10	办公自动化、政务信息查询、涉密公文交换、机要信息应用、电子邮件、域名系统	4

根据表 4-5 的统计结果，市级汇聚节点和县级接入节点之间的实际流量需求在 4 Mb/s 左右，但考虑到网络冗余，以及将来网络业务的增加，必须预留一定的网络带宽。因此，建议市级汇聚节点和县级接入节点之间的网络带宽为 8 Mb/s。

2. 省级和市级节点间的流量分析

根据省级汇聚节点所连接的市级接入节点数目及省市级政府间主要网络业务类型，同时考虑到县级接入节点的数据需要通过市级节点连接到省级汇聚节点，得到每一个省市级节点之间的接入流量需求，见表 4-6。

表 4-6　省级和市级节点间流量需求分析表

一级网络汇聚节点	一级网络接入节点	主要网络业务	流量需求（Mb/s）
省级汇聚节点	市级政府接入节点 1	办公自动化、政务信息查询、涉密公文交换、机要信息应用、电子邮件、域名系统、省级和县级节点间的数据交换	150

根据表 4-6 可知，省级汇聚节点和市级接入节点之间的流量需求在 150 Mb/s 左右，但考虑到网络冗余，以及将来网络业务的增加，必须预留一定的网络带宽。因此，建议省级汇聚节点和市级接入节点之间的网络带宽设计为 300 Mb/s。

子任务五　网络安全与网络管理需求分析

1. 网络安全需求分析

微课
电子政务云内网
网络安全与管理
需求分析

由于电子政务云内网的特殊性，应充分重视因网络互连带来的安全问题，包括网络安全、应用安全、数据资源保护、安全管理以及对出现问题的查找、定位、分析、处理、恢复等方面。

电子政务云内网的安全体系包括登录控制、身份认证、授权管理、安全审计、传输加密、数字签名、防范病毒、过程控制、文件保护、安全岛技术、防火墙技术、桌面保护、逻辑隔离、定期漏洞检测、受攻击报警、防辐射干扰等方面，具体要求见表 4-7。

表 4-7　电子政务云内网网络安全整体需求

序号	安全类型	具体要求
1	结构安全与网段划分	（1）网络设备的业务处理能力应具备冗余空间，以满足业务高峰期需要 （2）应设计和绘制与当前运行情况相符的网络拓扑结构图 （3）应根据机构业务的特点，在满足业务高峰期需要的基础上，合理设计网络带宽 （4）应在业务终端与业务服务器之间进行路由控制，建立安全的访问路径 （5）应根据各部门的工作职能、重要性、所涉及信息的重要程度等因素，划分不同的子网或网段，并按照方便管理和控制的原则为各子网、网段分配地址段 （6）重要网段应采取网络层地址与数据链路层地址绑定措施，防止地址欺骗 （7）应按照业务的重要次序分配带宽和指定优先级别，保证在网络发生拥堵时关键业务不受影响

续表

序号	安全类型	具 体 要 求
2	网络访问控制	（1）应能根据会话状态信息（包括数据包的源地址、目的地址、源端口号、目的端口号、协议、出入的接口、会话序列号、发出信息的主机名等），为数据流提供明确的允许/拒绝访问的能力 （2）能对进出网络的信息内容进行过滤，实现对应用层 HTTP、FTP、Telnet、SMTP、POP3 等协议命令级的控制 （3）能依据安全策略允许或者拒绝便携和移动式设备的网络接入 （4）能在会话处于非活跃一定时间或会话结束后终止网络连接 （5）能限制网络最大流量及网络连接数
3	网络安全审计	（1）应对网络系统中的网络设备运行状况、网络流量、用户行为等进行全面的监测、记录 （2）应对每一个事件进行详细审计，包括事件的日期和时间、用户、事件类型、事件是否成功，以及其他与审计相关的信息 （3）能对审计记录数据进行分析，并生成审计报表 （4）能对特定事件提供指定方式的实时报警 （5）审计记录应受到保护，避免受到非授权的删除、修改或覆盖等
4	边界完整性检查	（1）能检测内网用户未经授权私自连到外部网络的行为（即"非法外连"行为）并进行阻断 （2）能对非授权设备私自接入网络的行为进行检查，并准确定位，并对其进行有效阻断
5	网络入侵防范	（1）能在网络边界对端口扫描、强力攻击、木马后门攻击、拒绝服务攻击、缓冲区溢出攻击、IP 碎片攻击、网络蠕虫等攻击入侵行为进行监视 （2）能对入侵事件进行详细记录，包括入侵的源 IP、攻击的类型、攻击的目的、攻击的时间等，并对严重入侵事件进行报警
6	恶意代码防范	（1）能在网络边界及核心业务网段处对恶意代码进行检测和清除 （2）支持恶意代码防范的统一管理
7	网络设备防护	（1）能对登录网络设备的用户进行身份鉴别 （2）能对网络上的对等实体进行身份鉴别 （3）能对网络设备管理员的登录地址进行限制 （4）身份鉴别信息应具有不易被冒用的特点，如口令长度、复杂性和更新期限等 （5）同一用户应具有两种或两种以上组合的身份鉴别技术 （6）应具有登录失败处理功能：超过非法登录次数限制，结束会话；网络登录连接超时，自动退出 （7）应实现设备特权用户的权限分离，例如将管理与审计的权限分配给不同的网络设备用户

2. 网络管理需求分析

电子政务云内网是一个覆盖面较大、业务较复杂的网络系统，它包含大量硬件设备、软件系统和数据信息，这些资源分布在全省各部门，要对它们进行方便、有效的管理，保证电子政务云内网业务平台的正常运行。

电子政务云内网的管理需求分为两个层面，一个层面是网元层及部分网络层管理，包括拓扑呈现、故障告警及性能监控等方面，主要针对网络设备自身；另一个层面为运营商后端的网络监控系统，主要包括底层传输链路和传输网络设备的集中监控和自动运维管理等方面。

技能训练 4-1

训练目的

了解公安专网的业务需求、环境需求、信息点需求、流量需求、业务系统接入需求、技术选择需求、链路需求、安全需求和管理需求。

训练内容

根据电子政务云内网需求分析的方法与原则，学生分组（5~7人一组）完成公安专网网络需求分析的技能训练。

参考资源

（1）公安专网网络需求分析技能训练任务单。
（2）公安专网网络需求分析技能训练任务书。
（3）公安专网网络需求分析技能训练检查单。
（4）公安专网网络需求分析技能训练考核表。

训练步骤

1. 网络需求调查

1）网络业务需求

了解各部门的主要业务需求。

2）环境需求

考虑中心机房的物理位置及物理环境要求。

3）信息点需求

先统计各分局所属派出所及分局机关信息点数，得到各分局总信息点数，然后汇总各分局信息点数及市局机关信息点数，最后得到市公安专网信息点总数。

4）流量需求

重点考虑各业务对流量的要求。

5）业务系统接入需求

了解各业务系统在同一网络中是否需要进行逻辑隔离。

6）技术选择需求

通过与用户的充分沟通，了解客户需求，收集相关信息，这些信息主要包括业务需求、环境需求、信息点信息、流量需求、业务接入需求。然后对所收集到的信息进行汇总、整理、分析，为用户提出相应的解决方案。主要了解用户对组网架构、技术选择、割接方案等方面的建议。

7）链路需求

了解是否需要租用电信级运营商的光缆或者传输线路来完成组网所需要的链路。

8）安全需求

了解用户对物理安全、网络安全、系统安全的需求。

9）管理需求

主要了解网络设备的管理和控制、服务器及相关的应用服务的监控和管理两方面要求。

2. 资料检索与分析

学生参照公安专网需求分析技术训练任务书及公安专网建设具体需求情况，上网了解公安专网的详细需求。

3. 网络需求分析报告

小组综合调查结果，进行讨论、分析并形成网络需求分析报告。

知识拓展

1. 电子政务云内网、电子政务云专网和电子政务云外网的概念

1）电子政务云内网

电子政务云内网是党政机关办公业务网络，与 Internet 物理隔离，主要满足各级政务部门内部办公、管理、协调、监督和决策的需要，同时满足省级以上政务部门的特殊办公需要。

目前，电子政务云内网的联网范围没有延伸到乡镇一级政府，且不能与外网交换信息。电子政务云内网是涉密网络，应当严格按照涉密网络的要求建设，经批准后才能运行。

2）电子政务云专网

电子政务云专网是党政机关的非涉密内部办公网，主要用于机关非涉密公文、信息的传递和业务流转。它与外网之间通过网闸（非防火墙）以数据"摆渡"方式交换信息（网闸关闭或不支持 HTTP、FTP、SMTP 等通用协议），实现公共服务与内部业务流转的衔接。由于"摆渡"方式并不能使专网与 Internet 连接，因此专网基本不会受到 Internet 安全威胁，具有较高的安全性。其次，电子政务云专网不是涉密网，既可实现广泛的内部互连，又可与外网实现安全信息交换。因此，电子政务云专网完全能够作为不涉及国家秘密的内部业务流转和信息处理的主要平台，并形成公共服务的外网受理、内（专）网办理、外网反馈的闭环机制。

拓展阅读
电子政务云与公共
服务云的区别

笔记

3）电子政务云外网

电子政务云外网是政府对外服务的业务专网，与 Internet 通过防火墙逻辑隔离，主要用于政府机关通过 Internet 发布政府公开信息、受理、反馈公众请求和运行安全级别低、不需要在电子政务专网运营的业务。目前，建设的政府公众信息网和政府门户网都属于这一范畴。但从严格意义上说，政府门户网又与政务云外网有所区别，政府门户网是建立在 Internet 平台上的各级政务机关对外发布政务信息、开展社会服务的电子政务窗口，它以政务云外网信息资源为支撑并整合了各级政务部门的公众信息资源，旨在推进政务公开，扩大宣传与服务范围，实现政府与公众的沟通和交流，是政务信息服务的枢纽和接受社会监督的窗口。而电子政务云外网不仅具有政府门户网的功能，而且要为各级政府门户网站和电子政务应用系统提供网络支撑，承载政府部门面向社会的专业性服务。因此从这个意义上说，电子政务外网既不是一般意义上的门户网，也不是简单的政府公众信息网，而是一个介于政务专网和门户网之间，政府对外实现网上办公业务和信息服务的业务专网。

2. 问题思考

（1）电子政务云内网有哪些用户？
（2）电子政务云内网的网络应用有哪些？哪种网络应用占用的带宽最多？
（3）电子政务云内网的用户主要在什么时间段使用？

任务 4-2　网络架构设计

中国电子政务系统概述

课堂教学讨论任务单——电子政务内网和电子政务外网的区别

星城电子政务内网网络拓扑设计方案

case

 任务描述

省级电子政务云内网互联单位多，网络覆盖全省，同时涉及省、市、县之间的纵向连接，故网络架构总体上分为纵向网络和横向网络两部分。纵向网络（广域网）指省到市、市到县的网络结构；横向网络（城域网）指省级节点与省级党政部门互连、市级节点与市级单位互连、县级节点与县级单位互连。

 问题引导

（1）如何进行电子政务云内网中纵向网的设计？
（2）如何进行电子政务云内网中横向网的设计？

知识学习

1. 电子政务云内网的拓扑结构

电子政务云内网一般为设立多个核心节点的城域网，采用星环形结构。核心层采用 RPR/POS 环网技术，网络可靠性高；同时核心层考虑预留政务纵向网接口；汇聚层设备根据业务需求采用 GE/FE 双归属方式接入核心点；接入层设备就近采用 GE/FE 接入汇聚节点。

核心层面作为整个网络的核心节点，负责处理的业务流量大，它的性能、可靠性将极大地影响网络的运行情况。汇聚层主要用于整个网络接入节点的汇聚，根据不同城域网的网络规模，在汇聚层可以选用相应的网络设备，应该具备灵活高密的接口，很强的二层交换及三层路由能力。

拓展阅读
数据灾备技术

2. 电子政务云内网的架构设计要求

1）网络及路由层次清晰

采用业界主流的分层结构设计，核心层专注于 IP/MPLS 的快速交换，汇聚层负责城域网业务的汇聚和高速转发。分层网络结构可以尽量避免核心区域的路由受到边缘链路振荡的影响。

拓展阅读
云授权、云密码、云审计服务

2）网络充分可靠

在组网方式上，核心节点之间采用 RPR/POS 环网技术，RPR 技术可以提供低于 50 ms 的故障保护。汇聚层设备采用双归等措施避免单点故障，提高网络的可靠性。同时，核心、汇聚层设备均采用分布式体系结构、关键部件冗余的高可靠性设计，以保证设备系统的可靠性和可用性。

3）支持 MPLS 业务

应易于部署和实施 MPLS VPN 等业务，核心层设备可以作为 P/PE 设备，方便业务的扩展。

微课
广域网设计

任务实施

子任务一　广域网（纵向网）设计

江南省电子政务云内网平台将覆盖全省 10 个市级及 100 个县级政府部门，采用标准的核心层、汇聚层以及接入层三层体系架构。其中核心路由器设在省电信中心托管机房，每个市级各设置 1 个汇聚节点，各汇聚节点通过 2×155 Mb/s 专线接入省级核心节点路由器。县级节点作为纵向网络的接入层节点，通过 4×2Mb/s MSTP 专线连接相应市（州）汇聚节点。

考虑网络安全需求，政务内网不与任何外部网络互连；各单位的局域网络通过防火墙与政务内网平台互连。

江南省电子政务云内网的总体网络拓扑结构如图 4-2 所示。

1. 核心节点设计

核心层作为政务云内网的信息枢纽，不但应具有高可靠性和高并发能力，还需要具备多方面扩展的能力，以应付未来业务的高速增长，故需具备两个条件：① 核心层不选用路由处理能力相对较弱的三层交换机，而选用 2 台高性能路由器，负责广域网汇聚点接入；② 核心层应通过虚拟化等云计算相关技术实现网络随业务的弹性部署，且支持云数据中心特性，满足后续业务需求。另外，由于省到市、市到县距离远，不适合使用纯以太网环境，因此采用了两条 155 Mb/s POS

DCN 骨干网络规划模板

政府信息化网络规划及网络安全建议方案

电子政务网解决方案

课堂教学讨论任务单
__核心节点网络设备的选用

（省市之间流量估计不超过 150 Mb/s）链路连接 10 个市（州）节点，为各市（州）政府电子政务云内网提供数据传递通路。同时，它还作为省级城域网（横向网）的核心节点，与省直单位城域网汇聚层设备相连。考虑到核心路由器的重要性，两台核心路由器均采用双引擎、双电源系统，每台设备配备 16 个 155 Mb/s POS 接口，其中 10 个作为市级汇聚路由器的接入，6 个备用，同时配备 4 个 GE 端口，分别用于核心路由器到省委、省政府、省直单位及核心路由器之间的互连。

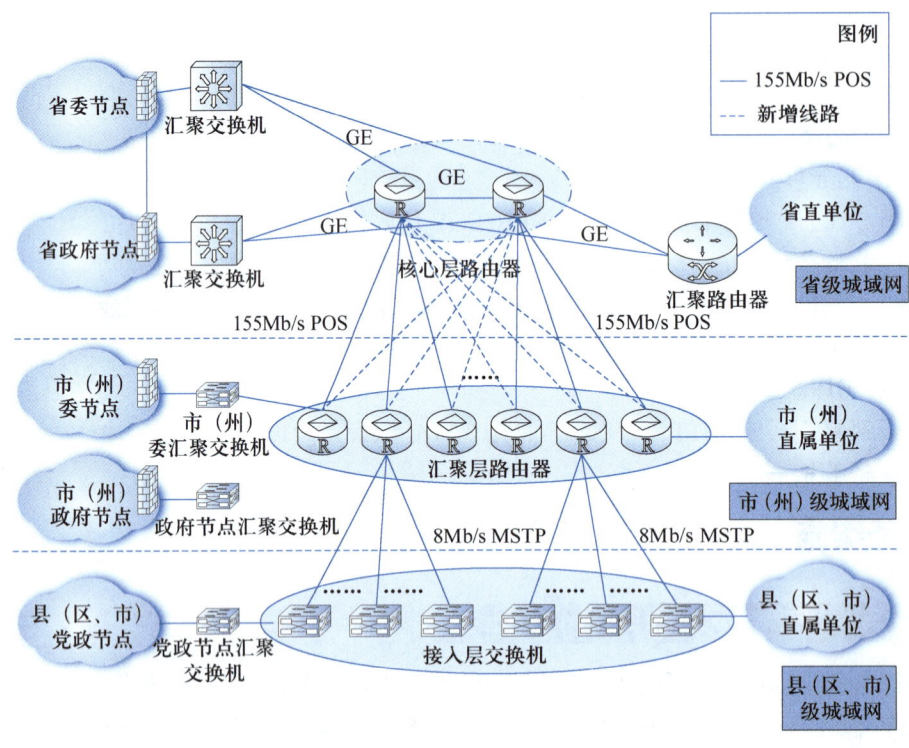

图 4-2　江南省电子政务云内网网络拓扑结构图

两台核心路由器和相关业务设备，如应用服务器、数据库服务器、文件服务器、邮件服务器等业务设备安置在省电信公司的 VIP 云数据中心机房内，由授权的电信部门的专业技术人员进行维护和管理。

2. 市级汇聚节点设计

在每个市级汇聚节点部署一台高性能的路由器，配置双引擎和双电源系统，以满足系统高可靠性的要求。该网络设备配置两个 155 Mb/s POS 接口用于与省核心路由器连接，配置 8 个 100 Mb/s 以太网光口，其中一个接口使用子接口方式通过运营商的 MSTP 链路实现与县级广域网接入（$N×2$ Mb/s，最大可达 96 Mb/s），也可作为核心路由器的广域网链路备份接口。其他 3 个接口通过 100 Mb/s 线路分别与市委、市政府和市直单位相连。剩余的 4 个 100 Mb/s 端口可临时用于通过 MSTP 或者极速通等传输线路实现本区域市直单位的接

> 课堂教学讨论任务单
> ——汇聚节点网络设备的选用
>
>

入（未来将根据需要新增市级汇聚路由器或交换机）。市（州）汇聚节点路由器放置在各市（州）电信公司的中心托管机房，由电信部门进行维护和管理。

3. 县级接入节点设计

县级接入节点既是省电子政务云内网纵向网（广域网）的接入层，又是各县级城域网的核心设备，因此要求设备采用模块化设计，具有较强的扩容能力，能提供完善的 QoS 功能，有较高的包转发率。由于业务初期接入单位数量不多，该节点选用一台中档三层交换机，通过 4×2 Mb/s MSTP 线路接入相应市（州）节点汇聚路由器，同时通过裸光纤、MSTP/SDH 或者极速通线路实现本县直单位的接入。

县（区）接入交换机放置在各县电信公司的中心托管机房，由电信部门进行维护和管理。

技能训练 4-2

训练目的

（1）掌握公安专网纵向网（广域网）的拓扑结构设计。
（2）掌握公安专网核心节点的设计。
（3）掌握公安专网汇聚节点的设计。
（4）掌握公安专网接入节点的设计。

训练内容

根据网络架构（广域网）设计的方法与原则，学生分组（5~7人一组）对公安专网进行网络架构（广域网）设计。

参考资源

（1）公安专网网络（广域网）架构设计技能训练任务单。
（2）公安专网网络（广域网）架构设计技能训练任务书。
（3）公安专网网络（广域网）架构设计技能训练检查单。
（4）公安专网网络（广域网）架构设计技能训练考核表。

训练步骤

1. 学习主流的大型网络拓扑结构

依据课程资源库中所提供的大型网络逻辑设计方案，进行分析讨论，确定 2~3 种主流的大型网络（广域网）拓扑结构。

2. 设计公安专网网络（广域网）拓扑结构

主要依公安专网中网络业务需求、环境需求、信息点需求、流量需求、各业务系统接入需求、技术需求、链路需求、安全需求、管理需求分析的结果以及网络架构（广域网）设计的方法与原则，小组讨论并提出符合项目实际需求的网络（广域网）拓扑结构设计方案。

3. 绘制网络（广域网）拓扑图

根据网络（广域网）拓扑结构方案，使用 Visio 软件绘制网络拓扑图。

子任务二　城域网（横向网）设计

城域网用于在电子政务云内网纵向网的核心、汇聚及接入层节点将各级政府的党政部门、直属单位横向接入。各级城域网同样可分为核心层、汇聚层和接入层。从结构上看，广域网的各级节点设备同时兼做本级城域网的核心层设备。

市级、县级城域网络系统的核心节点（同时又是省电子政务云内网平台广域网系统的汇聚或接入节点）横向连接本级政府及本级政府职能部门，同样设在电信运营商托管机房。这样，省、市、县三级党委、人大、政协、法院、检察院等政府职能部门之间的垂直业务网络不必直连，可依靠省级平台实现互通。

横向网络仍然使用核心、汇聚、接入三层结构主要是因为互连单位较多，不适合直接将互连单位接入网络核心，因此在各单位设备与核心之间添加一层汇聚设备，以减小核心设备压力和降低维护复杂程度。

1. 省级城域网设计

省级城域网络系统负责省委、省政府以及其他直属单位、特设机构、中央在省单位等就近接入和互连。电子政务云内网的省级城域网拓扑结构如图 4-3 所示。

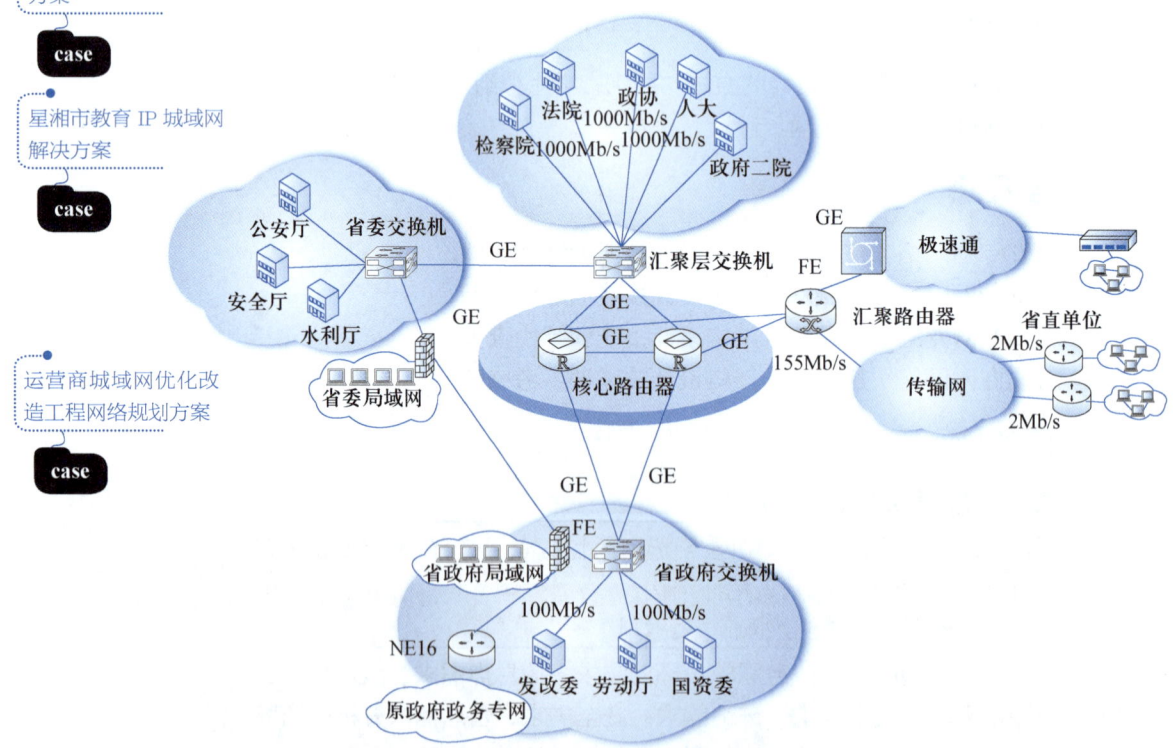

图 4-3　电子政务云内网的省级城域网拓扑结构

省级电子政务云内网纵向网的核心路由器兼做省级城域网核心层设备，省级城域网汇聚层设备包括位于核心路由器机房的 1 台汇聚交换机以及 1 台汇聚路由器。汇聚交换机采用 1 台中高端路由交换机，实现将省委节点、省人大、省政协、省高院、省检察院的网络接入。该设备配置冗余电源、8 个 GE 光口和 4 个 GE 电口，通过两条 GE 链路双归属到两台核心路由器；汇聚路由器用于将其他省级党政、事业单位接入，该设备配置 1 个信道化的 155 Mb/s POS 接口用于 2 Mb/s SDH 线路接入，配置两个 GE 端口用于双归属到两台核心路由器，配置 4 个 100 Mb/s 端口用于 MSTP、极速通等方式的线路接入。

考虑到省政府网络节点连接的政府单位和厅委机构较多，很多公文及应用系统都经由该节点，所以在省政府节点同样配置节点交换机，用于接入省政府内网及发改委、劳动厅和国资委等直属单位。根据实际网络需求，该交换机配置两个 GE 光口和 24 个以太网电口。

省委节点考虑利用现有线路和网络设备，除省委机关通过防火墙接入该节点外，公安厅、安全厅、水利厅也将通过这个节点连接到汇聚层交换机。

省政府、省委、省人大、省政协、省高院、省检察院之间业务往来较多，网络流量也较大，故使用 GE 与汇聚层交换机相连；其他省直单位多、位置比较分散、流量要求较小，故使用极速通和通道化 POS 两种方式与汇聚路由器相连。对已经通过 2 Mb/s E1 接入省政府的汇聚路由器的部分省直单位，在新网络中只需要将原有 2 Mb/s 省直单位割接到新汇聚路由器上即可。

城域网接入层设备位于各单位网络机房，主要指各单位连接汇聚层设备的网络设施。2 Mb/s 接入的省直单位建议采用路由器接入，极速通线路接入的单位将统一配备 1 台低端路由器连接到 ADSL Modem。

所有汇聚设备均采用两条 GE 链路（裸光纤）接入核心设备，提高汇聚设备的可靠性。

2. 市级城域网设计

与省级城域网类似，市级城域网平台是电子政务云内网平台在市一级的延伸和接入。电子政务云内网的市级城域网设计如图 4-4 所示。

市级城域网核心路由器由省级电子政务云内网纵向网的汇聚层设备兼当，放置在市级电信部门的 VIP 机房托管。市级城域网汇聚层设备主要包括市委汇聚交换机和市政府的节点交换机设备，采用三层交换机实现。市委汇聚交换机放置在电信托管机房，负责市委、市人大、市政协、市法院和市检察院等单位的接入，通过 100 Mb/s 端口连接到同机房的核心路由器；市政府节点交换机放置在市（州）政府大院内，负责院内各机关和单位的就近接入，通过 100 Mb/s 裸光纤或者 MSTP 设备连接至城域网核心设备。在核心路由器旁边增加 1 台汇聚路由器设备，主要负责市级横向网极速通和 2 Mb/s 线路的接入。

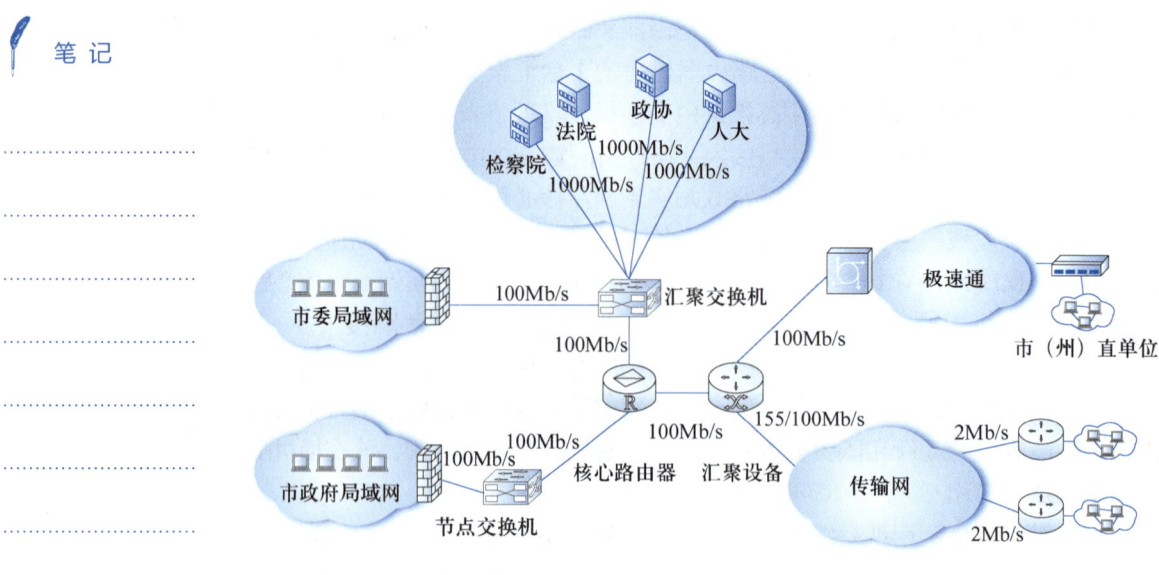

图 4-4 电子政务云内网的市级城域网设计图

市级城域网接入层设备位于各单位网络机房，它与汇聚层设备相连，负责将各单位局域网接入省级电子政务云内网。

3. 县级城域网设计

与市级平台类似，县级城域网平台是省级电子政务云内网平台在县一级的延伸和接入。电子政务云内网的县级城域网拓扑结构设计如图 4-5 所示。

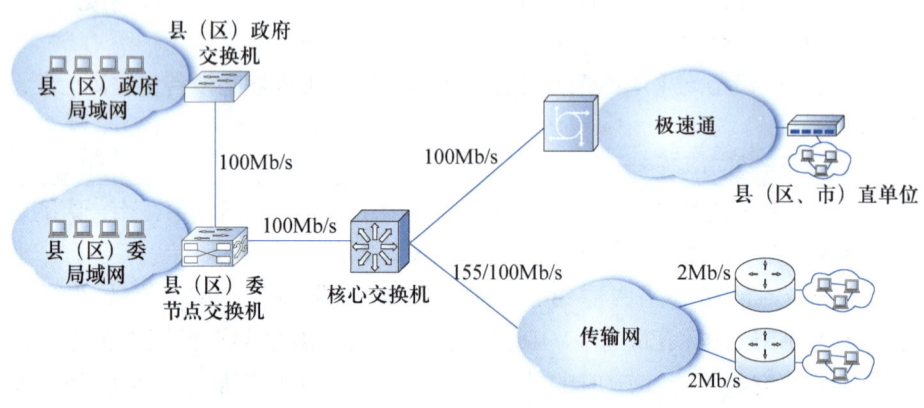

图 4-5 电子政务云内网的县级城域网拓扑结构设计

县（区）城域网核心由省级电子政务云内网纵向网的接入层设备兼当，放置在县级电信部门的中心机房。县级城域网汇聚层设备主要包括县委、县政府的节点设备。根据实际地理位置情况，多家单位可共用一台三层交换机，负责县委、县政府及各机关单位就近接入，同时通过 100 Mb/s 裸光纤或者 MSTP 设备连接至城域网核心设备。其余直属单位可通过极速通或者 2 Mb/s 线路连接到核心交换机。

技能训练 4-3

训练目的

（1）掌握公安专网横向网（城域网）的拓扑结构设计。
（2）掌握市公安局、区公安局及派出所的网络拓扑结构设计。

训练内容

根据网络架构（城域网）设计的方法与原则，学生分组（5~7人一组）对公安专网进行网络架构（城域网）设计。

参考资源

（1）公安专网网络（城域网）架构设计技能训练任务单。
（2）公安专网网络（城域网）架构设计技能训练任务书。
（3）公安专网网络（城域网）架构设计技能训练检查单。
（4）公安专网网络（城域网）架构设计技能训练考核表。

训练步骤

1. 学习主流的大型网络拓扑

依据课程资源库中所搜集的大型网络逻辑设计方案，进行分析讨论，确定2~3种主流的城域网的拓扑结构。

2. 设计公安专网网络（城域网）拓扑结构

主要依据公安专网中网络业务需求、环境需求、信息点需求、流量需求、各业务系统接入需求、技术需求、链路需求、安全需求、管理需求分析的结果以及网络架构（城域网）设计的方法与原则，小组讨论并提出符合项目实际需求的网络（城域网）拓扑结构设计方案。

3. 绘制网络（城域网）拓扑图

根据网络（城域网）拓扑结构方案，使用 Visio 软件绘制网络拓扑图。

知识拓展

1. 广域骨干承载平台架构

传统广域骨干架构都围绕业务中心来建设，各地分支机构通过直连方式或者汇接点（区域中心）接入业务中心。这种连接方式使得每增加一个业务中心，都需要考虑和所有分支机构或汇接点（区域中心）进行连接，同时还需要考虑新增业务中心和其他现有业务中心之间如何连接，路由策略如何部署或调整。

每增加一个分支机构或者汇接点（区域中心）相类似，也需要和所有的业务中心进行相应连接，以及业务控制与网络配置的部署工作。因此，这种组网方式导致企业业务扩展涉及大量复杂的 IT 变更，考虑不周或实施错误将会对整个骨干网络造成很大影响，甚至导致业务中断。用户业务架构的变革必然推动 IT 基础架构的变革，为了适应当前用户业务架构的发展，业界出现了建设广域骨干承载平台的思路，并被越来越多的用户所接受。

广域骨干承载平台网络架构的核心思路就是将广域骨干网络从传统业务中心的功能区中提取出来建设一个专用的广域骨干承载网络，从而将广域骨干网的业务接入和高速业务转发两个功能进行分离。首先在全国范围内依据用户业务的具体情况选择骨干节点所在地部署骨干路由器，通过租用 SDH 专线将各骨干路由器环形连接形成高可靠性的广域骨干承载环网，负责高速业务转发功能。同时各业务中心和分支机构汇接点（区域中心）通过两台接入路由器双链路异地接入骨干环网，实现用户的业务高可靠性接入功能。

需要重点关注的是，在规划设计广域骨干承载平台时，应该根据用户的业务模型统一规划设计整网路由协议、路由策略以及业务中心、分支机构或汇接点（区域中心）的连接方式和接入策略，并最终形成业务接入和路由通告规范加以实施。当用户业务扩展需要新增业务中心和分支机构或汇接点（区域中心）时，只需要按照规范将新的业务中心与骨干承载平台连接即可。因此，这种架构具备很强的扩展性，最大可能地减小了用户业务扩展对 IT 基础架构的冲击，非常适合现阶段用户由单中心向多中心业务架构的发展。

2. 问题思考

（1）如何进行电子政务云内网纵向网的规划与设计？
（2）如何进行电子政务云内网横向网的规划与设计？

任务 4-3　通信线路设计

任务描述

由于省到市距离远，市级节点分散，不适合使用纯以太网线路，所以采用 POS 通信线路。本任务主要针对传输网络侧的组网进行设计，对传输设备、传输线路、传输侧接口设计不进行讨论。主要计算省级节点到市级节点的线路容量，以及市级节点到县级节点的线路容量，为设备选型提供参考。

问题引导

（1）主流通信线路的类型与特点是什么？
（2）如何设计省市级通信线路？
（3）如何设计市县级通信线路？

（4）如何设计省（市\县）级机关单位通信线路。

知识学习

1. MSTP（Multi-Service Transmission Platform，多业务传送平台）

MSTP 是指基于 SDH 平台同时实现 TDM、ATM、以太网等业务的接入、处理和传送，提供统一网管的多业务节点。MSTP 有如下特点：

（1）以太网的一种特殊应用，一般适用于低速率（一般为 100 Mb/s）远距离传输，特别应用于交换路由设备只能配置以太网接口时的场合，一般要借助 SDH 等传输网络实现。

（2）其本质是将以太网帧封装在 SDH 帧中实现远距离传输。

（3）可以实现点到点（一个物理接口对应一个物理接口连接）或者点到多点（一个物理接口对应多个物理接口）组网，当使用点到多点组网时可以根据 VLAN 标记区分不同节点。

（4）接口标准与以太网接口相同。一般从设备侧通过双绞线连接至传输设备的以太网接口，传输设备通过光纤连接至传输网络。

MSTP 通信传输模式如图 4-6 所示。

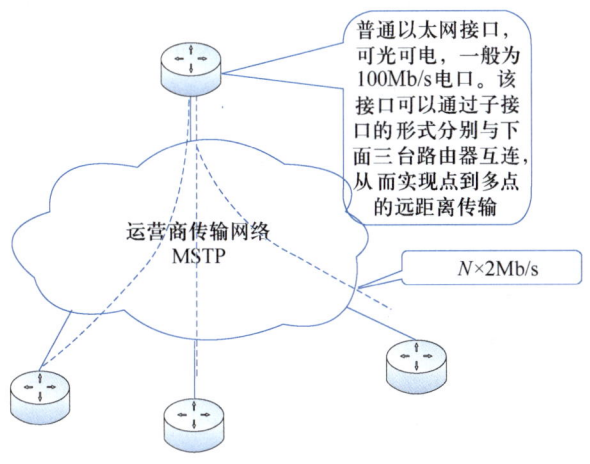

图 4-6　MSTP 通信传输模式图

2. POS（Packet Over SONET/SDH）

POS 是一种利用 SONET/SDH 提供的高速传输通道直接传送 IP 数据包的技术。POS 技术支持光纤介质，它是一种高速、先进的广域网连接技术，可以提供 155 Mb/s、622 Mb/s、2.5 Gb/s 和 10 Gb/s 传输速率的接口，目前最高传输速率达 40 Gb/s，一般只适合点到点的组网形式。

在路由器上插入一块 POS 模块，路由器就可以提供 POS 接口，两台路由器通过 POS 接口可以实现远距离直接互联（背靠背的方式）。POS 通信传输模式如图 4-7 所示。

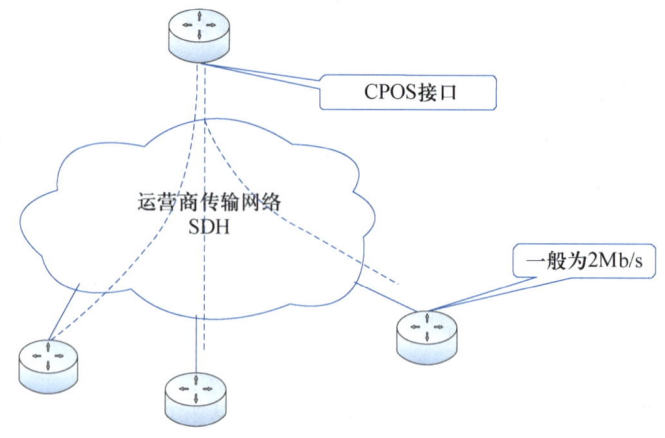

图 4-7　POS 通信传输模式

注：因为以太网接口成本较 POS 接口低，所以若两台路由器近距离直接互联，一般使用以太网接口。

3. ADSL（Asymmetric Digital Subscriber Line，非对称数字用户环路）

ADSL 是一种通过电话线实现的数据传输方式，它因为上行和下行带宽不对称，因此称为非对称数字用户环路。它采用频分复用技术把普通的电话线分成了电话、上行和下行三个相对独立的信道，从而避免了相互之间的干扰，通常可以提供最高 600 kb/s 的上行速率和最高 8 Mb/s 的下行速率。

ADSL 作为一种数据传输技术，一般结合 BAS（宽带接入服务器）为用户提供 PPPoE、DHCP、静态等方式的宽带（Internet）接入。ADSL 可以提供点到多点的组网结构。如果路由器使用 ADSL 线路，则路由器需要配置 ADSL 模块或者在路由器以太网接口增加 ADSL Modem 实现。

ADSL 通信传输模式如图 4-8 所示。

4. XPON（无源光网络）

XPON 作为新一代光纤接入技术，在抗干扰性、带宽特性、接入距离、维护管理等方面均具有巨大优势，得到了全球运营商的高度关注，XPON 光纤接入技术中比较成熟的有 EPON 和 GPON。它们均由局端 OLT、用户端 ONU 设备和无源光分配网络（ODN）组成。其中 ODN 网络及设备是 XPON 接入中的重要一环，因为 ODN 设备及组网成本较高，制约了 XPON 应用。

与 ADSL 类似，PON 作为一种数据传输技术，一般结合 BAS（宽带接入服务器）为用户提供 PPPoE、DHCP、静态等方式的宽带（Internet）接入，是目前电信营运商主流的宽带接入方式之一。另外，目前节点分散的高清监控系统大部分选择 PON 进行数据传输。PON 可以提供点到多点的组网结构。接口标准：OLT、ONU 与 ODN 接口一般为 SFP 的 PON 接口；OLT 与上行设备、ONU 与用户之间的接口一般为以太网接口，OLT 上行一般为 SFP，ONU 与用户设备一般为 RJ-45 的以太网电接口。XPON 通信传输模式如图 4-9 所示。

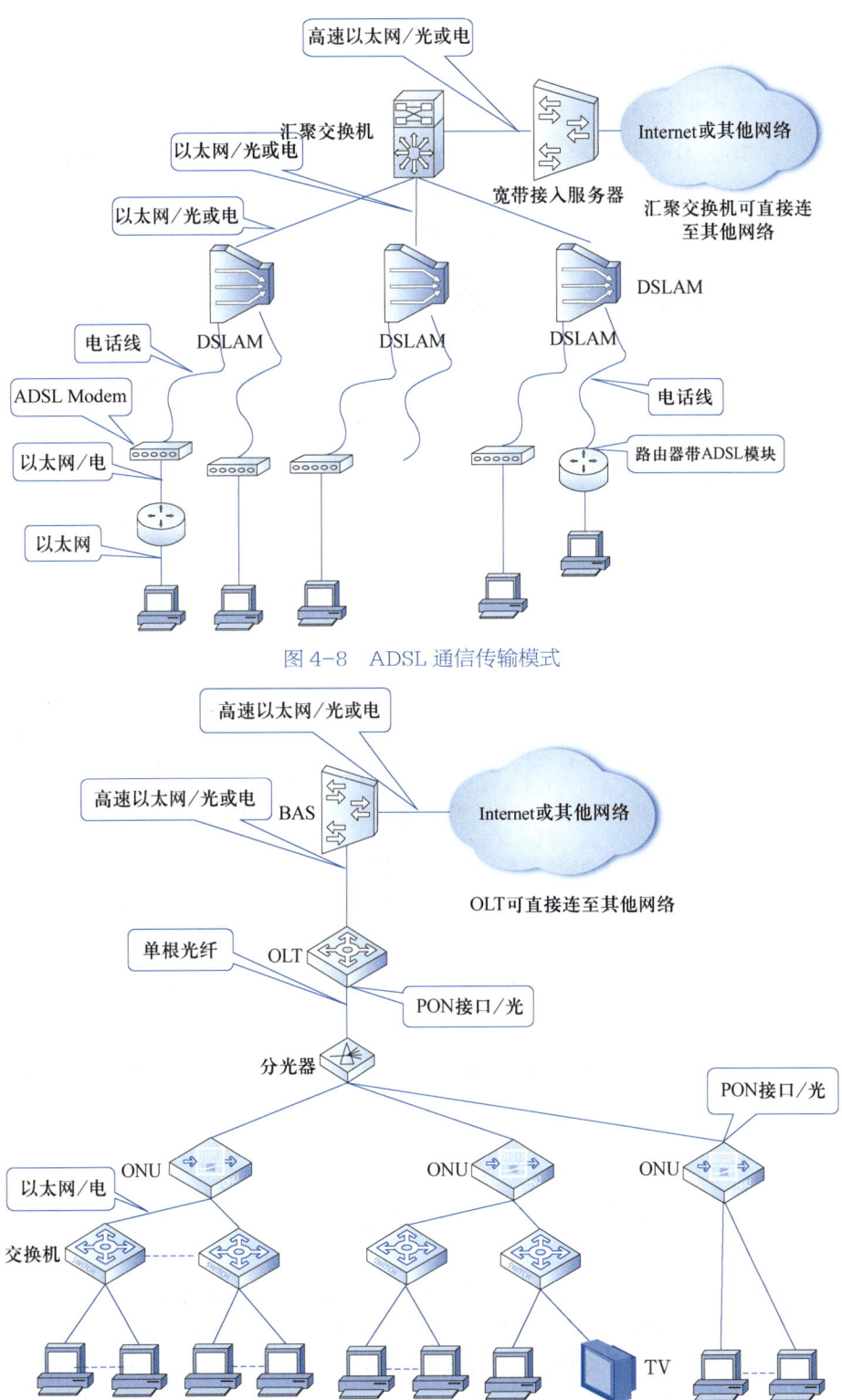

图 4-8 ADSL 通信传输模式

图 4-9 XPON 通信传输模式

任务实施

根据本项目网络需求分析的结果,市级汇聚节点需要至少提供两路 155 Mb/s 的线路容量,省级核心节点需要至少 20 路 155 Mb/s 的线路容量,考虑到 MSTP、备份或者扩容升级等方面的因素,省级核心节点设计 5 Gb/s 的网络带宽,市级汇聚节点设计 622 Mb/s 的网络带宽。

微课
主流通信线路的类型与特点

子任务一 省级核心节点、市级汇聚节点线路组网方案设计

省级核心节点、各市级汇聚节点均设置在同级电信部门的中心机房,采用 SDH 线路组网,并全部采用双路由、双光纤成环接入传输骨干网,实现全程线路 1+1 复用段保护。SDH 通信线路组网方案如图 4-10 所示。

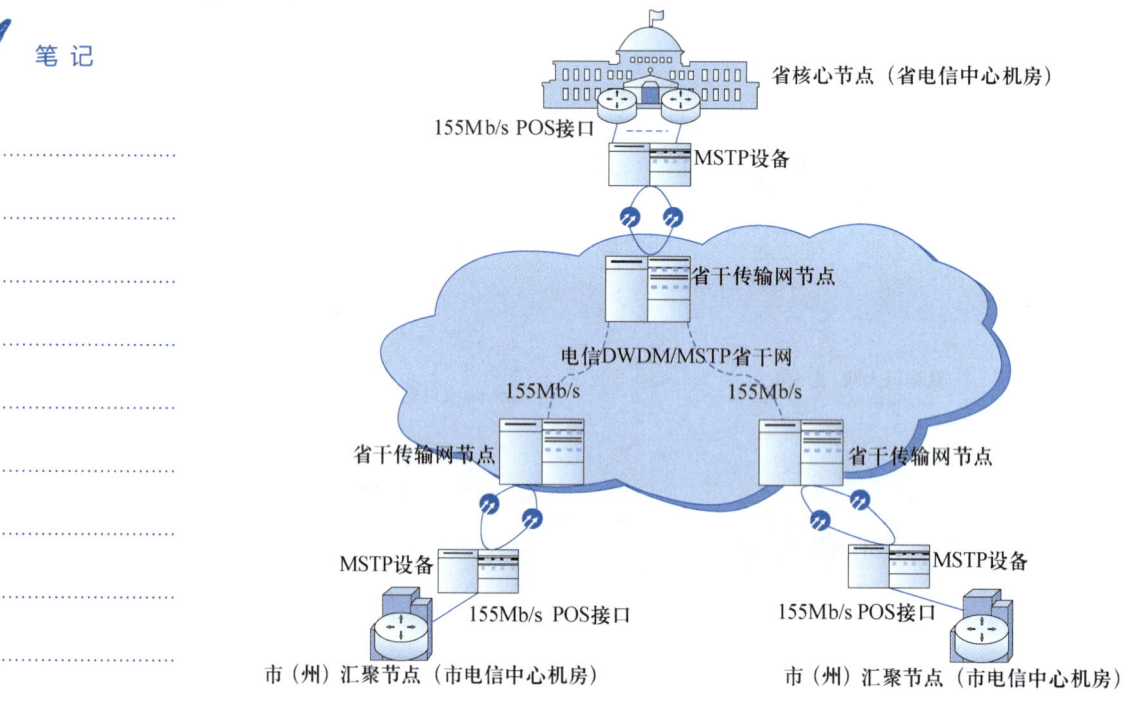

图 4-10 SDH 通信线路组网方案

1. 省核心节点

传输设备:提供 1 台 5 Gb/s SDH(容量至少为 20 个 155 Mb/s)设备,关键板卡配置为双冗余备份。

传输线路:采用双光纤、双路由、双局向成 5 Gb/s 环接入省会城市电信长途传输枢纽机房,即直接接入省一级干线传输骨干环网。

接口:用户侧通过 155 Mb/s 光口连至省核心节点路由器的 STM-1 POS 接口板卡。

2. 市（州）汇聚节点

传输设备：提供 1 台 622 Mb/s（容量为 4 个 155 Mb/s）/2.5 Gb/s SDH 设备，关键板卡配置为双冗余备份。

传输线路：采用双光纤、双路由、双局向接入，与本地网传输骨干节点形成 622 Mb/s/2.5 Gb/s 环，即作为本地骨干传输网的一个网元。

接口：用户侧通过 155 Mb/s 光口连至市（州）汇聚节点路由器的 STM-1 POS 接口板卡。

3. 网络设备配置

省核心节点路由器配置：配置单模 STM-1 模块，光纤接口类型为 LC，光纤波长为 1310 nm。

各市（州）汇聚节点路由器配置：配置单模 STM-1 模块，光纤接口类型为 LC，光纤波长为 1310 nm。

子任务二　市级与县级通信线路组网方案设计

本项目中市与县距离远，不能使用纯以太网环境，必须借助传输网络（SDH），同时需要灵活配置带宽，因此选用 MSTP 线路组网，既能提供 8 Mb/s 带宽，又降低了链路成本。

设计中要求市（州）、县（区）节点传输设备的 MSTP 板块完全支持 IEEE 802.1Q 协议，主要基于以下考虑：本设计中 MSTP 采用点到多点方式组网，因为如果采用点对点方式，则市（州）汇聚路由器平均需要配置 10 个 100 Mb/s 以太网接口，每个接口对应一个县（区）节点，成本较高，而每县（区）节点实际只需 8 Mb/s 带宽，10 个县加起来不超过 80 Mb/s，完全可以在 1 个 100 Mb/s 以太网物理接口上使用逻辑子接口对应每个县（区）节点，从而形成了一个物理接口对应多个县（区）节点物理接口的点到多点形式，降低了成本。考虑到以后线路扩容，需要设计两个 100 Mb/s 物理接口分别对应不同的县（区）。如果要使用点到多点的方式，则需要通过 VLAN ID 区分每条线路，从而要求 MSTP 板卡能透传 VLAN TAG，并通过 VLAN ID 区分线路，因而需要支持 IEEE 802.1Q 协议。

为保证可靠性，MSTP 设备同样应采用双板卡、双光纤和双局向接入市级传输网络。

市（州）汇聚节点与县（区）接入节点采用 4×2 Mb/s MSTP 线路连接，各节点向用户侧提供 10/100 Mb/s 以太网接口。MSTP 通信线路组网方案如图 4-11 所示。

1. 市（州）汇聚节点

传输设备：利用 155 Mb/s 组网中用到的 622 Mb/s/2.5 Gb/s SDH/MSTP 设备，配备以太网帧接口板，实现以太网帧映射进 VC12（即 2 Mb/s 通道），通过绑定任意数量的 VC12 通道来提供带宽（N×2 Mb/s）。以太网帧接口板应支持以太网透明传送（TLS），支持 L2 线速交换，支持点对点、点对多点通信，

微课
各级通信线路设计

支持用户隔离,支持以端口划分 VLAN 和 ID Tagged VLAN,完全符合 IEEE 802.1Q 建议。

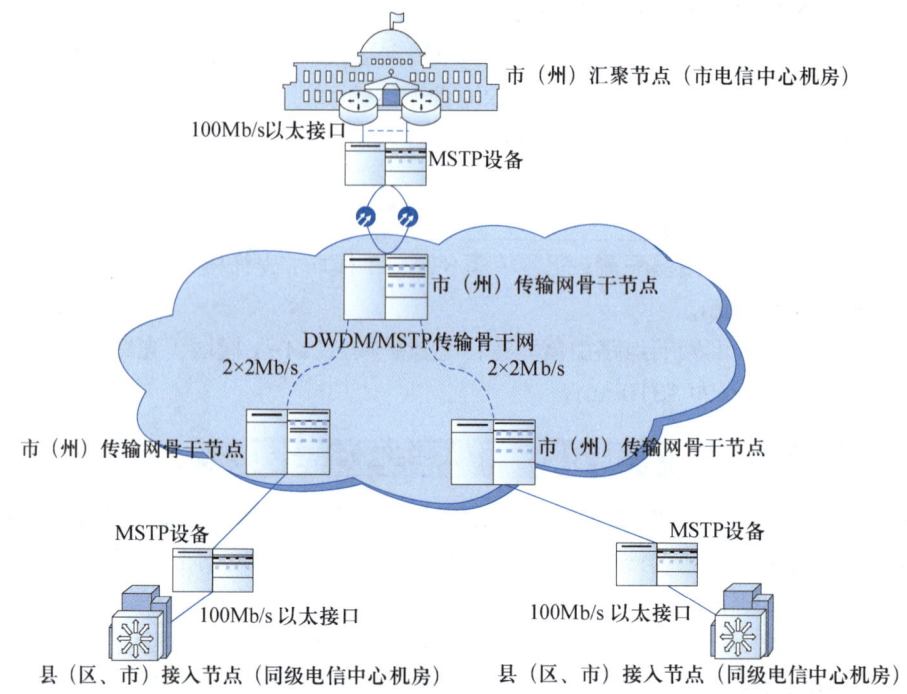

图 4-11 MSTP 通信线路组网方案

传输线路:通过双光纤、双路由、双局向接入,与本地网传输骨干节点形成 622 Mb/s/2.5 Gb/s 环,即作为本地骨干传输网的一个网元。

接口:提供 LAN 接口(符合 IEEE 802.3)连至用户路由器或交换机以太网接口模块,1 个 100 Mb/s LAN 接口可对应开通 12 个 8 Mb/s、3 个 34 Mb/s 或 24 个 4 Mb/s 子接口,在用户设备上采用基于 IEEE 802.1Q 的 VLAN 技术,可以在 L2 层实现 LAN 互连、用户隔离和带宽分配。

带宽:通过 MSTP 传输网统一网管配置为 4×2 Mb/s 带宽,将来根据用户要求可以 2 Mb/s 为单位递增。

2. 县(区)接入节点

传输设备:配备一台 155/622 Mb/s MSTP 设备,配备以太网帧接口板,实现以太网帧映射进 VC12(即 2 Mb/s 通道),通过绑定任意数量的 VC12 通道来提供带宽(N×2 Mb/s)。单板采用灵活的、可配置的通道级联方式透明承载以太网业务。

传输线路:通过双光纤、双路由、双局向成 155/622 Mb/s 环接入本地网传输骨干环网。

接口:提供 LAN 接口(符合 IEEE 802.3)连至用户路由器或交换机以太网接口模块。

带宽：通过 MSTP 传输网统一网管配置为 2×2 Mb/s 带宽，即 LAN 接口采用虚级联方式绑定两个 VC12，保证 4 Mb/s 带宽；将来根据用户要求可以 2 Mb/s 为单位递增。

3. 网络设备配置

市（州）汇聚节点路由器配置 8 个 100 Mb/s 以太网光接口，目前使用两个连接 MSTP 设备。

县（区）接入节点网络设备配置一台三层交换机，使用 100 Mb/s 以太网电口连接 MSTP 设备。

子任务三　省直属单位线路组网方案设计

除现有接入省政府专网的 50 多家省直单位以外，其余 150 个省直单位采用极速通专线接入电子政务云内网平台。各省直单位通过 ADSL Modem、双绞线接入极速通专网的 ATM DSLAM，电子政务云内网省级城域汇聚设备通过 100 Mb/s 光纤接入极速通专网的 BAS。这些省直单位的 IP 地址和路由管理均由政务内网管理，电信运营商提供透明端到端专线通路。极速通组网方案如图 4-12 所示。

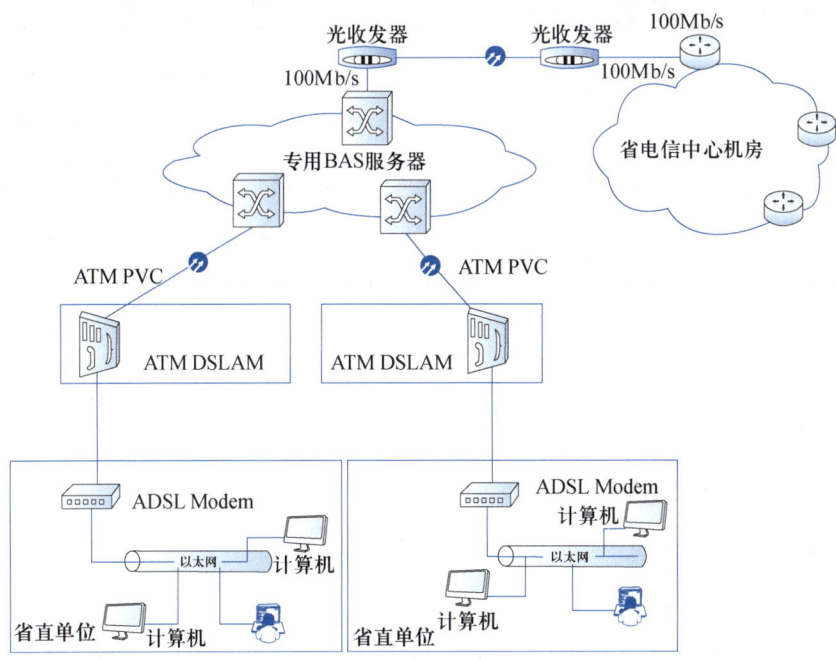

图 4-12　极速通组网方案

电信运营商以市（州）为单位，每个市（州）中心采用专用 BAS 作为 ADSL 专线专用接入服务器（与公网完全物理隔离），市（州）、县（区）、乡（镇）新建 ATM DSLAM 或利用原有 DSLAM 的第二上行 ATM 口作为 ADSL 专线专用接入复用设备。

在专用 BAS 上，每个 DSLAM 输入端口的报文通过内部交换网板交换后经由板间 PVC 输出到省委节点所接端口，实现 ADSL 接入的专线组网。组网拓扑为星形，所有省直单位只能与汇聚节点互通。

各省直单位只要申请一条专用的 ADSL 线路，单位中心节点配置支持路由功能和 VLAN 划分功能的路由器，使用一条 100 Mb/s 光纤与专用 BAS 服务器相连，与 Internet 物理隔离，内部通过 ATM PVC 逻辑通道组成电子政务专用网。

子任务四　其他单位线路组网方案设计

省级汇聚路由器到省人大、省政协、省高院、省检察院各采用 1 对裸光纤实现 GE 连接。

省政府到核心路由器之间采用两对裸光纤实现 GE 连接。

市级汇聚节点及县级接入节点采用裸光纤与同级党委、政府节点实现 100 Mb/s 连接。通信线路汇总情况见表 4-8。

表 4-8　江南省电子政务云内网通信线路设计汇总表

线 路 类 型	数　量	备　注
155 Mb/s SDH	20	10 个市（州），每个 2 条
MSTP	200	总共 200 个县（区）
CPOS	1	汇聚路由器至 50 家省直单位
裸光纤/GE、100 Mb/s	427 对	省委汇聚路由器至 5 大单位、核心至省政府 2 条、10 个地州至党委、政府、200 县（区）至党委、政府
ADSL	150	150 家省直单位

技能训练 4-4

▶ 训练目的

（1）了解典型通信线路的特点。
（2）掌握公安专网中各级单位通信线路方案的设计。

▶ 训练内容

根据通信线路设计的方法与原则，学生分组（5~7 人一组）完成公安专网通信线路设计。

▶ 参考资源

（1）公安专网通信线路设计技能训练任务单。
（2）公安专网通信线路设计技能训练任务书。

（3）公安专网通信线路设计技能训练检查单。
（4）公安专网通信线路设计技能训练考核表。

训练步骤

1. 了解主流的网络通信线路

通过咨询、信息检索等方式收集大型网络通信线路设计方案，进行分析讨论，明确 3～4 种主流的网络通信线路的特点。

2. 设计网络通信线路方案

主要依据公安专网中市局、分局及派出所三级机构的流量需求，同级机构内部用户的接入需求，设计公安专网通信线路组网方案。

知识拓展

1. 电子政务网的几种组网方式

1）POS 环网方案

在 POS 环网方案中，在城域网的核心层和汇聚层采用路由交换机，通过 POS 接口接入向运营商租用的 SDH 线路，实现城域网内核心层和汇聚层的互连。此方案的特点如下：

（1）POS 技术的网络体系结构简单，避免了 ATM 技术的协议复杂性和过高的信元头开销，从而大大提高处理能力。

（2）POS 技术基于 SDH 的特性，支持长距离/超长距离的传输，能提供自动保护倒换 APS 的故障自愈机制，数据的时延抖动小。

（3）POS 技术只支持点到点的连接，端口消耗较大。

（4）与以太网相比，POS 端口的价格较贵，如一个 622 Mb/s 端口的价格是 GE 的 2～3 倍。

（5）POS 环网方式节省光纤资源，但 SDH 专线租用费用较贵。

2）MSTP 组网方案

在 MSTP 组网方案中，整个城域网的汇聚节点采用 2.5 Gb/s 设备完成节点间业务调度。接入层各部门通过 10/100/1000 Mb/s 以太网接口就近接入各汇聚点。此方案的特点如下：

（1）MSTP 技术能提供 TDM 业务，可对数据网进行优化，替代少量的数据接入和路由设备。

（2）MSTP 技术基于 SDH 技术，具有自愈保护功能，长跨距组网能力强，节省光纤资源。

（3）MSTP 主要实现二层功能，利用 MSTP 提供的 GE 端口价格昂贵。

（4）网络可扩展性强，根据业务发展，网络可任意增加节点，拓扑可扩展为环、链结合或网孔型。

（5）需要单独配置传输管理平台，后期的维护成本较高。

3）WDM 组网方案

在 WDM 组网方案中，在汇聚节点采用 WDM 设备完成节点间业务调度，支持 SDH、ATM、IP 及速率在 34 Mb/s～2.5 Gb/s 间的任意类型业务。接入层各部门通过 100/1000 Mb/s 以太网接口就近接入各汇聚点。此方案的特点如下：

（1）WDM 技术可极大地节省光纤资源。

（2）WDM 方式可有效地将 TDM 网和数据网进行有效融合。

（3）WDM 方式可将数据业务透明传输，效率高、带宽高。

（4）可按照波长进行路由配置，扩展性强；可合理调配光纤资源，优化物理光纤路由。

（5）无须考虑色散影响问题。

（6）承载业务量大，TDM 业务采用原有的 SDH 设备解决，大颗粒的数据业务（GE）可以在波长上透明传输。

4）RPR 组网方案

在 RPR 组网方案中，在城域网中建立一个 RPR 环网，省中心和各汇聚节点为环网上的节点，各节点通过出口设备上的 RPR 插卡接 2.5 GE 接口，通过裸光纤实现各环上节点的互连。此方案的特点如下：

（1）RPR 技术能提供 MAC 层的 50 ms 自愈时间，能提供多等级、可靠的 QoS。

（2）RPR 有自愈保护功能，节省光纤资源。

（3）IEEE 802.17 工作组对 RPR 的标准化工作还未最终完成。

（4）RPR 协议中没有提及相交环、相切环等组网结构，当利用 RPR 组建大型城域网时，多环之间只能利用业务接口进行互通，不能实现网络的直接互通，因此它的组网能力比 SDH、MSTP 弱。

5）城域以太网组网方案

在城域以太网组网方案中，在城域网的核心层和汇聚层采用多业务路由交换机，通过其 GE 接口接入租用运营商的裸光纤，实现城域网内核心层和汇聚层的互连。在接入层可根据各部门业务情况选择交换机提供 GE 接口接入上级设备。此方案的特点如下：

（1）成本低。

（2）可快速地按需配置，以太网能按照用户的要求提供各种速率，从 1 Mb/s 到 10 Gb/s。

（3）速率升级容易，以太网的可插卡特性使以太网从低速向高速的升级很容易。

（4）应用广泛，多年来以太网广泛应用于企业和校园局域网中，并提供标准的 FE/GE/10 Gb/s 接口。

（5）同 MPLS 技术相结合，城域以太网可提高业务能力，具有故障保护倒换机制，能在城域内提供 VLL、VPLS、VPN 多种业务，并获得 50 ms 电信级的自愈恢复时间。

（6）技术简单，维护容易。

2. 问题思考

（1）MSTP 组网方案提供的带宽是多少？
（2）SDH 组网方案提供的带宽是多少？
（3）极速通组网方案提供的带宽是多少？
（4）裸光纤组网方案提供的带宽是多少？

任务 4-4　IP 地址与路由规划设计

任务描述

虽然省级电子政务云内网与其他网络物理隔离，但它涉及省、市、县三级政府的纵向连接，以及各级政府与同级党委、政府机关、直属单位的横向连接，并且还涉及不同级别单位（如省农业厅、市农业局、县农业局）的业务往来。本任务主要完成省级与市级、市级与县级及各直属单位的 IP 地址规划。

问题引导

（1）如何规划省级电子政务云内网核心层、汇聚层和接入层设备的管理 IP 地址？

（2）如何规划省级电子政务云内网核心层、汇聚层和接入层设备的互连 IP 地址？

（3）如何进行电子政务云内网用户 IP 地址规划？

（4）如何进行电子政务云内网路由规划设计？

（5）如何对电子政务云内网核心层、汇聚层和接入层网络设备进行命名？

知识学习

1. IP 地址规划

网络中的每台设备必须拥有唯一的 IP 地址。IP 地址规划的好坏，直接影响网络路由效率和路由收敛，也影响网络的稳定性、整体性能、可扩展性和可管理性。

IP 地址规划既要采用 CIDR 和可变长子网掩码技术，有效地利用地址空间，又要体现出网络的可扩展性和灵活性，同时能满足路由协议的要求，以便于网络中的路由汇总和聚类，减少路由器中路由表的长度，减少对路由器 CPU、内存的消耗，提高路由算法的效率，加快路由变化的收敛速度，同时还要考虑到网络地址的可管理性。具体要考虑以下因素。

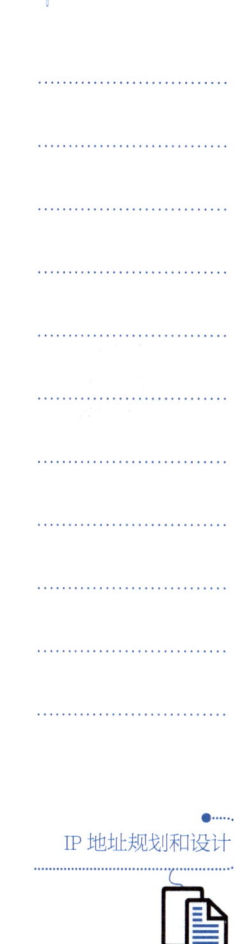

IP 地址规划和设计

VLSM（可变长子网掩码）

CIDR（无类型域间选路）

路由技术

（1）唯一性：一个 IP 网络中不能有两个主机采用相同的 IP 地址。

（2）简单性：地址分配应简单、易于管理，以降低网络扩展的复杂性，简化路由表的条目。

（3）层次性：IP 地址的规划应尽可能和网络层次相对应，应该自顶向下进行。

（4）连续性：连续地址在层次结构网络中应易于进行路径聚合，以缩减路由表，提高路由算法的效率。

（5）可扩展性：地址分配在每一层次上都要留有余量，在网络规模扩展时能保证地址聚合所需的连续性。

（6）灵活性：地址分配应具有灵活性，以满足多种路由策略的优化，充分利用地址空间。

2. 路由规划

微课
电子政务云内网
路由规划与设计

路由是指网络中数据流经的路径，路由规划是指通过手工（静态）或自动（动态）的方式影响数据的流向的策略。好的路由规划可以提高数据转发的效率，也可实现流量的负载均衡。

典型的路由选择方式有两种：静态路由和动态路由。

静态路由是网络管理员在路由器中设置的固定的路由，指定流向特定的目的网络（网段）的流量经特定端口（接口）进行转发。由于静态路由不能实时反映网络的改变情况，因此，一般适用于网络规模不大、拓扑结构固定的网络。静态路由的优点是简单、高效、可靠。在所有的路由中，静态路由优先级最高。当动态路由与静态路由发生冲突时，以静态路由为准。

动态路由是网络中的路由器通过运行动态路由协议（RIP、OSPF、ISIS、BGP 等），相互通告路由信息，自动更新、维护路由表（网络路径信息），它能实时地适应网络拓扑结构的变化。如果与路由器相连的网络拓扑结构发生变化，路由器将向邻居路由器通告路由更新信息，邻居路由器将重新计算路由，并继续向它的邻居通告。这样，经过一定的时间，所有路由器都能反映出网络拓扑结构的变化。动态路由适用于网络规模大、网络拓扑结构复杂的网络，其优点是配置工作量相对较小、扩展性好，可以自动实现路由的更新和收敛；其缺点是规划和管理维护有一定难度，并受到网络设备支持能力和拓扑结构变化等因素的限制，因为需要运行路由协议进程、发布通告路由信息，因此会占据一定的 CPU 资源和网络带宽。

任务实施

IP 地址、VLAN 规划
及设备配置规范

子任务一　设备命名规划

江南省电子政务云内网交换与路由设备命名规范如下（英文字母均为大写）：

格式：ZWNW-设备类型-市（州）名缩写-县（区）名缩写-设备型号-设备序号

（1）设备类型：分为三类，C为核心设备；P为汇聚设备；A为接入设备。

（2）市（州）名缩写/县（区）名缩写：设备所在市（州）名/县（区）名拼音首字母，如果出现重复，将出现相同缩写的第一个首字母改为全拼。核心节点"市（州）名缩写"和"县（区）名缩写"用SZX代替。

（3）设备型号：设备具体型号。

（4）设备序号：同一个物理位置相同类型、相同型号设备序号，从1开始编号。

举例：省中心核心节点第一台核心路由器命名为ZWNW-C-SZX-NE80E-1，台州市桂林县第一台接入层交换机命名为ZWNW-A-TZ-GL-S3700-1。

子任务二　IP地址规划

省级电子政务云内网完成各级主要党政单位的横向网络连接，省、市、县三级政府的纵向网络连接，同时也要考虑各党政单位的业务归属（系统）。因此，电子政务云内网的IP地址规划必须明确原则，统一分配。

1. 省级电子政务云内网IP地址分配原则

（1）新建的电子政务云内网平台（汇聚层及核心层）的网络设备全部采用新的地址进行统一分配，所有IP地址均由省委办公厅和省政府办公厅统一规划，各单位必须严格遵照统一规划进行分配使用。

（2）IP地址分配按系统为主线进行，原则上每个系统（如全省各级组织部门）分配一个B类地址段，同一系统内各级单位地址再按地域进行划分，做到IP地址分配同时体现地域和行政业务归属。

（3）党委组成部门IP地址由省委办公厅统一规划，政府组成部门IP地址由省政府办公厅统一规划；人大、政协、军区、法院、检察院系统的IP地址由省委办公厅规划；与省委网络中心有光缆直连的政府组成部门及在省委机关大院的政府组成部门也由省委办公厅统一规划。

2. 管理和互连IP地址规划

使用10.0.0.0/8的A类地址段中的第1个子网段作为核心节点及纵向网络各设备管理地址段，第2、3个子网段作为互连地址段，见表4-9、表4-10。

表4-9　电子政务云内网管理IP地址规划表

设　备　名	设备端口	IP地址	备　　注
核心路由器1	loopback0	10.0.0.1/32	Route-ID及管理地址
核心路由器2	loopback0	10.0.0.2/32	Route-ID及管理地址
省政府汇聚交换机	loopback0	10.0.0.3/32	Route-ID及管理地址
省委汇聚交换机	loopback0	10.0.0.4/32	Route-ID及管理地址
省直单位汇聚交换机	loopback0	10.0.0.5/32	Route-ID及管理地址

续表

设 备 名	设备端口	IP 地址	备 注
市（州）1 汇聚路由器	loopback0	10.0.0.6/32	Route-ID 及管理地址
市（州）10 汇聚路由器	loopback0	10.0.0.15/32	Route-ID 及管理地址
市（州）1 县（区）1 接入交换机	loopback0	10.0.0.16/32	Route-ID 及管理地址
市（州）10 县（区）10 接入交换机	loopback0	10.0.0.115/32	Route-ID 及管理地址

表 4-10　部分核心路由器与汇聚路由器、汇聚路由器与接入交换机互连 IP 地址规划

设 备	地 址	备 注
核心路由器 1	10.0.1.1/30	核心路由器 1→核心路由器 2
核心路由器 1	10.0.1.5/30	核心路由器 1→省政府汇聚交换机
核心路由器 1	10.0.1.13/30	核心路由器 1→省委汇聚交换机
核心路由器 1	10.0.1.21/30	核心路由器 1→省直单位汇聚交换机
核心路由器 1	10.0.1.29/30	核心路由器 1→地市 1 汇聚路由器
核心路由器 1	10.0.1.101/30	核心路由器 1→地市 10 汇聚路由器
核心路由器 2	10.0.1.2/30	核心路由器 2→核心路由器 1
核心路由器 2	10.0.1.9/30	核心路由器 2→省政府汇聚交换机
核心路由器 2	10.0.1.17/30	核心路由器 2→省委汇聚交换机
核心路由器 2	10.0.1.25/30	核心路由器 2→省直单位汇聚交换机
核心路由器 2	10.0.1.33/30	核心路由器 2→市（州）1 汇聚路由器
核心路由器 2	10.0.1.105/30	核心路由器 2→市（州）10 汇聚路由器
市（州）1 汇聚路由器	10.0.1.109/30	地市 1 汇聚路由器→市（州）1 县（区）1 接入交换机
市（州）1 汇聚路由器	10.0.1.145/30	地市 1 汇聚路由器→市（州）1 县（区）10 接入交换机
市（州）2 汇聚路由器	10.0.1.149/30	地市 2 汇聚路由器→市（州）2 县（区）1 接入交换机
市（州）2 汇聚路由器	10.0.1.185/30	地市 2 汇聚路由器→市（州）2 县（区）10 接入交换机
市（州）10 汇聚路由器	10.0.2.213/30	地市 10 汇聚路由器→市（州）10 县（区）1 接入交换机
市（州）10 汇聚路由器	10.0.2.249/30	地市 10 汇聚路由器→市（州）10 县（区）10 接入交换机

3. 用户 IP 地址规划

省委及省委直属单位 IP 地址段采用 20.0.0.0/8 的 A 类 IP 地址段，省政府及政府系统单位 IP 地址段采用 30.0.0.0/8 的 A 类 IP 地址段，各单位根据统一分配的网段，进行自行分配。其中，农业系统 IP 地址规划见表 4-11。

表 4-11　农业系统 IP 地址规划表

单 位 名 称	IP 地址段	IP 地址掩码
省农业厅	30.09.1.x ~ 30.09.47.x	255.255.255.0
市（州）1		
市（州）农业局	30.09.48.x ~ 30.09.52.x	255.255.255.0
县（区）1 农业局	30.09.53.x	255.255.255.0
县（区）2 农业局	30.09.54.x	255.255.255.0
县（区）3 农业局	30.09.55.x	255.255.255.0
县（区）4 农业局	30.09.56.x	255.255.255.0
县（区）5 农业局	30.09.57.x	255.255.255.0
县（区）6 农业局	30.09.58.x	255.255.255.0
县（区）7 农业局	30.09.59.x	255.255.255.0
县（区）8 农业局	30.09.60.x	255.255.255.0
县（区）9 农业局	30.09.61.x	255.255.255.0
县（区）10 农业局	30.09.62.x	255.255.255.0
市（州）10		
市（州）农业局	30.09.192.x ~ 30.09.194.x	255.255.255.0
县（区）1 农业局	30.09.195.x	255.255.255.0
县（区）2 农业局	30.09.196.x	255.255.255.0
县（区）3 农业局	30.09.197.x	255.255.255.0
县（区）4 农业局	30.09.198.x	255.255.255.0
县（区）5 农业局	30.09.199.x	255.255.255.0
县（区）6 农业局	30.09.200.x	255.255.255.0
县（区）7 农业局	30.09.201.x	255.255.255.0
县（区）8 农业局	30.09.202.x	255.255.255.0
县（区）9 农业局	30.09.203.x	255.255.255.0
县（区）10 农业局	30.09.204.x	255.255.255.0

技能训练 4-5

训练目的

（1）掌握 IP 地址分配的原则和方法。

（2）掌握公安专网各级（类）用户 IP 地址的规划方法。

（3）完成公安专网网络设备的命名。

根据 IP 地址、设备命名规划的方法与原则，学生分组（5~7 人一组）完成对公安专网市局、分局、派出所的网络设备管理 IP 地址、互连 IP 地址及用户 IP 地址的规划，完成对公安专网市局、分局、派出所的网络设备命名。

参考资源

（1）公安专网 IP 地址规划技能训练任务单。

（2）公安专网 IP 地址规划技能训练任务书。

（3）公安专网 IP 地址规划技能训练检查单。

（4）公安专网 IP 地址规划技能训练考核表。

训练步骤

OSPF 与 ISIS 协议

1. 选择合适的 IP 地址规划方案

依据公安专网安全需求、管理需求、扩展需求及网络规模，遵循 IP 地址的分配原则，选择公安专网的 IP 地址规划方案。

OSPF 的区域划分

2. 选择合适的网络设备命名方案

根据网络设备的一般命名规则，结合公安专网用户的特殊要求，选择相应的命名方案。

数据通信网路由协议设计

3. 进行 IP 地址分配、网络设备命名

根据公安专网的 IP 地址规划方案、网络设备命名方案，完成公安专网网络设备管理 IP 地址、互连 IP 地址及用户 IP 地址的规划，完成对公安专网市局、分局、派出所的网络设备的命名。

子任务三　路由规划

某省国家税务局网络设计方案

东方银行北江分行局域网改造设计方案

课堂教学讨论任务单——OSPF 和 ISIS 两种 IGP 路由协议的对比

江南省电子政务云内网是一个与外界物理隔离的政府办公专网，是一个独立的自治系统。但网络规模较大、结构复杂，全网主要采用动态路由协议，选用 IGP 中的 OSPF 进行路由管理。考虑到整个系统的规模相对较大（总共 200 多台路由器或三层交换机），将电子政务云内网规划为一个包含多个自治区域（AREA）的 OSPF 路由体系，将每个市（州）三层设备划分到不同的 AREA 当中。

具体来说，核心路由器、省级汇聚交换机、省政府汇聚交换机、省级汇聚路由器以及市（州）汇聚路由器的互连线路组成骨干区域 AREA0；市（州）汇聚路由器以及本行政区域市委、市政府汇聚交换机、县（区）中心交换机、党政中心接入交换机的互联线路划归到一个单独的区域，选用所在市（州）的电话区号作为区域 ID。市（州）汇聚层路由器作为区域边界路由器。

对于接入层交换机与各级党政单位的连接，由于没有主备线路动态切换需求，在这些节点的三层设备与党政单位的防火墙、路由器以及三层交换机之间运行静态路由，故所有接入政务云内网的单位均采用静态默认路由指向接入设备，而接入设备使用静态方式添加接入单位地址段路由，同时发布至 OSPF。这样系统开销小，且稳定性、安全性都比较好，而且可以避免因 OSPF 自治系统范围过大，降低路由的效率和可靠性。

核心路由器 OSPF 强制下发默认路由。同时考虑到政务内网整个接入单位均使用静态路由方式，而且需要将静态路由引入 OSPF，将产生大量外部路由，而县（区）节点为三层交换机，不适合大量路由器的学习，故将市（州）区域规划成 NSSA 区域，同时市（州）汇聚路由器（ABR）下发默认路由至本区域。

总体而言，江南省电子政务云内网平台将采用动态路由与静态路由相结合的方式实现路由策略，路由规划示意图如图 4-13 所示。

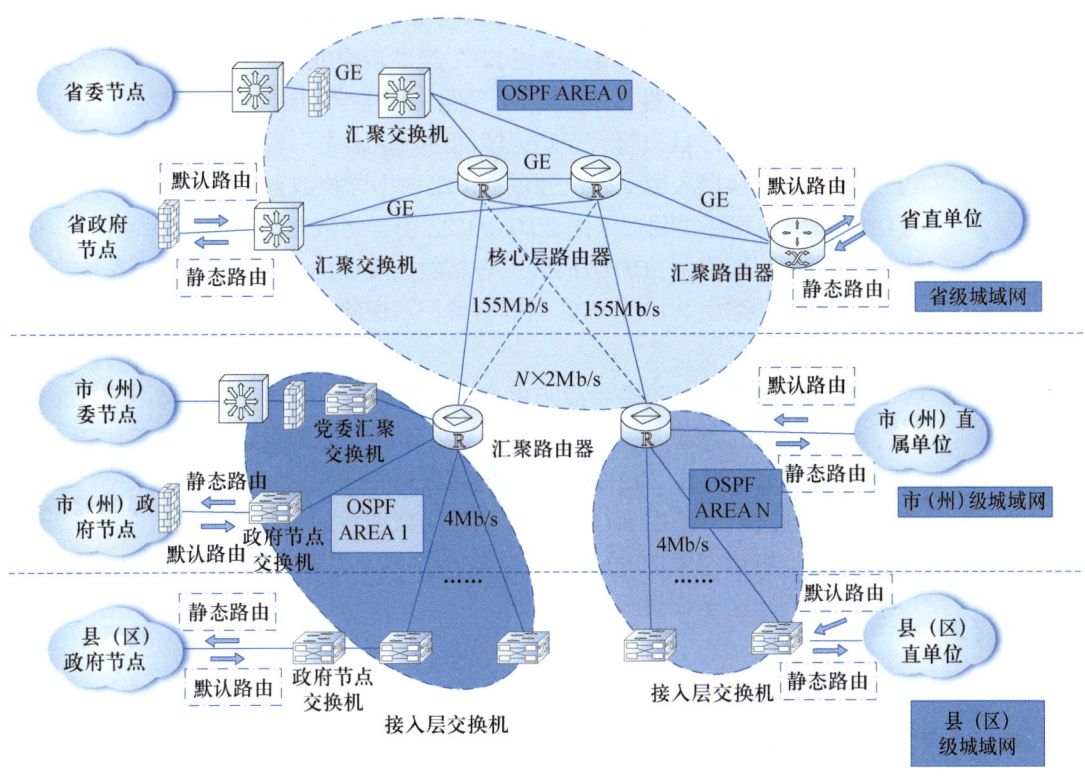

图 4-13　电子政务云内网路由规划示意图

下面以省委节点与市（州）1 的县（区）1 的网络节点互访为例，分析电子政务云内网网络流量走向。

（1）假设分配给省委节点使用的 IP 地址段为 20.0.0.0/22，分配给该县政府节点的 IP 地址为 30.1.1.0/24，这两段地址分别供省委节点及该县政府节点需要接入电子政务云内网的网络设备使用。

（2）省委节点防火墙与政务内网的汇聚交换机互连（互连地址不在上述地址段中），该县政府节点防火墙与该县（区）接入层交换机互连。省委防火墙上配置默认路由，下一跳地址为汇聚交换机上与之互连的接口地址；该县政府防火墙上配置默认路由，下一跳地址指向该县（区）接入层交换机上与之互连的接口地址。

（3）汇聚交换机上配置 20.0.0.0/22 的路由，下一跳地址指向省委防火墙与汇聚交换机互连的接口地址；该县（区）接入层交换机上配置 30.1.1.0/24 的路由，下一跳指向该县政府防火墙与政务网互连的接口地址。汇聚交换机及该县（区）接入层交换机分别将这两条静态路由引入 OSPF，20.0.0.0/22 的路由经汇聚交换机发布至 OSPF 后传递给两台核心路由器，核心路由器传递给整个骨干区域，包括市（州）1 的汇聚路由器。市（州）1 汇聚路由器不将该路由传递给该市（州）所在区域，而使用一条默认路由代替，也就是县（区）接入层交换机学习默认路由；该县（区）接入层交换机将路由发布至 OSPF 后传递给市（州）1 汇聚路由器，汇聚路由器将 LSA 类型转换成 TYPE5 后传递给整个骨干区域（包括汇聚路由器）。因此，汇聚路由器能学习到 30.1.1.0/24 的路由。

（4）数据从该县政府节点防火墙通过默认路由引导将数据发送给该县接入层交换机，该县接入层交换机通过默认路由引导将数据发送给该市（州）汇聚路由器，路由器通过明细路由 20.0.0.0/22 引导将数据发送给核心路由器，核心路由器通过明细路由 20.0.0.0/22 引导将数据发送给汇聚交换机，汇聚交换机通过添加的静态路由 20.0.0.0/22 引导将数据发送给省委节点防火墙，从而发送至省委内网。

（5）数据返回从省委节点防火墙通过默认路由引导将数据发送给汇聚交换机，汇聚交换机通过明细路由 30.1.1.0/24 引导将数据发送给核心路由器，核心路由器通过明细路由 30.1.1.0/24 引导将数据发送给该市（州）汇聚路由器，汇聚路由器通过明细路由 30.1.1.0/24 引导将数据发送给该县接入层交换机，该县接入层交换机通过添加的静态路由 30.1.1.0/24 引导将数据发送给该县政府防火墙，从而发送至该县政府云内网。

技能训练 4-6

训练目的

（1）掌握常用动态路由协议（OSPF、ISIS、BGP）。
（2）完成公安专网路由规划。
（3）能根据路由规划方案分析网络流量走向。

训练内容

根据路由规划的方法与原则，学生分组（5~7 人一组）对公安专网进行路由规划及网络流量走向分析。

参考资源

（1）公安专网路由规划技能训练任务单。
（2）公安专网路由规划技能训练任务书。
（3）公安专网路由规划技能训练检查单。
（4）公安专网路由规划技能训练考核表。

训练步骤

1. 选择合适的路由规划方案

结合公安专网的安全需求、管理需求和拓扑结构，选择合理的路由规划方案。

2. 进行具体路由规划设计

以小组方式完成公安专网路由规划，并分析派出所与市局之间的流量走向。

知识拓展

1. RIP 和静态路由的适用场合

谈到路由协议，也许很多人想到的是实现复杂、功能强大的 OSPF、BGP。其实，客户网络在很多应用环境下并没有复杂到要用这些协议的地步。为了维护方便或提高网络运行的稳定性，客户更愿意选择静态路由或 RIP 路由协议。事实上，静态路由或者 RIP 都能够很好地完成路由学习任务。那么，是什么影响了静态路由和 RIP 的广泛使用呢？原因主要有两个：协议过于简单，不适合大型复杂网络；收敛速度慢，不适合拓扑经常变化的网络，而大型复杂网络的拓扑通常是经常变化的。

RIP 和静态路由因设计简单，在 OSPF 曾经一统 IGP 的阶段，几乎从网络方案中消失了，仅仅成为网络入门的基础读物，很少有人去关注它们。其实，在工程上并不存在最完美的路由协议，只有最合适的。设计网络时，需要考虑网络的规模、网络的特点、网络的运维成本等，根据这些情况构建网络和选择路由协议。

金融行业是使用网络技术偏于保守的行业，其更关注网络的稳定性和易维护性。银行营业网点的上连部分要求网络设备和网络链路具备很强的稳定性。在此前提下，RIP 和静态路由以其简单够用的特点成为许多银行网络的选择。比较典型的银行网络结构如图 4-14 所示。

银行营业网点采用单设备双链路上行方式连接到地市网络。网点和地市之间运行 RIP 或静态路由即可，通过设置静态路由的优先级或 RIP 路由策略实现路由的负载均衡和备份，这样的网络设计完全满足银行的业务应用。

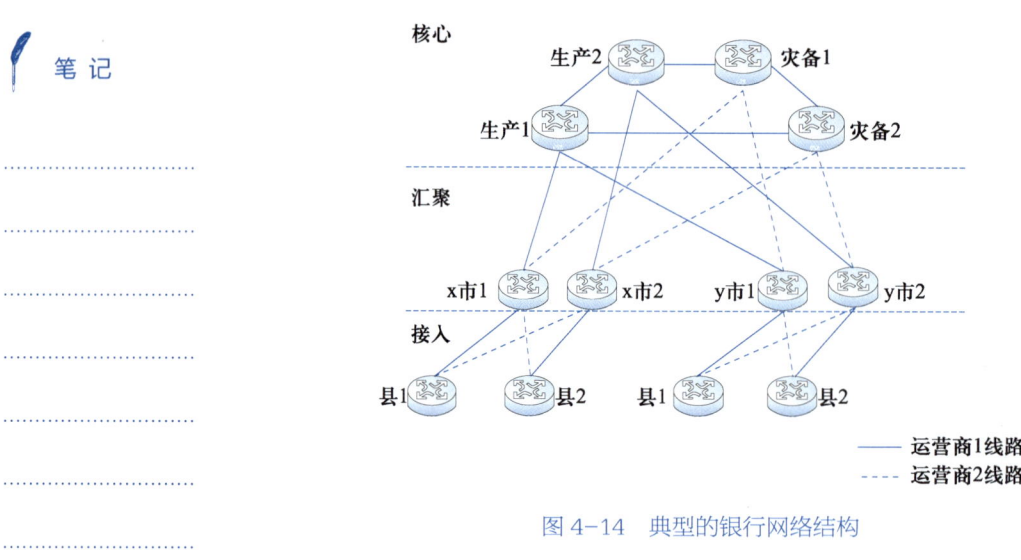

图 4-14 典型的银行网络结构

2. 问题思考

（1）静态路由与动态路由的适用场合分别是什么？
（2）OSPF 与 ISIS 路由协议的适用场合分别是什么？

任务 4-5　网络中心规划与设计

 任务描述

江南省电子政务云内网承载于电信骨干网平台基础上，整个网络的逻辑结构是一个"三纵多横"的网络。"三纵"是指网络可分为省、市（州）、县（区）三个层次；"多横"是指多达 200 家省级单位各自覆盖的省、市（州）、县（区）三级网络。电子政务云内网由一个主干网和若干子网构成，主干网和子网之间通过高速的光纤网络进行互连。

电子政务云网横向互连实现省、市（州）、县（区）三级政府各自以政府为中心的包括所属部门的横向区域性互连，纵向互连实现覆盖各个纵向部门的省、市（州）、县（区）三级机关的纵向业务管理体系的互连。政务网络的各个层次上，需要各种类型、档次的交换路由、安全传输接入等设备。

省级电子政务云内网网络中心存放着省级电子政务云内网的核心设备、各类业务平台（应用服务器）、关键数据，是整个网络的数据交换中心、业务应用中心、网络安全中心和网络管理中心。

 问题引导

（1）如何构建和管理电子政务云内网域名系统？
（2）如何对电子政务云内网系统进行管理？

（3）如何保证电子政务云内网中网络设备、数据传输、服务器和终端用户的安全？

知识学习

1. 域名的命名规则

各级网络的子域名由英文字母（大小写等价）、数字（0~9）和连接符（-）组合而成，通常使用中文简称首字母或英文简称。域名的命名要求如下：

（1）名称长度不应超过25个字符。
（2）不应使用公众知晓的其他国家或地区名称、外国地名、国际组织名称。
（3）不应使用行业名称或商品的通用名称。
（4）不应使用他人已在中国注册过的企业名称或者商标名称。
（5）不应使用对国家、社会或者公共利益有损害的名称。

2. 电子政务云网络管理

良好的组织和管理有利于网络的正常运转和高效使用。网络管理就是对网络进行监视和控制。网络管理有以下五大范畴。

（1）故障管理。对网络中的问题或故障进行定位、分析和处理，包括发现问题、分离问题、找出原因、修复问题。
（2）配置管理。发现和设置网络设备的过程，包括获得当前网络配置的信息，提供远程修改配置的手段、存储、维护最新的设备清单并产生报告。
（3）记账管理。跟踪每个个人和团体对网络资源的使用情况，对其收取合理的费用，有助于网络管理员了解用户使用网络资源的情况。
（4）安全管理。控制对网络中信息访问的过程。
（5）性能管理。测量网络中硬件及软件的性能。

目前，网络的监控和管理都由网络管理系统实现。一个网络管理系统一般有四大组成部分：多个被管代理（被管理对象）；至少一个管理者；通用的网络管理协议，如SNMP/RMON（网络管理者与被管理对象之间的语言）；管理信息库（Management Information Base，MIB）。

管理者利用SNMP请求代理进行信息的收集和设置。代理根据管理者的SNMP请求，访问MIB，获取MIB信息，并对管理者应答或根据其改变请求改变MIB中的内容。代理在有紧急情况时也可通过自陷（Trap）向管理者主动发送数据。

3. 电子政务云信息安全

（1）从信息层面看，包括信息的完整性（保证信息的来源、去向、内容真实无误）、保密性（保证信息不会被非法泄露、扩散）、不可否认性（保证信息的发送和接收者无法否认自己所做过的操作行为）等。
（2）从网络层面看，包括可靠性（保证网络和信息系统随时可用，运行过程中不出现故障，遇意外事故能够尽量减少损失并尽早恢复正常）、可控性（保证营运者对网络和信息系统有足够的控制和管理能力）、互操作性（保证协议和系统能

中国互联网域名管理办法

云南省电子政务管理办法

榆林市电子政务网络与信息安全管理办法

零陵区电子政务内网管理暂行办法

课堂教学讨论任务单——互联网域名系统与电子政务内网域名系统的对比

电子政务云内网网络平台系统的设计

电子政务云网中的信息安全

星湘省政务云解决方案

星湘市商行网络设计方案

怀钢（集团）有限公司信息化建设项目（第一期）网络管理方案

电子政务网数据中心设计方案

微课
域名系统规划

够互相连接)、可计算性（保证准确跟踪实体运行，达到审计和识别的目的）等。

(3) 从设备层面看，包括质量保证、设备备份、物理安全等。

(4) 从管理层面看，包括人员可靠、规章制度完整等。

信息安全遵循"木桶原理"，即一个木桶的容积决定于组成它的最短的一块木板，一个系统的安全强度等于它最薄弱环节的安全强度。因此，电子政务云这种大型分布式信息系统必须建立在一个完整的多层面的安全体系之上，以避免因遗漏薄弱环节而导致整个安全体系的崩溃。

电子政务云系统面临的主要安全威胁有：病毒危害、黑客攻击、数据泄密、账号公用、口令设置不当、身份冒用、不当使用、不安全远程访问、隔离破坏、一机两用等。

任务实施

子任务一 域名系统规划

省电子政务云内网域名服务将统一进行管理。省中心电信托管机房设置一台根域名服务器，负责登记、管理、解析所有电子政务云内网域名记录。省委、省政府中心机房将分别设置一台服务器对主 DNS 进行定期复制，作为全省 DNS 系统的从服务器。根据各单位网络规模现状和应用的需要，部分党政单位也可以在统一管理下设置二级域名服务器，作为本系统内的主用 DNS 解析设备。其中，省委中心机房和省政府中心机房的从域名服务器兼做部分党政系统的二级域名服务器。

各级党委信息中心和各级政府信息中心终端设备分别以两台从 DNS 为主 DNS 提供域名解析服务，同时将全省的根域名服务器设为备用 DNS。除省委、省政府外，其他所有单位的终端均默认使用托管机房的根 DNS 作为主用域名解析设备。

电子政务云内网域名系统设计如图 4-15 所示。

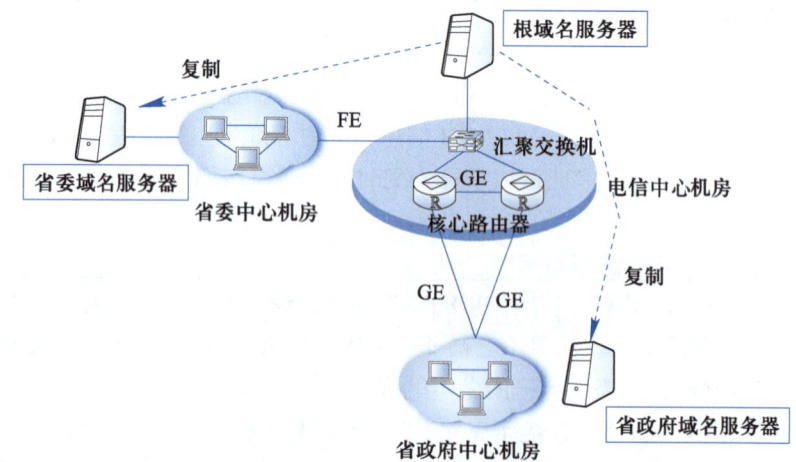

图 4-15　电子政务云内网域名系统设计

目前，国家对省级电子政务云内网的域名没有明确规定，并且无须与互联网域名体系互通，可作为一个独立的域名系统，因此从简化标识和使用的角度考虑，域名层次结构采用行政区域结构方式，根域名为".jn"。

域名体系管理如下。

（1）各级政务部门应规范使用省电子政务云内网域名，域名注册、变更、撤销等均须通过党委、政府办公厅统一登记管理。其中，党委系统直属单位向省委办公厅信息中心进行域名申请，政府系统直属单位向省政府办公厅信息中心进行域名申请。

（2）域名应以 3～4 段为主，原则上不超过 5 段。

（3）各单位的子域记录采用"主机名.单位名.jn"或者"主机名.单位名.县（区）名.市（州）名.jn"结构。例如，省委办公厅的域名为"dwb.jn"，省政府办公厅的域名为"zfb.jn"；某市委办公室的域名为"dwb.cs.jn"，市政府办公室的域名为"zfb.cs.jn"。

（4）由省政府信息中心及省委信息中心共同负责域名的管理，所有党政单位的二级域名及二级 DNS 均须在省中心根域名服务器上进行登记注册。

子任务二　网络管理设计

根据电子政务云内网的网络架构、系统和业务应用等情况，以及基于 IT 设施的核心业务的运行维护要求，进行如下设计。

1. 网管客户端部署

由于政务云内网涉及的数据通信设备众多，但设备厂商单一（全部为华为设备），为了更好地对各设备进行监控管理，本网络选择了设备厂商自带的网管系统——华为 DMS N2000 网管系统。DMS 服务器对所管理设备进行设备运行状态、接口状态等监控信息的收集处理，同时提供客户端软件对网络设备进行相应的告警信息查看、设备管理等操作。

鉴于网络维护分工的需求，整个网管系统将分别在省政府、省委客户侧，技术维护局、各地市电信网管中心电信侧设立网管终端。

客户侧网管终端对整网设备进行浏览、监控操作，赋予系统监视员权限。

电信侧客户端分为技术维护局及地市客户端，技术维护局对整网设备进行浏览、监控、设备维护操作，赋予全部权限；各地市局客户端对所属地市各设备进行监控、维护操作，对所属地市设备赋予全部权限。

2. 接入方式

（1）省委、省政府网管客户端分别设置在省委内网与省政府内网，网管终端通过政务内网接入 DMS 服务器。

（2）电信侧网管客户端通过 DCN 与 DMS 网管服务器接口接入 DMS 服务器。

3. DMS 服务器安全性管理

（1）DMS 服务器上对所有客户端用户进行操作权限限制，确保符合网管客户端部署要求。

（2）DMS 服务器上使用 ACL 将用户与 IP 地址绑定，用户只能在相应的客户端上登录网管系统。

（3）DMS 服务器上仅添加到各客户端 IP 地址的主机路由，通过三层防止 DCN 其他用户进入政务内网。

（4）在 DMS 服务器与 DCN 互连的 DCN 设备上添加 ACL，只允许从 DCN 侧合法网管客户端数据访问 DMS 服务器 DCN 侧网卡的单个地址；而且对目标端口进行过滤，客户端到服务器方向仅允许 TCP 9800-9814、ICMP（如果有需要）。严格过滤由 DCN 进入政务云内网的数据。

（5）对设备 Telnet 登录权限进行管理，每台设备上建立用户，分配给技术维护局使用，具有 3 级权限；针对所属各地市设备分别建立另一用户分配给相应地市维护用。防止客户端通过网管终端登录到非管理范围设备。必要时添加 ACL 进行 Telnet 的访问控制。

4. NTP 设计

考虑告警、日志信息的时间同步问题，将核心路由器配置为 NTP 服务器，所有其他设备（包括网管服务器）从 NTP 服务器上同步时间。

子任务三　网络安全设计

电子政务云内网的安全包括网络设备、数据传输、服务器、终端用户等各个环节。

1. 网络设备的安全

电子政务云内网的网络设备包括路由器、交换机、传输线路、机房配套设施等。路由器、交换机、防火墙等设备可能由于自身软硬件原因或者被攻击而出现故障甚至瘫痪，从而影响部分或整个网络的服务。因此，要保障电子政务云内网的安全，首先必须确保网络设备自身的安全，建议从以下方面进行防范：

（1）对全网设备的软件版本进行升级。

（2）控制非法登录。

（3）关闭或限制可能引起安全问题的服务。

（4）防止地址伪造。

（5）控制直接广播。

（6）防止路由攻击。

（7）交换机端口安全管理。

（8）关闭不用的端口。

（9）使用静态 MAC 地址限定功能。

2. 数据传输的安全

电子政务云内网平台的主链路使用的是 155 Mb/s 2 Mb/s SDH 专线，其可靠性和物理隔离性很好，能满足很高的安全性需求。对于政务内网中部分有很高数据安全要求的涉密数据流量，可利用加密级设备在两端加密传送，以确保不被窃取。各节点、单位之间的互访需求可通过访问控制列表以及节点配置的防火墙规则进行隔离和互通。

3. 服务器的安全

电子政务云内网中有各种业务应用服务器、办公应用服务器，如 Web、FTP、数据库、网管、中间件等。为保证服务器不受攻击和非法入侵，可以从以下方面进行安全防范：

（1）访问控制列表。
（2）防火墙。
（3）入侵检测系统。

4. 终端用户的安全

为确保网络终端用户的自身安全，避免终端设备信息泄露，建议在系统日常管理当中，相关部门统一对终端设备进行如下处理：

（1）关闭共享目录。
（2）安装操作系统补丁。
（3）安装个人版防火墙。

技能训练 4-7

训练目的

（1）掌握公安专网域名系统的规划方法。
（2）掌握公安专网网络管理方案的设计。
（3）掌握公安专网网络安全方案的设计。

训练内容

根据网络中心规划的方法与原则，学生分组（5~7人一组）对公安专网进行网络中心规划与设计。

参考资源

（1）公安专网网络中心规划与设计技能训练任务单。
（2）公安专网网络中心规划与设计技能训练任务书。
（3）公安专网网络中心规划与设计技能训练检查单。
（4）公安专网网络中心规划与设计技能训练考核表。

训练步骤

1. 域名系统规划

依据域名系统规划的基本要求和命名规则，对公安专网进行域名系统设计和域名命名规划。

2. 网络管理方案设计

依据网络管理方案的设计原则，结合公安专网网络管理需求分析的结果，对公安专网的网络管理方案进行规划设计。

3. 网络安全方案设计

依据网络安全方案的设计原则和国家相关规章制度要求，结合公安专网网络安全需求分析的结果，对公安专网的网络安全方案进行规划设计。

知识拓展

1. 广域网安全建设的整体思路

（1）重点关注客户端的接入安全，建立完整的安全准入机制，实现对用户的认证鉴权。

在安全建设过程中，用户的接入行为是造成安全风险的重要因素。因此，需要合理规范用户的安全接入行为，针对不同属性的用户设定差异化的终端准入访问策略，并通过灵活的技术手段，实现对客户端的安全准入组件（如杀毒软件、操作系统）的补丁自动升级维护，对于部分关键业务严格设定用户访问权限，确保整个用户的"合规"访问。

（2）强调数据传输通道的安全性，为固定和移动接入用户创造安全的接入环境。

在产品的选择上，要考虑选择成熟的主流产品和符合技术发展趋势的产品，实现一体化的安全设备，以减少系统维护的工作量。

（3）持续进行广域网链路质量的优化，保障关键应用的服务质量，提升应用的交付性能。

在规划建设多业务的广域网时，无论是通过广域网的专线互连，还是利用 Internet 链路进行互连，都需要考虑多业务对带宽的占用情况。除了不断地扩容之外，持续的优化广域分支的链路质量，对分支业务进行优先级排序并合理安排带宽占用比例，可以有效提高分支业务的服务质量和交付性能，同时也可以减缓广域分支链路扩容维护的压力，用最小的代价获得更大的收益。

（4）合理划分广域网的安全区域，降低边界安全风险，实现整体安全事件的统一管理。

边界安全防护和安全域的划分一直是安全建设的重点，对于广域网的安全建设来说也不例外。在广域网的总部汇聚场合，除了部署传统的防火墙等产品，还可以根据对外提供服务器的位置部署入侵防护等产品；在广域网的分支，安全边界的建设重点聚焦在广域网分支出口的位置。同时针对这些安全防护策略，将广域分支的安全事件进行集中的上报和统一的安全管理，可以及时发现网络中存在的安全风险状况，为后续的策略调整提供技术支撑。

2. 问题思考

（1）电子政务云内网的网络管理要求是什么？

（2）电子政务云内网的网络安全要求是什么？

任务 4-6　网络设备选型

任务描述

根据江南省电子政务云内网性能需求、流量需求、接入需求、安全需求、管理需求、扩展需求，结合电子政务云内网的拓扑结构，完成纵向网中核心、汇聚、接入层的主要设备选型，横向网的汇聚设备选型。

问题引导

（1）如何根据核心层的性能和功能要求，选择性价比高的核心层设备。
（2）如何根据汇聚层的性能和功能要求，选择性价比高的汇聚层设备。
（3）如何根据接入层的性能和功能要求，选择性价比高的接入层设备。
（4）如何根据城域网的性能和功能要求，选择性价比高的城域网设备。

知识学习

电子政务云内网网络设备选型的基本原则

（1）满足性能指标。产品的性能指标要满足业务系统的需求，要求产品线长，功能先进、完善，运行稳定，可扩展性好。
（2）安全可靠。网络设备应符合网络系统的安全要求，符合有关国际标准，具有与不同厂家系统设备之间良好的互操作性，产品应具备自主知识产权，具备工业和信息化部的入网证书和 IPv6 认证证书。
（3）较高的性价比。在满足性能指标、安全要求的前提下，要选择价格较低的产品。
（4）具有成熟的应用。产品应具有在国内大型网络系统中部署和应用的典型案例。
（5）支持服务。电子政务云内网系统设备供应商应具有完善的服务体系，能提供专业、标准、多元化的服务和持续、高效、快捷的技术支持。设备厂商技术、资金实力雄厚，具有良好信誉并长期致力于政务领域的信息化建设。

任务实施

子任务一　核心层设备选型

核心层设备主要负责全省电子政务云内网业务系统的承载、高速数据交换以及市级汇聚层设备的连接，以确保全网互连互通，必须具有高性能、高带宽、高可靠性、全冗余和较好的扩展性。

目前主流网络设备厂商有 Cisco、华为、H3C、中兴、锐捷等，考虑电子政务云内网的安全性，优先选择国产设备。从产品品牌、性能、价格、服务等

交换设备选型

路由设备选型

网络设备选型的基本原则与测试方法

星湘省国税金税三期工程网络项目网络设备选型方案

怀钢(集团)有限公司信息化建设项目(第一期)网络设备选型方案

Quidway NetEngine 40/80 系列通用交换路由器

华为 S37-00 系列企业交换机

方面综合考虑，核心层设备选用两台华为 NE80 高端路由器。配置两块 8 端口 155 Mb/s POS 卡提供 10 个市（州）政府的广域网接入。配置 1 块 8 端口 GE 卡用于城域网汇聚节点以及核心设备互连。

子任务二　汇聚层设备选型

每个市（州）节点均须配置 1 台汇聚路由器，实现下级政府（县级）、同级党政单位接入。该汇聚路由器要求如下。

（1）高性能。提供完善的 QoS 保证，高效的数据压缩和加密服务。

（2）高密度端口。灵活提供各种局域网、广域网接口类型。

根据实际需求，各市（州）汇聚层设备选用一台华为 NetEngine40E X3 路由器，配置 1 块 8 端口 155 Mb/s 卡用于通过 155 Mb/s SDH 线路连接到核心路由器，配置 1 块 8 口以太网卡用于连接县（区）节点设备及本市（州）党政机关单位。

子任务三　接入层设备选型

为实现县级电子政务云内网的接入，考虑到实际需求及性价比，各县（区）接入层设备选用一台华为 S3700 三层交换机，配置 24 个 100 Mb/s+2 个 GE 模块插槽+2 GE combo 口，用于通过 $N\times 2$ Mb/s MSTP 线路连接到对应市（州）电子政务云内网节点的汇聚层设备及县（区）一级的党政部门。

江南省电子政务云内网纵向网核心层、汇聚层及接入层设备选型见表 4-12。

表 4-12　电子政务云内网纵向网核心层、汇聚层及接入层设备选型汇总

名　称	选 型 设 备	数量/台	单台板卡配置需求
核心路由器	华为 NE80E	2	2 块 8 端口 155 Mb/s POS 卡
市（州）汇聚路由器	华为 NE40E X3	10	1 块 8 端口 GE 卡
县（区）接入层交换机	华为 S3700-28TP-EI-AC	100	—

子任务四　城域网设备选型

1. 省级城域网设备选型

省级城域网核心层设备由电子政务云内网纵向网的核心路由器兼当。为实现将省委、省政府及省直属单位的网络接入，需要配置 2 台汇聚交换机和 1 台汇聚路由器。考虑系统性价比、实际网络吞吐量及未来升级需要，汇聚层选用华为 6503 千兆交换机，配备 1 块 8 端口 GE 卡，可以为人大、政协等单位提供 1000 Mb/s 接入；另外配置 4 个电口 SFP 模块，利用处理卡自带的 4 个 GE 端口实现与网管服务器和核心路由器的连接。

省政府节点汇聚设备配置 1 台华为三层交换机 S3700-28TP-EI-AC，除 24 个 100 Mb/s 以太网端口外，还配置两个千兆光模块，用于双向连接核心路由器。

汇聚路由器由于要承接大量 2 Mb/s 线路的接入，为管理维护方便，采用信道化的 155 Mb/s 板卡，选用华为 NE20E-8 路由器。除配置 OC3 卡外，另外配置 1 块 4 端口 FE 卡用于连接极速通汇聚设备和 MSTP 传输设备，配置 1 块 2 端口的 GE 电接口卡用于双归属到两台核心路由器，确保上连线路的可靠性。

2. 市级城域网设备选型

市级城域网核心层设备由电子政务云内网纵向网的汇聚层路由器兼当。为实现将市委、市政府及市直属单位接入（市直属单位目前不需要接入），需要配备 1 台市委汇聚交换机和 1 台市政府节点交换机。考虑网络实际流量需求，两台设备均采用华为三层交换机 S3700-28TP-EI-AC，配备 24 个电口、4 个 GE 模块插槽。

3. 县级城域网设备选型

县级城域网核心层设备由电子政务云内网纵向网的接入层设备兼当。考虑到县（区）级党政中心往往在同一个大院，因此县委、县政府节点考虑共用一台三层交换机，设备选用华为三层交换机 S3700-28TP-EI-AC，放置在县委院内，县政府院内现有内网交换机可级联到该设备实现专网接入。

江南省电子政务云内网横向网的省级、市级、县级城域网设备选型见表 4-13。

表 4-13　电子政务云内网横向网的省级、市级、县级城域网设备选型汇总

名　　称	参考设备及数量/台	单台板卡配置需求
省级汇聚路由器	华为 NE20E/1	冗余电源、主控单元；2 块 4 端口 100 Mb/s 线路板，1 块 1 路信道化 155 Mb/s 光接口线路板，1 块 2 端口 GE 电口线路板
省委汇聚交换机	华为 6503/1	冗余电源、1 块 8 端口 GE 光接口卡、4 个 GE 电接口
省政府汇聚交换机	华为 S3700-28TP-EI/1	24 个 100 Mb/s 电口，2 个单模 40 km1000 Mb/s SFP 光模块
市级节点交换机	华为 S3700-28TP-EI/20	24 个 100 Mb/s 电口
县级节点交换机	华为 S3700-28TP-EI/100	24 个 100 Mb/s 电口
省级党政极速通接入终端	ADSL Modem/150	配套工程解决
省级党政单位极速通接入路由器	150	配套工程解决

技能训练 4-8

训练目的

（1）掌握公安专网横向网核心层设备的选型方法。
（2）掌握公安专网横向网汇聚层设备的选型方法。
（3）掌握公安专网横向网接入层设备的选型方法。

（4）掌握公安专网横向网城域网设备的选型方法。

 训练内容

根据网络设备选型的方法与原则，学生分组（5～7人一组）完成公安专网的网络设备选型。

参考资源

（1）公安专网网络设备选型技能训练任务单。
（2）公安专网网络设备选型技能训练任务书。
（3）公安专网网络设备选型技能训练检查单。
（4）公安专网网络设备选型技能训练考核表。

训练步骤

1. 确定网络设备的性能参数及数量要求

依据公安专网规模需求、流量需求、各业务接入需求、安全需求，结合网络拓扑结构和网络技术选型，确定网络设备的性能参数及数量。

2. 选定符合性能参数要求的设备的品牌及型号

通过咨询、信息检索等方式，选定3种符合性能参数要求的网络设备的品牌及型号。

3. 完成网络设备选型

综合考虑品牌知名度、市场占有率、产品性价比、产品稳定性、技术支持与售后维护等方面，小组讨论确定网络设备的品牌及型号，形成设备选型清单。

知识拓展

1. 电子政务云内网安全产品选型

电子政务云内网的建设中，网络安全非常重要。为了保障网络的安全，电子政务云内网建设过程中通常采用物理上分离、构建私有专网等方式，但要构建一个安全的电子政务云内网，除了对网络进行规划、设计以及管理之外，选择合适的安全产品也是建设电子政务云内网的重中之重。

目前，涉及网络安全的产品有很多，如杀毒软件、防火墙、入侵检测等，而且品牌众多、功能差别较大，如何选择适合的安全产品就成为电子政务云内网设计者的重要任务。

安全产品的选择必须从自身应用需求出发，充分了解产品的技术指标和性能参数。在政府采购选择安全产品时，还必须在安全的标准基础上考虑安全产品间的互操作性、安全等级以及产品提供商的综合实力，具体要求如下。

1）安全产品间的互操作性

电子政务云内网涉及加密与解密、签名与认证、审计与跟踪等安全需求，需要不同厂商的产品能够顺利地进行互操作，共同实现一个完整的安全功能。

2）安全等级
安全等级在安全功能和性能上有严格的定义,是经过专业权威机构测评认定的结果,应选择相适应的安全等级产品。

3）产品提供商的综合实力
因为安全产品技术要求高,因此应选择用户认可度高、功能强、技能实力雄厚、服务质量好的公司的产品。

2. 问题思考
(1)电子政务云内网需要的网络设备有哪几种?
(2)电子政务云内网需要的网络安全产品有哪些?

项目总结

本项目主要讲解了电子政务云内网的网络需求、网络架构设计、网络通信线路设计、IP 地址与路由规划、网络中心规划、网络设备选型等内容,让读者对政府行业网络的组网技术、整体架构、路由规划有一个较全面和深入的认识。

项目评估

学习评估分为项目检查和项目考核两部分(表 4-14)。项目检查主要对教学过程中的准备工作和实施环节进行核查,以确保项目完成的质量;项目考核是对项目教学的各个阶段进行定量评价。这两部分始终贯穿于项目教学的全过程。

表 4-14 学习评估表

项目考核点名称	考 核 指 标	评分	占总项目比重/%	小计
技能考核项目 1 网络需求分析	掌握网络业务需求、环境需求、局点需求、流量需求、各业务系统接入需求、技术需求、链路需求、安全需求、管理需求分析的方法		15	
技能考核项目 2 网络架构(广域网)设计	掌握网络架构(广域网)、核心节点、汇聚节点和接入节点的设计方法		10	
技能考核项目 3 网络架构(城域网)设计	掌握网络架构(城域网)、各级城域网、下属单位接入的设计方法		10	
技能考核项目 4 通信线路设计	掌握通信线路的设计方法、各级单位通信线路的选择方法		15	
技能考核项目 5 IP 地址规划	掌握 IP 地址规划的作用、目标、技术,IP 地址的具体分配原则,管理和互连地址规划的方法,用户地址规划的方法,网络设备命名的方法		10	

续表

项目考核点名称	考 核 指 标	评分	占总项目比重/%	小计
技能考核项目 6 路由规划	掌握路由规划的方法、路由协议的选择、网络流量的走向		15	
技能考核项目 7 网络中心规划与设计	掌握公安专网域名系统规划的方法、网络管理方案的设计方法、网络安全方案的设计方法		15	
技能考核项目 8 网络设备选型	掌握网络设备选型的原则、各级节点网络设备选型的方法		10	
总计				

项目习题

一、填空题

1. 路由器从多个路由协议获知到达某个目的网络的路由。Cisco 路由器将使用_____来选择首选路由。

2. 城域网建设时采用的三层结构是：_____、_____、_____。

3. 通常是将背板交换能力大于_____的路由器称为高档路由器（有的高达几百、上千 Gb/s），背板交换能力在_____之间的路由器称为中档路由器，低于_____的就是低档路由器。

4. 路由器的网络接口类型可分为_____、_____、_____、_____、_____、_____。

二、选择题（选择一项或多项）

1. 下列关于链路状态算法的说法正确的是（　　）。
   A. 链路状态是对路由的描述
   B. 链路状态是对网络拓扑结构的描述
   C. 链路状态算法本身不会产生自环路由
   D. OSPF 和 RIP 都使用链路状态算法

2. 城域网的主干网采用的传输介质主要是（　　）。
   A. 同轴电缆　　　　　　　　B. 光纤
   C. 屏蔽双绞线　　　　　　　D. 无线信道

3. 下列不属于宽带城域网 QoS 保证技术的是（　　）。
   A. RSVP　　　　　　　　　B. DoffServ
   C. MPLS　　　　　　　　　D. WIMAY

4. 以下关于广域网的说法，错误的是（　　）。
   A. HDLC 协议只支持点到点链路，不支持点到多点链路
   B. HDLC 协议可以封装在同步链路上，也可以封装在异步链路上

C. 当 CE1/PRI 接口使用 E1 工作方式时，它相当于一个不分时隙、数据带宽为 2 Mb/s 的接口，其特性与同步串口相同，支持 PPP、帧中继、LAPB 和 X.25 等数据链路层协议，支持 IP 和 IPX 等网络协议

D. 当 CE1/PRI 接口使用 CE1/PRI 工作方式时，它在物理上分为 32 个时隙，对应编号为 0~31，其中 0 时隙用于传输同步信息

5. 下列关于路由选择协议相关技术的描述中，错误的是（　　）。
   A. 最短路径优先协议使用分布式链路状态协议
   B. 路由信息协议是一种基于距离向量的路由选择协议
   C. 链路状态度量主要包括带宽、距离、收敛时间等
   D. 边界网关协议可以在两个自治系统之间传递路由选择信息

6. 三种路由协议 RIP、OSPF、BGP 和静态路由各自得到了一条到达目标网络的路由，华为路由器在默认情况下，最终选定（　　）路由作为最优路由。
   A. RIP
   B. OSPF
   C. BGP
   D. 静态路由

7. 路由器端口的 IP 地址为 202.100.73.18/22，则该端口的网络地址是（　　）。
   A. 202.100.73.0　　　　B. 202.100.70.0
   C. 202.100.128.0　　　 D. 202.100.72.0

8. 某银行拟在远离总部的一个城市设立灾难备份中心，其中的核心是存储系统。该存储系统恰当的存储类型是　(1)　，不适于选用的磁盘是　(2)　。
   （1）A. NAS　　　　　　　B. DAS
        C. IP SAN　　　　　　D. FC SAN
   （2）A. FC 通道磁盘　　　　B. SCSI 通道磁盘
        C. SAS 通道磁盘　　　 D. 固态磁盘

三、综合题

1. 某商贸城由商贸城办公主楼、花卉市场、农贸市场、水产品市场、调味品市场和交易中心等几部分构成。由于各市场覆盖面积较广、用户数量较多、相互间距离较远，因此采用广域网方式建设该商贸城的内部企业网络，其网络结构如图 4-16 所示。

商贸城企业网络采用层次化设计，网络节点分为三层：核心层、汇聚层和接入层。核心层由商贸城办公主楼的两台高性能路由器构成，负责与各二级单位路由器进行互连；汇聚层由 4 个市场的路由器构成，每个市场都是一个网络节点，配置一台路由器，汇聚层与核心层节点间的链路构成主干链接；接入层为各市场的内部局域网络，实现办公人员和商户的接入。

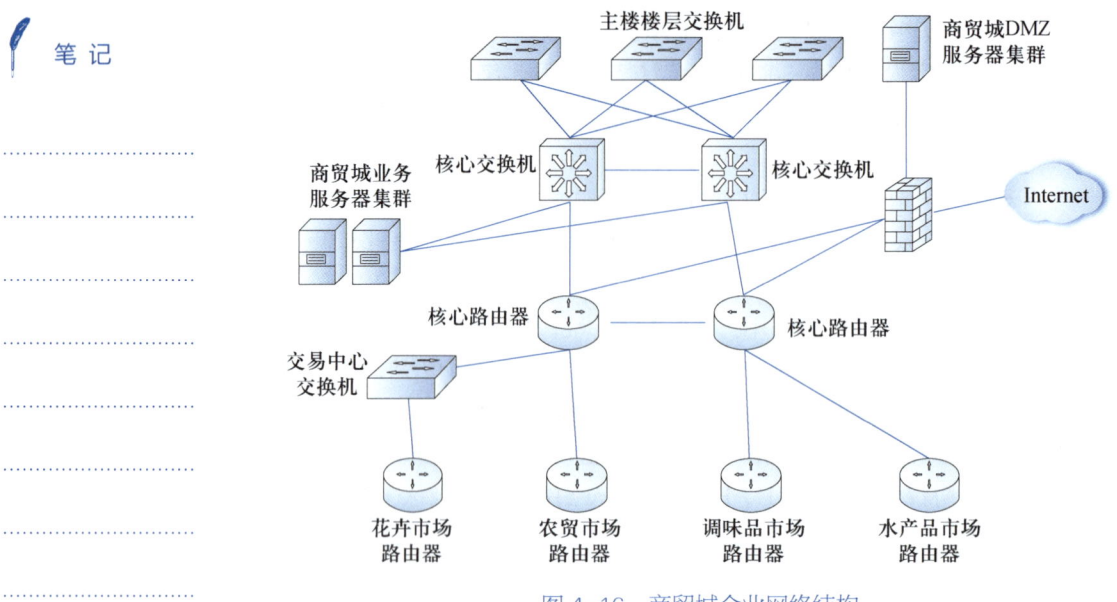

图 4-16　商贸城企业网络结构

商贸城数据中心业务服务器采用服务器群集技术，服务器都采用双网卡配置，分别对花卉市场、农贸市场、水产品市场、调味品市场提供商贸业务服务。

商贸城企业网的互联网出口部署在商贸城办公主楼，出口带宽为 50 Mb/s；商贸城办公主楼至各二级节点之间的线路采用"SDH 电路转换为以太网线路"方式，主干链路两端路由器统一采用以太网接口，带宽为 10 Mb/s。

随着企业应用发展需要，商贸城决定对企业网络进行升级改造，其建设目标如下。

（1）对业务服务器群集网络接入进行改造，使业务压力能均衡分担。

（2）将商贸城办公主楼到各个市场网络的带宽进行升级。

（3）对 Internet 出口带宽进行升级，保证用户能正常上网。

【问题 1】自花卉市场借助于交易中心的局域网交换机接入企业网络以来，商户普遍反映访问应用系统和互联网速度较慢，在用户上网高峰时间段，对网络用户的业务开展造成了极大影响。技术人员经过测试发现，从花卉市场路由器 ping 核心路由器延时 ≥ 1000 ms（其他市场 ping 核心路由器延时 ≤ 1000 ms）。请分析问题出现的原因，并提供可行的解决方案。

【问题 2】为实现各市场和办公主楼之间的线路冗余，决定在各市场路由器至核心路由器之间添加一条冗余线路，在保证线路冗余的同时，为提高主干线路的带宽，需要在主用线路和备用线路之间实现线路的负载均衡。

请分别叙述采用多链路 PPP 捆绑技术和 OSPF 路由负载均衡技术实现核心层到汇聚层的线路及带宽扩容的具体实施步骤。

【问题 3】随着 Internet 上 P2P、视频点播等类型应用的发展,商户访问 Internet 行为占据了大量的企业网络带宽,为保证企业内部应用系统的正常服务,提高商户访问 Internet 和企业应用系统的服务质量,针对该企业网络请给出至少 4 种优化方法。

2. ABC 公司总部和 3 个子公司分别位于 4 处,网络结构如图 4–17 所示,公司总部和各子公司所需主机数见表 4–15。

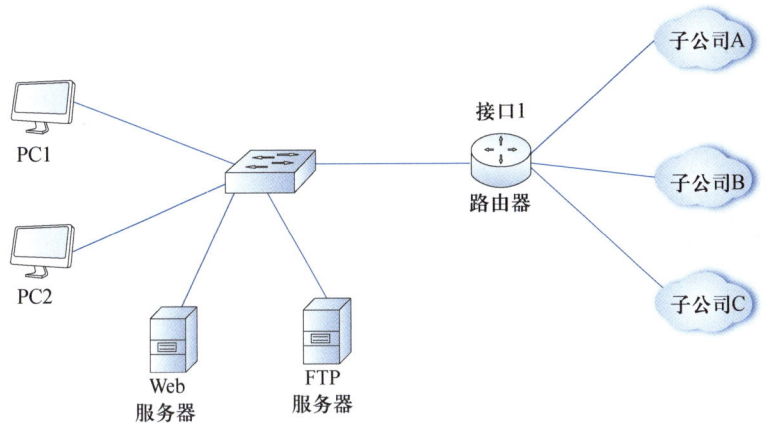

图 4–17　ABC 公司网络结构

表 4–15　所需主机数

部　　门	主机数量/台
公司总部	50
子公司 A	25
子公司 B	10
子公司 C	10

【问题 1】公司用一个 C 类地址块 202.119.110.0/24 组网,填写表 4–16 中的(1)~(6)处空缺的主机地址或子网掩码。

表 4–16　IP 地址规划

部　　门	可分配的地址范围	子 网 掩 码
公司总部	202.119.110.129~(1)	255.255.255.192
子公司 A	(2)~202.119.110.94	(3)
子公司 B	202.119.110.97~(4)	255.255.255.240
子公司 C	(5)~(6)	255.255.255.240

【问题 2】可以采用＿＿＿（7）＿＿＿方法防止 IP 地址被盗用。

（7）A．IP 地址与子网掩码进行绑定

B．IP 地址与 MAC 地址进行绑定

C．设置网关地址

D．IP 地址与路由器地址进行绑定

3．某市行政审批服务中心大楼内涉及几类网络：Internet、市电子政务云专网、市电子政务云外网、市行政审批服务中心大楼内局域网以及各部门业务专网。行政审批服务中心网络规划工作组计划以电子政务云专网为基础，建设市级行政审批服务中心专网（骨干万兆、桌面千兆）。大楼内部署 5 套独立链路，分别用于连接政务云外网、政务专网、大楼内局域网、互联网和涉密部门内网。行政审批服务中心的网络结构（部分）如图 4-18 所示。

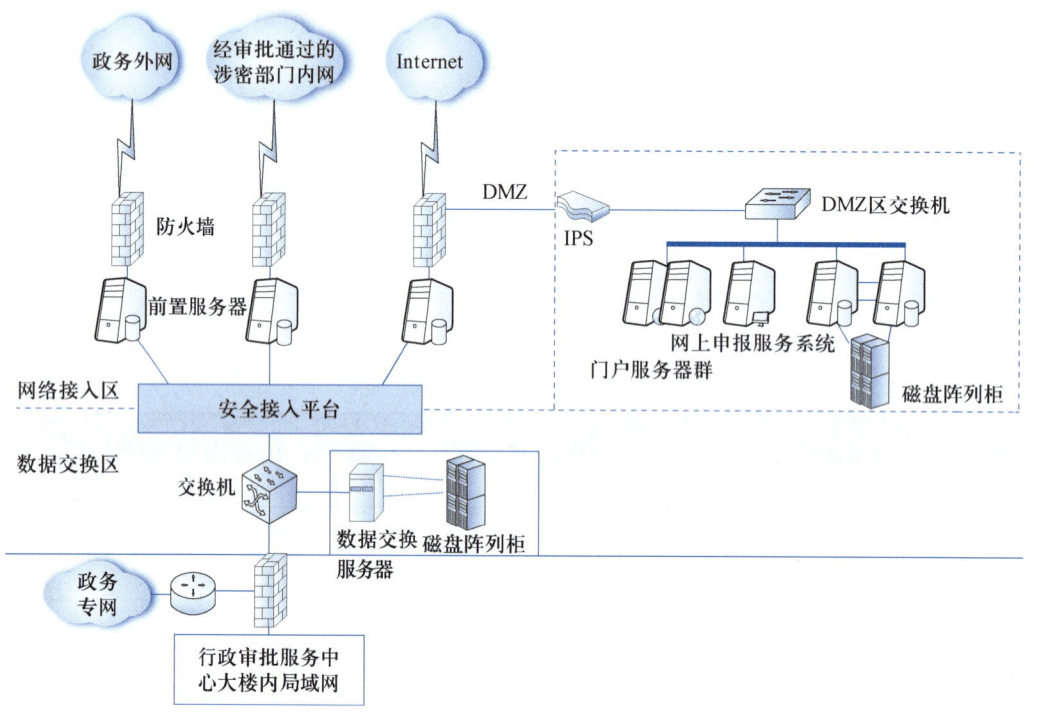

图 4-18　行政审批服务中心部分网络结构

根据以上叙述，回答问题 1、问题 2 和问题 3。

【问题 1】请指出图 4-18 所示的安全接入平台中可采用的技术，或列举出安全设备。

【问题 2】图 4-18 中 DMZ 区交换机共提供 12 个千兆端口和 8 个百兆端口。请问：该交换机的吞吐量至少达到多少 Mpbs，才能确保所有端口均能线速工作，并提供无阻塞的数据交换？

4. 某公司的网络结构如图 4-19 所示。其中网管中心位于 A 楼，B 楼与 A 楼的距离约为 300 m，B 楼的某一层路由器采用 NAT 技术进行网络地址变换，其他层仅标出了楼层交换机。

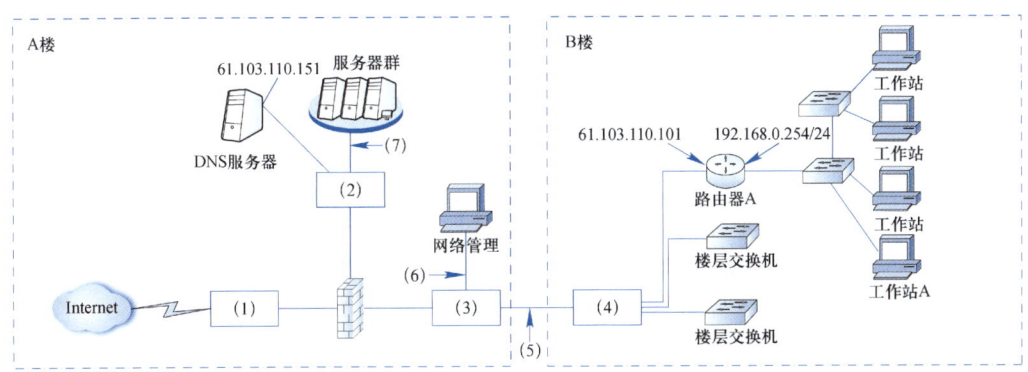

图 4-19　网络结构

【问题 1】从表 4-17 中为图 4-19 中（1）~（4）处选择合适的设备名称（每个设备限选一次）。

表 4-17　设　　备

设 备 类 型	设 备 名 称	数量/台
路由器	Router1	1
三层交换机	Switch1	1
二层交换机	Switch2	2

【问题 2】为图 4-19 中（5）~（7）处选择介质：
备选介质（每种介质限选一次）为百兆双绞线、千兆双绞线、千兆光纤。

【问题 3】表 4-18 是路由器 A 上的地址变换表，填写图 4-20 中（8）~（11）处空缺的信息。

表 4-18　地址变换表

内部 IP 及端口号	变换后的端口号
192.168.0.1：1358	34576
192.168.0.3：1252	65534

```
                        ┌─────────────┐
                        │  NAT_路由器  │
                        ├─────────────┤
                        │  NAT变换表   │
源地址：192.168.0.3:1252 ├─────────────┤  源地址： (8) : (9)
────────────────────────▶│             │────────────────────────▶
目标地址：202.205.3.130:80│             │  目标地址：(10) : (11)
                        │             │
                        └─────────────┘
```

图 4-20　地址变换示意图

【问题 4】参照图 4-19 所示的网络结构，为工作站 A 配置 IP 属性参数。

IP 地址：　　　　　　（12）
子网掩码：　　　　　　（13）
默认网关：　　　　　　（14）
首选 DNS 服务器：　　　（15）

项目 5
电子政务云外网规划与设计

学习目标

【知识目标】
- 了解电子政务云外网的功能；
- 掌握 OSPF 路由协议；
- 掌握远程访问技术；
- 了解广域网链路技术；
- 了解信息系统安全保护相关知识。

【能力目标】
- 能对电子政务云外网进行需求分析；
- 能对电子政务云外网进行拓扑结构设计与网络链路选型；
- 能对电子政务云外网进行 IP 地址规划与设备命名；
- 能对电子政务云外网路由及 MPLS VPN 进行设计；
- 能完成电子政务云外网网络中心规划与设计；
- 能完成电子政务云外网信息系统安全保护设计；
- 能完成电子政务云外网平台应用系统规划。

【素养目标】
- 培养文献检索、资料查找与阅读能力；
- 培养自主学习能力；
- 培养独立思考、分析问题的能力；
- 培养表达沟通、诚信守时和团队合作能力；
- 树立成本意识、服务意识和质量意识。

素养提升
安全重于泰山
防患于未然

项目导读

学习情境

花都县计划构建电子政务云外网平台，与上级电子政务云外网平台直连，建立县级统一电子政务云外网控制中心，将全县 89 个县直单位和 15 个乡镇接入花都县电子政务云外网平台。

项目描述

花都县拟建立覆盖全县各级政府部门的信息网络平台，上连所属市级电子政务云外网平台；下接各乡镇（并逐步覆盖到街道、村组）电子政务云外网平台，横向连通各县直部门，实行统一的网络管理，提供可靠的安全保障。构建基础数据库及主要业务部门数据库，建立信息资源目录体系和信息资源交换；搭建统一的应用支撑平台，整合原有业务系统；建立以电子政务云外网门户网站为核心的公众服务体系；按照统一的安全策略，构建全网的安全体系。

项目实施

微课
电子政务云外网的
应用与流量分析

任务 5-1　电子政务云外网需求获取

任务描述

本任务通过对花都县电子政务云外网的建设需求进行分析，得到该电子政务云外网的应用、流量、安全、管理等方面的需求，从总体上了解电子政务云外网的需求。

问题引导

（1）电子政务云外网有哪些应用？
（2）电子政务云外网有哪些用户？
（3）电子政务云外网面临哪些安全问题？
（4）电子政务云外网如何管理？

国家电子政务云外网
建设要求

电子政务平台及应用
系统白皮书

如何规划电子政务的
内网安全建设

知识学习

1. 电子政务云外网的应用

电子政务云外网主要提供公文流转、电子邮件、视频会议、数据分析、应急联动等方面的服务，政府的业务活动主要围绕着政府、公务员、企（事）业及居民这 4 个行为主体展开，即包括政府部门与政府部门之间的互动；政府与内部公务员的互动；政府与企、事业单位，尤其是与企业的互动；以及政府与居民的互动。这 4 个行为主体的信息互动，构成了电子政务云外网的应用，如图 5-1 所示。

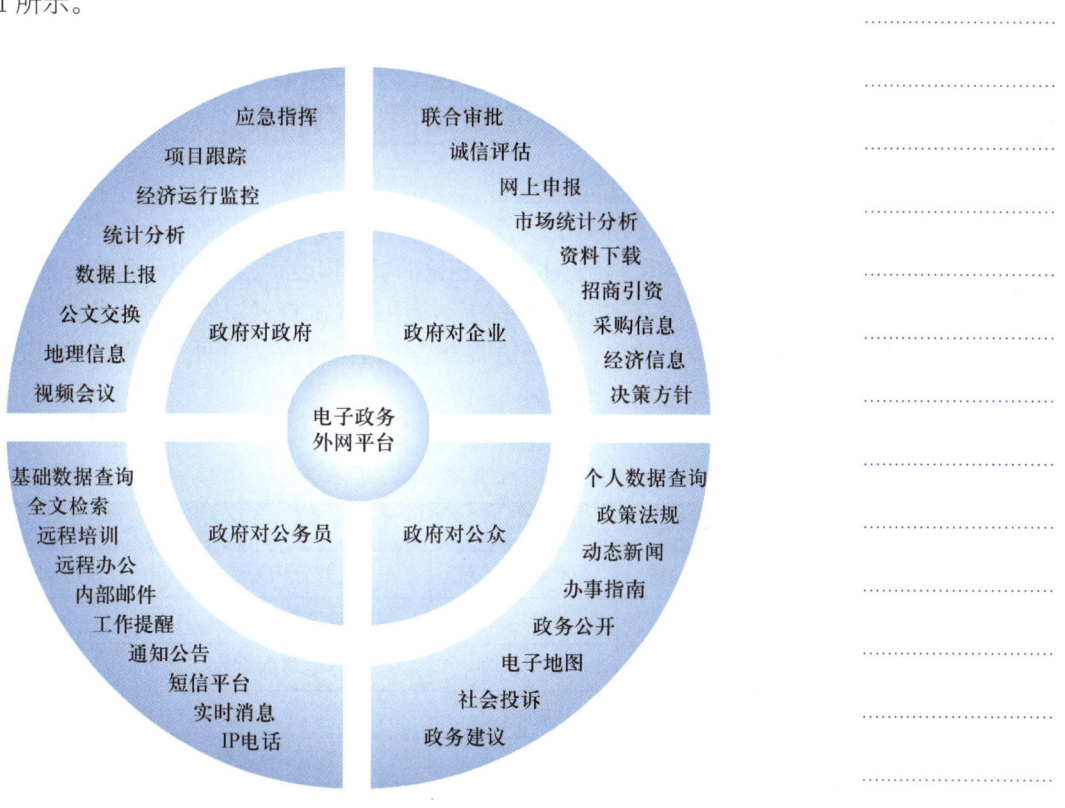

图 5-1　电子政务云外网平台应用模型

2. 电子政务云外网流量

电子政务云外网的用户流量主要分为两大类：一类是用户通过电子政务云外网统一出口访问互联网的流量，另一类是通过电子政务云外网访问各类公文流转系统、视频会议系统、数据共享系统的内部网络流量。

访问互联网的流量主要包括：在线视频、在线网络游戏、即时通信、WWW、FTP、E-mail 等业务应用所产生的流量。

内部网络流量主要包括：公文流转、视频会议、应急联动指挥、数据共享分析等业务所产生的流量。

因此，在统计电子政务云外网流量需求时，需要对访问互联网和访问内部网络两部分的流量分别统计。

电子政务数据交换、数据流引擎及数据中心

某市电子政务内网中心平台应用系统方案

北京市电子政务总体框架

case

泰州电子政务建设总体方案

case

3. 电子政务云外网安全要求

国家对于重要信息系统的安全保护有着严格的标准和要求，针对电子政务云外网中各种应用系统也有明确的相关技术标准，如《国家信息化领导小组关于我国电子政务建设指导意见》等文件。

 任务实施

子任务一　电子政务云外网需求分析

1. 业务应用需求分析

只有充分了解电子政务云外网用户的真实应用需求，才能对电子政务云外网的网络结构和基础架构进行正确的规划和设计。获取电子政务云外网用户应用需求，最行之有效的途径是设计应用需求调查表，然后与区县政务服务中心用户进行交流、访谈，最后对调查结果进行分析、归纳。花都县电子政务云外网的总体应用业务需求见表 5-1。

表 5-1　业务应用需求汇总表

政务应用				
公文流转系统	电子邮件系统	视频会议系统	数据分析系统	应急联动系统
收发公文	基本功能	基本功能	基础信息数据库	网络系统
公文管理	数据安全	多视频源	政务信息数据库	通信系统
公文加密	防病毒	动态分屏	统计信息数据库	GIS 平台
	防垃圾邮件	会议控制	宏观经济报表	数据库系统
		会议监管	企业基础信息交换系统	信息采集控制系统
			信用系统	指挥调度系统
				综合信息交换系统
基础型政务应用	协同型政务应用		分析型政务应用	智能决策系统
电子政务基础设施				

2. 接入需求分析

花都县电子政务云外网将覆盖全县 89 个县直单位和 15 个乡镇，每个接入单位内部局域网信息点为 40~100 个。

根据运营商在县城区物理线路数据局的分部情况及接入用户单位的分部情况，花都电子政务云外网共分为 3 个城区内汇聚和 1 个乡镇汇聚点，电子政务云外网网络中心根据实际管理职能部门所在地，设置在区县政务服务中心的中心机房内。接入单位信息见表 5-2。

表 5-2　接入单位统计表

汇聚点	单位编号	单位名称	汇聚点	单位编号	单位名称
一、县政府汇聚点（29个）	_	（1）机关大院内（12个）	二、城区汇聚点1（43个）	_	（1）建设局楼内（3个）
	1	县委办（县委办系统）		30	建设局（建设系统）
	2	人大办（人大机关）		31	规划办（建设系统）
	3	政府办（政府办系统）		32	城管大队（建设系统）
	4	政协办（政协机关）		_	（2）劳动就业局楼内（2个）
	5	纪委（监察局）		33	劳动就业局（政府办系统）
	6	民宗局（政府办系统）		34	医保站（政府办系统）
	7	农办（农口系统）		_	（3）文体局楼内（2个）
	8	发改局（政府办系统）		35	文体局（宣传系统）
	9	信访局（政府办系统）		36	文化市场执法大队（政府办系统）
	10	招商局（政府办系统）		_	（4）财政局楼内（2个）
	11	金融办（政府办系统）		37	财政局（财税金融系统）
	12	史志办（县委办系统）		38	非税收入管理局（财税金融系统）
	_	（2）机关大院外（17个）		_	（5）其他（34个）
	13	总工会（组群系统）		39	人民银行（财税金融系统）
	14	公积金（政府办系统）		40	电力局（工业系统）
	15	安监局（政府办系统）		41	房产局（建设系统）
	16	旅游局（政府办系统）		42	教育局（教育系统）
	17	行政服务中心（政府办系统）		43	公路局（交通系统）
	18	检察院（政法系统）		44	水产局（农口系统）
	19	法院（政法系统）		45	农业局（农口系统）
	20	广电局（宣传系统）		46	林业局（农口系统）
	21	区办公局（县委办系统）		47	气象局（农口系统）
	22	药监局（卫生系统）		48	供销联社（农口系统）
	23	烟草局（商务系统）		49	经管局（农口系统）
	24	水利局（农口系统）		50	农机局（农口系统）
	25	生态能源局（农口系统）		51	工商局（商务系统）
	26	自来水（农口系统）		52	商务局（商务系统）
	27	工业局（工业系统）		53	盐务局（商务系统）
	28	地税局（财税金融系统）		54	中医院（卫生系统）
	29	国税局（财税金融系统）		55	血防医院（卫生系统）

续表

汇聚点	单位编号	单位名称	汇聚点	单位编号	单位名称
二、城区汇聚点1（43个）	56	妇幼保健院（卫生系统）	三、城区汇聚点2（17个）	78	社保站（政府办系统）
	57	人民医院（卫生系统）		79	劳动争议仲裁院（政府办系统）
	58	档案局（县委办系统）		（4）其他（10个）	
	59	人防办（政府办系统）		80	运管所（交通系统）
	60	交警大队（政法系统）		81	邮政局（交通系统）
	61	公安局（政法系统）		82	畜牧局（农口系统）
	62	司法局（政法系统）		83	粮食局（商务系统）
	63	社会抚养费征收管理局（政府办系统）		84	湖州局（商务系统）
	64	民政局（政府办系统）		85	血地办（卫生系统）
	65	物价局（政府办系统）		86	工业园（县委办系统）
	66	残联（政府办系统）		87	城关镇（乡镇）
	67	质监局（政府办系统）		88	环保局（政府办系统）
	68	移民局（政府办系统）		89	国土局（政府办系统）
	69	科技局（政府办系统）	四、乡镇汇聚点（15个）	90	乡镇1（政府办系统）
	70	人事局（政府办系统）		91	乡镇2（政府办系统）
	71	计生局（政府办系统）		92	乡镇3（政府办系统）
	72	审计局（政府办系统）		93	乡镇4（政府办系统）
				94	乡镇5（政府办系统）
				95	乡镇6（政府办系统）
				96	乡镇7（政府办系统）
三、城区汇聚点2（17个）	（1）交通局楼内（2个）			97	乡镇8（政府办系统）
	73	交通局（交通系统）		98	乡镇9（政府办系统）
	74	城市公交管理所（交通系统）		99	乡镇10（政府办系统）
	（2）卫生局楼内（2个）			100	乡镇11（政府办系统）
	75	卫生局（卫生系统）		101	乡镇12（政府办系统）
	76	疾控中心（卫生系统）		102	乡镇13（政府办系统）
	（3）劳动局楼内（3个）			103	乡镇14（政府办系统）
	77	劳动局（政府办系统）		104	乡镇15（政府办系统）

3. 流量需求分析

电子政务云外网互联网应用主要包括公众服务、在线新闻浏览、视频点播、在线网络游戏等业务,各单位互联网流量需求见表 5-3。

表 5-3 花都县电子政务云外网互联网流量需求

汇聚点	业务类型	流量(每接入单位)(Mb/s)	节点数(每接入单位)	合计接入单位数	利用率(%)	总流量(Gb/s)
县政府直属机关(29 个单位)	对外公众服务、BT 下载、在线视频、在线网络游戏、即时通信、WWW、FTP、E-mail	10	100	29	80	0.232
城区汇聚点 1(43 个单位)	对外公众服务、BT 下载、在线视频、在线网络游戏、即时通信、WWW、FTP、E-mail	10	100	43	80	0.344
城区汇聚点 2(17 个单位)	对外公众服务、BT 下载、在线视频、在线网络游戏、即时通信、WWW、FTP、E-mail	10	100	17	80	0.136
乡镇汇聚点(15 个单位)	对外公众服务、BT 下载、在线视频、在线网络游戏、即时通信、WWW、FTP、E-mail	7	60	15	0.8	0.084
合计						0.796

电子政务云外网的内部应用主要包括公文流转、视频会议、应急联动指挥、数据共享分析等业务,各单位内部流量需求见表 5-4。

表 5-4 花都县电子政务云外网内部流量需求

汇聚点	业务类型	流量(每接入单位)(Mb/s)	节点数(每接入单位)	合计接入单位数	利用率(%)	总流量(Gb/s)
县政府直属机关(29 个单位)	公文流转、视频会议、应急联动指挥、数据共享分析	150	100	29	0.75	3.262
城区汇聚点 1(43 个单位)	公文流转、视频会议、应急联动指挥、数据共享分析	150	100	43	0.75	4.837
城区汇聚点 2(17 个单位)	公文流转、视频会议、应急联动指挥、数据共享分析	150	100	17	0.75	1.912
乡镇汇聚点(15 个单位)	公文流转、视频会议、应急联动指挥、数据共享分析	100	60	15	0.7	1.05
合计						11.061

由表 5-3 和表 5-4 可知,电子政务云外网的内部访问流量约需 11 G,互联网访问流量约需 0.8 G。

因为县电子政务云外网互联网出口是整个县电子政务云外网与互联网的交通枢纽，考虑到电子政务云外网未来的用户规模和政府部门对外公众业务服务应用的发展，因此，花都县电子政务云外网互联网出口带宽在实际需求 0.8 Gb/s 流量的基础上保留 20% 左右冗余，出口总带宽为 1 Gb/s。

4. 城域网上连和下连流量需求分析

县电子政务云外网内部流量分为两部分，一部分是与上级电子政务云外网平台的上连流量（根据二八原则上连流量为内部总流量的 20% 左右），另一部分是在县电子政务云平台内部的流量。由表 5-4 可知，与上级电子政务外网云平台的上连流量在 2 Gb/s 左右，县电子政务云平台的内部流量为 9 Gb/s 左右。

5. 安全需求分析

参照《关于信息安全等级保护工作的实施意见》文件中规定，信息系统的安全等级从低到高依次包括自主保护级、指导保护级、监督保护级、强制保护级、专控保护级五个安全等级，具体见表 5-5。

表 5-5 信息安全等级划分

安全等级	等级名称	基本描述	安全保护要求
第一级	自主保护级	适用于一般的电子政务云系统。系统遭到破坏后对政务机构履行其政务职能、机构财产、人员造成较小的负面影响	参照国家标准自主进行保护
第二级	指导保护级	适用于处理日常政务信息和提供一般政务服务的电子政务云系统。系统遭到破坏后对政务机构履行其政务职能、机构财产、人员造成中等程度的负面影响	在主管部门的指导下，按照国家标准自主进行保护
第三级	监督保护级	适用于处理重要政务信息和提供重要政务服务的电子政务云系统。系统遭到破坏后可能对政务机构履行其政务职能、机构财产、人员造成较大的负面影响，可能对国家安全造成一定程度的损害	在主管部门的监督下，按国家标准严格落实各项保护措施进行保护
第四级	强制保护级	适用于涉及国家安全、社会秩序、经济建设和公共利益的重要电子政务云系统。系统遭到破坏后可能对政务机构履行其政务职能、机构财产、人员造成严重的负面影响，可能对国家安全造成较大损害	在主管部门的强制监督和检查下，按国家标准严格落实各项措施进行保护
第五级	专控保护级	适用于关系国家安全、社会秩序、经济建设和公共利益的核心系统。系统遭到破坏后对政务机构履行其政务职能、机构财产、人员造成极其严重的负面影响，对国家安全造成严重损害	根据安全需求，由主管部门和运营单位对电子政务云系统进行专门控制和保护

根据政府相关文件规定，花都县电子政务云外网的应用系统安全等级至少要达到"第三级"的要求。

6. 网络管理需求分析

随着信息化建设的推进，为了让凝聚了巨大人力物力投入的信息基础设施发挥出其效益，保障整个信息系统的平稳可靠运行，需要有一个可从整体上对包括 IP 网络、存储、安全等组件在内的 IT 基础设施环境进行综合管理的平台，并能够提供业务系统运行异常的实时告警和进行图形化问题定位、性能趋势分析和预警，能够基于关键业务系统的角度，以业务重要性为导向进行事件处理和通知。

由于信息系统是一个包括了众多软件、硬件技术，涉及多厂家产品，从网络、安全、存储、计算到中间件和应用的复杂异构环境，而且随着信息建设的深入、持续优化和发展，这个复杂庞大的基础设施，还会随之不断进行演进，在产品、技术和网络结构，业务关系上不断发生变化，因此，要求针对该环境进行管理的系统具有良好的可扩展性，能够将下层网络和复杂度有效地通过抽象屏蔽起来，向上层应用和运维流程开放稳定的接口。

在当前的 IT 管理组织的运维体系下往往存在以下现象：比如对不同的技术采用不同的专业人员进行管理；或者是缺乏某个方面的专业技术积累，即使长期培养的某方面技术维护能力容易因为人员的流动而难以保持；运维经验在管理人员之间难以得到交流和共享，因为难以综合各个领域的技术知识而难以及时对问题进行定位和有效地处理；或者难以通过有效简洁的手段及时得知复杂的网络和应用系统的运行状态，对于领导而言，更是难以通过一个直观、清晰的方法，来评价整个 IT 组织的工作效果，缺少一个易于理解和实施的体系，以整个单位的核心绩效为导向，来决策 IT 工作的改进方向，并通过量化、图形化、体系化的方式加以评估。以上种种现象，归根结底是一个如何掌握复杂 IT 环境，如何有效地围绕核心业务目标开展 IT 工作的问题，这也是拥有比较多的关键信息服务系统，而管理资源和技术资源相对有限的电子政务云网络面前的一道难题。

子任务二　编写花都县电子政务云外网需求说明书

网络需求分析说明书是对需求分析的结果进行总结，一般包括项目背景描述、项目需求描述等，项目需求描述应具体。网络需求分析说明书一般应经用户进行确认，作为网络系统设计的重要依据。

1. 项目背景

花都县电子政务云总体框架的目标是：覆盖全县的电子政务云网络基本建成，目录体系与交换体系、信息安全基础设施初步建立，重点应用系统实现互连互通，政务信息资源公开和共享机制初步建立，政府门户网站成为政府信息公开的重要渠道，开展网上行政许可项目审批服务，电子政务云公众认知度和公众满意度进一步提高，有效降低行政成本，提高监管能力和公共服务水平。

花都县电子政务云建设的目标主要体现在以下几方面。

1）加大政府信息公开力度

根据政府信息公开工作的要求，创新政府信息公开的方式，充分发挥、利用政府网站等信息化媒介的作用，及时更新网站信息，为公众获取政府信息提供便利。

2）加快政务数据库建设与应用

推进以传统载体保存的政务信息资源的数字化、网络化。

3）初步实现政务信息条块共享

根据法律规定和履行职能的需要，明确相关部门和地区信息共享的内容、方式和责任，建立政务信息共享的长效机制。依托现有资源，建立全县政务信息交换系统，构建政务信息共享平台，建立政务信息资源目录体系、交换体系和服务体系等，为县政府的日常办公、科学决策、业务管理、公共服务、信息公开、资源共享和业务协同提供支持。

4）不断加强政务管理

完善政务信息资源管理体制，加强对政务信息采集、登记、备案、存储、共享、安全等环节的管理。合理规划政务信息的采集和更新维护流程，加强协调，明确分工，避免重复采集，并确保所采集信息的真实、准确、完整和及时，进一步提升政府行政效率和服务水平。

5）以政府的社会管理和公共服务需求为导向

扩大农村信息化服务、城乡居民服务、城镇建设服务和乡镇企业服务等的能力。

2. 项目需求

本次建设的电子政务云外网平台将实现电子政务各项应用所需的网络环境，为电子政务应用提供安全、稳定、可靠的传输通道，包括局域网、城域网、广域网和互联网出口。根据上级对电子政务云外网平台建设的要求，结合本地实际情况，我县电子政务云外网平台建设必须满足以下功能需求。

1）网络互连互通的需求

电子政务云外网平台建立后，应在纵向上实现上连国家、省、市电子政务云外网平台，下连各乡镇电子政务云外网平台，在横向上能够方便连接县委、县人大、县政府、县政协以及政府各组成部门、直属机构、办事机构、事业单位等。同时，网络必须具备高度的可靠性和稳定性，应具备可伸缩、可管理、可扩展的能力，以应对业务数据的快速增长，满足网络平台平滑升级的要求。

2）纵向业务的应用需求

电子政务云外网平台建立后，各个纵向网络将逐步整合到统一的连接通道。电子政务云外网平台既要满足互连互通，又要保证各部门纵向系统的相对独立性和现有纵向网络系统的正常运行，应当提供各个部门高速通达、安全可靠、方便使用的纵向系统专用网络或虚拟专用网络，如提供虚拟专用网络须支持至少 150 个县直部门的纵向 MPLS VPN 需求，并有足够的扩充能力。

3）横向业务的应用需求

电子政务云外网平台建立后，各个联网部门将逐步开展横向电子政务云业务。电子政务云外网平台既要满足互连互通，又要保证相关部门横向业务系统的相对独立性，应当提供各个部门高速通达、安全可靠、方便使用的纵向系统专用网络或虚拟专用网络，如提供的虚拟专用网络须支持县直部门的横向 MPLS VPN 需求。

4）公共资源共享业务的应用需求

各联网部门连接到电子政务云外网平台后，应该能够通过电子政务云外网平台方便访问电子政务云外网平台的内部数据中心、外部数据中心和互联网等公共资源。

5）互联网接入的需求

外网平台应能够提供整个网络统一、安全的互联网接入。

6）不同接入方式的需求

花都县电子政务云外网平台应满足县政府机关大院、县政府组成部门、有行政审批职能的县直部门、与民生相关的行政事业单位等县直部门以不同带宽、接入方式接入外网平台的需求。

7）各乡镇接入的需求

花都县电子政务云外网平台应满足各乡镇广域汇聚点的接入需求。

8）信息系统等级保护需求

根据《信息安全等级保护评测准则》的安全等级保护三级水平规范，对电子政务云外网的物理安全、网络安全、主机系统安全、应用安全、数据安全等方面进行防护。

知识拓展

1. 电子政务云外网优点

电子政务云有以下优势。

（1）电子政务云可以优化政府工作流程，使政府机构设置更为精简合理，从而解决职能交叉、审批过多等问题。

（2）电子政务云可以使政府运作公开透明。这可以在很大程度上遏制黑箱操作、人治大于法治等现象。公众增加了参政议政的机会，对政府的监督也更有效。

（3）电子政务云可使政府信息资源利用更充分、更合理。电子政务云使得政府各类信息资源数据库互连共享成为可能，也使得这些资源得到统筹管理和综合利用，从而避免资源闲置、浪费和重复建设。通过电子政务云共享的信息资源更易存储、检索和传播，共享的范围和数量也更大，可以更有效地支持政府的决策。

（4）电子政务云可以有效地提升政府监管能力。电子政务云通过网络能够实现快速和大规模的远程数据采集和分析，从而可以实现跨地域信息的集中管理和及时响应，大大增强监管者的核对、监管能力。

（5）电子政务云将使政府服务功能增强。电子政务云将推动传统的政府由管理型向服务型转变，政府职能由管理控制转向宏观指导。

（6）电子政务云将使政府办事效率更高，管理成本更低。网上办公提高了办事效率，节约了政府办公费用的开支。政府通过网络可以直接与公众沟通，及时收集公众的意见，提高了政府的反馈速度，降低了政府的管理成本。

2. 问题思考

（1）简述电子政务云外网基本概念及其组成。

（2）需求说明书有什么作用？编写规范和内容要求有哪些？

任务 5-2　电子政务云外网拓扑结构设计和网络技术选型

任务描述

本任务依据花都县政务云外网需求分析说明书，完成网络拓扑结构设计及网络技术选型。

问题引导

（1）电子政务云外网核心交换区如何设计？

（2）电子政务云外网纵向连接区如何设计？

（3）电子政务云外网横向连接区如何设计？

（4）电子政务云外网应用服务区如何设计？

（5）电子政务云外网互联网出口区如何设计？

（6）电子政务云外网外部接入区如何设计？

（7）电子政务云外网城区广域网如何技术选型？

（8）电子政务云外网互联网连接如何技术选型？

知识学习

1. 广域网网络架构

广域网在计算机网络中起着举足轻重的作用，是计算机局域网互连的桥梁。广域网路由器不仅可以连通不同的网络，还能选择数据传送的路径，并能阻隔非法的访问。早期的广域网架构和功能需求比较简单，只为分散的局域网间通信提供线路、协议和接口翻译即可。随着信息化应用的推广和 IT 技术的不断发展，广域网的架构模型也有了较大的发展。

广域网拓扑由原来面向连通性的架构发展为面向业务的架构，网络拓扑、路由协议、接口类型的选择等都需要与具体的业务模型结合起来，根据业务提供更可靠、更高效、更具弹性的组网模型。

1）树状多层模型

树状多层模型是适应网络连通性需求和应用服务器分散部署而形成的拓扑结构，网络层次划分通常与网络的各级管理机构或服务器部署的位置相对应，

H3C 广域网建设探讨

H3C 智能广域网解决方案

IP 城域网融合方案

模型中以纵向和区域性业务流量交互为主。树状多层广域组图模型如图 5-2 所示。

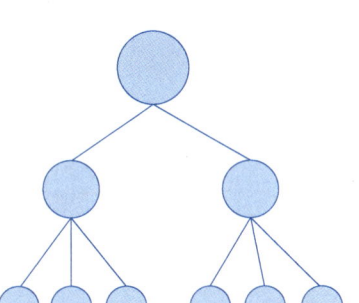

图 5-2 树状多层广域组图模型

树状多层模型的网络结构可以覆盖较大的区域和满足较多的局域网接入需求，易于延伸和扩展，便于部署 MPLS VPN 等虚拟化技术，实现网络的虚拟化，能为不同业务/部门提供横向隔离的通道，其分层的网络管理方式可以简化网络管理员的负担。它是目前常用的广域组网模型，典型应用行业包括政府、电力等。

根据业务模型的变化，树状多层组网模型分别演生出了两个典型的广域组网模型：一个是简捷、高效的扁平化组网模型，另一个是可靠性、承载能力、弹性更强的承载平台型组网模型。

2）扁平化组网模型

为了满足企业资源整合、降低成本、提升效率的需求，应用系统大集中已经成为目前企业信息化建设最主要的趋势之一，其标志就是总部数据中心的出现。应用系统和数据大集中带来了业务模型的显著变化：业务流量由多点分支汇聚到总部一点，分支间几乎无交互需求，并要求实行统一的业务和网络管理。这样，原来在树状多层模型中的汇聚节点在网络层面蜕变为中间路由点，在应用层面无服务器系统部署，所有客户端需要访问总部数据中心。网络架构随着业务的调整发生了改变，结构更精简、访问效率更高的扁平化组网模型走上前台。树状多层模型向扁平化模型的演进如图 5-3 所示。

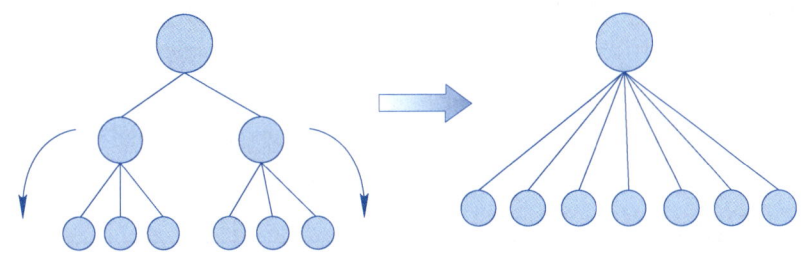

图 5-3 树状多层模型向扁平化模型的演进

扁平化组网模型结构简捷，便于进行统一的管理和安全策略部署，降低对分支节点内部管理的技术要求，节点间链路与业务流量走向一致，网络承载效率高，也是目前常用的组网模式，典型应用行业包括金融、政府、企业、能源、电力等。

3）承载平台组网模型

随着企业规模的不断扩张、分支机构的不断增加，企业对网络广域互连的可靠性和弹性扩容能力提出了更高要求，如网络节点的接入与分拆对业务的影响要达到最小，区域网络故障不影响核心网络的稳定性，多业务中心（数据中心、同城灾备、异地灾备）能够平滑接入和业务上线，对复杂业务模型进行智能流量控制等。承载平台型广域组网模型能够很好地满足以上需求。承载平台型广域组图模型如图5-4所示。

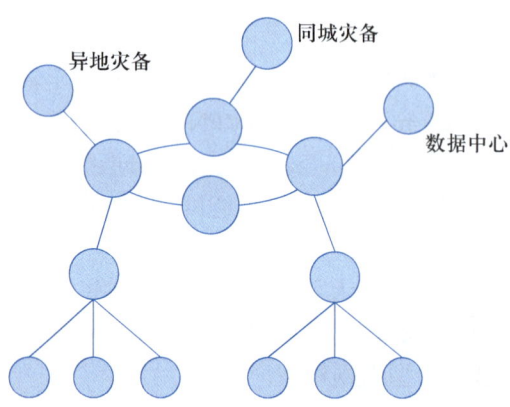

图5-4　承载平台型广域组图模型

核心网络平台通常采用环网结构，为区域间、区域与数据中心的流量交互提供稳定的网络平台，各区域网络通过区域中心的核心路由器接入核心网平台，区域内的流量交互不占用核心平台资源，区域间以及区域和数据中心的交互业务通过核心平台交换。核心网络平台与区域网络平台采用独立的路由自治域，以便保持网络的稳定性和业务路由策略控制。

在这种网络结构下，区域内部的网络调整或故障不会扩展到核心网络和其他区域网络，有效隔离了局部网络振荡对全网业务的影响。数据中心、同城灾备、异地灾备三中心，作为与区域网络类似的节点接入核心网，只向外发布业务路由即可为全网用户提供服务，实现应用服务的快速部署。在大型承载广域网络中，用户对各种业务流量的智能调度和QoS保证需求日趋强烈，因此，需要对全局流量模型进行分析，提供动态、智能的控制策略和调度方案，以达到主次分明、有序承载的目的。此模型典型应用行业包括金融、能源、电力等。

2. 广域网技术

目前主流的广域网连接技术主要包括SDH、MSTP、MPLS VPN等类型。三种技术对比见表5-6。

表 5-6　城域网连接技术对比

传输技术	速率	成本	稳定性	安全性	复杂性	扩展性	多业务	构建方式
以太网裸光纤	最高	最高	最高	最高	低	最高	最高	租用/自建
SDH	高	高	高	高	低	中	中	租用
MSTP	高	中	高	高	低	高	中	租用
租用 MPLS VPN 端口	高	低	中	中	最高	低	低	租用

SDH 是一种目前应用比较广泛的点对点组网技术，具有安全性高、部署方便等优点。其缺点是端口成本高（V.35 接口或 E1、POS、CPOS），线路带宽升级不方便（链路捆绑或更换板块），运营商和用户都须做出调整，须增加设备成本。

MSTP（Multi-Service Transfer Platform）是运营商基于 SONET/SDH 平台同时实现 TDM、ATM、以太网等业务的接入、处理和传送，提供统一网管的多业务网络平台，其优点是端口成本低（以太网端口），线路带宽可平滑升级，只需要运营商侧更改配置，用户端物理线路不需要做任何改变。

MPLS VPN 是运营商目前常用的一种组建大型广域网的技术，通过内部划分出不同带宽的 VPN，向客户出租不同带宽的端口（通常为以太端口），将不同地域的客户连接起来，组成客户内部私有网络，其优点是组网成本最低（无须购买连网设备，全部由电信提供），带宽升级方便，管理维护简单；缺点是运营商内部网络不透明，安全和 QoS 都由运营商实施和保障，具有一定的安全风险。

 任务实施

子任务一　网络拓扑结构设计

花都县电子政务云外网网络基础平台按照"分层分区"的设计思想，以保证网络架构的先进性、高可用性、高可扩展性和易管理性，其网络拓扑结构如图 5-5 所示。

政务外网整体架构从结构上分为核心、汇聚、接入三个层次，从功能上可分为核心交换区、纵向连接区、横向连接区、应用服务区、互联网出口区和外部接入区 6 个区域，每个区域的详细设计说明如下。

1. 核心交换区设计

核心交换区是全网高速数据交换/转发的中枢，必须具备高性能、高可靠性和高扩展能力，因此本区域采用两台高端模块化交换机，通过 VSU 技术将物理上的两台核心交换机虚拟化成逻辑上的 1 台核心交换机。通过虚拟化设计，两台核心交换机可以统一，配置管理和协议计算，设备转发表项也完全一致，与一台真实的物理交换机完全一样。采用 VSU 技术组网，能极大提升网络可

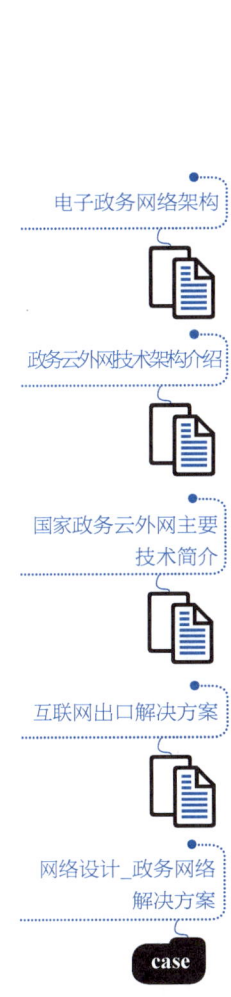

电子政务网络架构

政务云外网技术架构介绍

国家政务云外网主要技术简介

互联网出口解决方案

网络设计_政务网络解决方案

case

微课
电子政务云外网网络拓扑结构设计

笔记

靠性，简化网络拓扑，减轻后期网络管理维护压力，成倍提升网络整体性能。虚拟交换单元结构如图 5-6 所示。

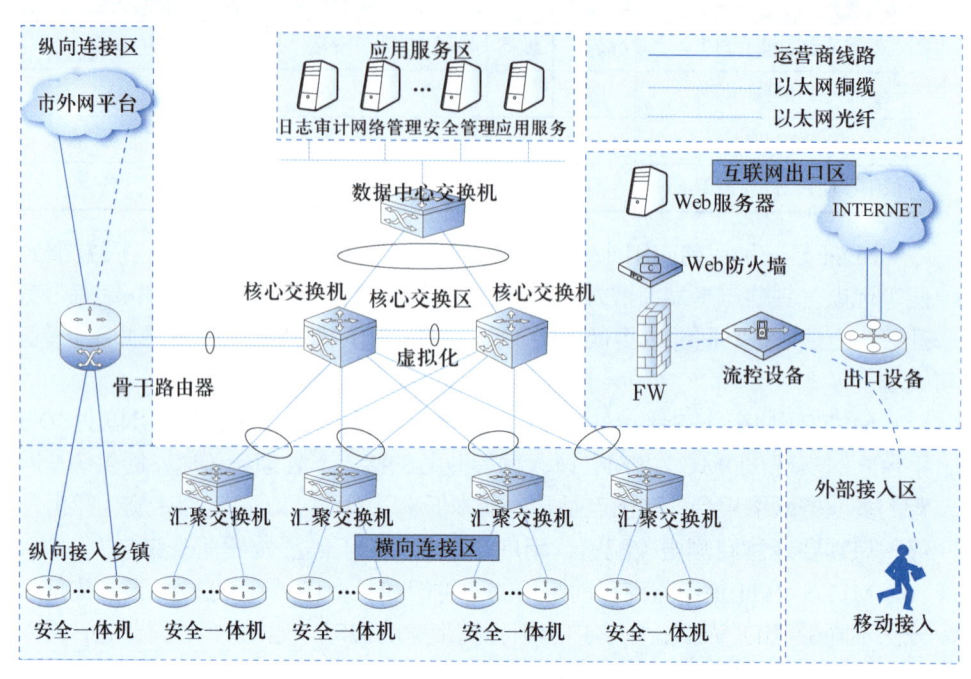

图 5-5　花都县电子政务云外网网络拓扑结构图

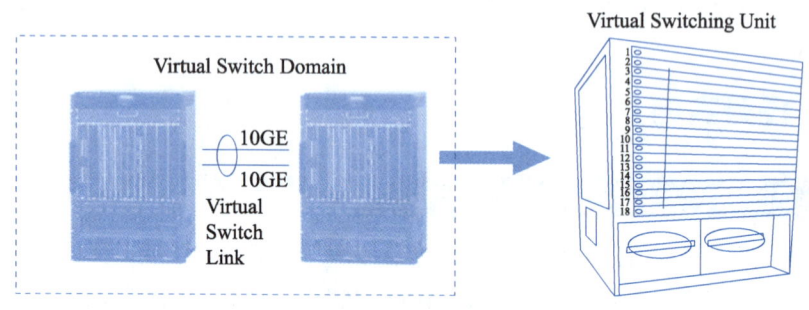

图 5-6　虚拟交换单元结构示意图

2. 纵向连接区设计

纵向连接区承担全县外网平台向上连接到市级外网平台、向下连接辖内 15 个乡镇外网的重要功能，需要作为外网 MPLS-VPN 体系的 PE 设备，对全县城域内各接入单位、各乡镇接入单位提供纵向访问的 VPN 通道，同时还须具备 NAT 地址转换功能，因此，在外网上连区设计部署 1 台高性能的模块化路由器作为骨干路由器。骨干路由器通过广域网链路与市外网平台的汇聚或核心设备互连，通过 MSTP 广域网链路分别连接到全县辖内 15 个乡镇单位，利用两条千兆链路跨设备聚合的方式与虚拟化（VSU）双核心互连。

3. 横向连接区设计

横向连接区承担全县城域范围内 100 多个委办局单位的汇聚和接入功能。为保障网络的高可靠性和高可扩展性，在城域范围内选择 4 个合适的汇聚点，100 多个委办局单位就近分别接入这 4 个汇聚点，接入线路根据接入点和汇聚点的距离灵活选择铜缆（以太双绞线）或光纤的方式。4 个汇聚点均采用两条光纤链路，通过千兆速率 SFP 接口上连至虚拟化双核心交换机（VSU），两条光纤采用 IEEE 802.3ad 协议进行跨设备链路聚合，实现带宽扩展，并提供线路冗余和负载均衡功能。

汇聚点采用高端模块化交换机，支持双电源和双引擎冗余，并支持完整的 MPLS VPN 功能（需要开启 PE 功能），并配置 48 个千兆电口和 4 个千兆 SFP 接口分别用于下连接入单位设备、上连外网虚拟化双核心交换机（VSU）。

接入单位设备建议采用较高性能的路由交换一体机，提供 24 个以上的交换接口，并提供千兆电口或千兆 SFP 接口连至汇聚点交换机。

4. 应用服务区设计

应用服务区主要由应用管理服务器、存储设备构成，是电子政务云外网平台各种应用系统、数据存储、网络管理和运维的重要区域，数据流量大、安全要求高，因此设计在服务器区部署 1 台数据中心专用交换机，提供高密度千兆/万兆的 SFP+端口接入各种不同类型服务器，支持先进的 FCOE IP 和 FC 存储融合技术，实现存储数据和 IP 数据均通过以太网传输，达到资源集约利用、简化服务器区结构、绿色环保节能的效果。

服务区数据中心交换机与核心虚拟交换单元（VSU）利用 IEEE 802.3ad 协议实现跨设备链路聚合，可实现多千兆、多万兆甚至多 40/100 Gb/s 链路捆绑互连，具备极高的扩展能力。根据全县政府信息中心现有服务器情况，建议数据中心交换机与核心交换机之间采用两条万兆链路捆绑互连。

5. 互联网出口区设计

互联网出口区是电子政务云外网和 Internet 互连的高风险区域，承担全县各接入单位用户 Internet 访问、外部移动用户 VPN 拨入、门户网站发布等多种功能，因此在安全边界管理、出口应用流量的控制、上网行为管理、日志审计、多链路负载均衡、VPN 安全等方面都需要重点考虑。

根据政务云外网的应用需求，设计在互联网出口区部署 1 台千兆级高性能防火墙，实现边界安全隔离、DDoS 攻击防护和安全策略的控制；部署 1 台千兆级高性能出口引擎设备，通过高性能路由和 NAT 转换功能实现高速的数据转发、多出口链路的负载均衡；部署 1 台千兆级高性能流控设备，实现对政务外网用户访问 Internet 流量的详细控制（上网行为管理）。将现有门户网站服务器迁移到外网防火墙的 DMZ 区，在 DMZ 区部署 1 台高性能 Web 防火墙设备，对网站实现防黑客、防挂马、防篡改、防病毒等多重应用保护。

在应用服务器区部署一套日志系统，与防火墙、流控、出口引擎等安全设备联动，记录用户访问互联网的 NAT、URL 信息。

6. 外部接入区设计

外部接入区实际上是一个虚拟区域，指政府工作人员在外地或在家里通过 Internet 以 VPN 拨号的方式接入政务外网平台，实现远程移动办公。由于目前这类需求并不明显，从建设成本角度考虑，借助防火墙自带的 SSL VPN 功能解决少量用户的需求。将来根据需要，可考虑部署 1 台专门的 VPN 网关设备，实现大批量外部移动用户通过 VPN 拨入的方式访问县外网平台。

子任务二 网络技术选型

1. 城区广域网技术选型

根据前面对以太网裸光纤、SDH、MSTP、MPLS VPN 端口租用等广域网连接技术的对比分析，结合花都县电子政务云外网的带宽需求，政务外网采用以太网裸光纤+MSTP 技术，其中与县城各局委办的连接主要采用以太网裸光纤技术（裸光纤方式），与部分带宽需求较小的接入单位可以采用 MSTP 技术。

2. 互联网连接技术选型

由于互联网出口主要依赖运营商，根据目前国内跨运营商之间的服务器访问不畅的问题，选择电信和联通各 500 Mb/s 的接入带宽。

技能训练 5-1

训练目的

（1）掌握网络拓扑分层设计与冗余设计思想和方法。
（2）掌握市级电子政务云外网的总体架构。
（3）理解"分层分区"的网络设计思想及优点。
（4）完成靳江市电子政务云外网拓扑结构设计。
（5）完成市级城域网网络链路的选择。

训练内容

随着靳江市政务信息化建设的推进，靳江市要建立电子政务云外网，将各区、县及市局委办接入，实现信息的共建共享，加强各级政府、职能部门之间的信息交流，提高办公效率；提供市级政务信息的统一发布和管理，统一规范市级政府部门、直属单位对互联网的访问。

参考资源

（1）靳江市电子政务云外网逻辑拓扑设计及网络链路选择技能训练任务单。
（2）靳江市电子政务云外网逻辑拓扑设计及网络链路选择技能训练任务书。
（3）靳江市电子政务云外网逻辑拓扑设计及网络链路选择技能训练检查单。

（4）靳江市电子政务云外网逻辑拓扑设计及网络链路选择技能训练考核表。

训练步骤

（1）通过咨询、信息检索等方式，了解电子政务云外网的典型拓扑结构。
（2）依据靳江市电子政务云外网建网需求，结合花都县电子政务云外网层次化网络拓扑结构设计，讨论并提出符合靳江市电子政务云外网实际需求的网络拓扑结构设计方案。
（3）完成靳江市电子政务云外网核心层设计。
（4）完成靳江市电子政务云外网汇聚层设计。
（5）完成靳江市电子政务云外网接入层设计。
（6）完成靳江市电子政务云外网互联网接入设计。
（7）完成靳江市电子政务云外网市级政府机关、直属单位的网络链路设计。

知识拓展

1. FCoE 简介

传统的数据中心（服务器区）有两个网络，一个是前端数据交换网络（以太网），另一个是后端存储网络（光纤网络），服务器通过以太网卡和光纤网卡分别与这两个网络相连。传统的数据中心结构如图 5-7 所示。

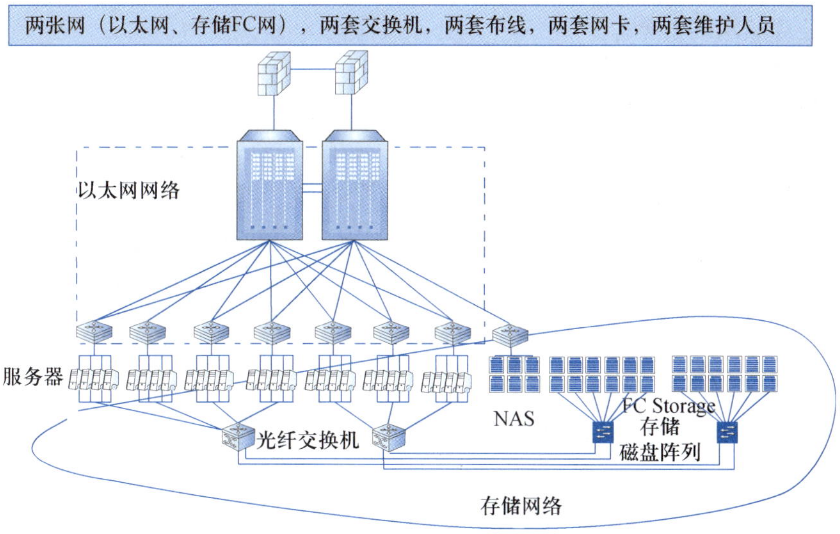

图 5-7 传统的数据中心结构示意图

对于数据计算性能要求高的大型数据中心，除架设前端用户通信网络（以太网）、后台存储网络（FC 光纤网络）外，后端还会建立一个用于数据更新或者集群计算的通信网络（高性能计算 Infiniband 网络），这时服务器需要提供 3 个（甚至更多）不同网络的接口卡，如图 5-8 所示。

图 5-8 服务器与多个网络相连示意图

但随着数据中心规模的逐步增大，这种传统的网络架构面临以下问题：

（1）每个服务器需要多个专用适配器（网卡），需要不同的布线系统；

（2）中心机房要支持更多的设备，需要更大的空间、能耗；

（3）多套网络无法统一管理，需要不同的维护人员；

（4）网络的部署、配置、管理、运维难度大。

下一代数据中心网络架构采用 FCoE 技术（FC over Ethernet），将存储 FC、IP 网络等业务承载在以太网上，网络中原有 FC 存储网络（FC 交换机）可连接到数据中心以太网交换机上，FCoE 磁盘阵列也可直接连接到数据中心以太网交换机上。同时采取以太网数据包内部 FC 帧与 IP 数据分离设计，可有效保证存储网络安全。

通过 FCoE，每台服务器不再需要多块网卡，只需要一个 FCoE 网卡就可以同时实现与前端客户进行 IP 通信和后端的存储通信。这种架构将极大地降低用户成本、简化网络管理，是未来数据中心网络的主要趋势。FCoE 数据中心网络结构如图 5-9 所示。

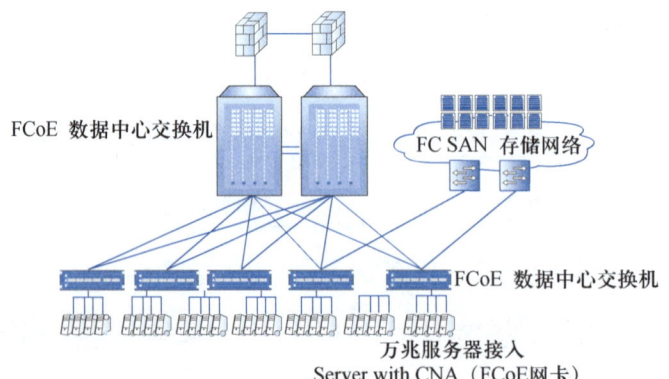

图 5-9 FCoE 数据中心结构示意图

2. 问题思考
（1）电子政务云外网的拓扑结构有什么特点？
（2）电子政务云外网链路选型要注意哪些事项？

任务 5-3　花都县电子政务云外网 IP 地址规划与设备命名

任务描述

根据花都县电子政务云外网的规模需求、网络管理需求和网络安全需求，结合 IP 地址的分配原则，完成该政务外网 IP 地址的规划和设备命名。

问题引导

（1）如何规划电子政务云外网业务 IP 地址？
（2）如何规划电子政务云外网设备管理 IP 地址？
（3）如何规划电子政务云外网设备级联 IP 地址？
（4）如何对电子政务云外网网络设备进行命名？

知识学习

政务云外网的地址既要采用私有地址，也要采用公有地址。

1. 采用私有地址的必要性
电子政务云外网覆盖范围大，接入用户多，需要大量 IP 地址，只能采用私有地址进行分配。同时采用私有地址可以方便网络的管理和维护。

2. 采用公有地址的必要性
由于电子政务云外网需要在互联网上建设政务网的门户网站，方便民众的接入和访问，因此必须使用公有地址。

3. 横向与纵向划分的选择
根据我国政府组织结构的特点，各部门行政归属地方政府，因此 IP 地址规划总体上要按政府级别分块，但考虑到部门业务归属特点，纵向上尽量保持各级部门业务系统的正常运行。

任务实施

子任务一　IP 地址规划

花都县电子政务云外网作为国家电子政务云外网的一部分，为保证互连互通，应遵循国家电子政务云外网 IP 地址统一规划的规定，全国各省市 IP 地址统一分配如图 5-10 所示。

湖北省电子政务 IP 地址分配总表示例

电子政务云外网方案

IP 城域网 IP 地址和路由规划

国家政务云外网IP地址总图

	+0	+1	+2	+3	+4	+5	+6	+7
·59.192.0.0	北京 bj	天津 tj	河北 he	山西 sx	内蒙古 nm	辽宁 ln	吉林 jl	黑龙江 hl
·59.200.0.0	上海 sh	江苏 js	浙江 zj	安徽 ah	福建 fj	江西 jx	山东 sd	河南 ha
·59.208.0.0	湖北 hb		广东 gd	广西 gx	海南 hn	四川 sc	重庆 cq	贵州 gz
·59.216.0.0	云南 yn	西藏 xz	陕西 sn	甘肃 gs	青海 qh	宁夏 nx	新疆 xj	兵团 xjbt
·59.224.0.0								湖南 hn
·59.232.0.0								
·59.240.0.0								
·59.248.0.0	应急移动平台						中央互联网	一级网 cegn

图 5-10　国家政务云外网 IP 地址总图

由于统一分配的电子政务云外网 IP 地址空间有限，不可能给全县 104 个委办局单位的用户终端都分配政务云外网地址，因此必然会存在电子政务外网地址和委办局内部局域网私网 IP 地址共存的情况。对于政务外网 IP 地址的使用规则，国家信息中心同样做出了要求，如图 5-11 所示。

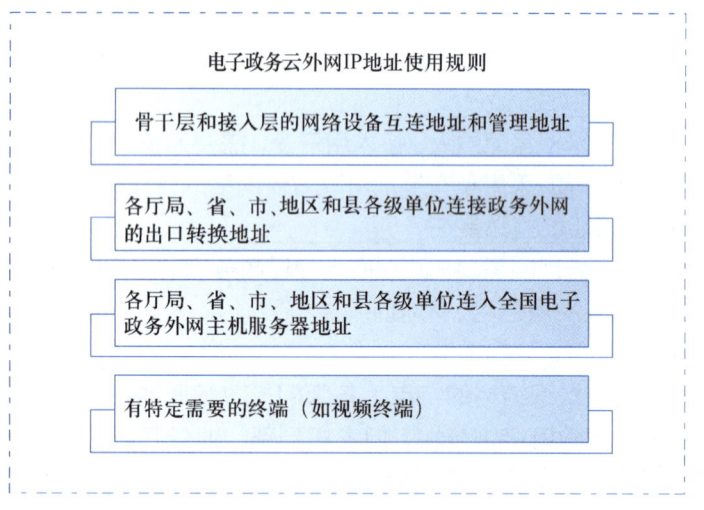

图 5-11　国家政务云外网 IP 使用规则

花都县电子政务云外网设备互连地址规划表

1. 花都县电子政务云外网设备互连地址规划

根据相关规定，花都县电子政务云外网申请的 IP 地址为 59.230.99.0/24、59.230.104.0/24，共两个 C 类网段。为保护已建网络并考虑外网的实施成本，采用公网地址和私有地址相结合的办法进行政务外网地址规划。

（1）公网地址：政务云外网设备的互连地址和管理地址，各级网管及数据中心地址。

（2）私有地址：各单位内网地址。

花都县电子政务云外网设备互连地址见表 5-7。

表 5-7　花都县电子政务云外网设备互连地址表（部分）

本端设备	端口	互连地址	对端设备	端口	互连地址
TJ_ZW_HX_S8610	AGG 1	59.230.99.33	TJ_ZW_HJ_S8606-1	AGG 1	59.230.99.34
	AGG 2	59.230.99.37	TJ_ZW_HJ_S8606-2	AGG 1	59.230.99.38
	AGG 3	59.230.99.41	TJ_ZW_HJ_S8606-3	AGG 1	59.230.99.42
	AGG 4	59.230.99.45	TJ_ZW_HJ_S8606-4	AGG 1	59.230.99.46
	GI 2/2/3	59.230.99.49	TJ_ZW_SL_RSR7704	GI 1/1/3	59.230.99.50
	AGG 5	59.230.99.53	TJ_ZW_SJZX_S6200	AGG 1	59.230.99.54
	GI 1/2/5	59.230.99.57	TJ_ZW_VPN_WALL1600	GI 0/2	59.230.99.58
	GI 1/2/6	59.230.99.133	TJ_ZW_WEB_S6200	TEN 0/26	59.230.99.134
	GI 2/2/5	172.16.201.1/24	ELOG 服务器		172.16.201.2/24
	GI 1/2/3	59.230.99.49/29	TJ_ZW_CK_NPE60E	gi 0/2	59.230.99.50/29
			ACE2000		59.230.99.51/29
			FIREWALL		59.230.99.52/29
TJ_ZW_SL_RSR7704	gi 1/1/0	59.231.79.86	市级设备		59.230.79.85
TJ_ZW_SJZX_S6200		59.230.99.1/27	服务器		59.230.99.2-30/27
TJ_ZW_HJ_S8606-2	vlan 1001	59.230.99.61	TJ_ZW_XZF_S5750	vlan 1001	59.230.99.62
TJ_ZW_HJ_S8606-1	vlan 1311	59.230.104.1	TJ_ZW_XXX_RSR20-32	gi 0/0.1	59.230.104.2
	vlan 1321	59.230.104.5	TJ_ZW_XXX_RSR20-33	gi 0/0.1	59.230.104.6
	vlan 1331	59.230.104.9	TJ_ZW_XXX_RSR20-34	gi 0/0.1	59.230.104.10
	vlan 1341	59.230.104.13	TJ_ZW_XXX_RSR20-35	gi 0/0.1	59.230.104.14

2. 花都县电子政务云外网横向接入用户地址规划

由于电子政务云外网横向连接区需要连接大量县级委办局，其中如公安、税务、农业、交通等县级委办局都有其本系统内部的 IP 地址规划标准，为确保其 IP 地址与电子政务云外网 IP 地址不冲突，需要在各个接入单位的出口路由一体机上进行 NAT 转化，将原各个委办局的内部 IP 地址转换成电子政务云外网统一规划的地址。

3. 花都县电子政务云外网中心机房接入 IP 地址规划

对于私有云数据中心机房所在大楼的内部用户可直接规划私有地址，通过核心路由器进行统一 NAT 地址转换，中心机房 IP 地址规划见表 5-8。

表 5-8　花都县电子政务云外网私有云数据中心机房接入地址表

所在交换机	VLAN ID	作　　用	网段/24/254
TJ_ZW_HJ_S8606-2	1	大楼单位用户 VLAN	172.16.10.0
	2	大楼单位用户 VLAN	172.16.1.0
	3	大楼单位用户 VLAN	172.16.2.0
	4	大楼单位用户 VLAN	172.16.3.0
	5	大楼单位用户 VLAN	172.16.4.0
	6	大楼单位用户 VLAN	172.16.5.0
	7	大楼单位用户 VLAN	172.16.6.0
	8	大楼单位用户 VLAN	172.16.7.0
	9	大楼单位用户 VLAN	172.16.8.0
	10	大楼单位用户 VLAN	172.16.9.0
	11~30	大楼单位用户保留 VLAN	172.16.11-30.0
TJ_ZW_SJZX_S6200	100	电子政务内部服务器	172.16.100.0
	1	电子政务内部服务器	59.230.99.0/27
TJ_ZW_WEB_S6200	20	电子政务外部服务器	172.16.200.0

子任务二　设备命名

设备按照设备的空间地理位置、设备在网络中的逻辑位置、设备类型和设备编号的顺序来命名。其格式为：所属单位-设备类型-设备名称-设备编号。

所属单位：设备物理位置。

设备类型：设备在网络中的角色。

设备型号：厂商设备型号代码。

设备编号：处于同一位置同类设备的编码顺序，用阿拉伯数字表示，按 1~9 的顺序编号。

例如，出口设备 NPE60E 的名标为：TJXZF-CK-NPE60E-1。

技能训练 5-2

训练目的

（1）掌握 IP 地址分层设计的思想和方法。

（2）掌握国家电子政务云外网 IP 地址的分配原则。

（3）完成靳江市电子政务云外网设备互连 IP 地址规划。

（4）完成靳江市电子政务云外网设备管理 IP 地址规划。

（5）完成靳江市电子政务云外网横向接入用户的 IP 地址规划。

训练内容

根据靳江市电子政务云外网业务需求、网络逻辑拓扑结构设计，对靳江市电子政务云外网链路互连地址、纵向和横向接入用户进行 IP 地址规划。

参考资源

（1）靳江市电子政务云外网 IP 地址规划与设备命名技能训练任务单。
（2）靳江市电子政务云外网 IP 地址规划与设备命名技能训练任务书。
（3）靳江市电子政务云外网 IP 地址规划与设备命名技能训练检查单。
（4）靳江市电子政务云外网 IP 地址规划与设备命名技能训练考核表。

训练步骤

（1）根据靳江市电子政务云外网建设需求、网络拓扑结构，结合 IP 地址分配原则（连续分配不浪费），提出靳江市电子政务云外网 IP 地址规划方案。
（2）根据 IP 地址规划方案，进行具体 IP 地址分配。

知识拓展

1. IPv6 地址技术迁移

基于 IPv4（国际互联网协议第 4 版）的现有互联网，用于标识全球网络设备和终端设备的网络地址约有 40 亿个，目前已基本分配殆尽。基于 IPv6（国际互联网协议第 6 版）的下一代互联网，地址空间是现有互联网的 1 029 倍，目前根域名服务器已实现对 IPv6 的支持，全球互联网管理机构对 IPv6 地址的分配速度日益加快，IPv6 已具备广泛应用的基础。推动互联网由 IPv4 向 IPv6 过渡，并在此基础上发展下一代互联网已成为全球共识。

"十二五"期间，我国要实现互联网普及率达到 45%以上，推动实现三网融合，IPv6 宽带接入用户数超过 2 500 万，实现 IPv4 和 IPv6 主流业务互通，IPv6 地址获取量充分满足用户需求，具体措施如下。

1）现网商用试点阶段（2013 年年底前）

开展 IPv6 网络小规模商用试点，向用户和应用优先分配 IPv6 地址，形成成熟的商业模式和技术演进路线，为全面部署 IPv6 网络做好准备，加快推进新型网络体系架构及技术研发工作。

2）全面商用部署阶段（2014—2015 年）

开展 IPv6 网络大规模部署和商用，逐步停止向新用户和应用分配 IPv4 地址，推动实现三网融合，组织新型网络体系架构及技术的规模验证，为"十三五"期间产业创新发展做好准备。

在"十二五"期间，规定要求国内访问流量排名前 100 位的商业网站系统支持 IPv6，约 70%的中央企业及地市级以上政府外网网站系统支持 IPv6，"211"工程学校外网网站系统全部支持 IPv6，电信运营企业新开展的业务基本支持 IPv6，

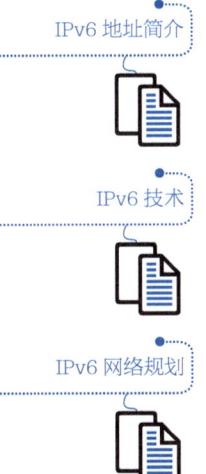

新增上网固定终端和移动终端基本支持 IPv6。

IPv4 地址由 32 位组成，而 IPv6 地址由 128 位组成，IPv4 地址和 IPv6 地址的对比见表 5-9。

表 5-9　IPv4 与 IPv6 地址对比

名　　称	地　址　示　例
IPv6 地址	FE80:85A4:D1B1:D1B8:DCB1:4545:3326:3134
IPv4 地址	192.168.100.188

2. 问题思考

（1）电子政务云外网 IP 地址规划有什么要求？

（2）花都县电子政务云外网链路互连地址、纵向横向接入用户地址规划有什么要求？

任务 5-4　电子政务云外网路由与 MPLS VPN 设计

任务描述

本任务主要完成电子政务云外网路由规划、MPLS VPN 接入规划，通过该任务掌握广域网路由与 MPLS VPN 设计的原则和方法。

问题引导

（1）如何实现电子政务云外网的路由管理？

（2）如何实现远程用户接入电子政务云外网？

知识学习

1. BGP 路由协议

目前的网络一般采用 Hello 机制，尤其在路由协议中，在没有硬件帮助下，检测时间会很长（例如，OSPF 需要 120 s 的检测时间），这对某些应用来说时间过长。当数据速率到吉比特时，故障感应时间长意味着大量数据将丢失，并且对于不支持路由协议的节点没有办法检测链路的状态。同时，现有的 IP 网络中并不具备秒以下的间歇性故障修复功能，而传统路由架构在对实时应用（如语音）进行准确故障检测方面能力有限。随着大量关键业务的上线，实现快速网络故障检测和修复越发显得必要。

BFD 协议（双向转发检测协议）的出现，为上述问题提供了一种解决方案。BFD 提供了一种快速故障检测机制，在保持系统低开销的同时，还为上层协议层提供了一个单一的、标准化的方法，使得上层协议层能够通过 BFD 来进行快速有效的故障检测。

2. MPLS VPN

指采用 MPLS 技术在骨干的宽带 IP 网络上构建企业 IP 专网，实现跨地域、安全、高速、可靠的数据、语音、图像等多业务通信，并结合差别服务、流量工程等相关技术，将公众网可靠的性能、良好的扩展性、丰富的功能与专用网的安全、灵活、高效结合在一起，为用户提供高质量的服务。

VPN 是在公用的通信基础平台上提供私有数据网络的技术，运营商一般通过隧道协议和采用安全机制来满足客户的私密性需求。VPN 与传统的专有线路/租用线路相比，费用低廉而且能较好地满足客户需求，所以一经推出便受到了企业的欢迎。近十年来，VPN 从仅仅提供语音业务发展到提供数据/语音混合，甚至多媒体业务，相应的技术也从基于 DDN、帧中继（Frame Relay）、ATM 发展到 IP VPN，直至现在的 MPLS VPN。从不同角度，VPN 接入技术可以有多种划分：比如按商业用途分，有 Intranet、Extranet 和 VPDN；按网络结构分，有星形网、网状网和多层网；按采用二层还是三层技术分，有基于二层技术的帧中继、ATM VPN 和基于三层的 IP VPN。

MPLSLVPN 网络主要由 CE、PE 和 P 3 部分组成。

CE（Customer Edge Router）：用户网络边缘路由器设备，直接与服务提供商网络相连，它"感知"不到 VPN 的存在。

PE（Provider Edge Router）：服务提供商边缘路由器设备，与用户的 CE 直接相连，负责 VPN 业务接入，处理 VPN-IPv4 路由，是 MPLS 三层 VPN 的主要实现者。

P（Provider Router）：服务提供商核心路由器设备，负责快速转发数据，不与 CE 直接相连。

在整个 MPLS VPN 中，P、PE 设备需要支持 MPLS 的基本功能，CE 设备不必支持 MPLS。

MPLS VPN 网络采用标签交换，一个标签对应一个用户数据流，非常易于用户间数据的隔离。利用区分服务体系可以轻易地解决困扰传统 IP 网络的 QoS/CoS 问题，MPLS 自身提供流量工程的能力，可以最大限度地优化配置网络资源，自动快速修复网络故障，提供高可用性和高可靠性。

MPLS 是语音、计算机网络、有线电视网络三网融合的基础，是目前除了 ATM 技术外唯一可以提供高质量的数据、语音和视频相融合的多业务传送、包交换的网络平台。因此基于 MPLS 技术的 MPLS VPN，在灵活性、扩展性、安全性各个方面是当前技术最先进的 VPN。此外，MPLS VPN 提供灵活的策略控制，可以满足不同用户的特殊要求，快速实现增值服务（VAS），在性价比上，相比其他广域网 VPN 也具有较大的优势。

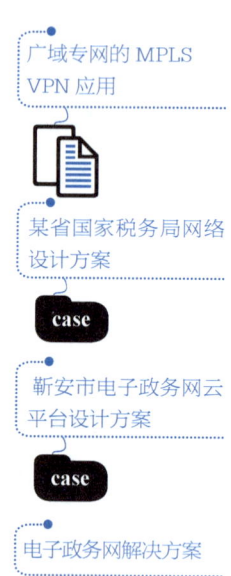

广域专网的 MPLS VPN 应用

某省国家税务局网络设计方案 case

靳安市电子政务网云平台设计方案 case

电子政务网解决方案 case

任务实施

子任务一 IGP 路由设计（OSPF 路由规划）

电子政务云外网骨干核心区采用 IGP 作为网络协议的底层承载协议，目的是将骨干网的网络设备 loopback 地址通告进入 IGP 域，使其全网可达，为部署 BGP 和 MPLS VPN 做准备，同时也为了通告所有网络设备管理 IP，使得网管服务器能够通过 IGP 访问到所有监管设备。考虑到 IGP 的成熟度和易操作性，IGP 将使用 OSPF 动态路由协议，这样网络维护人员比较容易上手，维护工作也相对轻松。电子政务云外网 IGP 路由设计如图 5-12 所示。

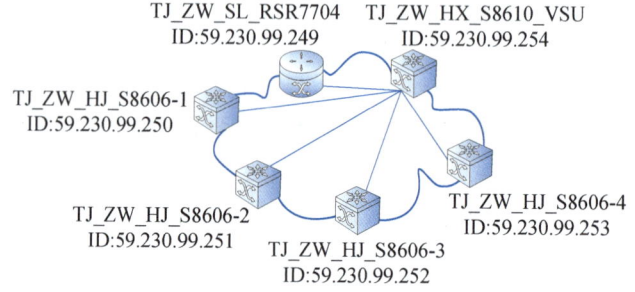

图 5-12 IGP 路由设计示意

骨干网设计为 OSPF 区域 0，核心交换机分别与上连路由器及 4 台汇聚交换机交换建立 OSPF 邻居关系，各设备 Router-ID 见表 5-10。在设备上将自己的 loopback 0 地址及互联段发布到 OSPF 中，实现骨干网全网互连。

表 5-10 Router-ID

设 备 名	Router-ID
TJ_ZW_HX_S8610_VSU	ID:59.230.99.254
TJ_ZW_HJ_S8606-4	ID:59.230.99.253
TJ_ZW_HJ_S8606-3	ID:59.230.99.252
TJ_ZW_HJ_S8606-2	ID:59.230.99.251
TJ_ZW_HJ_S8606-1	ID:59.230.99.250
TJ_ZW_SL_RSR7704	ID:59.230.99.249

子任务二 BGP 路由设计

为了实现 MPLS VPN 功能，在上连路由、核心交换机以及 4 台汇聚交换机之间部署 BPG 路由协议。四台设备构建出 BGP 域，自治系统号为 64852。核心交换机以及 4 台汇聚交换机之间建立 IBGP 邻居关系；上连路由器同样与 4 台汇聚交换机建立 IBGP 邻居关系，如图 5-13 所示。

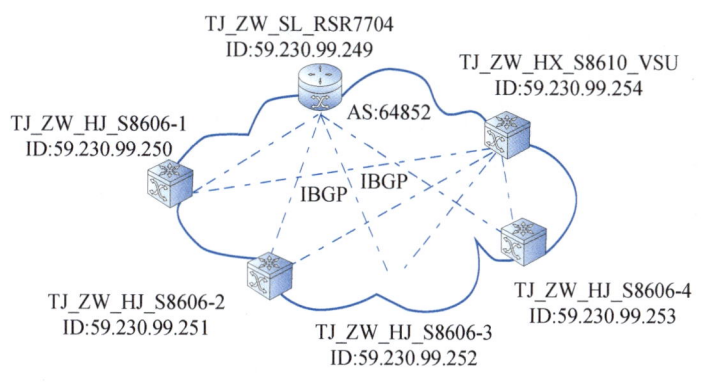

图 5-13　BGP 路由设计图

在虚拟核心交换机和物理核心交换机上均开启 BFD 功能，通过 BFD 与 OSPF 路由协议的联动，在 BFD 实现 10 ms 的故障检测，发现故障后，OSPF 协议可立即收敛，有效减少业务动荡时间。

子任务三　MPLS VPN 设计

1. 电子政务云外网 MPLS VPN 整体规划

花都县电子政务云外网采用 MPLS BGP VPN 实现 MPLS VPN 业务，包括支持各委办局建立的垂直纵向网络（部门专有业务 VPN）、公共服务 VPN 和综合办公 VPN、互联网访问 VPN 等，电子政务云外网 MPLS VPN 体系总体规划如图 5-14 所示。

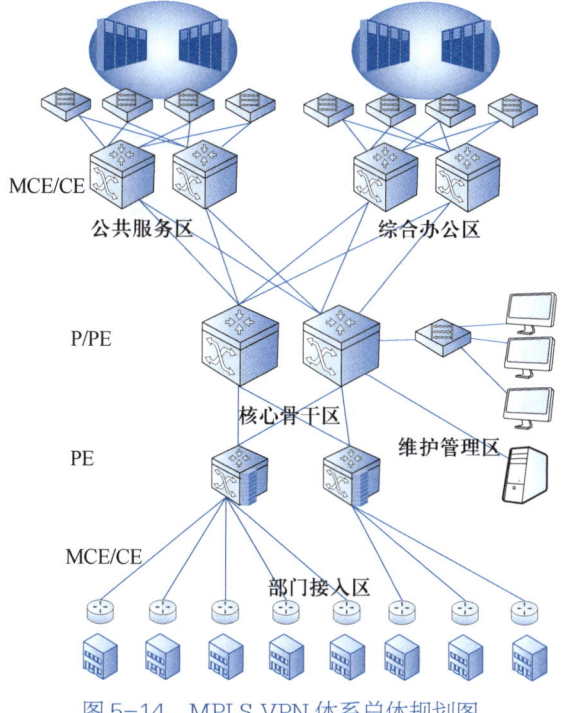

图 5-14　MPLS VPN 体系总体规划图

拓展阅读
负载均衡技术

拓展阅读
公有云和私有云的区别

2. 花都县电子政务云外网 MPLS VPN 角色规划

MPLS VPN 由三类设备组成：PE、P 和 CE。VPN 的划分和维护全部在 PE 设备上进行，P 设备只运行 IGP 协议、LDP 协议（或 RSVP 扩展）、BGP 协议（可视实际组网情况部署），不运行 MP-BGP 协议，不会感知 VPN 的存在。CE 设备负责 VPN 业务的接入，也不会感知 VPN 的存在。MPLS VPN 体系角色分类如图 5-15 所示。

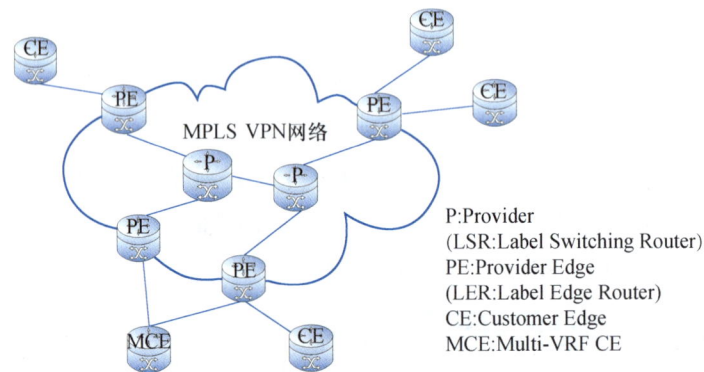

图 5-15　MPLS VPN 体系角色分类

花都县电子政务云外网的 MPLS VPN 域由虚拟核心交换机、上连路由器以及两台物理交换机构成。两台物理交换机分别与虚拟核心交换机及上连路由器建立 MPLS 的 LTP 通道，采用 LDP 形式分发 MPLS VPN 标签，数据流向如图 5-16 所示。

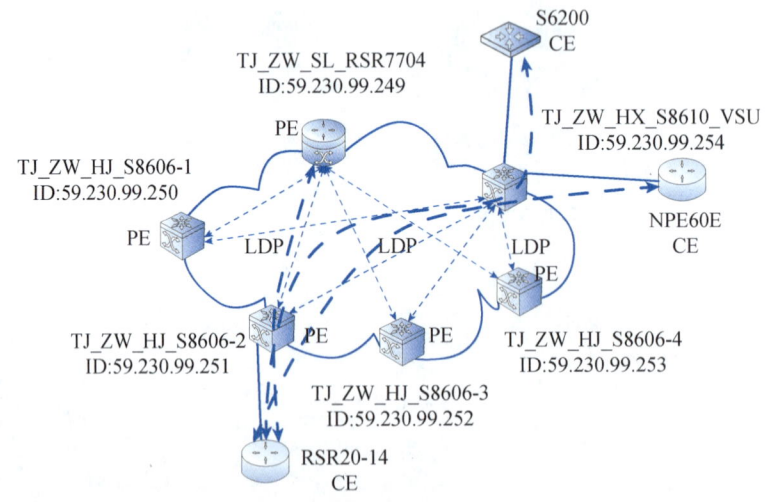

图 5-16　电子政务云外网 VPN 数据流

整个网络划分出三种 MPLS VPN 业务：上连上级电子政务云网业务、内部数据中心访问业务、互联网访问业务。

3. 公共 VPN 规划

为了实现业务隔离，建立三个公共业务 VRF。其中 DZZW VRF 在 RSR7704 上建立，INTERNET 与 SERVER 两个 VRF 建立在核心交换机 S8610 上，三类业务 VRF 之间不能相互访问。具体规划见表 5-11。

表 5-11　公共 VPN 规划

VRF AME	功　　能	RD	RT EX	RT IM
DZZW	上连省市电子政务业务	64852：3	64852：3	所有需要上连 VPN 的 RT EX
INTERNET	Internet 访问	64852：2	64852：2	所有需要上 Internet 的 VPN 的 RT EX
SERVER	县数据中心访问	64852：1	64852：1	所有需要上访问数据中心的 VPN 的 RT EX

4. 用户 VPN 规划

每个乡镇为一个基本接入单位。为每个接入单位划分一个通用 VRF。根据用户需要同时访问三类业务，分别将每个单位通用 VRF 的 RT 值与三个公共业务 VRF 相互导入，实现每个单位能访问三类公共业务，但每个单位之间隔离。详细规划见表 5-12。

表 5-12　用户 VPN 规划表（部分）

序号	单位	VRF NAME	RD	RT IM	RT EX	序号	单位	VRF NAME	RD	RT IM	RT EX
1	乡镇 1	xz1	64852：100	64852：1 64852：2 64852：3	64852：100	49	单位 34	dw34	64852：1331	64852：1 64852：2 64852：3	64852：1331
2	乡镇 2	xz2	64852：110	64852：1 64852：2 64852：3	64852：110	50	单位 35	dw35	64852：1341	64852：1 64852：2 64852：3	64852：1341
3	单位 1	dw1	64852：1001	64852：1 64852：2 64852：3	64852：1001	64	单位 49	dw49	64852：1481	64852：1 64852：2 64852：3	64852：1481
4	单位 2	dw2	64852：1011	64852：1 64852：2 64852：3	64852：1011	65	单位 50	dw50	64852：1491	64852：1 64852：2 64852：3	64852：1491

技能训练 5-3

训练目的

（1）理解 VPN 角色与区域。
（2）掌握靳江市电子政务云外网路由规划。

（3）掌握靳江市电子政务云外网 MPLS VPN 规划。

 ## 训练内容

根据靳江市电子政务云外网建网需求，对靳江市电子政务云外网进行路由规划与 MPLS VPN 规划。要求对该政务云外网的各项业务进行逻辑隔离，保证业务的安全性、独立性以及高带宽。

 ## 参考资源

（1）路由规划及 MPLS VPN 设计技能训练任务单。
（2）路由规划及 MPLS VPN 设计技能训练任务书。
（3）路由规划及 MPLS VPN 设计技能训练检查单。
（4）路由规划及 MPLS VPN 设计技能训练考核表。

 ## 训练步骤

（1）通过咨询、信息检索等方式，了解典型的广域网建设项目（如电子政务云外网）路由规划方案。
（2）根据靳江市电子政务云外网建网需求，结合花都县电子政务云外网路由设计，完成靳江市电子政务云外网路由规划设计。
（3）通过咨询、信息检索等方式，了解 MPLS VPN 工作原理与应用场合。
（4）根据靳江市电子政务云外网业务隔离要求，完成 MPLS VPN 规划。

 ## 知识拓展

1. MPLS VPN 与传统专网比较

1）安全性

传统专网的安全性保证主要来自其"闭合用户群"（CUG）特性。它不向用户暴露运营商的网络结构，提供的是透明传输，因此可限制来自用户侧的 DoS 等攻击。

MPLS VPN 由于采用了路由隔离、地址隔离和信息隐藏等多种手段，提供了抗攻击和标记欺骗的手段，因此 MPLS VPN 完全能够提供与 ATM/FR VPN 相类似的安全保证。

2）扩展性

传统的专网是在运营商网络之上构建的覆盖型网络，因此在实现用户节点间的全网状通信时，会存在 N 平方的扩展性问题。

MPLS VPN 则具有很强的扩展性，一方面 MPLS 网络中可以容纳的 VPN 数目很大；另一方面由于借助 BGP 协议进行成员的分配和管理，同一个 VPN 中的用户节点数不受限制，容易扩充，并可以提供任意节点间的直接通信。特别是在实现用户节点间的全网状通信时不需要逐条配置用户节点间的链路，用户侧只需要一个端口/一条线路接入网络，避免了 N 平方的扩展性问题。

3）拓扑灵活性

由于是点对点连接，传统专网的逻辑拓扑调整起来相对比较复杂。对于用户来说可能需要新增、删除链路，修改路由配置。运营商也要在网络侧对链路相应地新增、删除，并需要逐条配置，维护工作量较大。

MPLS VPN 可以通过网络侧参数的调整，很容易实现用户节点间的星形、全网状以及其他任何形式的逻辑拓扑，以满足用户对内部节点间管理上的要求。并且逻辑拓扑调整不需要用户侧新增任何线路或修改任何配置，完全可在网络侧完成，对用户完全透明，有效地减少了用户的维护工作量。

4）网络可靠性

网络的可靠性主要靠资源的冗余度来实现。目前全球绝大部分电信运营商都建成了比较完备的 ATM 网，因此，ATM 网多路由、富余的传输资源基本上都可以满足专线网络的可靠性要求。通过 ATM 网的信令和路由体系，当 ATM 网内部中继线中断时，ATM/FR PVC 和基于电路仿真的 DDN 都可以通过自动切换/迂回路由保护业务链路。但由于 ATM 产品种类多，在目前还无法很好地实现异种 ATM 网络之间的电路自动切换/迂回路由。而传统的基于电路交叉连接的 DDN 电路则一般不具备电路自动切换/迂回路由能力，虽然它可以依靠 SDH 环提供线路保护，但无法摆脱 DDN 设备出故障时带来的网络设备单点故障。

由于全球 IT 基础设施基本完备，因此，依托它来开展 MPLS VPN 业务，自然就具有大带宽、多节点、多路由、充裕的网络和传输资源来保证网络的可靠性。当互联网内部中继线中断时，MPLS VPN 的流量与普通互联网流量一起依据 IGP 迂回到其他链路上，这一过程完全依靠 IGP 的收敛自动完成，对用户完全透明，在广域网传输中不存在单点故障。

5）QoS/CoS

QoS（服务质量）是随 ATM 一起诞生的，可以说 ATM 天生就能很好地支持 QoS。但随着带宽的迅速增加和价格的急剧下降，是否需要用 ATM 这么复杂的带宽控制机制来保证 QoS 呢？有人认为采用"无限带宽"的办法也一样简单有效。FR 也可以较好地支持 QoS，DDN 和数字电路则只能提供固定的 QoS。

MPLS VPN 可以使用 LDP 或 RSVP 在运营商网络中建立和维护的 LSP 在广域网上传输数据。运营商如果使用 LDP 建立"尽力满足"的 LSP，那么 LSP 将选择"尽力满足"的业务路由。这时 MPLS VPN 可以通过差别服务（CoS）、流量整形和服务级别来保证一定的流量性能。如果运营商希望为 LSP 分配带宽或使用流量工程来为 LSP 选择特定路径，则可使用 RSVP。

2. 问题思考

MPLS VPN 在电子政务云外网中的作用与应用是什么？

任务 5-5　网络中心规划与设计

 任务描述

本任务主要进行电子政务云外网网络中心环境设计、IT 运维综合管理方案设计等，掌握县级电子政务云外网网络中心的规划与设计。

 问题引导

（1）网络中心环境如何设计？
（2）IT 运维综合管理方案如何设计？

 知识学习

1. 电子计算机机房参照标准

1）机房的系统需求、建筑部分参照标准
- 国家标准《电子计算机机房设计规范》（GB50174—2008）。
- 国家标准《电子计算机机房施工及验收规范》（SJ/T30003）。

2）电力保障部分参照标准
- 《低压配电设计规范》（GB50054—1995）。
- 《电子计算机机房设计规范》（GB50714—2008）。
- 《供配电系统设计规范》（GB50052—1995）。
- 《高层民用建筑设计防火规范》（GB50045—1995）。
- 《电气装置安装工程接地装置施工及验收规范》（GB50169—1992）。
- 《火灾自动报警系统设计规范》（GB50116—1998）。

2. IT 运维管理系统

IT 运维管理系统可对网络和业务应用系统进行集中智能管理，降低复杂 IT 环境的管理难度，更轻松地把握支撑关键业务的网络和系统的运行状态，并不断提升关键业务系统的运行服务质量，提升用户满意度。

利用基于统一信息模型的融合抽象建模技术和自动发现技术，实现对全 IP 网络中各种基于 IP 技术的基础设施的自动发现和资源化。基于统一信息模型生成一个可管理、可重用的实时对象库，并通过实时事件和同步技术，保持与实际管理对象的一致性。由于可以在统一的信息模型定义下，针对多厂商、多技术的基础设施进行抽象，从而为解决基础设施的融合难题奠定关键的基础，解决对 IP 基础环境的总体把握和全局理解的问题，为以后网络升级、扩容预留空间。

任务实施

子任务一 网络中心环境设计

网络中心机房存放着核心交换机、骨干路由器、应用服务器、存储设备等，是电子政务云外网的心脏，因此网络中心温度、湿度、洁净度、电磁场强度、噪声干扰、安全保安、电源质量、振动、防雷和接地等都有明确的要求。

网络中心机房规划设计主要包括环境装修工程、电气工程（机房供配电、UPS）、通风工程（空调系统）、机房监控报警、机房防雷接地保护等系统的设计。

1. 环境装修设计

（1）地板采用全钢防静电地板。地板下刷防尘漆。

（2）吊顶安装龙骨采用金属微孔天花板，规格为 600 mm×600 mm×0.8 mm。

（3）墙面做轻钢龙骨隔层贴塑板面，石膏板做基层。

（4）监控室及配电室隔断采用 12 mm 钢化玻璃。钢龙骨制作上下边框骨架，门夹采用点式不锈钢门夹，拉手采用不锈钢拉手。

（5）隔断门、机房门采用钢化玻璃门；入口安装双扇防盗门，消防出口安装单扇防盗门；挂竖百叶防火窗帘。机房的装饰材料全部选用气密性好、不起尘、易清洁、防火性好、形变小的阻燃材料。

2. 电气工程（机房供配电、UPS）设计

一个系统能够正常工作，不仅需要良好的主设备、性能卓越的 UPS 电源和安全舒适的工作环境，还需要一个设计合理、可靠性高的供配电系统。花都县电子政务云外网网络中心机房电气工程设计主要从以下几方面考虑。

（1）机房内用电设备供电电源均为三相五线制及单相三线制，采用双回路供电。

（2）用电设备做接地保护，并入大楼配电系统。

（3）机房用电设备、配电线路装置过流过载两段保护，同时配电系统各级之间有选择性地配合，配电以放射式向用电设备供电。

（4）机房配电系统所用电线必须采用阻燃聚氯乙烯绝缘导线，敷设喷塑桥架、镀锌铁管及金属软管。

（5）机房的设备供电和空调照明供电为两个独立回路，其中设备供电由 UPS 提供并按设备总用电量的 1.3 倍进行预留，而空调照明用电由市电提供并按空调设备的要求供配。

湖北省电子政务云外网应用系统规范标准

市中区电子政务云外网数据中心机房建设方案

隆昌县电子政务云外网系统建设技术方案

重庆市政务云外网应用系统建设方案书

笔 记

(6)机房内照明装置宜采用机房专用无眩光灯盘,照明亮度大于 300 Lx,事故照明亮度应大于 60 Lx。

(7)机房内的配电系统考虑与应急照明系统的自动切换。

(8)该机房电源进线正常时由市电供电,市电故障时由 UPS 供电,进线直接引入机房专用配电柜总输入开关。

(9)机房设计一个县电配电箱,对机房的市电进行配电,配电箱为机房专用标准配电箱,配备 ABB 低压开关。柜内配有市电备用回路,安装防雷保护器。

(10)机房设计一个 UPS 配电箱,对机房的 UPS 电进行配电,配电箱为机房专用标准配电箱,配备 ABB 低压开关。箱内配有 UPS 电源备用回路并安装防雷保护器。

(11)机房所有插座均采用普通电源插座和弹起式铜插座,普通电源插座安装在墙壁上,弹起式电源插座安装在防静电地板上,美观大方。

3. 通风工程(空调系统)设计

监控室安装 2P 冷暖空调 1 台。主机房安装机房艾默生精密空调两台、新风机 1 台,为机房设备提供恒温、恒湿的环境,保证各设备在最适宜的环境下使用。

温湿度监测:在计算机机房精密空调回风口以及主要设备工作间安装温度和湿度传感探头进行实时检测并在监视屏上显示,当温度或湿度检测值超过各工作区规定的上、下限值时应及时报警并采取相应处理操作。

4. 机房监控报警系统与机房防雷接地保护设计

1)监控报警系统设计

私有云数据中心机房是电子政务云外网系统的核心部分,为保证计算机系统和通信网络的安全正常运行,与之配套的机房动力系统、环境系统、消防系统、保安系统必须时刻处于稳定正常受控状态,否则造成的后果不堪设想。因此要对机房进行实时集中的监控,及时发现存在的隐患,做到少人直至无人值守。监控报警系统主要从动力系统(一级配电、二级配电、发电机组、组合电源、UPS、电池、开关、防雷器)、环境系统(精密空调、泄漏、温度、湿度、新风机、气体、尘埃)、消防系统(消防控制器、烟感探测器、温感探测器、其他消防设备)、保安系统(门禁、闭路监控、报警探头、其他保安设备)、网络系统(路由器、交换机、主机、服务器、其他通信设备)等五方面进行设计。

2)防雷接地设计

利用建筑物基础地作为防雷地及电源地。现代建筑基础使用大面积钢筋绑扎,柱子主钢筋及四周墙体钢筋直通到达屋顶墙防雷带。其接地电阻值一般都能满足 GB50057—94 的要求,即≤4 Ω。

子任务二 IT 运维综合管理方案设计

花都县电子政务云外网要基于统一信息模型,通过对关键业务的性能评估,根据业务系统的重要性，对业务系统所依赖的各种下层资源进行具有服务优先级别的监控和管理，让管理人员可以优先处理影响关键业务和关键用户的异常事件。通过面向关键业务的基础设施管理，让 IT 投入的效益最大化，尽可能降低管理复杂度，以可视化、对象化的方式实现电子政务云外网 IT 运行环境透明化。

技能训练 5-4

训练目的

（1）了解网络中心对温度、湿度、供配电系统、防雷防静电、抗干扰等各项指标的要求。
（2）了解电气工程（机房供配电与 UPS）的标准与要求。
（3）了解通风工程（空调系统）的标准与要求。
（4）了解机房监控报警系统。
（5）了解机房防雷接地保护系统的标准与要求。
（6）完成靳江市电子政务云外网网络中心的环境规划设计。
（7）完成靳江市电子政务云外网网络中心的管理方案设计。

训练内容

请根据靳江市电子政务云外网要求，结合花都县电子政务云外网网络中心规划思路，对靳江市电子政务云外网网络中心进行规划设计。

参考资源

（1）靳江市电子政务云外网网络中心规划与设计技能训练任务单。
（2）靳江市电子政务云外网网络中心规划与设计技能训练任务书。
（3）靳江市电子政务云外网网络中心规划与设计技能训练检查单。
（4）靳江市电子政务云外网网络中心规划与设计技能训练考核表。

训练步骤

（1）了解网络中心机房的物理环境、电气工程要求、通风系统、监控系统、接地保护等标准与要求。
（2）完成靳江市电子政务云外网网络中心的环境设计。

知识拓展

1. 中心机房建设注意事项

1）机房的装修
按照有关标准和技术规范，机房的吊顶、墙面装修材料和构架应符合消防防火要求，使用阻燃型装修材料，表面进行阻燃涂覆处理，达到阻燃、防火的要求。机房地板优先使用耐磨防静电贴面的防静电地板，抗静电性能较好，长期使用无变形、褪色等现象；地板净空高度通常为 10～50 cm。房间要综合考虑照明灯具、空调和湿度设备的配置，为隔音、防尘安装双层合金玻璃窗，配遮光窗帘等。

2）机房的高度和空间

机房的高度和空间，应考虑敷设地板及吊顶装修后净高。房屋净高应为 3.2～3.3 m，空间要根据设备的多少进行规划，并适当预留。

3）信号电缆与供电电缆的交叉

按照有关规定，弱电布线（网络布线）系统与强电布线（电力电缆）系统的平行电缆之间的距离为 50～60 cm，避免电力线干扰通信传输。

4）机房的消防

机房建筑物要求具备常规的消防栓、消防通道等，机房内安装烟雾、温度检测装置等并可自动报警，配备自动/手动灭火设备和器材。

需要注意的是：机房消防设计国家已颁布相应的规范和要求，在制定方案后要及时向消防部门申报。

5）机房建筑的防雷

由于机房通信和供电电缆多从室外引入机房，易遭受雷电的侵袭，机房的建筑防雷设计尤其重要。机房的建筑防雷除应有效地保护建筑自身的安全之外，也应为设备的防雷及工作接地打下良好的基础，机电工程项目多采用联合接地方式，系统设备接地都是与建筑接地连接在一起的。由于联合接地的特殊要求，机电工程中禁止直接使用建筑接地线和电源接地线作为系统设备的地线。

2. 问题思考

IT 运维综合管理的理念是什么？

任务 5-6　电子政务云外网信息系统安全保护设计

拓展阅读
政务云安全
要求及建议

任务描述

根据花都县电子政务云外网网络安全需求和信息系统安全需求，完成电子政务云外网的安全体系设计、Web 服务防篡改方案、内部访问控制及安全审计等任务。

问题引导

（1）电子信息系统等级保护安全整体规划方案如何设计？

（2）如何实现 Web 服务防篡改？
（3）电子政务云内网内部访问控制及安全审计如何设计？

 笔 记

知识学习

1. Web 被篡改的原因和特点

Web 被篡改是指由于恶意的攻击、病毒的入侵、非法目的以及 Web 系统本身的缺陷等原因，导致 Web 页面被"修改"。

Web 篡改事件具有以下特点：
- 篡改网站页面传播速度快、阅读人群多；
- 复制容易，事后消除影响难；
- 预先检查和实时防范较难；
- 网络环境复杂，难以追查责任；
- 攻击工具简单且向智能化趋势发展。

2. Web 防篡改技术的发展历程

Web 防篡改技术的发展经历了四个过程：
（1）人工对比检测；
（2）时间轮询技术；
（3）事件触发技术+核心内嵌技术；
（4）文件过滤驱动技术+事件触发技术。

时间轮询技术：以轮询方式读出要监控的网页与真实网页相比较，来判断网页内容的完整性，对于被篡改的网页进行报警和恢复，时间间隔大。

"事件触发技术+核心内嵌技术"：比时间轮询技术时间间隔小，具有实时性。其实现过程为：首先将网页内容采取非对称加密存放，在外来访问请求时将经过加密验证过的内容进行解密对外发布，若未经过验证，则调用备份网站文件进行验证解密后对外发布。该方式对每个流出网页都需要进行完整性检查，占用巨大的系统资源，给服务器造成较大负载，且对网页正常发布流程做了更改，整个网站需要重新架构，增加新的发布服务器替代原先的服务器。

"文件过滤驱动技术+事件触发技术"：将篡改监测的核心程序通过操作系统文件底层驱动技术应用到 Web 服务器中，通过事件触发方式进行自动监测，对文件夹的所有文件内容，对照其底层文件属性，经过内置散列快速算法，实时进行监测，若发现属性变更，通过非协议方式，以纯文件安全复制方式将备份路径文件夹内容复制到监测文件夹相应文件位置。通过底层文件驱动技术，整个文件复制过程为毫秒级，使得公众无法看到被篡改的页面，其运行性能和检测实时性可达到最高的水准。

电子政务系统安全

国家电子政务云外网安全建设

电子政务信息安全等级保护实施指南

信息安全保障体系与总体框架

微课
电子政务云外网信息安全等级保护整体规划

任务实施

子任务一　花都县电子政务云外网信息安全等级保护整体规划

电子政务云外网作为国家政务网络系统的重要组成部分，承载着政府部门用户对互联网的访问，同时对公众提供信息化交互服务。为保证网络及信息系统的安全，县级电子政务云外网应达到国家《信息系统安全等级保护基本要求》文件规定的三级标准。

根据《信息安全等级保护评测准则》的安全等级保护规定，花都县电子政务云外网涉及安全技术评测和安全管理评测两方面。其中安全技术评测包括：物理安全、网络安全、主机系统安全、应用安全、数据安全五方面。本任务重点对网络安全进行规划设计。

花都县电子政务云外网网络安全主要关注网络结构、网络边界以及网络设备自身安全等方面，具体控制点包括结构安全、访问控制、安全审计、边界完整性检查、入侵防范、恶意代码防范、网络设备防护七方面。按照《信息系统安全等级保护基本要求》中三级网络安全要求，对网络处理能力增加"优先级"考虑，保证重要业务能够在网络拥堵时仍能够正常运行；网络边界的访问控制扩展到应用层，网络边界的其他防护措施进一步增强，不仅能够被动地"防"，还应能够主动发出一些动作，如报警、阻断等。网络设备的防护通过两种身份鉴别技术进行认证，花都县电子政务云外网安全保护整体解决方案见表 5-13。

表 5-13　花都县电子政务云外网信息安全等级保护解决方案表

测 评 要 求	解 决 方 案
1. 结构安全与网段划分	
（1）网络设备的业务处理能力应具备冗余空间，要求满足业务高峰期需要	双核心、高性能设备互为冗余备份
（2）应设计和绘制与当前运行情况相符的网络拓扑结构图	通过网络管理软件进行绘制并美化
（3）应根据机构业务的特点，在满足业务高峰期需要的基础上，合理设计网络带宽	采用万兆主干链路
（4）应在业务终端与业务服务器之间进行路由控制，建立安全的访问路径	通过访问控制及路由控制进行路径的隔离
（5）应根据各部门的工作职能、重要性、所涉及信息的重要程度等因素，划分不同的子网或网段，并按照方便管理和控制的原则为各子网、网段分配地址段	对不同的职能部门划分不同的子网
（6）重要网段应采取网络层地址与数据链路层地址绑定措施，防止地址欺骗	通过部署具备防地址欺骗的安全交换机和汇聚交换机的防火墙业务板实现
（7）应按照对业务服务的重要次序来指定带宽分配优先级别，保证在网络发生拥堵的时候优先保护重要业务数据主机	在安全交换机上启用 QoS 实现
2. 网络访问控制	

续表

测 评 要 求	解 决 方 案
（1）应能根据会话状态信息（包括数据包的源地址、目的地址、源端口号、目的端口号、协议、出入的接口、会话序列号、发出信息的主机名等），为数据流提供明确的允许/拒绝访问的能力	通过具备高级访问控制列表的安全交换机和交换机的防火墙业务板实现
（2）应对进出网络的信息内容进行过滤，实现对应用层HTTP、FTP、Telnet、SMTP、POP3 等协议命令级的控制	通过部署具备高级访问控制列表的安全交换机实现
（3）应依据安全策略允许或者拒绝便携式和移动式设备的网络接入	通过部署安全准入系统，杜绝不注册用户和终端的网络接入
（4）应在会话处于非活跃一定时间或会话结束后终止网络连接	由应用系统实现
（5）应限制网络最大流量数及网络连接数	通过防火墙、IPS 设备等安全设备实现
3. 拨号访问控制	
（1）应在基于安全属性的远程用户对系统安全访问规则的基础上，对系统所有资源允许或拒绝用户进行访问，控制粒度为单个用户	通过部署安全准入系统，对每一个远程用户进行分类访问控制（通过局域网出口设备或其他设备）
（2）应限制具有拨号访问权限的用户数量	通过局域网出口设备或其他设备
（3）应按用户和系统之间的允许访问规则，决定允许用户对受控系统进行资源访问	通过部署安全准入系统，设置严格的访问规则
4. 网络安全审计	
（1）应对网络系统中的网络设备运行状况、网络流量、用户行为等进行全面的监测、记录	通过部署网管系统实现设备状态检测和上网行为审计系统实现用户行为审计
（2）对于每一个事件，其审计记录应包括事件的日期和时间、用户、事件类型、事件是否成功，及其他与审计相关的信息	通过架设 syslog 服务器与防火墙对接，获取日志，通过网管和准入系统的日志系统，以及 IDS 和上网行为审计系统实现
（3）安全审计应可以根据记录数据进行分析，并生成审计报表	同上
（4）应可以对特定事件进行安全审计，提供指定方式的实时报警	利用网管系统、入侵检测系统、安全准入系统的告警功能实现
（5）审计记录应受到保护，避免受到未预期的删除、修改或覆盖等	管理员人工保留实现
5. 边界完整性检查	
（1）应能够检测内部网络中未经准许私自连到外部网络的行为（即"非法外连"行为）	通过安全准入系统实现非法外连的检测和报告
（2）应能够对非授权设备私自连到网络的行为进行检查，并准确定出位置，对其进行有效阻断	通过安全准入系统所属客户端软件进行阻断
（3）应能够对内部网络用户私自连到外部网络的行为进行检测后准确定出位置，并对其进行有效阻断	通过安全准入系统所属客户端软件进行阻断
6. 网络入侵防范	
（1）应在网络边界处监视端口扫描、强力攻击、木马后门攻击、拒绝服务攻击、缓冲区溢出攻击、IP 碎片攻击、网络蠕虫攻击等入侵事件	部署入侵检测实现

续表

测 评 要 求	解 决 方 案
（2）当检测到入侵事件时，应记录入侵的源 IP、攻击的类型、攻击的目的、攻击的时间，并在发生严重入侵事件时提供报警	部署入侵检测实现
7. 恶意代码防范	
（1）应在网络边界及核心业务网段处对恶意代码进行检测和清除	边界防火墙实现
（2）应维护恶意代码库的升级和检测系统的更新	边界防火墙实现
（3）应支持恶意代码防范的统一管理	边界防火墙实现
8. 网络设备防护	
（1）应对登录网络设备的用户进行身份鉴别	通过设置网络设备实现
（2）应对网络上的对等实体进行身份鉴别	通过设置网络设备实现
（3）应对网络设备的管理员登录地址进行限制	通过设置网络设备实现
（4）网络设备用户的标识应唯一	通过设置网络设备实现
（5）身份鉴别信息应具有不易被冒用的特点，例如口令长度限制、复杂性规定和定期的更新等	通过设置网络设备实现
（6）应对同一用户选择两种或两种以上组合的鉴别技术来进行身份鉴别	通过设置网络设备实现
（7）应具有登录失败处理功能，如结束会话、限制非法登录次数	通过设置网络设备实现
（8）应实现设备特权用户的权限分离，例如将管理与审计的权限分配给不同的网络设备用户	通过设置网络设备实现
（9）应设置网络登录连接超时，并自动退出	通过设置网络设备实现

微课
Web 服务防篡改

子任务二 Web 服务防篡改

电子政务云外网通过 Web 的方式面向公众发布信息，而政务信息的敏感性决定了 Web 站点必将成为黑客关注的焦点。目前，针对 Web 系统的攻击包括篡改、拒绝服务、恶意脚本、信息泄露等。常见的防护手段包括防火墙、入侵检测和防病毒。

网站安全是一项动态的、整体的系统工程。从技术上来说，一个网站所应采取的安全技术主要包括防病毒、防攻击、网站实时监控与恢复、关键字过滤、虚拟 WAF 等。Web 防火墙能对 HTTP/HTTPS 流量内容进行双向检测分析，识别检测各类 Web 编码、交互技术、URL 参数以及表单输入等，能为 Web 应用提供实时、动态的主动性防护。

花都县政务云外网门户网站安全解决方案应遵循以下几个原则：
（1）安全产品应符合信息系统安全的国际标准和国家标准；
（2）安全产品的部署不能成为信息系统运行的瓶颈；
（3）安全产品应能动态更新升级，具备一定主动学习、记忆能力；
（4）安全产品提供商应具有较强的综合实力，产品应得到业界的高度认可。

Web 防篡改设计

Web 安全解决方案采用 Web 防火墙事前检测、事中防护、事后恢复和 DBS 事后审计溯源的"全时空"策略。既能在事前防御防患于未然，又能在事后进行页面恢复。设备能缓存网页内容，当网站被篡改时，设备可将缓存的正确页面返回给访问者，保证对外显示的始终是正确页面。

Web 防火墙能对文件内容进行病毒扫描，同时对 HTTP 访问进行内容识别，并能对 Web 脚本进行检测、过滤、侦测和监控。

电子政务云外网网站要求防止网站论坛上传非法反动言论或网页内容被非法篡改，应支持关键字过滤。花都县电子政务云外网选用 RG-Web 防火墙保护政务云外网门户网站的安全。RG-Web 防火墙防篡改过程如图 5-17 所示。

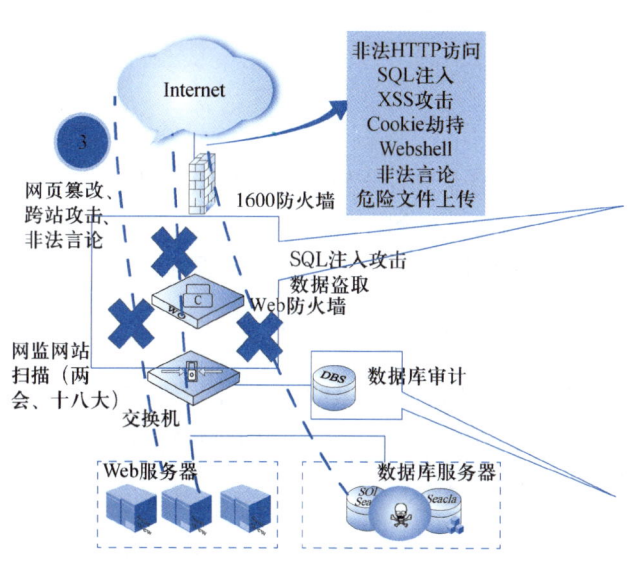

图 5-17　Web 防火墙防篡改示意图

子任务三　内部访问控制及安全审计规划

1. 接入安全管理

花都县电子政务云外网信息系统中架设应用服务器系统、网络系统、业务应用系统和数据库系统等，这些系统都配有维护和管理人员，一般而言这些用户都具有超级用户权限，他们的操作存在更大的安全风险，因此需要专业的安全内控系统进行必要的授权、管理和审计，防止未授权的访问和误操作，对核心系统的维护人员的所有行为进行记录和展现，以备审查。

微课
内部访问控制规划

2. 安全审计

电子政务云外网既需要承载政府内部办公业务，又要承载互联网访问功能，因此，为防止内部网络敏感信息的泄露以及非法信息的传播，应对用户通信内容进行关键字检索和标记，并对可能存在的安全威胁进行详细记载，以便对安全事件进行溯源和举证。

3. 日志审计

花都县电子政务云外网中的各种信息系统，网络中各种安全设备（防火墙、IDS系统、病毒检测等）、操作系统（Windows 和 Linux）、应用服务（E-mail、WWW、FTP、DNS）等都可产生大量的日志数据，这些日志数据详实地记录了系统和网络的运行事件，是安全审计的重要依据。这些日志信息对于记录、检测、分析、识别各种安全事件和威胁有非常重要的作用。

技能训练 5-5

训练目的

（1）掌握市级电子政务云外网信息系统安全等级保护的相关规定。
（2）掌握市级电子政务云外网 Web 安全的构建方法。
（3）掌握市级电子政务云外网内部访问控制及安全审计规划。

训练内容

靳江市电子政务云外网面临敏感信息泄露、黑客攻击、网络资源的非法使用、计算机病毒以及门户网站防篡改等安全问题，针对以上问题，请完成靳江市电子政务云外网信息系统安全体系规划。

参考资源

（1）靳江市电子政务云外网网络安全规划技能训练任务单。
（2）靳江市电子政务云外网网络安全规划技能训练任务书。
（3）靳江市电子政务云外网网络安全规划技能训练检查单。
（4）靳江市电子政务云外网网络安全规划技能训练考核表。

训练步骤

（1）分析靳江市电子政务云外网信息系统安全保护等级的评测要求，设计相应解决方案。
（2）完成靳江市电子政务云外网门户网站的安全设计。
（3）完成靳江市电子政务云外网内部访问控制及安全审计规划。

知识拓展

1. 如何判断 Web 防篡改系统是否有效

公众浏览到的 Web 网页可以分成静态网页和动态网页。静态网页是直接存储在 Web 服务器上的 HTML 文件。动态网页是存储在 Web 服务器上的脚本文件（如 ASP、JSP 文件）。静态网页可以直接传送给浏览器进行显示，而动态网页必须经过 Web 服务器解析（执行）后，浏览器才能正常显示，动态网页一般要读取数据库中的数据，因此最后生成的网页可以认为是脚本文件和数据库内容的综合。

从理论上说，网页防篡改系统所需要保护的网页，按上述描述可以归结于保护文件（无论是静态网页文件还是脚本文件）和保护数据库。

目前主流的网页防篡改产品中，保护文件主要使用两种技术，一种是以核心内嵌为基础的数字水印技术，该技术在文件发布时生成数字水印（单向鉴别散列值），在文件每次被 Web 服务器访问（含执行）时检查数字水印，并对结果进行相应处理。数字水印技术有着密码学理论基础，使用的 HMAC-MD5 算法也基于 RFC 标准。这个技术不去猜测和防范文件被篡改的原因和手段，而是在其对外产生作用时进行完整性检查。该技术在安全上非常可靠，也有着广泛的应用基础。另一种是事件触发技术，利用操作系统的文件系统或驱动程序接口，在网页文件被修改时进行合法性检查，对于非法操作进行报警和恢复。事件触发技术具有报警实时的优点，对一些针对操作系统的常规攻击手段有着一定的防护效果。但由于事件触发技术将安全保障建立在"网页不可能被隐秘地篡改"这种假设上，并且也没有对网页流出进行任何检查，因此，在某些情形下，公众有可能访问到被篡改网页。虽然事件触发方式无法做到每一个网页在访问时都进行实时检测，也无法针对所有的攻击手段和操作系统漏洞起作用，但仍可以作为对核心内嵌检测技术的一种有益补充。

保护数据库主要使用应用防护技术，该技术对每个来自于网络的 Web 请求进行检查，根据已有的特征库判断是否含有攻击特性（如注入式攻击），如有攻击特性则立即阻止和报警。目前，应用防护技术不仅被网页防篡改系统广泛采用，它还是其他应用安全产品（如应用防火墙、漏洞扫描器）的核心技术之一。但是，应用防护技术需要预先搜集和分析黑客攻击 Web 的手段，有针对性地进行基于特征库或攻击行为的防范，是一种类似于防病毒软件的手段，目前就技术而言，更是一种实践的技术而非一种理论的技术，存在误判和漏判的可能。

综上所述，一个有效的网页防篡改系统必须达到以下两方面的要求：

（1）实现对网页文件的完整性检查和保护，并达到 100% 的防护效果，即被篡改网页不可能被访问到。

（2）实现对已知的来自于 Web 的数据库攻击手段的防范。

上述两方面要求都可以通过一些简便的测试方法进行测试，例如，文件保护可以通过直接修改 Web 服务器上的文件，再用浏览器访问该文件来测试是否达到了 100% 可靠的防护效果；数据库保护则可以通过一些黑客工具（NBSI、HDSI 等）对受保护网站进行模拟攻击。

2. 问题思考

（1）常用 Web 防篡改技术有哪些？它们各有何优点？

（2）电子政务云外网安全审计、内部访问控制系统应如何接入网络？

项目总结

本单元主要讲述了电子政务云外网的需求分析、拓扑结构设计、网络中心规划与设计、路由及 MPLS VPN 架构设计、信息系统等级保护安全规划与设计等内容，使读者对电子政务云外网的整体架构设计有了全面清楚的认识。

项目评估

电子政务云外网学习评估分为项目检查和项目考核两部分（表 5-14）。项目检查主要对教学过程中的准备工作和实施环节进行核查，确保项目完成的质量；项目考核是对项目教学的各个阶段进行定量评价，这两部分始终贯穿于项目教学全过程。

表 5-14　学习评估表

项目考核点名称	考 核 指 标	评分	占总项目比重（%）	小计
技能考核项目 1 靳江市电子政务云外网逻辑拓扑设计及网络链路的选择	靳江市电子政务云外网网络拓扑结构设计、网络链路选择		20	
技能考核项目 2 靳江市电子政务云外网 IP 地址规划与设备命名	靳江市电子政务云外网 IP 地址规划、网络设备命名		20	
技能考核项目 3 靳江市电子政务云外网路由规划及 MPLS VPN 设计	靳江市电子政务云外网路由规划、MPLS VPN 设计		20	
技能考核项目 4 靳江市电子政务云外网网络中心规划与设计	靳江市电子政务云外网网络中心环境设计		20	
技能考核项目 5 靳江市电子政务云外网网络安全规划	靳江市电子政务云外网网络安全体系构建		20	
总计				

项目习题

一、填空题

1. 选择网络拓扑结构时，主要考虑以下因素：_____、_____和费用高低。

2. 设有 4 条路由：170.18.129.0/24、170.18.130.0/24、170.18.132.0/24 和 170.18.133.0/24，如果进行路由汇聚，能覆盖这 4 条路由的地址是_____；某公司的网络地址为 192.168.1.0，要划分成 5 个子网，每个子网最多 20 台主机，则适用的子网掩码是_____；设有两个子网 210.103.133.0/24 和 210.103.130.0/24，如果进行路由汇聚，得到的网络地址是_____。

二、选择题

1. 某企业网络管理员小张，负责监控和维护 25 台 Windows Server 2008 服务器和 500 台 Windows 7 工作站。他检验运行在 Web 服务器上的网络监控器，发现一个突然注入的 TCP SYN 同步包，这个包的请求没有完成后续的 TCP 握手。你认为这种类型的行为最有可能说明（　　）。
   A. 网络开始遭受 DoS 攻击
   B. 有人试图猜测网络用户账号的密码
   C. 这是一种正常的行为，不需要担心
   D. 公司的 Internet 连接失败，需要和 Internet 服务供应商联系

2. 对于一个组织，保障其信息安全并不能为其带来直接的经济效益，相反还会付出较大的成本，那么组织为什么需要信息安全？原因是（　　）。
   A. 有多余的经费
   B. 全社会都在重视信息安全，我们也应该关注
   C. 上级或领导的要求
   D. 组织自身业务需要和法律法规要求

3. 一个单位内部的 LAN 中包含了对外提供服务的服务器（Web 服务器、邮件服务器、FTP 服务器），对内服务的数据库服务器、特殊服务器（不访问外网），以及内部个人计算机。其 NAT 原则是（　　）。
   A. 对外服务器做静态 NAT，个人计算机做动态 NAT 或 PAT，内部服务器不做 NAT
   B. 所有的设备都做动态 NAT 或 PAT
   C. 所有设备都做静态 NAT
   D. 对外服务器做静态 NAT，内部服务器做动态 NAT，个人计算机做 PAT

4. 某公司的几个分部在市内的不同地点办公，各分部连网的最好解决方案是（　　）。
   A. 公司使用统一的网络地址块，各分部之间用以太网相连

B. 公司使用统一的网络地址块，各分部之间用网桥相连
C. 各分部分别申请一个网络地址块，用集线器相连
D. 把公司的网络地址块划分为几个子网，各分部之间用路由器相连

5. 以下有关 VPN 的描述，不正确的是（　　）。
   A. 使用费用低廉
   B. 为数据传输提供了机密性和完整性
   C. 未改变原有网络的安全边界
   D. 易于扩展

6. VPN 的应用特点主要表现在两方面，分别是（　　）。
   A. 应用成本低廉和使用安全　　B. 便于实现和管理方便
   C. 资源丰富和使用便捷　　　　D. 高速和安全

三、综合题

1. 某企业广域网主要连接公司总部和 4 个分支机构单位，为公司内部人员之间提供数据传输和业务运行环境。各网络节点之间的初始带宽为 512 kb/s，2009 年经设备改造后，各节点之间带宽升级为 2 Mb/s，2012 年各节点之间带宽进一步提升至 4 Mb/s。

1）网络设备

位于公司总部的核心路由器为华为公司的 NE05，2004 年配置；通过该设备连接各分支机构的接入路由器，各接入路由器为思科公司的 2600，2003—2004 年配置；公司总部的局域网由思科公司的多层交换机 Catalyst 4006 为主干设备构成，各分支机构的局域网由华为公司 6506 三层交换机为主干设备构成，如图 5-18 所示。

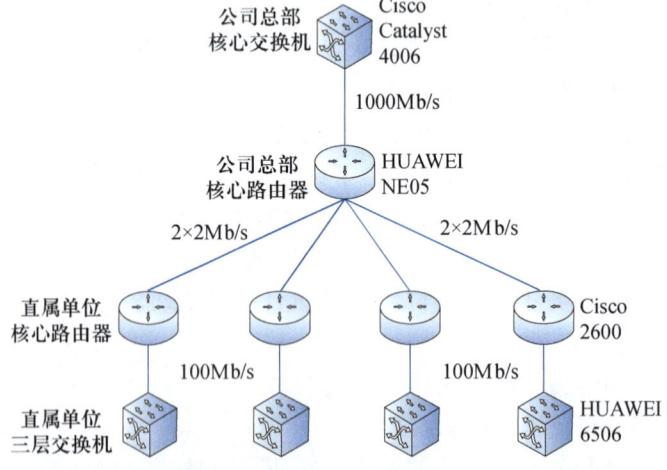

图 5-18　某公司广域网设备连接

2）网络缺陷

随着网络用户的不断增加，各种新应用、新业务的开展，对网络带宽、安全性、稳定性都提出了更高的要求。该企业广域网络存在以下问题。

（1）核心至二级站点间带宽只有 4 Mb/s，随着高清视频会议等系统的建设，现有网络带宽已经不能满足应用需求。

（2）数据设备使用年限较长，配置低，无法进行扩容，随着业务量急剧增大，将无法维持系统正常运转，也不能胜任网络升级的需要。

（3）华为 NE05 型号路由器已停产，配件、模块较难购置，设备不定期会出现丢包现象，影响网络稳定。

（4）路由设备均是单点结构，存在单点故障，安全性低。

3）各类应用带宽

根据用户对企业内部现有典型应用的流量分析，考虑到各应用在两年内的正常业务增长，形成典型应用带宽需求，见表 5-15。

表 5-15　典型应用带宽需求

业务序号	应用业务	所需带宽
1	高清视频会议系统	2~8 Mb/s
2	视频监控	4 Mb/s
3	IP 电话、日常办公	2 Mb/s
4	业务管理类数据传送	4 Mb/s
5	文本、图片、声音、图像等传输	4 Mb/s
6	核心业务系统	4 Mb/s
7	预留	10 Mb/s

4）升级目标

本次升级改造主要达到以下目标。

对核心和分支机构路由设备进行更新，并与原有系统形成设备、链路双备份，增强安全性。

将核心到各个分支机构数据网络带宽进行升级。

根据应用业务的特性，采用 QoS 技术，确保广域网络的服务质量。

【问题1】现有网络主要依托高速公路沿线的 SDH 传输系统进行建设，核心路由器与各接入路由器之间的逻辑链路由若干 E1 电路组成，当前的 4 Mb/s 带宽就是由两条 E1 电路绑定而形成的。

（1）已知 SDH 传输系统至公司总部的传输带宽为 STM-1，请简要分析核心路由器 NE05 上连接传输系统的传输板卡特性。

（2）如果在公司总部不增加任何设备和板卡，仅通过为每个逻辑通道绑定更多 E1 线路的方式增加带宽，则在公司总部至各分支机构带宽相等的要求下，请给出理论上公司总部至各分支机构可以扩充的最大带宽。

【问题2】设计单位决定为公司总部添加一台核心路由器和一台核心多层交换机，并且采用如图 5-19 所示的连接方式，该连接方式与原有方式相比较，具有哪些优势？

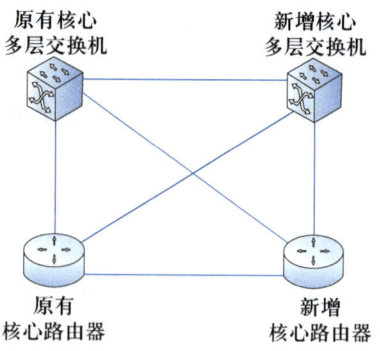

图 5-19 公司总部设备连接方式图

【问题3】设计单位决定将现有线路、路由设备,作为企业网络的备份线路及备份路由体系,同时在总部和分支机构添置相应的路由器,形成主用路由体系。用户单位提出了一个明确的需求,希望本次新采购的路由设备主要采用以太网口,以避免线路带宽升级时,用户端设备频繁发生变化。

在升级设计方案中,要求 SDH 系统的局端传输设备完成协议转换工作,直接提供以太网接口,并互连至总部和分支结构的路由器以太网接口。假设总部至分支结构的链路由大于 10 条以上 E1 绑定形成,请简要分析总部的核心路由器千兆以太口与传输设备千兆以太口之间可能存在的工作机制,并针对每种工作机制说明核心路由器如何区分来自不同接入路由器的数据包。

2. 某市运营商决定建设一个为政府、企事业单位、学校、商业区等提供高速接入的城市骨干通信平台——IP 城域网,同时基于该平台提供 VPN、主机托管等增值业务。该城市 IP 城域网在网络结构上分成核心层和接入层,如图 5-20 所示。根据该城市区域划分及功能分布特性,在 5 个不同的地点

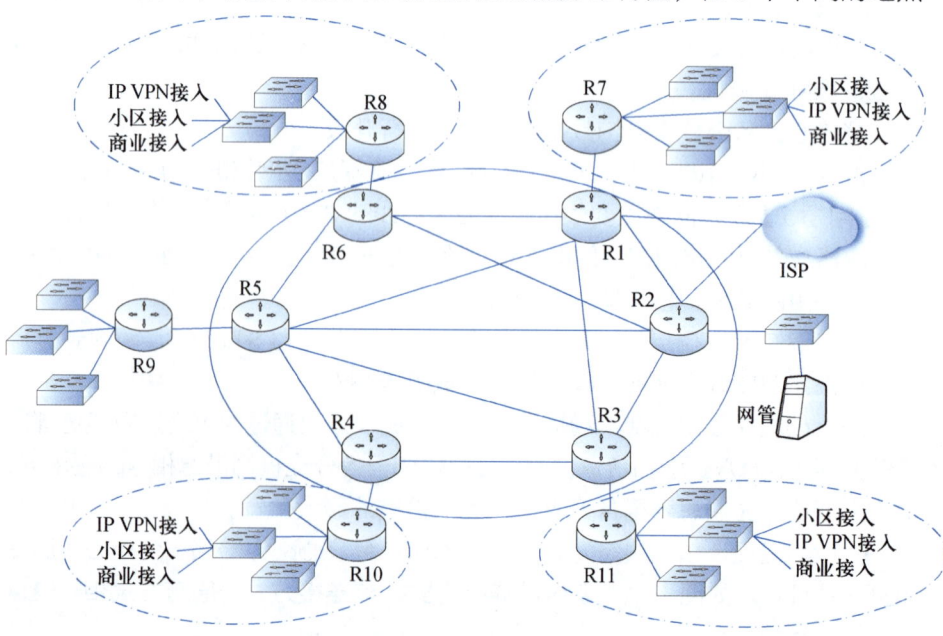

图 5-20 某城域网部分拓扑结构图

设置 5 个核心节点。各接入路由器节点负载各种业务的接入。考虑现有业务量需求及未来 3~5 年业务量扩展需求，经估算骨干节点之间的带宽需求约为 1.2 ~ 1.8 Gb/s，每个接入节点与骨干节点之间的带宽需求约为 600 ~ 700 Mb/s。请回答下列问题。

【问题 1】根据该城域网的应用需求，且要求尽可能少的 IP 地址消耗量（即最大限度地利用 IP 地址），结合你的网络规划经验，请给出该城域网核心层区域 IPv4 地址的地址类别，并将表 5-16 中（1）~（12）空缺处的内容填写完整。

表 5-16　城域网核心区域 IP 地址分配表

类　别	数　量	IP 地址消耗量	子　网　掩　码
核心路由器 Loopback0 地址	6	(3)	(8)
接入路由器 Loopback0 地址	5	(4)	(9)
POS 链路	(1)	(5)	(10)
ISP 接入链路	2	(6)	(11)
千兆接入链路	(2)	(7)	(12)

【问题 2】根据城域网的应用需求，请给出该城域网核心层路由器设备选型的相关考虑要点。

3．某省准备建立电子政务网络平台，实现全省上下各级部门之间的信息交换和资源共享。遵照《国家信息化领导小组关于推进国家电子政务网络建设的意见》的要求，电子政务网络分为电子政务云外网和电子政务云内网，该省即将建设的网络平台被定性为"非涉密"的电子政务外网。在第一期工程中，主要建设覆盖省直部门和各地市州的电子政务外网。电子政务云外网是办公自动化、行政审批、电子监察等跨部门应用系统的运行网络，还是一个网络承载平台，可以承载各类 VPN。例如，在当前的省级外网平台建设中，外网云平台就需要承载两个 VPN：

（1）互连各个部门的国库支付 VPN；

（2）互连各个部门的视频监控 VPN。

【问题 1】电子政务云外网承载 VPN，可以采用 L2TP、MPLS VPN、IPSec 三类技术，请对三种技术进行比较，将有关内容填入表 5-17（备注栏不用填）中。

表 5-17　VPN 技术比较

比 较 项 目	L2TP	MPLS VPN	IPSec	备　注
隧道协议层次				对隧道的协议层次进行比较
是否支持数据加密				
设备的要求				比较网络核心、边缘设备的协议支持要求
是否支持移动 VPN 客户端				

【问题2】各地市州、各省直部门在接入电子政务云外网平台时,需要配置接入路由器、防火墙、前置服务器,请考虑如下连接要求,并添加相应的连接线路或设备,给出接入电子政务云外网的设备连接图。

(1)部门网络与电子政务云外网之间为逻辑隔离。

(2)部门应用系统主动把数据推送至前置服务器,数据中心在进行数据获取时,不允许进入部门网络。

(3)在调试防火墙的各类过滤规则时,不会对电子政务云外网的路由造成影响。

(4)可根据用户负载的需要,随时添置前置服务器。

【问题3】如图5-21所示,采用MPLS VPN技术,省级电子政务云外网平台承载了两个VPN,分别为国库支付VPN和视频监控VPN。请从以下方面描述电子政务云外网PE路由器上的MPLS VPN配置内容:

(1)VPN接口配置;

(2)PE-CE配置;

(3)OSPF配置;

(4)MPLS配置。

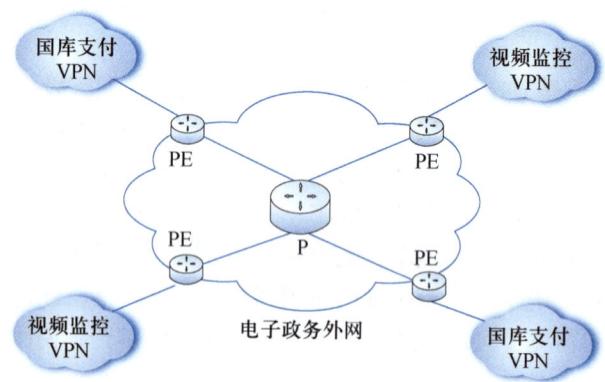

图5-21 电子政务云外网承载VPN示意图

郑重声明

高等教育出版社依法对本书享有专有出版权。任何未经许可的复制、销售行为均违反《中华人民共和国著作权法》，其行为人将承担相应的民事责任和行政责任；构成犯罪的，将被依法追究刑事责任。为了维护市场秩序，保护读者的合法权益，避免读者误用盗版书造成不良后果，我社将配合行政执法部门和司法机关对违法犯罪的单位和个人进行严厉打击。社会各界人士如发现上述侵权行为，希望及时举报，我社将奖励举报有功人员。

反盗版举报电话　（010）58581999　58582371
反盗版举报邮箱　dd@hep.com.cn
通信地址　北京市西城区德外大街4号
　　　　　高等教育出版社法律事务部
邮政编码　100120

读者意见反馈

为收集对教材的意见建议，进一步完善教材编写并做好服务工作，读者可将对本教材的意见建议通过如下渠道反馈至我社。

咨询电话　400-810-0598
反馈邮箱　gjdzfwb@pub.hep.cn
通信地址　北京市朝阳区惠新东街4号富盛大厦1座
　　　　　高等教育出版社总编辑办公室
邮政编码　100029